Academia Ethica

中文社会科学引文索引（CSSCI）来源集刊
中国学术期刊综合评价数据库来源期刊（中国知网，CNKI）
超星学术期刊『域出版』来源期刊

伦理学术

意志自由：文化与自然中的野性与灵魂

邓安庆 主编

2022年秋季号
总第013卷

上海教育出版社

本书获评

“复旦大学哲学学院源恺优秀著作奖”

由上海易顺公益基金会资助出版

《伦理学术》*Acadēmia Ethica*

克勒梅:德国哈勒大学教授

Heiner F. Klemme: Professor of Martin-Luther-Universität Halle-Wittenberg

理查德·伯克:剑桥大学历史系与政治系教授,英国国家学术院院士,剑桥大学政治思想史研究中心负责人

Richard Bourke: Professor of the History of Political Thought, Fellow of King's College

李文潮:德国柏林勃兰登堡科学院波茨坦《莱布尼茨全集》编辑部主任

Li Weichao: Chief Editor of *Leibnitz Edition Set* by Berlin-Brandenburgische Akademy by Potsdam

廖申白:北京师范大学哲学系教授

Liao Shenbai: Professor of Philosophy, Beijing Normal University

林远泽:台湾政治大学哲学系教授

Lin Yuanze: Professor of Philosophy, National Chengchi University

刘芳:上海教育出版社副社长

Liu Fang: Vice President of Shanghai Educational Publishing House

罗哲海:德国波鸿大学中国历史与哲学荣休教授,曾任德国汉学协会主席

Heiner Roetz: Emeritus Professor at the Department of History and Philosophy of China, Ruhr-Universität Bochum, Former President of the German Association of Chinese Studies

孙向晨:复旦大学哲学学院教授

Sun Xiangchen: Professor of Philosophy, Fudan University

孙小玲:复旦大学哲学学院教授

Sun Xiaoling: Professor of Philosophy, Fudan University

万俊人:清华大学哲学系教授

Wan Junren: Professor of Philosophy, Tsinghua University

王国豫:复旦大学哲学学院教授

Wang Guoyu: Professor of Philosophy, Fudan University

杨国荣:华东师范大学哲学系教授

Yang Guorong: Professor of Philosophy, East China Normal University

约耳·罗宾斯:剑桥大学社会人类学系特聘教授,剑桥马克斯·普朗克伦理、经济与社会变迁研究中心主任,三一学院院士

Joel Robbins: Sigrid Rausing Professor of Social Anthropology; Director of Max Planck Cambridge Centre for Ethics, Economy and Social Change; Fellow of Trinity College

【总序】

让中国伦理学术话语融入现代世界文明进程

邓安庆

当今世界最严重的危机是世界秩序的日渐瓦解。美国作为西方世界领头羊的地位岌岌可危，而之前把欧盟作为世界平衡力量之崛起的希冀也随着欧盟的自身难保而几近落空。中国作为新兴大国的崛起，却又因其缺乏可以引领世界精神的哲学，非但自身难以被世界接纳，反而世界感受着来自中国的不安和焦虑。因此，今日之世界，说其危机四伏似乎并非危言耸听，文明进步的步履日渐艰难，野蛮化的趋向却显而易见。

所以，当今世界最为迫切的事情莫过于伦理学术，因为伦理学担负的第一使命，是以其爱智的哲思寻求人类的共生之道。哲学曾经许诺其思想即是对存在家园的守护，然而，当它把存在的意义问题当作最高的形而上学问题来把握和理解的时候，却活生生地把存在论与伦理学分离开来了，伦理学作为道德哲学，变成了对道德词语的概念分析和道德行为规范性理由的论证，从而使得伦理学最终遗忘了其“存在之家”。哪怕像海德格尔那样致力于存在之思的哲人，却又因不想或不愿涉及作为人生指南意义上的伦理学，而放任了存在论与伦理学的分离。但是，当代世界的危机，却不仅是在呼唤存在论意义上的哲学，而且更为紧迫的是呼唤“存在如何为自己的正当性辩护”，即呼唤着“关于存在之正义的伦理学”。“伦理学”于是真正成为被呼唤的“第一哲学”。

不仅欧美与伊斯兰世界的矛盾正在呼唤着对存在之正当性的辩护，中国在世界上作为新兴大国的崛起，中国民众对于现代政治伦理的合理诉求，都在呼唤着一种为其存在的正当性作出辩护的伦理学!

然而,当今的伦理学却无力回应这一强烈的世界性呼声。西方伦理学之无能,是因为在近一个世纪的反形而上学声浪中,伦理学早已遗忘和远离了存在本身,它或者变成了对道德词语的语义分析和逻辑论证,或者变成了对道德规范的价值奠基以明了该做什么的义务,或者变成了对该成为什么样的人的美德的阐明,总而言之,被分门别类地碎片化为语言、行为和品德的互不相关的分类说明,岂能担负得起为存在的正当性辩护的第一哲学之使命?!

中国伦理学之无力担负这一使命,不仅仅表现在我们的伦理学较为缺乏哲学的学术性,更表现在我们的伦理学背负过于强烈的教化功能,在一定程度上损伤了学术的批判品格和原创性动力。但是,为存在的正当性辩护而重构有意义的生活世界之伦理秩序,发自中国的呼声甚至比世界上任何地方都更为强烈地表达出来了。

如果当今的伦理学不能回应这一呼声,那么哲学就不仅只是甘于自身的"终结",而且也只能听凭科学家对其"已经死亡"的嘲笑。

我们的《伦理学术》正是为了回应时代的这一呼声而诞生!我们期望通过搭建这一世界性的哲学平台,不仅为中国伦理学术融入世界而作准备,而且也为世上的"仁心仁闻"纳入中国伦理话语之中而不懈努力。

正如为了呼应这一呼声,德国法兰克福大学为来自不同学术领域的科学家联盟成立了国际性的"规范秩序研究中心"一样,我们也期待着《伦理学术》为世界各地的学者探究当今世界的伦理秩序之重建而提供一个自由对话和学术切磋的公共空间。中国古代先哲独立地创立了轴心时代的世界性伦理思想,随着我们一百多年来对西学的引进和吸纳,当今的中国伦理学也应该通过思想上的会通与创新,而为未来的"天下"贡献中国文明应有的智慧。

所以,现在有意义的哲学探讨,绝非要在意气上分出东西之高下,古今之文野,而是在于知己知彼,心意上相互理解,思想上相互激荡,以他山之石,攻乎异端,融通出"执两用中"的人类新型文明的伦理大道。唯如此,我们主张返本开新,通古今之巨变、融中西之道义,把适时性、特殊性的道德扎根于人类文明一以贯之的伦常大德之中,中国伦理学的学术话语才能真正融入世界历史潮流之中,生生不息。中国文化也只有超越其地方性的个殊特色,通过自身的世界化,方能"在—世界—中"实现其本有的"天下关怀"之大任。

【General Preface】

Let the Academic Expressions of Chinese Ethics Be Integrated into the On-Going Process of the World Civilizations

By the Chief-In-Editor Prof. Deng Anqing

To us the most serious crisis in the present world is the gradually collapse of the world order. The position of America as the leading sheep of the western world is in great peril, meanwhile the hope that the rising European Union can act as the balancing power of the world is almost foiled by the fact that EU is busy enough with its own affairs. It is true that China is a rising power, but due to the lack of a philosophy to lead the world spirit, it is not only difficult for the world to embrace her, but also makes the world feel uneasy and anxious instead.

Thus, the most urgent matter of the present world is nothing more than ethical academic (acadēmia ethica), since the prime mission taken on by ethics is to seek the way of coexistence of the human beings through wisdom-loving philosophication. Philosophy once promised that its thought was to guard the home of existence, but when it took the meaning of existence as the highest metaphysical issue to be grasped and comprehended, ontology and ethics were separated abruptly from each other, resulting in such a fact that ethics as moral philosophy has being becoming a conceptual analysis of moral terms and an argument for the normal rationale of moral acts, thus making ethics finally forget its "home of existence". Even in the case of the philosopher Martin Heidegger who devoted himself to the philosophical thinking of existence, because of his indisposition or unwillingness to touch on ethics in the sense as a life guide, he allowed for the separation of ontology from ethics. However, the crisis of the present world is not merely a call for a philosophy in the sense of ontology, but a more urgent call for "a self-justification of existence", that is, call for "an ethics concerning the justification of existence." Consequently "ethics" truly becomes the called-for "prime philosophy".

Not only does the conflict between Europe and America on one part and Islamic World on the other call for the justification of their existence, but also China as a new rising great power, whose people cherishing a rational appeal to a modern political ethic, calls for a kind of ethics which can justify her existence.

Alas! The present ethics is unable to respond to the groundswell of such a call voice of the world. The reason of western ethics' inability in this regard is because ethics has already forgotten and distanced itself from existence itself with the clamor of anti-metaphysics in the past nearly a century, thus having become a kind of semantic analysis and logic argumentation, or a kind of foundation-laying of moral norms in order to clarify the duty of what should be done, even or a kind of enunciation of virtues with which one should become a man; in a word, ethics is fragmented under categories with classification of language, act and character which are not connected with each other; as such, how can it successfully take on the mission of the prime philosophy to justify existence?!

The disability of Chinese ethics to take on this mission not only show in the lack of philosophical academic in a sense, but also in our ethics has on its shoulder comparatively too much stronger functions of cultivation, thus injuring the critical character of academic and the dynamics of originality. However, it is much stronger the call sounded by China than that sound by the world to justify existence in order to reconstruct the ethical order of the meaning world.

If the present ethics fails to respond to such a calling voice, then philosophy not only allows herself to be close to "the end" happily, but also let scientists to laugh at her "already-dead" willingly.

Our *Acadēmia Ethica* is just born in time to respond to such a call of the times. Through building such a worldwide platform, we are wishfully to prepare for the Chinese ethical academic to be integrated into that of the world, and try unremittingly to incorporate the "mercy mind and kind exemplar" in the world into Chinese ethical terminology and expression.

To responded to such a call, just as Frankfurt University of Germany has established an international Center for Studies of Norm and Order for the federation of scientists and scholars from all kinds of academic fields, we hope the brand new *Acadēmia Ethica* to facilitate a common room for those scholars who investigate the issue of reconstructing the ethical order of the present world to dialogue freely and exchange academically.

Ancient Chinese sages originated independently a kind of world ethical system in the Axial Age; with the introduction and absorption of the western academic in the past more than a hundred years, the present Chinese ethics should play a role in contributing the wisdom of Chinese civilization to the future "world under the heaven" by thoughtful accommodation and innovation.

Thus, at present time the meaningful philosophical investigations are definitely not to act on impulse to decide whether the west or the east is the winner, whether the ancient time or the present time is civilized or barbarous, but to know oneself and know each other, understand each other in mind, inspire each other in thought, with each other's advice to overcome heretic ideas, thus making an accommodation of a great ethical way of new human civilization, "impartially listening to both sides and following the middle course". Only out of this, we advocate that the root should be returned to and thus starting anew, the great changes of ancient and modern times should be comprehended, the moral principles of west and east should be integrated into each other, any temporary and particular moral should be based on great permanent ethical virtues of human civilizations, so and so making the academic expressions of Chinese ethics with an everlasting life integrated into historical trends of world history. Only through overcoming the provincial particulars of Chinese culture by her own universalization can she "in the world" undertake her great responsibility ——"concern for the world under heaven".

目　录

Contents

【主编导读】

世界的野蛮化与苍茫中的意志决断

邓安庆①

从历时三年新冠疫情的生死劫难中摸爬滚打过来的每一个人，都切身感受到看不见的病毒所带来的痛苦与灾难。但痛苦与灾难本身并非“野蛮”，“野蛮”的是病毒不受制约的疯狂攻击性与破坏性和人类对之采取的对策与行动的属性，因而也就是表面文明本身内在的某种属性。因而，本期《伦理学术》既不讨论病毒本身与战争的野蛮，也不描述和分析某个具体对策和行动的野蛮性，而是透过文明的野蛮化这一可经验的世界事实探究一个普遍的伦理哲学问题：一个看似文明的世界为何同时也是一个野蛮化的世界，文明体如何成了“野蛮”的“宿主”？当“野蛮”露出其狰狞的面目时，个人该如何决断与选择以同这个世界相处？

一、

本期《伦理学术》的第一篇文章是柏林洪堡大学教授、国际黑格尔协会名誉主席安德亚斯·昂特（Andreas Arndt）于2022年9月2日②所做讲演的修订全文，题目是：“‘欧墨尼德斯沉睡着’：论现代性的脆弱性”（*„Die Eumeniden schlafen“ Über die Fragilität der*

① 主编简介：邓安庆，复旦大学哲学系教授，博士生导师，主要研究领域为德国哲学、西方伦理学通史和应用伦理学。

② 这是笔者策划和主持的“黑格尔与现代世界·国际黑格尔名家系列学术讲座”（共11讲，作为5月份举办的“国内青年黑格尔研究名家系列讲座”的继续）的第一讲（由谢地坤教授担任主持人，张大卫担任与谈人，钱康担任现场对话翻译）的全文讲稿，讲座讨论持续了3个多小时，现在发表的文本是在讲座讨论之后，昂特教授特意为《伦理学术》修订增补的版本。

Moderne）。这个题目当然有其明确的现实针对性，2022 年 5 月和 9 月我们举办了长达两个月的“黑格尔与现代世界”系列讲座，就是在新冠病毒大流行和俄乌战争正在引发整个世界的大撕裂、大危机的背景下，反思现代文明自身的危机与未来可能的走向，希望透过黑格尔对复杂的现代性的反思与建构，凝聚世界上所能团结的理性力量，将文明中无意识的恶的野蛮性呈现为意识，从而基于对野蛮与恶的无根基性的理解为人类未来文明方向的意志决断提供理论指引。

昂特不愧是国际黑格尔研究的大家，与国内黑格尔研究者们普遍不大重视黑格尔法哲学讲稿及其留下的诸多“笔记”不同，他恰恰是从黑格尔的学生们速记下来的法哲学讲稿和黑格尔自己亲手写的“笺注”和“笔记”（这里尤其是对《法哲学》第 101 节的“笺注”）中发现黑格尔使用了“欧墨尼德斯沉睡着”，需要再次“被叫醒”这样的说法，①以此来反思现代性的“脆弱性”。这表现了一个资深黑格尔研究者具有的敏锐而深刻的见识。黑格尔在这里讨论的是“抽象法”部分“不法”环节对“犯罪”的惩罚依据。按照普通的人类理智，当出现“不法犯罪”后，一种正义的做法就是“以其人之道还治其人之身”，因此在法治尚未建立之前的古代，普遍的是以“复仇”作为讨回公道的第一环节。古希腊神话中的“复仇女神”欧墨尼德斯类似于现代法治文明的“司法”，它们通过对犯罪的“报复”来补偿“不法”造成的“伤害”，从而“克服“犯罪”带来的恶，维护人间“正义”。但在法治社会，“报复行动”本身不能由受到伤害的一方来实施，而只能由司法机关依据司法程序进行。因而，“复仇女神”“沉睡着”似乎也是理所当然的，因为对于黑格尔而言，现代文明本质上是由作为自由之定在的法来保障的。但是，无论哪种现代法治，也很难完全仅仅依赖于“以牙还牙、以眼还眼”的“对等性”来为受到“不法侵害者”完全恢复公正，尤其是“司法”程序本身是否公正，司法能否根除自身的腐败，决定了司法究竟是在保护每一个受到伤害者的权益，还是沦落为罪恶势力的保护伞，背后涉及法律文化、历史以及法权心态等复杂问题。所以，当司法这一维护社会正义的最后防线不能确立人对法治正义的信心和直觉时，对欧墨尼德斯的期盼就会深深地扎根或沉淀在人类心灵的结构中，成为精神中无意识的“自然”而实存。就此而论，野蛮从来没有离开文明，当被表面文明所晃眼而对文明背后的黑暗丧失感觉，野蛮就会再次从沉睡中被唤醒，以刺痛文明体令其获得清醒的意识。对于现代文明而言，法是自由之定在，但个人的自由权利却不断地遭受践踏与侵害，这是现实的个体不能回避也无法闭眼说其不存在的经验事实，因而基于自由的正义秩序的现

① 除了正文中作者标注的《黑格尔全集》（历史考订版 GW14.1 和 14.2）外，也可参阅《法哲学原理》，邓安庆译，北京：人民出版社，2017 年，第 185 页。

代文明,本身就内涵着一系列精神的冒险,它既要唤醒每个人的自由权利,同时却又需要将这种自由权利的实现设置在普遍法治的规范之下。它的脆弱性就表现在,法治依然需要一个外在的国家权力构架,哪怕是王权,也必须接受哪怕是自己所主导、所颁布的法律来规范,没有任何人、任何机构能够取得法外之权。而这仅仅在逻辑上是可能的,现实中却需要满足一系列条件,而这些可能性条件实际上都容易被各种“更高”“更实际”的“名义”所置换,最终让法律变成一纸空文,野蛮化于是就开始迈开其征服文明的步伐。如果我们能深入到黑格尔法哲学的内在深处,我们在每一个环节都能感受到他对文明与野蛮的关系的处理,毕竟他不是一个悲观主义者,他在现代性的浪潮中能清醒而透彻地看到现代性的隐忧,但同时作为理性主义者,他更相信人类理性的力量,能够克服种种“不法”对法(自由和正义)本身的侵害。昂特教授这篇演讲接受了黑格尔对现代文明脆弱性的分析,而他的意图是更透彻地分析黑格尔这种担心的理由何在:为什么在以法治文明为核心的现代自由民主社会,依然要再次唤醒复仇女神?

实际上,我们中国人更有经验来理解黑格尔所担忧的理由。我在这里不用重述昂特教授的论证,只想将昂特教授所思考的关于黑格尔对“不法”的“扬弃”环节中最为精彩的思想精华呈现出来,它非常有助于纠正我们许多人热衷于讨论却极少准确把握到精髓的“承认理论”中的一个误解。

鉴于自由的冒险性与“恐怖性”,自由的正义实现起来充满艰辛,自由了的现代人在自由意志支配下的自由决断通常也具有双重性,它既是自由的体现,也有可能就是在自由中违背自由,侵害自由,从而使得自由之法不断遭受不法的侵害。所以,现实中欧墨尼德斯必须被唤醒,以复仇的正义之眼,直面这个世界,克服对法的纯然否定。黑格尔的深刻性在于,他已经明确意识到,“唤醒”在现代法权背景下的欧墨尼德斯,“复仇”本身的含义发生了根本变化。严格地说,通过司法对“不法”犯罪的“惩罚”正义,已经不再是复仇,不再是报复,也不再是补偿,而是对“不法”的“扬弃”。但如果我们在这里按照“扬弃”的表面含义来理解对“不法”的扬弃,也很容易把黑格尔错误地理解为与罪恶世界的“和解”。学过哲学常识的人都知道,扬弃(aufheben)即是“克服”,同时也是“保存”。对不法犯罪按照“对等性”原则予以惩罚,这是对犯罪的“克服”,但这种“对等”,在法治文明中已经不再是你打断别人一条腿,就得剁掉你一只手的这种实质对等。黑格尔将其上升到精神和道义层面来理解,提供了一个令人意想不到的理由来表达,赞同者通常愿意从“承认关系”来理解,即像库尔特·泽尔曼(Kurt Seelmann)那样,把黑格尔的“惩罚”对“不法”的“克服”理解为作为人格(Person)个人之间“承认关系的恢复”。这种理解似乎也有依据,黑格尔把“不法”从根本上理解为自性虚无,完全否定性的东西,它只有从对法的侵害获得自己的定性:“不法”“犯罪”是某个人特殊意志对他人自由及其权利的侵害。但如果按照实质性对等来克服“不法”,以另一个特殊意志来否定侵害性的特殊意志,两者就都是以特殊性侵害法本身,“不法”就还没有得到“修复”。古代“以其人之道,还治其人之身”,也不完全是“以牙还牙”式的质料对等,依然是在“道”与“身”的关系中来寻求“对等”,但犯罪行动本身的“暴力”,作为完全非理性的东西,没有自身的现实性,它虽然具有了外部实存的形式,但是只有通过对法的侵害而获得自身的定性。因此,在黑格尔看来,“惩罚”针对的是罪犯特殊的邪恶意志而作出的,而特殊意志的主体依然是一个人,所以,凡以法律来惩罚一个人时,就表现出对罪犯作为一个理性的自由人格的“承认”,因为法律从不惩罚动物,也不惩罚精神病人,而唯惩罚一个有正常理性和自由行动能力的人,惩罚的前提就是承认他是一个人格,即具有理性和自由能力,而罪犯的不法行为侵害的是他人的自由,也就是侵害了法本身,即自由之定在。通过惩罚,不法作为对法的否定性再次被否定(这就是“克服”),这一否定本身就必须恢复到法的自由之定在上来才是真正的肯定(这才是“保存”)。所以,惩罚的正义不是对罪犯特殊的邪恶意志及其行为的肯定,而是通过此特殊意志和行为的惩罚,肯定被其侵害的法,自由之定在(注意:不是肯定其特殊的罪恶意志及其行动,它们只能被“否定”和“克服”)。所以,如果要从承认关系来理解惩罚之正义,这里的真正肯定性东西才是被承认的对象,它显然既不是罪犯的特殊意志也不是其犯罪行为,因为它们是无自性的虚无,是纯然否定性的东西。如果按照传统的质料对等性原则来理解这里的承认关系,理解为对罪犯个人人格的肯定,那么“惩罚”依旧是古老的以一个特殊意志报复或补偿另一个特殊意志,它们也都可能是否定性的东西,因而作为法本身所受到的侵害就还没有得到修复。真正的肯定性东西,必须要超越“不法”关系中伤害与被伤害两个特殊意志、两个特殊人格之上的、作为法之为法的东西,即真正的普遍物获得承认,才能出现这里两次否定中的肯定,即“扬弃”中的“保存”。昂特教授讲座的精彩之处,就是明确指出了,黑格尔这里的承认关系,绝不能理解为对单个人格的承认,而是对法的“普遍物”的承认,即对普遍有效的法则的承认,对作为每个人所应该拥有的自由权利之保护的正义法则的承认,这才是现代法治文明的精髓,只有这种承认和肯定,受到不法侵害的作为“自由之定在”的法,才获得内在的修复。通过这种修复,真正扬弃两个特殊意志及其人格的特殊性,维护法的普遍正义,才是作为无意识的具有自然属性的精神和原始的法的“暴力”欧墨尼德斯在现代法治文明中依然作为法(νόμος)的“仆人”被唤醒的意义。

一旦法的自由定在秩序遭受威胁而再一次唤醒复仇女神时，文明才能克服被野蛮化的败坏而落入深渊的厄运。通过对纯然否定性东西的克服，是为了到达对普遍法则的承认和接纳，这是所有文明的真实本性。也就是说，真正的文明就是依赖一套自由的法律制度，来超越所有特殊意志的任性造反，认同并敬畏世界的普遍法则，从而主动地接受由它来支配自身的特殊意志，在特殊意志和普遍意志的承认关系中，存在着文明与野蛮的深刻的辩证法。昂特教授为了深化这个主题的讨论，随后又为本刊发来他的另一篇大作：《"野蛮关系是通向文化的最初阶段"——黑格尔观点下的文化与自然》。这个标题本身依然来自黑格尔手稿，而他将野蛮与文明的关系放在黑格尔哲学体系两个实质的部分：自然与精神的关系中来考察，非常值得我们认真对待。对黑格尔而言，他只关注到因贫穷而产生的"贱民"会因他的权利的丧失而导致法的意向的丧失，但完全没有意识到立宪的君主也有可能完全让自身在所立的法之外，这在更大范围内是导致法之不法的根源，导致共同体内部法的共识的分裂。由此而产生的愤怒，展现了共同体的内在衰败，即便这种愤怒常常采取的表现形式是，遭受羞辱的、被当成物的个体作为他们的厄里尼厄斯，无意识地寻求着他们的复仇，这体现出侵袭着现代社会的内部以及全球化世界的精神世界的结构性对立。

关于文明与野蛮辩证关系的深入处理，必然涉及伦理学一个重要问题，如何看待道德进步？或者说，人类文明中究竟有没有道德进步问题？本刊学术委员，剑桥大学社会人类学教授，剑桥马克斯·普朗克伦理、经济、社会变迁研究中心主任，剑桥大学三一学院院士约珥·罗宾斯(Joel Robbins)给我们提交了他对此的思考成果：《道德革命，价值变迁与道德进步的问题》。在该文中，他通过对20世纪90年代巴布亚新几内亚乌拉悯人(the Urapmin)生活状况的田野考察，阐明了道德变迁的实质是文化共同体中的"高阶价值"，要么是被全新的价值所替代，要么是被既存的、位阶较低的价值所超越这一状况。乌拉悯人生活的绝对重心是思考道德缺欠的损害和道德提升的回报，但是他们传统道德最认可的高阶价值是"关系价值"，而在接受基督教文明之后，最高的价值却转变成了个人因道德纯洁而获救赎，这种高阶价值可以说明他们道德变迁的事实，却难以回答这究竟是否表明道德是在进步。作为当代英国著名的人类学伦理学家，约珥·罗宾斯无法从哲学上为道德进步作出本体论上的论证，但他却从尊重文化多样性出发，指出高价价值的认同可以作为道德变迁乃至道德革命完成的标志，而道德价值的范式拓展却不能完成一种真正的道德变迁。一个有意思也值得我们思考的问题是，他不认为，不同社会文明发展阶段上所认同的高阶价值具有促进美好生活的绝对优势，"革命前"和"革命后"的价值都能促进人类的美好生活。所以,我们很难在这种模式中判定道德进步与否,由此他捍卫了一种尊重多元价值的立场,即便有些价值在我们的社会生活中阶位不高,如果能够通过扩展对这些有益价值的理解,还是能够获得思考道德的新的视角,虽然无法为化解高阶价值之间的冲突作出理论上的平衡。

文明中的野蛮化主题还有一个重要的方面,就是现代性会导致严重的经济不平等,从而会产生黑格尔所说的主动放弃自由和自主的“贱民”,或者催生马克思将“无产阶级”联合起来的社会革命理论。而整个 20 世纪经济伦理的分配正义理论几乎都把焦点放在如何解决贫困,防止世界上的一部分人陷入赤贫状态。在这个论题上,我们收到了荷兰乌得勒支大学伦理研究所机构伦理学主席英格丽德 · 罗宾斯(Ingrid Robeyns)的投稿:《归根结底,极端财富究竟有什么问题?》。该文一反传统的思路,将解决现代经济不平等的思路,放在防止社会中极少数人拥有“极端财富”上。她提出了伦理学上的一个规范主义的论证,证明追求自由、平等和幸福的现代文明,没有人应该持有过多的、过剩的金钱,因而提出和论证一种被称为经济限制主义(Economic limitarianism)的观点。作为一种伦理或政治观点,限制主义需要论证两个基准线:底线和上线。存在一条贫困线,任何人都不应该落在这条线以下;同时存在一个极端富裕线,任何人不应该持有超越上线的绝对多余的钱。限制主义的魅力很容易让人看到:一个没有人在贫困线以下和没有人在富裕线以上的世界将是一个更美好的世界。但困难依然在于:极端的富裕上线如何确定?确定之后对于这些绝对过剩的钱财有什么正义的措施让其发挥有利的作用而又不损害经济正义和法律正义的框架,从而不损害创造财富者的积极性且保持国民经济的活力?这都是现代政治经济学最为头疼的核心问题,这些问题很难仅仅通过设置一个限制性标准解决,但这篇论文提供的解决现代问题的这一新路是值得重视的。

二、

本刊坚持开辟“学术现场”栏目,以记录行走在伦理学术大地上哲学精神的当下创作,为未来的学术史留下可供考察的思想痕迹。

本期发表的是 2022 年 4 月 23—24 日中山大学田书峰教授主持的“亚里士多德《论灵魂》”研讨会的精彩辩论实录,记录了国内多所高校专研亚里士多德和中世纪哲学的众多青年才俊就亚里士多德《论灵魂》的理解和注释传统所发表的前沿研究成果和研讨会现场的学术争锋。虽然由于篇幅限制,我们从 15 万字中只摘要刊登了 2 万多字的内容,但这更能让读者感受到这一研究本身的前沿和他们现场争辩的热烈。在他们的 16 篇论文中，我们本期只发表了其中的两篇专论，一篇是浙江大学许可的《阿奎那〈《论灵魂》评注〉中的感知理论研究》，他认为托马斯·阿奎那借助于对古希腊"同类相知"说的批评和改造，提出了自己的认识论原则，彰显了感知论中独特的表象主义色彩。另一篇田书峰五万多字的长文《感觉与想象，情感与理性：论亚里士多德的〈论灵魂〉的基本概念和问题》，给我们提供了一份特别宝贵的亚里士多德"灵魂论"研究的文本史、问题史和注释史梳理。特别令人感兴趣的是第三部分，讨论《论灵魂》在《亚里士多德全集》中的位置，他指出其最大的一个发展特点是，亚里士多德不再关注于灵魂究竟在躯体中的哪个位置，而是将灵魂视为整个躯体的现实性（ἐντελ ἐχεια），由此便可推证，《论灵魂》不仅仅只属于亚里士多德自然哲学的一部分，而且更可以说是整个自然哲学之大业的拱顶石，或整个自然哲学之完美的结束部分。因为自然哲学中的"自然"（φύσις）来自动词"φύεσθαι"（生长），植物或动物的生长所依从的本性就是自然。而这种自然的生长，从潜能到实现，是从属于灵魂对生命体的造成原则，因为灵魂本身就是生命体的本原或原则，不是在躯体之中或跟躯体并列的一个实体，而是使得生命体成为一个统一的实体的组织形式和驱动能力，"灵魂的自然"应当就是指在灵魂自身之内的原则或本原，即灵魂是潜在地有生命的自然躯体的形式因、动力因和目的因。这样就能理解，对灵魂的知识可以帮助我们更好地解释自然事物和生命体的运动。在论文的第四部分，田书峰探讨了《论灵魂》如何作为一门"科学"，第五部分概论了《论灵魂》三卷的主题和内容。这些考察一方面考验学者的学术史功夫，另一方面则在古今中外的评注史和问题史梳理中磨炼作者的哲学思辨创造力。

三、

2022 年，学术界毫无疑问兴起了意志自由问题研究热。多个研究平台和多所高校的网络学术会议、讲座以及众多学术研究杂志，都邀请到国内一流学者演讲和发文探讨意志自由问题。这些演讲和研究引起了大家欲求进一步深化意志自由讨论的兴趣，无论是现实生活中生存意志的受阻还是学术史领域意志自由视野的单一化、线性化，都把深入探讨意志自由问题推举为最为重要的课题之一。我们十分高兴地邀请到中国人民大学刘玮教授主持本期的"意志自由专栏"，他自己的论文《亚里士多德为什么不需要"意志"？》，对一些学者文章中的观点提出了尖锐批评，根本不认为亚里士多德没有"意志"概念有什么遗憾或问题。相反，他鲜明地论证，亚里士多德伦理学有充分的理论资源和概念资源，无须奥古斯丁或者康德意义上的"意志"概念，就可以解决行动主体、归责和自由的问题。同行间正常而理性的相互批评，在我国学术界一直很稀缺，但又是特别可贵和必要的。我们期待有更多的学者能够更加重视国内同行发表的高见,以充分的尊重和超然的理性参与到同行思想的研究与批评中,而不是专门把眼光盯在国外学者的研究上,无视国内同行取得的成就,这样更加有利于真正推动学术的进步。

陈玮的《爱比克泰德的"选择"概念》反驳了将爱比克泰德的"选择"(*prohairesis*)看作是"意志"乃至"自由意志"概念的最初模型的观点,认为"*prohairesis*"是与"赞同"和"在我们的能力范围之内"等概念的结合,它对不受强制和妨碍的"自由"是如何可能的,却无法做出说明,因此,爱比克泰德的"选择"概念指向的是斯多亚式的道德理想,而非自由意志。

杨小刚的《奥古斯丁的意志概念》探究了本栏目引发争论的最为核心的奥古斯丁的意志概念问题。作者主张这个概念本身是多义的,涵盖受感性刺激产生的当即情感、欲求,对感性对象所属一类事物的倾向性追求,以及针对某个符合倾向性意愿的个别对象的行动意志等,因此,人们通常假定不同语境下使用的意志概念表达的是同样的含义、承担同样的理论功能、能够回答同样的问题,这是必须予以拒绝的。奥古斯丁在诸多不同层面使用"voluntas"概念。某一层面的意志概念所具有的特征并不能想当然地挪用至另一层面,也不能认为他有关于意志的统一理论。文章最后得出的是一个颠覆性的结论:行动自由意义上的自由选择仅仅是行动意志是否自由的判定条件,而非罪责归属。在罪责归属中,奥古斯丁考虑的重点不是自由选择,其实质性的条件是倾向性的意志,但在倾向性意志中的自由不再指自由选择,而指决断的自发性。可见,这是一篇新见迭出的大作。

归伶昌的《阿奎那行动理论中的意志与道德运气》将当代伦理学语境中的"道德运气"概念放置于13世纪神学高峰的托马斯·阿奎那道德哲学中探究,试图证明,在这里处于核心地位的并非意志,而是"对善的意欲","理智符合本性地行动"成为道德善恶的标准。因而道德主体与道德运气之间并非如同康德或者阿伯拉尔认为的那样处于一种排斥的紧张关系,而是相辅相成地构成一种质料—形式关系。行动善恶的本质不因为道德运气而改变,但善恶的大小则可能因为道德运气因素而有所增减。

贺磊的《康德的意志概念与道德哲学的奠基》认为,康德实践哲学进展中越来越清晰地赋予了"Wille"(意志)概念与"实践理性"相等同的含义并最终区别于"Willkür"(意决)概念。这一区分可视作康德对作为"高级欲求能力"的道德能力关联于对无条件实践法则及由此导出的道德善的理性欲求的后果,它使绝对自发性意义上的自由成为道德能力的前提。而只有通过道德经验的阐释,道德的高级欲求能力与低级欲求能力关联起来,才能展示"意志自律",意志与意决的概念区分共同构成了康德实践自我对自身道德能力的阐释。

四、

伦理学的所有推论背后都是关于人性问题的预设所做出的思想决断，但如何理解康德的人性概念，学界并非总是一致的。深刻地影响了广大青年学者的美国著名教授克里斯汀·科思嘉（Christine Korsgaard）把康德的人性只等同于康德自己在《道德形而上学奠基》“目的公式”中所规定的“人格中的人性”，从这一人性中我们容易理解，道德的定言命令为什么要将人性作为自身无条件的目的而加以采纳。科思嘉将这一“人性”理解为设定任意目的的能力。但恰恰是这一等同，受到了袁辉的直接批评。他敏锐地发现，科思嘉将二者直接等同是对康德人性论的错误解读，因为在康德哲学中，“人格中的人性”属于本体世界，是“本体人”的特征，而“设定任意目的的能力”却是属于现象世界中的人性能力，两者不可混淆。因此，袁辉旁征博引，反驳了这一未被注意到的误解。在反驳科思嘉的进程中，作者发掘出康德文本中还存在一个广义的人性概念，它不仅包含“人格中的人性”，还包含设定任意目的的能力和共通感等自然禀赋。这些禀赋按目的论原则构成人的有机体，使人区别于动物。作者最后强调，康德实践哲学中不仅存在一个广义的人性概念，而且必须存在这样一个概念，只有通过它，我们才能在历史哲学和教育学中找到实现人的价值的现实途径。这篇文章的写作方式也值得称道，作者以反驳科思嘉的混淆为主线，但不像一般的论文写作那样，对问题的理解和把握只引用康德的原文做主观的阐释，相反，作者不仅引用原文，而且几乎与国内外，尤其是国内学者新近研究的成果展开了充分的对话，这是当今难能可贵却值得大力提倡的学术写作方式。

与康德伦理学的先验主义规范基础论证不同，现代道德哲学自从苏格兰启蒙运动发明了“道德科学”以把伦理学与物理学并列之后，自然主义的规范基础论证一直非常流行，尤其是达尔文的生物进化论诞生之后，古典亚里士多德主义的目的论论证随同基督教神学道德的式微而受到道德哲学的拒斥，生物学的演化论论证模式就与近代早期道德哲学的自然法论证相结合，成为与康德先验主义相抗衡的主要伦理学方法。本期发表冯梓琏的《演化论与自然法——试论社会生物学对托马斯主义的支持与挑战》，借助于大自然无目的却有自然选择之“方向”的演化论理论，说明了对大自然包括人类社会的行动进行去目的论、去先验主义方法的合理性与必然性，论证了爱德华·威尔逊和理查德·道金斯等人进一步从群体选择或者亲缘选择的角度，研究具有自私基因的动物选择合群的合作行动的自然倾向性，从而阐释了人类道德的生物学起源。他支持艾恩哈特的如下推论：如果抛弃托马斯主义中的先验主义因素，那么，威尔逊的社会生物学实际可以被理解为同属于自然法传统的产物。阿奎那的自然法与现代演化生物学之间的共同点大部分都能被现代生物学研究所证实,而自然法中基于先验基础的理性向善之倾向,也可能出于生物学之本性。因此,本文以十分清晰的思路梳理了道德哲学基础论证的古今之变,以鲜明的科学态度支持了植根于自然科学的自然法研究的复兴,得出了令人信服的一个基本结论:不懂亚里士多德的生物学就不能完整理解阿奎那的自然法,而不懂达尔文主义的生物学就不会完整理解人的天性与存在,跨学科的研究与融合才是解决某些哲学根本问题的必由之路。

最后,我对所有的作者、译者、特色专栏的主持者和所有的编辑表达我最诚挚的感谢,在 2022 年最为艰难的"劫难"中,坚守了学术阵地,为追求存在的真理和正义做出了我们最为本真的思考,为阻止文明的野蛮化做出了我们思想的决断和努力!

【原典首发】

“欧墨尼德斯沉睡着”①

——论现代性的脆弱性

[德]安德亚斯·昂特②(著)

张大卫③(译)

【摘要】黑格尔在其惩罚理论中,将对不法的报复解释为被犯罪所唤醒的欧墨尼德斯的行为。因此,她们与其说是复仇女神,毋宁说是法的仆人。然而,有待回答的问题是,当人们关于法的共识破裂时,厄里尼厄斯——根据古代传说,雅典娜首次使厄里尼厄斯成为“善意的”神——本身是否还会被再度唤醒?

黑格尔对于埃斯库罗斯的戏剧《俄瑞斯忒亚》的诠释表明,欧墨尼德斯应被视为自然的永恒力量,这些力量必须被不断控制与安抚。黑格尔的这一看法不仅适用于古代(黑格尔在《精神现象学》中将古代描述为人法与神法的斗争),而且也适用于现代道德。现代道德的特征被一种不可改变的分裂所刻画:在道德之中,需求体系接替了欧墨尼德斯的地下世界的位置,并且以在“暴民”中表现出来的活力破坏着法的共识。暴民在现存法律中不再能找到其权利的表达。在这样的暴民的愤怒中,厄里尼厄斯以其最原初的方式醒

---

① “欧墨尼德斯”对应的德文是“Eumeniden”,即指古希腊神话中的复仇女神。在古希腊神话中,复仇女神又被称为厄里尼厄斯(Erinyes,该词可直译为“愤怒者”),是阿勒克图(Alecto)、墨该拉(Megaera)和提希福涅(Tisiphone)三女神的总称。她们的任务是追捕并惩罚那些犯下严重罪行的人,尤其是杀害血亲的重罪犯。据传,人们为了避免激怒复仇女神,往往不敢直呼其名,因而称她们为“欧墨尼德斯”(Eumeniden,该词可直译为“善意者”)。值得注意的是,昂特在文章中根据语境需要,时而称复仇女神为“欧墨尼德斯”(“善意者”),时而称其为厄里尼厄斯(“愤怒者”)。为了保留文章原意,译者在翻译时,将“Eumeniden”与“Erinyes”分别译为“欧墨尼德斯”与“厄里尼厄斯”,而不是像通常的翻译处理那样,将它们一并译为“复仇女神”。——译者注

② 作者简介:安德亚斯·昂特,德国柏林洪堡大学教授(荣休于2018年),著名黑格尔哲学、施莱尔马赫哲学专家。现任国际黑格尔协会名誉主席,《国际德国观念论年鉴》顾问委员会成员,《马克思研究》系列共同出版者,《黑格尔研究》顾问委员会成员等。代表作有《辩证法与反思》(1994)、《作为哲学家的弗里德里希·施莱尔马赫》(2013)、《历史与自由意识》(2015)等。

③ 译者简介:张大卫,华东政法大学马克思主义学院特聘副研究员,德国洪堡大学哲学博士,主要研究方向为德国古典哲学中的实践哲学、马克思主义哲学。

来了。

【关键词】 权利,复仇,惩罚,自然,精神,市民社会

欧墨尼德斯(Eumeniden)是古希腊神话中"复仇女神"的总称,她们的任务是追捕并惩罚那些犯下严重罪行的人,所以,这个标题意在提醒我们:当"复仇女神""沉睡"或"复仇女神""不在场"时,"社会"与"国家"的"正义"和公序良俗靠什么来维系?黑格尔在其《法哲学》中提出,"复仇"是"恢复正义"的最直接形式。在"惩罚"理论中,他将对"不法"行为的"报复"解释为被犯罪所唤醒的"欧墨尼德斯行为"。因而"被唤醒的欧墨尼德斯"与其说是复仇女神,毋宁说是法(νόμος)的仆人。我们说的"现代性"或现代文明是以"法治"作为文明之门槛,一切"自由""权利"和"尊严"的获得都是基于法,"无法无天"就没有人能"成为人",能过人的生活,更不用谈什么"正义"了,这要求欧墨尼德斯不能"沉睡",而要时刻保持"清醒"。但现代性的脆弱性恰恰表现在,人们关于法的"共识"易于破裂,那么这就意味着,欧墨尼德斯这一"善意的"神"沉睡着"。在现代文明中,法的"共识"基础在何处,欧墨尼德斯是否还会被再度唤醒?这就成为本讲座中我们追问黑格尔的问题意识。

一、

在《法哲学原理》的手抄本中,黑格尔关于第 101 节做了笔记,其中有一个初看起来十分令人困惑的表述,该表述涉及"报复"作为对犯罪的扬弃(克服):"欧墨尼德斯沉睡着。"①这一表述令人困惑,首先是因为,根据古代神话,欧墨尼德斯("善意者")根本没有沉睡,而是作为母系氏族的地神,始终关心着土地、动物和人的生殖力,并为此享受着人们的崇拜。这一表述令人困惑的另一原因是,黑格尔进一步指出,当沉睡的欧墨尼德斯被罪犯的行为呼唤时,她们才出现。从神话的视角来看,黑格尔的说法可能有点超出常规,因为欧墨尼德斯是被改变过的、顺从的复仇女神,她们失去了原有职能,并将其转让给了城邦的世俗审判权。即便在涉及血亲犯罪的审判中,人法(νόμος)也具有效力。因此,欧墨尼德斯不将以善意者的样子苏醒,而是作为厄里尼厄斯,她们重新变回到她们的古老存在形式,即复仇女神。

虽然黑格尔常常是有意识地在相同的意义上使用"欧墨尼德斯"与"厄里尼厄斯"这

① G.W.F. Hegel, *Gesammelte Werke*, Hamburg, Meiner, 1968 ff.(以下简称 GW),第 14.2 卷,第 543 页;关于报复这一主题,参阅 GW,第 14.1 卷,第 93 – 95 页。

两个称呼(此外,欧里庇得斯也以同样的方式使用这些称呼,比如在其戏剧《俄瑞斯忒》中就是这样),但是在所引的那句话的语境中,欧墨尼德斯的苏醒不是发生在前现代的法权观念的背景下,甚至不是发生在远古的、朴实的法权观念的背景下,而是发生在法(νόμος)、现代法权的背景下。(现代法权以所有人的自由与平等为基础,而这里的所有人是在法权人格的含义上来说的。)简言之:罪犯遭受一种法律惩罚,而非复仇。因此,欧墨尼德斯既沉睡着又清醒着,处在新的法秩序下。这一新的法秩序要求驯服厄里尼厄斯,并将其转变为看护生育的女神。

那么,古老的女神继续寓居于一种要求对不公进行报复的法之中,这意味着什么呢?似乎在现代法中仍保留着一个远古的环节,即便这一环节并非涉及血亲复仇,而是涉及犯罪的扬弃,以及借此最终使个人做出的不法行为与普遍物进行和解。此外,在现代法秩序之外,欧墨尼德斯能够继续以其原初形象,即以厄里尼厄斯或复仇女神的形象出现(正如在《精神现象学》中以“带来毁灭的弗里亚女神”的形象出现那样①);而这并非冥界神的地下法律为重获其效力所采取的唯一形态,因为不法也能使宽慰厄里尼厄斯的法秩序本身受到质疑。对于黑格尔来说,现代文明本质上是由作为自由之定在的法来建构的。而在现代文明的表面之下,复仇女神继续沉睡着,其行动是作为纯粹否定性的破坏。当她们不再能被驯服时,那么,世界将处于衰败之中。[这里所提及的世界,在黑格尔看来,是(人的)精神的作品,而(人的)精神“与自然相对立,它克服这种对立,并作为胜利者,借由自然回到自身。”②]

如果情况确实如上所述,那么黑格尔的哲学将包含着一个环节,即对现代文明可持续性的一种深刻担忧。这一环节虽然不支配着黑格尔哲学,在面对理性时也不会转变为一种悲观主义,但它确实潜在地存在着。该环节始终伴随着世界史中的理性与自由之历史,因为——借用黑格尔的话说——人们可以将历史中恶的成就“转变为极为可怕的画面,对此无须修辞上的夸张,只需将不幸[……]恰当地整理出来,同样地也可将感受提高为一种最深沉、最让人不知所措的悲痛,没有什么和解的结果可以安抚这种悲痛”。就这一方面来看,历史仿佛就是一个“屠宰场[……],民族的幸福,国家的智慧以及个人的德性都被用来当作祭品”③。

在下文中,我想探究上面提及的那种担忧的根据,为此我首先在文章的第二部分研究

---

① 弗里亚女神(Furie)是罗马神话对复仇女神的称呼。——译者注

② GW,第5卷,第370页。

③ GW,第18卷,第156、157页。

“报复”这一问题。然后在文章的第三部分，我将概述在埃斯库罗斯的戏剧《欧墨尼德斯》中关于古代神话的描述，这种描述对于黑格尔而言具有权威性；此外，我还将概述黑格尔关于这一悲剧的诠释，黑格尔的诠释意在表明法秩序（νόμος）中的和解因素。然而，法秩序所遭受的威胁再一次呼唤着厄里尼厄斯，使其登场。而这在黑格尔那里是在何种情况下以及以何种方式发生，我将在文章第四部分予以进一步阐明。

二、

根据黑格尔的观点，引发“报复”的不法，“虽然是一种肯定的外在的实存，但这种实存在其自身中是虚无的”①。这意味着，严格意义上的不法就其不能被视为理性的实现而言，它不具有现实性。它是一种否定的东西，这种东西只能而且必须以否定的方式被对待。黑格尔在《法哲学原理》第 99 节中说，对“自在存在着的意志”的侵害，对法以及法律的侵害，不具有肯定的实存。而对于被侵害的人和“其余的人”（法的共同体成员）来说，侵害也“不过是某种否定的东西”；只有“作为罪犯的特殊意志”的犯罪才具有一种肯定的实存。特殊意志与作为法的自在存在着的普遍意志相对抗，而报复不得不针对这种特殊意志。报复不是补偿（补偿是对于所有权或财产的损失而作出的尽可能的赔偿，《法哲学原理》第 98 节）。此外，报复也不是道德正义的设立，不是威胁，等等，而是对某种虚无的、单纯实存的否定。关键之处在于，犯罪“侵害了作为法的法，应予以扬弃；其次的关键点是，犯罪所具有的实存以及应予扬弃的实存是哪一种实存”。值得注意的是，这里的实存不是罪犯的实存，而是他的特殊意志的实存。②

在上述语境中，黑格尔不仅将对特殊意志的侵害或者制服理解为作为法律的自在存在着的意志的效力的修复（法律也将罪犯包括在内），而且同时还理解为“加之于罪犯自身的法，也就是说，是在他的定在着的意志中、在他的行为中立定的法”③。不仅仅是自在存在着的意志，而且还有特殊的——定在着的——意志包含着某种东西，这种东西在特殊意志本身之中将法授予给惩罚。在此，黑格尔的理论前提是，犯罪是“理性的人”的行为。这并不是说，行为自身是理性的；而是说，在行为以意志为基础的情况下，在行为中至少就

① GW，第 14.1 卷，第 90 页（§97）。关于下文的论述，参考 B. Caspers, »Schuld« im Kontext der Handlungstheorie Hegels, Hamburg, Meiner, 2012 (« Hegel-Studien », Beiheft 58)；尤其参考 *Hegels Theorie der Strafe*，第 329－382 页；K. Seelmann, *Hegels Straftheorie in seinen Grundlinien der Philosophie des Rechts*, in Ders., *Anerkennungsverlust und Selbstsubsumtion. Hegels Straftheorien*, FreiburgMünchen, Alber, 1995，第 123－137 页。

② GW，第 14.1 卷，第 92 页（§99 的附释）。

③ 同上书，（§100）。

形式而言存在着某种理性因素。这种理性因素的内容是:行为是“某种普遍物,通过它确立起一条法律,这是他[罪犯——笔者注]在行为中自为地承认的,因此他应该从属于它,像从属于自己的法一样”①。这一思想在1817/1818年万纳曼(Wannemann)的法哲学讲课笔记中被明确地表述出来:犯罪侵犯了法,因而侵犯了他人的自由;借此罪犯确立起法律,存在着“侵犯自由的法,并且通过他的行为,他承认该法律”。②

因此,罪犯陷入了一种自我矛盾之中。他承认一种普遍的法律,但是这种法律同时只是一种与普遍性相对立的特殊法律。罪犯——根据万纳曼笔记的说法——“侵害了个体,全体,以及自身,他侵害了普遍物,也就是说,以否定的方式侵害了普遍物,并且以肯定的方式承认他们,因为普遍物是理性的人的行为”③。就罪犯至少隐约地认识到他所侵害的普遍物而言,他是理性的;因此他侵害了处于理性之中的自身,并且同时与自身相矛盾。对于黑格尔而言,这可以为以下行为提供辩护,即通过作为报复的惩罚来否定犯罪的否定性,并借此使作为法的自在存在着的意志重新具有效力。

正如本节开头处的引文所表明的那样,不法“在其自身中是虚无的”,这种虚无性构成了“黑格尔惩罚理论的核心”④。在其自身中是虚无的某物,它虽然实存着,但并不展现概念的现实化。作为法的否定,犯罪处在法之外,并且外在地否定法。它是古希腊语“ἔκδικος”这个词所称谓的东西,既指“无视法律的”,又指“报仇的”以及“惩罚的”意思,一种同音多义现象;正如马上就要说明的那样,该现象在黑格尔那里扮演着某种角色。那么,法对内在虚无的东西的否定,它与什么东西相关呢?正如已经指出的那样,惩罚与补偿或者威胁无关,而与处在罪犯的特殊意志中的犯罪的肯定性实存相关。如果在这种意志中的特殊物,不顾对普遍物的承认,通过将自身提升为普遍物以反对普遍物的话,那么,法应当制服这种意志。法的报复针对着这种意志,其方式是在侵害特殊意志的情况下,以暴力的方式为作为法律的自在存在着的意志谋得效力。在某种程度上,法的上述报复消灭了在罪犯的意志规定中的自我矛盾的一面。对否定的东西的否定并不意味着一种扬弃,即在更高层面的保留意义上而言的扬弃,因为犯罪不是法的环节,而是作为某种在自身中虚无的东西,处在概念之外(这里的“在自身中虚无的东西”与作为自由之定在的法

---

① GW,第14.1卷,第92页(§100)。

② GW,第26.1卷,第47页。

③ 同上。

④ 参阅B. Caspers, »Schuld« im Kontext,出处同上,第352页。

相对立)。[1] 反之,与犯罪相对立的法同样也"不是外部实存着的东西,因而是不可侵害的"[2]。因此,法对自身是否定的东西的否定性处理方式也不应被理解为否定之否定,因为这种处理方式外在于概念,并非处于概念的运动之中。[3]

在此语境下同样需要强调的是,犯罪和惩罚并不是为承认而斗争的环节。黑格尔所谈及的承认,一般专门指涉对于普遍物的承认,而非指涉对于另一个他者的自我意识的承认。[4] 根据承认理论对黑格尔的惩罚理论所做的解释,惩罚是作为人格(Person)的个人之间的"承认关系的恢复"[5]。这种解释所忽视的一点是,在法与国家领域,黑格尔并不指涉一种为承认而斗争的意义上的承认过程,而是指涉一种已被承认的存在状态:"在国家中,每个人都被视为已被承认,并且每个人同时也承认的一点是,他已经将欲望、不法和渴望的单纯的直接性弃置一边,并且学会了服从。"[6]在这种状态中,为承认而做出的斗争常常已被扬弃;而被承认的存在则由法的暴力来维护:"暴力不是法的根据。相反,法是暴力的根据。在这里,法是自由的自我意识,这种意识给予自身定在,也就是说,被他人所承认的存在——被承认之存在——是在一般国家之中的人格性的定在。"[7]只有基于在法权状态中的这一被承认的存在,罪犯才能也被称为一个理性者,并因此——正如黑格尔所强调的那样——才能"被尊重"[8]。罪犯总是被法所承认,并且本身也承认某种普遍物,即便是以一种自我矛盾的方式。

报复强制特殊意志屈服于法的自在存在着的意志之下,它是"对侵害的侵害",这种

---

① 当黑格尔谈及"犯罪的扬弃"时(GW,第 14.1 卷,第 95 页,§102),我认为,这涉及处于罪犯的意志规定中的普遍性环节。

② GW,第 14.1 卷,第 91 页(§99)。

③ 参阅 B. Caspers,»Schuld« im Kontext,引文出处同上,第 354 页:"就此而言,惩罚表明了一种'否定之否定'的过程,借助该过程,法的效力得到恢复;其具体方式是法扬弃了它自身的他者。"针对他的这个观点,可以提出如下反对意见,即犯罪的虚无性将犯罪置于法之外,因而不应被理解为法自身的他者。

④ 参阅 GW,第 14.1 卷,第 92 页,§100:在罪犯的行为中一条法律被确立起来,"这是他在行为中自为地承认的"。同样参阅 GW,第 26.1 卷,第 47 页((Vorlesung 1817/18,Nachschrift Wannemann);同上,第 272 页("罪犯自己已承认他所遭受的侵害";1818/19,Nachschrift Homeyer);GW,第 26 卷,第 857 页("他自为地承认它,借此他通过其行为确立了某种普遍物";1822/23,Nachschrift Hotho);同样参阅 GW,第 26.3 卷,第 1189 页(1824/25,Nachschrift Griesheim)。

⑤ 库尔特·泽尔曼尤其拥护这一解释方式。就此详见 B. Caspers,»Schuld« im Kontext,引文出处同上,第 252、253 页。

⑥ GW,第 13 卷,第 331 页;1817 年《哲学科学百科全书》第三部分的黑格尔笔记。

⑦ 引文出处同上。参阅 A. Arndt,*Anerkennung. Zur Tragweite eines Begriffs*,»Internationales Jahrbuch für Anthropologie«,6(2016),第 227-41 页;W. Jaeschke,*Hegels Philosophie*,Hamburg,Meiner,2020,第 247-261 页(»Anerkennung als Prinzip staatlicher und zwischenstaatlicher Ordnung«)。

⑧ GW,第 14.1 卷,第 93 页(§100 的附释)。

侵害在特殊意志之中具有其定在。[1] 在法的形式下,它是惩罚,但是在其开端处,“在法的直接性这一领域中首先是复仇,按内容而言它是正义的”。[2] 在作为暴力的根据的法之中,复仇虽然被扬弃,被转变了,但它还总是以暴力的形式存在着,它会急于以侵害罪犯的特殊意志的形式报复犯罪对法的侵害。根据黑格尔的看法,与复仇相比较,在法的惩罚中被改变的东西,并不是报复的正义内容,而是与复仇行为相对而言的、在惩罚行为中的意志规定形式。“按形式而言”,复仇行为如犯罪一样,是一种“主观意志的”,或者说“特殊意志”的“行为”,特殊意志对于罪犯来说,也“不过是一种特殊意志”。[3] 因此,如同犯罪那样,复仇同样也缺少一种理性的普遍性,法的普遍性。所以,当报复一再引起报仇时,复仇便“陷于无限进程,代代相传以至无穷”。

在血亲复仇中,情况显然是如此。在血亲复仇中,旧账不会失效,借由复仇而被消除的罪责总会引起新的罪责。在古希腊神话中,复仇,特别是血亲复仇,是厄里尼厄斯掌管之事。在法权状态中,法律惩罚取代了复仇。虽然在其中,作为对于侵害的报复还是发生着,但是这并不是借助一种特殊意志,而是借助一种自在存在着的普遍意志,即法律。法律仍然尊重罪犯身上的理性,在其特殊意志规定中的普遍性环节。就此而言,罪犯并未唤醒厄里尼厄斯,而是唤醒了欧墨尼德斯,唤醒了转变为“善意者”的复仇女神。她们行惩罚之事,目的是维持和捍卫法的理性普遍性。但是,古老的神还是应当被持续安抚,以便她们保持善意。她们还在那里。当法失去其力量时,她们仍会以复仇女神的形象复活。

三、

复仇转变为作为惩罚的法权状态,黑格尔关于该转变的描述,在埃斯库罗斯的戏剧《俄瑞斯忒亚》中有其神话学上的对应物。人们可以在戏剧的第三部分,即结束悲剧循环的那个部分“欧墨尼德斯”中,发现法的诞生的最初场景。《俄瑞斯忒亚》于公元前 458 年春季首演,而就在此不久之前,即公元前 462/461 年,在民主派领袖埃菲阿尔特斯(Ephialtes)所推动的一场改革促动下,亚略巴古(Areopag)[4]被剥夺了所有政治权限,只剩下关涉血亲犯罪的审判权。埃斯库罗斯通过援引城邦的守护神雅典娜设立亚略巴古这一

---

① GW,第 14.1 卷,第 93 页(§101)。

② 同上书,第 95 页(§102)。

③ 同上。

④ 亚略巴古位于雅典卫城西北角,原是雅典元老权贵的集会之地,后演变为雅典高等上诉法院。——译者注

神话,暗示了上述改革事件。① 在埃斯库罗斯的戏剧中,一场斗争上演了。斗争的一方是新的奥林匹亚神,另一方是旧的冥界神——厄里尼厄斯。双方代表着或者说创设了不同的法:旧神代表或创设了血亲复仇的法律,而新神则代表或创设了法律的法,即由雅典娜引入其城邦的法(νόμος)。同时,戏剧涉及的主题还有:父权制取代了由厄里尼厄斯所支持的母亲之法(从宙斯的头中诞生的少女雅典娜表现了父权制),因为这里所处理的事件就是弑母案。

俄瑞斯忒通过杀害谋杀他父亲阿伽门农的凶手,他的母亲克吕泰美斯特拉,而为其父亲报了仇;而他母亲的魂灵从死人之国中出来,又煽动厄里尼厄斯向其儿子复仇。俄瑞斯忒逃到阿波罗神庙,以寻求神的保护和赎罪。阿波罗给予了他保护,并让雅典娜来审判。俄瑞斯忒旋即在雅典娜神庙得到庇护,雅典娜照料着被迫害者,并将亚略巴古设立为"永世的"②处理谋杀案件的陪审法官。然而,雅典娜在准备阶段已明确,单凭判决不足以调和旧神与新神之间的诉求,因为厄里尼厄斯的

> 诉求难以拒绝;
> 并且倘若厄里尼厄斯没有赢得案子,
> 那么侵袭这一国家的,将是一场难以忍受的可怕瘟疫,
> 作为一种从厄里尼厄斯胸口流出的毒液,滴入土地之中。③

在紧接着的诉讼中,阿波罗充当了俄瑞斯忒的辩护人的角色,而雅典娜则扮演着法庭主持的角色。根据母亲之法,弑母,即俄瑞斯忒谋杀克吕泰美斯特拉,是最为严重的犯罪,而克吕泰美斯特拉对其丈夫,也即俄瑞斯忒的父亲阿伽门农的谋杀,则罪责较轻。与之相对,根据奥林匹亚神的新的父权之法,婚姻是神圣的,并且父亲是最重要的角色;而母亲,正如阿波罗所阐释的那样,只是养育者。在可能引起疑问的情况下,母亲完全是可有可无的;从宙斯的头中所生出的雅典娜体现了这一点。雅典娜将关键性一票投给了俄瑞斯忒的赦免,借此表明她赞同新法。但是,雅典娜同时要操心的事情是,厄里尼厄斯须被抚慰。

---

① G. Thomson, *Aischylos und Athen*, Berlin, Henschel, 1956,第 258 页及以下几页;C. Meier, *Die politische Kunst der griechischen Tragödie*, München, Beck, 1988,第 117 页及以下几页; M. Braun, *Die »Eumeniden« des Aischylos und der Areopag*, Tübingen, Narr, 1998。

② 第 484 行;文献来源:Aischylos, *Tragödien und Fragmente*, hg. und übersetzt v. O. Werner, München, Heimeran, [o.J.]。

③ 同上书,第 470 行及其后几行。

她们将来在雅典——在奥林匹亚神之旁——可以享受神圣的崇拜,倘若她们作为"善意者",作为欧墨尼德斯,照管城邦的繁育多产和昌盛,以作为回报的话。仅仅由于票数相等——因此是以可敬的方式——厄里尼厄斯输了,而为此产生的一个条件是,她们可以被并入到神和人的法的新秩序之中。

黑格尔——尤其是在《艺术哲学讲演录》中——多次分析了上述神话故事。其中有三个观点特别值得强调。第一个观点涉及处在实体性伦理与主体性之间的复仇女神的位置。根据1826年的讲课笔记,俄瑞斯忒的母亲杀害其父亲,然后俄瑞斯忒向他母亲复仇,这是依照阿波罗的命令(借由德尔菲的神谕)发生的,因此俄瑞斯忒实行了"正义,作为复仇的法";这是"一种伦理的东西,一种十足的人的东西",而"欧墨尼德斯,良心与他毫无关系"。[①] 但是,良心——我认为这是黑格尔的阐释重点——与作为复仇的法相一致,而这种法作为伦理的东西、人的东西,并不外在于行为人:"厄里尼厄斯同样也不是外在的神,她们是良心,内在的东西,一方面以这种形态表现出外在性,但是另一方面又是良心自身"。倘若她们被描述为"所遭受的不法的主观感受",那么,"这种不法将被展现和表达为某种力量[……],这种力量必将击中那个招惹厄里尼厄斯的人"。显然,与这种看法相对应的是《法哲学原理》第102节中黑格尔关于法的直接性所做出的阐述。在法的直接性中,作为复仇的法,并未作为惩罚来执行;此外,在其中占支配地位的是主观意志,即便它遵从着一种实体性的伦理。

第二个观点涉及在厄里尼厄斯与阿波罗的争执中所表现出来的新旧神之间的斗争(亚略巴古与雅典娜调解了厄里尼厄斯与阿波罗的争执)。黑格尔在此强调,"根据我们的看法",厄里尼厄斯只是被设想为"愤怒,仇恨,恶",从而只是被设想为某种单纯主观的东西;然而,"在古希腊人中,她们是使法生效的善意者"[②]。由此可知,为何黑格尔时常将厄里尼厄斯与欧墨尼德斯相提并论,为何黑格尔与埃斯库罗斯的戏剧《俄瑞斯忒亚》的处理方式不同,并未将复仇女神的称谓转变与雅典娜对她们的安抚联系起来。作为古老的复仇女神的厄里尼厄斯,已是善意者(ευμενής)。就此,黑格尔在《宗教哲学讲演录》(*Vorlesungen über die Religionsphilosophie*)中说:"只要人将自身行为认知为在他身上的恶,那么,厄里尼厄斯便是人自身行为的体现以及折磨、蹂躏他的意识。她们是正义者,也正

---

① GW,第28.2卷,第732页(*Nachschrift Griesheim*)。也参阅 G.W.F. Hegel, Ästhetik, hg. v. F. Bassenge, Berlin-Weimar, Böhlau, 1965,第1卷,第272页:"欧墨尼德斯被描述为普遍力量,但同时不被描述为他的[俄瑞斯忒的——笔者注]仅仅是主观良心的内在毒蛇。"

② GW,第28.3卷,第1043页(*Vorlesung* 1828/29, *Nachschrift Heimann*)。

因此是善意者,是欧墨尼德斯。”[①]因为她们并非以外在的形式被表现出来,而是体现着法的直接性和良心[②],所以根据黑格尔的看法,厄里尼厄斯或欧墨尼德斯不再是纯粹的自然力量,而是已经具有自在的精神之物的方面。她们与新的奥林匹亚神的区别之处在于,“她们体现着精神性东西的方面,而这种精神性的东西是一种仅仅内在地存在着的力量[……]。但是,仅仅是在自身之中存在的精神性只是一种抽象粗野的精神性,还不是真正的精神性,所以,她们被归入旧神这一边;她们是这样一些普遍的、令人生畏的神:厄里尼厄斯只是内在的审判者”。[③]

因此,戏剧《俄瑞斯忒亚》展现了“自然性的神向精神性的神的过渡”,而这里的精神性的神只是还带着“某种自然性东西的共鸣”[④]。与法相联系,这意味着直接的法向政治性的、被有意设立的法(νόμος)的过渡。黑格尔指出,宙斯是“政治性的神,是法律的神,统治的神,但是是被承认的法律的神。以公共法律为依据的法具有效力,而非良心的法律具有效力。良心在国家中不具有法的形式,唯有法律(被设立的东西)才具有法的形式”。[⑤] 然而,在此仍不清楚的是,就法这一方面而言,上面所提及的“某种自然性东西的共鸣”,它到底引发了什么。此外,仍然让人不安的一点是,在新的神之旁或之下,旧的神继续存在于被设立的法之中(即便是以沉睡的形式),并在其中可以继续动用一种法的暴力。

最后,黑格尔强调的第三个观点涉及借由法而发生的和解。“正义实现了,这是在个人没有毁灭的条件下发生的可能情况,正如在埃斯库罗斯的《欧墨尼德斯》中所描述的那样。在那里,俄瑞斯忒被复仇女神迫害,案件交到亚略巴古之前,在此欧墨尼德斯出现,控告杀人犯,亚略巴古承认双方都有相同权利,将一个祭坛献给欧墨尼德斯,也献给俄瑞斯忒。伦理力量的冲突发生在俄瑞斯忒身上,他未被谴责,因此结果是惩罚的和解,复仇的和解。”[⑥]

---

① G.W.F. Hegel, *Vorlesungen über die Philosophie der Religion*, Teil 2: *Die bestimmte Religion*, hg. v. W. Jaeschke, Hamburg, Meiner, 1985,第 555 页(*Vorlesung* 1827)。

② “厄里尼厄斯并非是外在地表现出来的复仇女神,而是自己的行为,并带有其后果,她们进一步被塑造为良心。”(GW,第 29.1 卷,第 365 页;*Vorlesung über Religionsphilosophie* 1824, *Nachschrift Griesheim*)

③ G.W.F. Hegel,确定的宗教,同上书,第 538 页(*Vorlesung* 1827)。

④ 同上书,第 636 页(*Vorlesung* 1831)。

⑤ 同上书,第 538 页(*Vorlesung* 1827);“俄瑞斯忒被欧墨尼德斯,被守护严厉的法的神迫害,而被雅典娜,被伦理的法,被可见的伦理的国家权力宣告无罪。”(引文出处同上,第 539 页)也参阅 GW,第 28.3 卷,第 1043 页(*Vorlesungen über die Philosophie der Kunst* 1828/29, *Nachschrift Heimann*)。

⑥ GW,第 28.2 卷,第 888 页(*Vorlesungen über die Philosophie der Kunst* 1826, *Nachschrift Griesheim*)。也参阅 GW,第 28.1 卷,第 507、508 页。(*Vorlesung* 1823, *Nachschrift Hotho*):“在埃斯库罗斯的《欧墨尼德斯》中”所发生的和解出现“在主体中”,出现“在主体身上”:“个体在这里并未走向毁灭,欧墨尼德斯停止了迫害,以致阿波罗,一方的权力,站在国王这边的权力,将案件带到亚略巴古之前。女神雅典娜做出了裁决。裁决的走向是,正如阿波罗被尊重那样,欧墨尼德斯也应当被尊重。和解的情况是,双方势力都被授予同等的尊敬。”

法和解了双方,其方式是保存个人,同时平息了复仇的需要;它打破了报仇与再报仇的无止境的进程,借此稳定了共同体。但是,成功稳定共同体,这只有在如下情况下才会发生,即仍然还一直寓居于新的精神世界并在其中起支配作用的自然力量被持续地平息。

四、

人们根据《精神现象学》能够追踪到,厄里尼厄斯自身作为冥界神,如何在其转变为欧墨尼德斯之前,在伦理中再次出现;并且追踪到黑格尔如何寻求祛除现代性中的这一威胁。在"艺术宗教"这一章中,黑格尔写道,厄里尼厄斯是"下面的法",它"和宙斯一起高踞王座之上,它所享受的声望一点都不逊色于那个作出启示和进行认知的神"[①]。神的实体或伦理实体与自我意识的对立,贯彻着悲剧,借由遗忘而得到和解,"死者必须经过的下界忘川,或者也可以说是上界忘川,并不宽恕过错,[……]而是宽恕罪行,是其赎罪性的安抚"。[②] 借助对立向"单纯的宙斯"的回归,自我意识承认"唯一的最高势力,仅仅把宙斯看作一种守护着国家和炉灶的势力,而在与知识的对立中,则认为宙斯创造出了一种转变为形态、并以特殊事物为对象的知识,即认为宙斯代表着誓言和厄里尼厄斯,代表着普遍者或一个隐藏起来的内核"。[③]

作为下面的法的厄里尼厄斯,由此被当作一种普遍物,当作良心,置入到人的自我意识的内部,而人的自我意识的体现形式是宙斯。通过这种置入,一种现代结构就从原则上来说被实现了。这种现代结构可被描述为伦理的自主。即便如此,此处仍待回答的问题是,自我意识的内部保存了何种"自然性东西的共鸣"?

从根本上来说这涉及什么,关于这一点,黑格尔在《精神现象学》关于伦理的章节中,予以了阐明。在该章节中,在接受索福克勒斯《安提戈涅》的这一背景下,黑格尔讨论了以下两种伦理力量的冲突,即国家的公开被承认的法律(νόμος)和家庭的神的法律,后一种法律作为一种自然伦理与"νόμος"相对立。这里不打算涉及黑格尔的悲剧理论,尤其是他关于《安提戈涅》戏剧的诠释[④],而将仅仅涉及的一点是,被设立的法发现了一个代表

---

① GW,第 9 卷,第 395 页。

② 同上书,第 396 页。

③ 同上。

④ 参阅 M. Schulte, *Die »Tragödie im Sittlichen«. Zur Dramentheorie Hegels*, München, Fink, 1992; C. Menke, *Tragödie im Sittlichen. Gerechtigkeit und Freiheit nach Hegel*, Frankfurt a.M., Suhrkamp, 1996; P. Furth, *»Antigone oder zur tragischen Vorgeschichte der bürgerlichen Gesellschaft«*, in Ders., *Troja hört nicht auf zu brennen. Aufsätze aus den Jahren 1981 bis 2004*, Berlin, Landt, 2006,第 81-107 页。

自然伦理的对手，该自然伦理，虽然像所有伦理那样，“同样是一种精神”，但是“作为一个无意识的、单纯内在的概念”①。因此，它对应着厄里尼厄斯的位置（厄里尼厄斯与宙斯一道——或者更为准确地说，在宙斯之中——高踞于王座之上）。被人设立的法（νόμος）与神的法，这两种伦理力量可能相互冲突（正如在戏剧《安提戈涅》中那样），但是可以在一个几乎没有缺陷的正义中得到和解。正如人所设立的法（νόμος）将“那个脱离了平衡的自为存在，把那些独立的阶层和个体重新带回到普遍者之内”，同样也存在着一种正义，它“使那个统治着个人的普遍者重新获得平衡”②。它是“那些遭受不公正待遇的人的一个单纯的精神，并未分裂为一个遭受不公正待遇的人和一个位于彼岸世界的本质；这个单纯的精神本身就是阴曹地府的势力，它手下的厄里尼厄斯负责进行复仇”③。黑格尔在这里对其思想进程作出了重要转变。当个体被屈尊为物时，他便通过强制来实现他的法，其具体方式是变成厄里尼厄斯。但是其对方——根据黑格尔的看法——不是作为国家和法的普遍物，而是自然，抽象的存在本身：“个人在伦理王国里有可能遭受不公正待遇，但这种不公正仅仅是某种纯粹碰巧发生在他身上的东西，是自然界。不公正作为一种普遍性并不是来源于共同体，毋宁说，不公正是存在的一个抽象的普遍性。个人在消除他所遭受的不公正待遇时，并不是反对共同体（因为共同体并没有让他遭受不公正待遇），而是反对存在。”④

黑格尔在法权状态中扬弃了伦理力量之间的矛盾，在自身异化了的精神和教化之中扬弃了法权状态。这里不打算细致描述这一过程，而是要强调，借助异化和教化，现代世界被实现了。现代世界的特征是，精神在这里步入一种自我关系之中，并因此也知道：“这个世界的精神是一个渗透着自我意识的精神性本质［……］，但是这个世界的实存，以及自我意识的现实性，都是基于这样一个运动，即自我意识脱离它的人格性发生外化，从而创造出它的世界，把这个世界看作是一个异己的、从现在起必须掌控在手的世界。”⑤

这里的“异化”不应从早期马克思的社会批判的意义上来理解。与之相对，在黑格尔那里，“异化”建构着精神与自我意识的一般结构，而自我意识只有处在一种与他者（它自身的他者）的反思关系中，才能理解自身⑥。精神世界的教化是一个与个人相对立的客观

---

① GW，第 9 卷，第 243 页。
② 同上书，第 250 页。
③ 同上。
④ 同上。
⑤ 同上书，第 267 页。
⑥ 参阅 W. Jaeschke，*Hegel-Handbuch. Leben — Werk — Wirkung*，Stuttgart-Weimar，Metzler，2003，第 190 页。

过程,而个人不得不在理论和实践上将这个世界占为己有。唯有如此,他们才能从一种陌生性中走出来,在这种陌生性中,个人被交付给一种存在(一个首先要去占为己有的世界),因而被变成物。"教化"是强占,从而也改造被给予的存在;厄里尼厄斯的正义处于伦理力量的冲突之中,而上述教化已被植入厄里尼厄斯的正义之中。因为在个人身上推行抽象存在的不法被如此废除,以致"一个碰巧发生的事件就转变为一个作品,而存在或最终结果随之也转变为意识所乐见其成的东西"。[①]

自我意识将被给予的世界占为己有,这"在本质上是一种判断"[②],也就是说,不是对现存发现的东西的单纯肯定,而是作为具有效力的普遍物的"秩序的合法性""在教化的世界中被设立起来"[③]。而这应被理解为,伦理的精神世界(后来的客观精神)作为普遍物,只有在教化以及通过教化才能被建构起来。然而,当普遍物的同一性以及与普遍物的同一性在之后进行的判断中必然地"陷入解体的眩晕中"[④]时,即便意识处于教化之中,它仍然也是分裂的。桑德考伦(Birgit Sandkaulen)特别指出了这一点。而这一点也使得黑格尔的如下看法变得问题重重,即在教化的道路上,现代世界与自身相和解。然而,特别是在之后的论述中,在《法哲学原理》中,一个盲点出现了。因为教化最迟是在《法哲学原理》中被黑格尔片面地当作"向普遍物发展的运动"来处理的,而"相反方向的运动[……]在其中普遍物自身受到检验的运动"[⑤]却逐渐消失了。正如上面所指出的那样,这一点已在下述情况中出现了,即这一相反方向的运动在伦理力量的冲突中针对着自然,针对着抽象存在,而非针对着具有效力的伦理普遍物。与之相应,黑格尔也塑造了在绝对自由中普遍意志与个别意志之间的矛盾。当个别自我将自己理解为是绝对自由的,并将自己设立为普遍物时,它必须将其他个体从这种普遍性中排除出去,因而将为他物的存在排除出去,而这是为了绝对自由之故。"普遍自由不但不能完成任何肯定的事业,而且不能作出任何行为。它始终只能面对一个否定的行动;它只能是那些带来毁灭的弗里亚女神。"[⑥]在排除和毁灭的这一纯粹否定性中,一开始便已经以一种极端方式错失了任何一种普遍性,但是它不是从个人主义观点出发的一种关于既定秩序的批判性判断。

---

① GW,第9卷,第250页。

② 同上书,第271页。

③ B. Sandkaulen, *Bildungsprozesse (in) der Moderne*, in A. Arndt — T. Rosefeldt (Hrsg.), *Schleiermacher / Hegel. 250. Geburtstag Schleiermachers / 200 Jahre Hegel in Berlin*, Berlin, Duncker & Humblot, 2020,第229－242页;此处是第239页。

④ 同上。

⑤ 同上书,第341页。

⑥ GW,第9卷,第319页。

即便如此,“带来毁灭的弗里亚女神”体现了一种“从下面而来的”、针对共同体的威胁(这种威胁不会轻易消失,必须一直被遏制)。此外,这是通过战争发生的。战争通过让个人面对死亡,“时不时地”使个人的独立性处于不稳定之中,阻止个人在面对普遍物时,将自己孤立、禁锢于自为存在的状态中;此处,阴曹地府的力量被用来为共同体服务:“否定的本质于是表明自己是共同体的真正权力,是共同体赖以保存自身的力量。这个共同体在神的法律的本质和阴曹地府那里获得了真理,并加强了自己的势力。”①

正是被驯服的厄里尼厄斯,正是善意者,她们在这里使普遍物得以稳定,其方式是实现复仇女神的旧的事业,即死亡;但是没有复仇,没有激情,一切是为了共同体。

因此,普遍物战胜了“个别性的叛逆原则”,但是黑格尔就此强调说,国家公开的伦理的有意识的精神与无意识的精神之间的“抗争”仍然存在着。② 这个无意识的精神,这个原始的法,欧墨尼德斯的地下的、仍还具有自然属性的力量,“是一种另外的根本势力,它并没有被前者(普遍者或自觉的精神)摧毁,而仅仅是遭到其羞辱。但相对于那种掌握权力,正大光明的法律而言,无意识的精神只能在没有血肉的阴影那里得到帮助”,③因而失败。但是,无意识的精神作为未被摧毁的力量,会被公开的精神拿来为其服务,而且只有当这成功时,公开的精神才能运用其力量。“公开精神的力量扎根于阴曹地府。民族对于自身,对于自己的安全保障保有确定性,这种确定性源于那个把全民族团结为一个单一体的誓约,而誓约只有在全民族无意识的、静静的实体中,在冥河的遗忘之水中,才成为其真理。”④

尽管正是在现代性的分裂中,民族的这种一致遭受到破坏的威胁,但是黑格尔并未直接讨论当他为城邦-伦理所设想的这种无声的一致破裂时所发生的事情。现代自我意识所力求达到的与自身的和解,以及与其世界的和解,已经为黑格尔的如下洞见所质疑,即一种差异不可更改地、持续地影响着现代性,这种差异不会自我扬弃,只可能以另一种方式被平衡和调解。这种差异就是市民社会与国家之间的差异。就此,黑格尔在《法哲学原理》第182节的补充中写道:“市民社会是家庭和国家之间的差异[环节],虽然它的形成要晚于国家。因为作为差异[环节],它必须以国家作为前提,为了能够存在,它必须把国

---

① GW,第9卷,第246页。在《法哲学原理》中,黑格尔也同样强调了战争的这一功能;参见GW,第14.1卷,第165、166页(§324,附释)。

② GW,第9卷,第257页。

③ 同上。

④ 同上书,第258页。

家作为独立的东西来面对。”①

在“需求体系”中,地下世界的阴影王国以某种方式返回到公开的现代伦理之中;根据1803/1804年第一《耶拿体系草稿》的论述,阴影王国回到“一种巨大的公共体系和相互依赖的体系之中;一种无生气的、在自身之中运动着的生命,这种生命在其运动中盲目地,似乎以一种自然力的方式来回运动,并且作为一种野蛮的动物,它需要持续的严格管束和驯化”②。

黑格尔自己已意识到,这个从政治共同体中脱落出来的领域包含着冲突的潜在因素,该因素会损害共同体的理性基础,损害法。他的“贱民”概念即为此而产生,它描绘了关于法的意向的丧失。③ 这在贫穷的贱民中的出现方式是,他失去了他的权利,④而在富有的贱民中的出现方式是,他不理会法。⑤ 由此而产生的愤怒,展现了共同体的内在衰败,即便这种愤怒常常采取的表现形式是,遭受羞辱的、被当成物的个体作为他们的厄里尼厄斯,无意识地寻求着他们的复仇。当法的共识破裂时,在社会方面被拒绝的、针对特殊性的权利,将作为一种凭借自己的武力来捍卫的权利来执行。这些厄里尼厄斯通过多种表现形式,侵袭着我们现代社会的内部以及全球化世界的精神世界。⑥ 只有一种法可以使他们和解,再次转变为欧墨尼德斯,这种法就是使他们再次现实地得到他们权利的法,他们能够承认的法。

---

① G.W.F. Hegel, *Grundlinien der Philosophie des Rechts oder Naturrecht und Staatswissenschaft im Grundrisse*, nach der Ausgabe von E. Gans hg. v. H. Klenner, Berlin, Akademie, 1981,第220页。

② GW,第6卷,第324页。

③ 弗兰克·鲁达(Frank Ruda)在其开创性的研究中首次深入探讨了“贱民”这一概念:F. Ruda, *Hegels Pöbel. Eine Untersuchung der* Grundlinien der Philosophie des Rechts, Konstanz, Konstanz University Press, 2011。

④ 参阅GW,第14.1卷,第194页:与贫穷相伴而生的是,贫穷的贱民“丧失了通过自食其力的劳动所获得的这种正当、正直和自尊的感情”(§244)。同样参阅GW,第26.2卷,第754页:“在市民社会中,每个人都有资格通过劳动而生存;倘若他通过工作不能获得该权利,那么他将处于一种无法状态,他不能获得其权利,这种感觉产生内在愤怒。于是人使自己变得无法无天,解除身上的义务,而这就是贱民。”(*Vorlesung* 1821/22, *Nachschrift Anonymus*)

⑤ 参阅GW,第26.2卷,第754页:“财富是一种力量,财富的这种力量很容易发现,它也是高居于法之上的力量,比较有钱的人可以从许多东西中提取出对他人来说是不利的东西。财富是反对法、反对习俗的力量,这一意向当它存在时,那么比较有钱的人恰好也为自己采纳了一种无法无天的状态,在其中,他是权力。”(*Vorlesung* 1821/22)

⑥ 然而,不仅个体反对非理性的普遍物的统治,而且同样地,自然本身在黑格尔那里也还代表着一种非理性的普遍性。

"Eumenides Sleep": On the Fragility of Modernity

Andreas Arndt

【**Abstract**】 In his theory of punishment, Hegel interprets the retribution of injustice as the act of the eumenides who have been awakened by the crime. They are thus servants of law (νόμος) rather than goddesses of vengeance. Nevertheless, the question remains whether the Erinyes, who according to the ancient myth were first made the well-meaning (Eumenides) by Athena, cannot also reawaken as such when the legal consensus breaks down. Hegel's interpretation of Aeschylus' Oresteia shows that the Eumenides are to be regarded as permanent powers of nature that must be constantly controlled and appeased. This is true not only for antiquity — depicted by Hegel in the Phenomenology of Spirit as the struggle of human with divine law — but also for modern morality, which is characterized by an irrevocable rift: the system of needs takes the place of the underworld of the Eumenides in the midst of morality and undermines the legal consensus with its dynamics in the « rabble ». In the indignation of those who no longer find their right in the existing law, the Erinyes awaken in their original form.

【**Keywords**】 Right, Vengeance, Punishment, Nature, Spirit, Civil Society

“野蛮关系是通向文化的最初阶段”

——黑格尔观点下的文化与自然[①]

[德]安德亚斯·昂特[②](著)

张大卫[③](译)

【摘要】“野蛮关系是通向文化的最初阶段”,这句话出自黑格尔的一部手稿。根据黑格尔的承认学说,人们或许可以推测说,通向文化的最初阶段,即野蛮与文化之间的关系,自然与精神之间的关系,在文化之中被扬弃,其扬弃方式是被承认之存在在法之中被制度化。文本将指出,野蛮关系在文化状态之中并非单纯地消失了;毋宁说,在现代社会中,它也侵入到文化状态之中。在黑格尔那里,文化与野蛮始终处于一种矛盾的、彼此相连的统一体中。黑格尔认为,只有关于该统一体的意识才能起到防止人们完全陷入野蛮之中的作用。

【关键词】野蛮关系,文化,自然,历史,精神

一、

“野蛮关系是通向文化的最初阶段”[④],这句话出自黑格尔的一部手稿[⑤];这部手稿是

---

① 该文系安德亚斯·昂特教授于2022年9月5日在第34届国际黑格尔年会上做的年会开场报告。

② 作者简介:安德亚斯·昂特,德国柏林洪堡大学教授(荣休于2018年),著名黑格尔哲学、施莱尔马赫哲学专家。现任国际黑格尔协会名誉主席,《国际德国观念论年鉴》顾问委员会成员,《马克思研究》系列共同出版者,《黑格尔研究》顾问委员会成员等。代表作有《辩证法与反思》(1994)、《作为哲学家的弗里德里希·施莱尔马赫》(2013)、《历史与自由意识》(2015)等。

③ 译者简介:张大卫,华东政法大学马克思主义学院特聘副研究员,德国洪堡大学哲学博士,主要研究方向为德国古典哲学中的实践哲学、马克思主义哲学。

④ “野蛮关系”对应的德文原文是“Barbarisches Verhältniß”。这里的“野蛮关系”意味着野蛮与文化之间的关系。但是值得注意的是,在本文中这一术语还蕴含着另外一层意思,即自然与文化、与黑格尔意义上的精神之间的关系。昂特教授认为,在黑格尔那里,这种关系具有一种原初的野蛮性,且这种野蛮性并不会随着文化、精神的发展而轻易消失。——译者注

⑤ GW 10, 1, 18.
作者所引用的黑格尔文本来自汉堡麦娜版的《黑格尔全集》(G.W.F. Hegel, *Gesammelte Werke*, Hamburg, Meiner),缩写为GW。为了标明全集中所引的具体卷数、分册数及页数,作者往往在GW之后标出相应的阿拉伯数字。比如这里的“GW 10, 1, 18”,表示《黑格尔全集》第10卷,第一分册,第18页。译者在翻译本文时,保留作者的引文标注习惯。关于《法哲学原理》的引文翻译,参阅黑格尔:《法哲学原理》,邓安庆译,北京:人民出版社,2016年,略有改动。以下不一一注释。——译者注

1808/1809 年黑格尔在纽伦堡高级文理中学为中年级学生开设精神学说的课程时留下的。这句引文与如下斗争相关,即作为生死斗争的为承认之斗争。众所周知,从历史方面来看,这种斗争远先于被承认之存在的法权状态。人们或许可以推测说,通向文化的最初阶段在文化之中被扬弃,其扬弃方式是被承认之存在在法之中被制度化。因此,文化对于黑格尔而言,它首先不是——或者说,无论如何也不是——一种更高的精神性和教化。它首先是精神性关系的制度化。这在黑格尔那里奠定了国家与文化之间的紧密联系①。

然而,野蛮关系在文化状态之中并非单纯地消失了;毋宁说,在现代社会中,它也侵入到文化状态之中;黑格尔在其全集很少的一些段落中明确使用了"文化"这一术语,在其中的另外一处,黑格尔指出了野蛮关系侵入到文化状态这一点。在外部国家法中,诸多主权意志,正如生活在野蛮时代的个人那样,相互照面。这些意志向其他国家提出"承认"的要求②。但是,这一要求是"抽象的",因为国家"事实上是不是这样一种自在自为地存在的东西,这要取决于它的内容,即国家制度和一般状况;而承认既然包含着形式与内容这两者的同一,所以它是以其他国家的观点和意志为依据的"。③ 借此有两点被指出:第一,在国家之间不存在一种可以与内在的法权状态相比拟的法权共同体,因为在它们之间不存一种"裁判官"④,这种裁判官作为一种强制力维护着法权;第二,在国家之间的承认只可能在如下情况和条件下发生,即它们能够将彼此相互地认识为为精神而存在的精神,认识为理念的实现。因为这始终包含着一种历史的基准(客观上可能的、自由之实现的程度),而所有国家又并非都同样地处在时代的水平上,所以在此情况下出现了黑格尔也提起的那些否决:"例如关于游牧民族,或一般说来,关于任何一个处在低级文化上的民族,甚至会出现这样一个问题:在何种程度上它能被看成一个国家。宗教观点[……]可能引起一个民族和其他民族间更高程度的对立,这种对立排除了承认所必要的一般的同一性。"⑤

很显然,在现代世界中,只存在着一种黑格尔意义上的、世俗的理性法权国家,它刻画出了这样一种文化水平,该水平在外部国家法中使得承认关系变得可能。但是,因为在这些国家之间的承认不可能在一种持续的、被承认之存在的法权秩序中扬弃掉,所以这建立

---

① 为了对此有个概览,参阅 *Staat und Kultur bei Hegel*, hg. v. Andreas Arndt und Jure Zovko, Berlin 2010。

② GW 14, 1, 269, § 331,参阅 *Zwischen Konfrontation und Integration. Die Logik internationaler Beziehungen bei Hegel und Kant*, hg. v. Andreas Arndt und Jure Zovko, Berlin 2007.

③ GW 14, 1, 269, § 331.

④ 同上。

⑤ GW 14, 1, 269, § 331, 附释。

不起永久和平；与之相对，国家之间的关系一再地复归到对抗性的交往形式之中，直至战争；而这些交往形式作为一种诉诸战争的权利（*ius ad bellum*）得到辩护，即便黑格尔将战争中的权利（*ius in bello*）置于如下条件之下，即保持迈向和平的可能性以及保护平民。

鉴于20世纪、21世纪的战争，人们大概不会否认，遵守这些条件的期望几乎可以说是一种痴心妄想。然而，黑格尔作为其时代的孩子，并不能因为他具有另外一种期待前景而受到责备。但是，在黑格尔自身那里，存在着为如下观点辩护的体系性理由，即被称为最广泛的意义上的“文化”的东西，它绝不描述一种确定的进步过程，而是在原则上描绘了一种脆弱的、始终受到威胁的，并且需要重新被捍卫的产物，一种稀薄的覆盖物，它只是凑合地掩藏着文化的野蛮开端。换言之，文化与野蛮处于一种矛盾的、彼此相连的统一体中，而只有关于该统一体的意识才能起到防止人们完全陷入野蛮之中的作用。

我想在下文中较为详细地论证这一论题。在此我必须马上承认，这一论题与关于黑格尔的一种传播甚广的看法相矛盾；根据该看法，黑格尔是一位对进步深信不疑的理性主义者。[①] 首先需要牢记的是，根据黑格尔的看法，进步无疑只是一种在关于自由的意识中的进步，而不是在其实现之中的进步。当精神的自身理解被概括在关于自由的意识之中时（正如还须指出的那样，这里的精神可与现代的文化概念相提并论），那么，精神的制度化过程还有待实现，并且正如在外部国家法中的情况那样，它会触及其界限。但是，即便在这样一些地方，即在国家的内部、在作为自由之定在的法之中的制度化所发生的地方，野蛮的开端还是侵入到了现代世界之中。在下文中，在文章第二部分，我将首先概略地叙述一下黑格尔与现代文化概念的关系，这种文化概念事实上被约翰·戈特弗里德·赫尔德以一种权威性的方式塑造了。在其中将指出，黑格尔的精神概念在很大程度上与文化概念相对应，而且鉴于如下方面也是如此，即自然和历史（或者说文化或精神）形成一个统一体。这一说法对于客观精神领域——在该领域中精神的制度化发生了——绝对有效。这一点以及客观精神与绝对精神之间的关系将成为之后部分，即文章第三部分的思考对象。以此为基础，最后，在文章第四部分须要确定的是，就哪些方面而言，作为文化的最初阶段的野蛮，它始终构成文化的或者说精神的过程的一个环节（这种构成会产生这样一些后果，它们可能引起文化向野蛮的倒退）。

---

① 关于对这一看法的批判，参阅 Walter Jaeschke，„Zur Geschichtsphilosophie Hegels“，in：Ders.，*Hegels Philosophie*，Hamburg 2020，281—299。参阅 Dietmar Dath，*Hegel. 100 Seiten*，Ditzingen 2020，98：“黑格尔渴望消除那些令其思想不悦的东西，但是他从未轻率地、肤浅地回避它们，或者甚至是无视它们。其哲学之力量来源于，它恰恰将抗拒它的东西予以严肃对待。倘若我们聪明，那么我们在这方面要跟从它。”

二、

文化概念在黑格尔那里并不扮演主要角色。我在文章开头所援引的两处原文,几乎已经覆盖了"文化"这一术语在黑格尔那里的用法。其原因为何,人们只能猜测;因为黑格尔也未解释,为何他没有着手研究赫尔德的文化概念,该概念在他那个时代被进一步发展和推进。此外,德国古典哲学的其他著名的同时代人也并未着手研究这一文化概念。[1] 一般而言,后康德哲学的主角们并不十分隆重地推崇赫尔德,即便人们读他,并且这种阅读痕迹到处可以被看到。以当今视角来看,赫尔德毫无疑问地可以被视为一位奠基者,他奠定了现代人对文化这一概念的理解方式。赫尔德自 1784 年到 1791 年,将其大作《关于人性的历史哲学的观念》分成四个部分陆续发表[2];在该作品中,他将文化视为人之境况(*conditio humana*)的特征。当人在团体中生活、生产工具并且借助语言和符号来交流时,人从来一直就已经是一种文化之人。以上述方式,他创造了一系列传统和教化;不同文化在其中交互影响,并且在一种人性的普遍化的视野下,历史性地得到进一步的发展。

正是这种关于一般文化的历史性的理解(将文化与历史相提并论),才使得赫尔德成为现代文化概念的奠基者。黑格尔虽然没有在术语上承袭赫尔德这一关于文化的理解方式,但是就其思想实质而言,黑格尔还是承袭了他。由此,在文化概念事先已被普遍化之后,它因获得一个重要的维度而被拓展了。文化一词不限于某些特定领域(比如土地的开垦,精神的培育[3]),正如在古代那样;而是——这首先是在塞缪尔 · 普芬道夫那里是如此——作为一种文化的状态(status culturae)而与一种自然状态(status naturalis)相对立。[4] 走出自然状态,人由此被社交(socialitas)所规定;该社交不仅被理解为互助(即使是

---

① 比如,参阅 Wilhelm Gräb, „Die anfängliche Ausbildung des Kulturbegriffs in Schleiermachers Hallenser Ethik", in: *Friedrich Schleiermacher in Halle* 1804—1807, hg. v. Andreas Arndt, Berlin und Boston 2013, 77 – 89。

② Johann Gottfried Herder, *Ideen zur Philosophie der Geschichte der Menschheit*, hg. v. Martin Bollacher, Frankfurt/M 1989。就此参阅 Wolfgang Proß, „Ideen zur Philosophie der Geschichte der Menschheit", in: *Herder-Handbuch*, hg. v. Stefan Greif, Marion Heinz und Heinrich Clairmont, Paderborn 2016, 171 – 216。

③ "土地的开垦,精神的培育"对应的原文是拉丁文"cultura agri, cultura animi"。德语"文化"(Kultur)一词源于拉丁文"cultura"。在拉丁语中,"cultura"有"垦种、培育"之意。——译者注

④ Samuel Pufendorf: *Eris Scandica*, Frankfurt a. M. 1686, S. 219: „Altero modo statum hominis naturalemconsideravimus, prout opponitur illi culturae, quae vitae humanae ex auxilio, industria, et inventisaliorum hominum propria meditatione et ope, aut divino monitu accessit."[将自然状态与那个文化相对照,就此我们考察人的自然状态;文化附加到人的生活中来,出于支援,出于人之进取心,出于他人的创造发明,而这些创造发明是他人借助自己的反思及能力或借助神的引导而得来的(该拉丁文译文参考作者提供的德语翻译——译者注)]。翻译出自 Franz Rauhut: „Die Herkunft der Worte und Begriffe, Kultur', , Civilisation' und, Bildung', in: *Germanisch-Romanische Monatsschrift* 34 (1953), 83。

在工作和其产品分配中的互助),而且还被理解为政治方面的,特别是法权方面的社会化。但是,黑格尔——他在其大学讲课中明确表示过对普芬道夫的赞誉(即便这与"文化"这一术语无关)[①]——在一种广博的关于历史性的理论框架中取消了自然状态与文化状态的对立,这一点是与赫尔德相一致的。虽然黑格尔认为自然状态应被离弃,但是,自然状态在黑格尔看来不是一种前社会的状态;而是说,普芬道夫式的那种社交——将人一般地规定为政治动物(zoon politikon)——在源初的与自然的关系的直接性中就已经存在。

然而,与赫尔德相对立,黑格尔并非将人的历史理解为自然史的一种完全延续,因为他认为,历史与自然自身完全不相适宜,而只与精神相适宜。精神的本质是自由,而作为自由的精神的自我意识的生成——在关于自由的意识中的进步——是(世界)历史。以上所述会助长人们的如下猜测,即黑格尔还是陷入了一种将自然和精神,或者说将自然和文化对立起来的境地。[②] 至少人们可以假定,他最终只是将自然视为精神的去自然化过程的起点。在一份关于精神哲学的柏林残篇中,黑格尔写道:"什么是精神这一问题,包含着[……]两个问题,即精神从哪里来,以及精神往哪里去。[……]精神从哪里来,——从自然而来;精神往哪里去,——去往它的自由。它之所是,正是从自然出发、解放自我的这一运动本身。"[③]在1803年,黑格尔已经对"精神的本质"——在一篇同名的残篇中——作出如下规定:"精神的本质是,它发现它自己与一种自然相对立,它克服这种对立,并且作为胜利者借助自然而回到它自身。"[④]黑格尔的表达似乎证实了人们的猜测,即在他那里,最终涉及的是消灭每一种自然规定性。但是,与此相对立的事实是,黑格尔认为,被克服的东西不是自然自身,而是与自然的对立:"精神将自然认识为自身,并扬弃它们的对立。借此,它在自然之中发现了它自己,回到它自己本身那里。"[⑤]事实上,对于精神而言,与自然的关系具有建构性的作用,因为精神,从本质上来说是历史性的东西,它"不存在,或者说它不是一种存在,而是一种生成之物"。[⑥]

---

① 参阅 Georg Wilhelm Friedrich Hegel: *Vorlesungen über die Geschichte der Philosophie. Teil 4. Philosophie des Mittelalters und der neueren Zeit*, hg. v. Pierre Garniron und Walter Jaeschke, Hamburg 1986, 127:"为了使国家中的法权关系为自己固定下来,为了建立国家关系的组织,人们采取了斗争;在该斗争中,思想的反思展现出来,并且根本性地干涉其中。正如在胡果·格劳秀斯那里那样,在英国人和普芬道夫那里同样发生的情况是,人的技艺本性,本能,社交天性等等,内在的属人的东西,已成为原则。"

② 参阅 Johannes Rohbeck, „Staat und kulturelle Evolution nach Hegel", in: *Staat und Kultur bei Hegel*, a. a. O. (Anm. 2), 105-118。

③ GW 15, 249.

④ GW 5, 370. 参阅 Walter Jaeschke, *Hegel-Handbuch. Leben — Werk — Schule*, 3. Aufl., o.O. 2016, 146。

⑤ 同上。

⑥ 同上。

但是,即便对于已经回到自身并且将自身理解为自由的精神来说,与自然的关系仍然是某种根本性的东西。黑格尔自己分析了这样一个问题:已经具有自我意识的精神,“除了瞥见到它自己之所是之外,还瞥见到它的肖像”,这是否是“一种冗余”“多余”①? 首先,精神在自然中直观到它自身的形象;借此,它作为精神,不再是自然,也就是说它不再被他者所规定。在自然中,与它碰面的不是某种陌生的自我意识,而是它自身的镜子。在1819/1820年关于自然哲学的柏林讲课中,黑格尔也强调了这一思想。在那里,黑格尔说道:在关于自然的理性认识中,我将自然之物“释放出来,并不担心会失去它,它是一种锁闭在自身之中的东西,一种理性的东西,其自由对于我而言并不具有什么令人生畏的东西,因为它的本质就是我的本质。人只有在如下情况下是自由的,即在我之旁,他者也还是自由的。因此,自然哲学是自由的科学”。②

为了避免误解,在这里有必要简短地研究一下黑格尔体系的建筑术(黑格尔在《逻辑学》以及在三版《哲学科学百科全书》中起草了他的体系)。首先要确定的是,黑格尔并不主张精神的一元论,而是主张一种理念的一元论。这规定了自然与精神之间的关系。根据黑格尔的看法,自然和精神是体现理念之“定在”的“不同方式”③;绝对理念只有在自然和精神之中才具有定在,而不是在一种形而上学的在后的世界之中。因此,自然和精神作为关联项必然也互相指涉。精神是“一种设立(Setzen),将自然设立为它的世界;作为反思的这种设立,它同时是一种事先设立(Voraussetzen),即将世界事先设立为独立的自然”。④ 自然与精神之间的这种实际的调解是根本性的。绝对的形式——在绝对理念之中的、将自身理解为概念的概念的形式——也正因此只是形式性的,正如《逻辑学》中所说的那样。⑤ 它以精神的如下可能性为基础:“抽象掉一切外在之物,以及它自身的外在性,它的定在本身。”⑥

这一观点对于此处所讨论的问题具有重要影响。它意味着,绝对精神,特别是逻辑学的理念,以一种抽象过程为基础;该过程并未将自然与精神之间的实际对立和调解扬弃。最终在绝对理念中回到自身的精神,在其定在之中,仍然与自然相连。自然与人的自由之间的相适应并非在一种对自然的抽象中实现的,而是在一种被社会中介过的、与自然的关

① GW 5, 370.
② GW 24, 1, 8.
③ GW 12, 236.
④ GW 20, 382, § 384.
⑤ GW 12, 25.
⑥ GW 19, 289 (《哲学科学百科全书》1827, § 382)。

系中实现的，并且这一关系限制着精神的自我意识的定在：没有这种与自然的关系，就没有精神的定在，就没有对于这一关系的抽象的承载者，因此也没有绝对精神。或者说也就没有人——没有上帝。

三、

为理解这一点，还需要再次简短地探讨一下体系的建筑术。当绝对精神——它最终在绝对理念中理解自身——以一种抽象为基础，那么，这种抽象标记出一种根本性的区分，即与理念的实在①或者说与理念的定在的区分。就此，黑格尔在 1817 年的逻辑学讲课中说道："逻辑的东西是普遍物，因此，是所有东西的这样一种内容，该内容为所有东西所共有。但是，它作为普遍物，同样也与特殊物对峙着。由此，逻辑学与哲学的实在科学相区别。"②逻辑学与实在哲学的这一区别禁止人们具有如下意愿，即将实在分解为逻辑学的结构，或从这些结构中推导出实在来。此外，这一区别也禁止人们具有如下意愿，即将抽象概念直接地转变成实在，无论这些抽象概念在内在的逻辑方面能够得到何种辩护。就此方面，黑格尔已清楚地表达过自己的意见，即便这一信息经常被忽视。在 1817 年版的《哲学科学百科全书》中，黑格尔写道："所有现实的东西，就其是真实之物而言，便是理念[……]。个别存在是理念的一个随便什么的方面。因此，对于这种存在而言，还需要其他现实性[……]，在它们整体之中，并且在其相互联系之中，唯有概念得到实现。自为的个别之物不能与其概念相称；它的定在的这种限制构成了它的有限性和它的毁灭。"③黑格尔在《逻辑学》中同样写道："有限的东西是有限的，那是因为它们在自身之中不完全具有它们的概念的实在，而是为此需要他物；——或者倒过来说，就它们被预设为客体而言，它们因此便在自身之中具有作为外在规定的概念。"④因此，理念在自然和精神中的定在不是理念的单纯反映，而是一种压碎，即它被压碎成概念的散落的环节。对于处于自然和精神的哲学实在科学中的理解活动而言，上述这点意味着，首先必须在实在之中

① "实在"对应的德语原词是"Realität"。该德语词在日常生活语境下具有"事实，现实，现实性，真实性，地产，不动产"等意思。根据黑格尔文本的中文翻译习惯，"Wirklichkeit"常被翻译为现实。为了不与"Wirklichkeit"相混淆，译者将"Realität"翻译为"实在"，而非"现实"。此外，值得注意的是，正如《法哲学原理》的引言中所指出的那样，在黑格尔的哲学语境中，"Wirklichkeit"（现实）和"wirklich"（现实的）常常分别与"Vernunft"（理性）和"vernünftig"（理性的）相关。本文作者认为，黑格尔所主张的一种存在的形式，即"Realität"（实在），虽然也与理性或精神相关，但是它与"Wirklichkeit"（现实）相比，更多地涉及自然的存在或实际存在的那一面。因为本文作者重在刻画自然和文化、自然和精神的关系，所以他在文章中往往使用"Realität"一词，而非"Wirklichkeit"。——译者注。

② GW 23, 1, 30.

③ GW 13, 98, § 162.

④ GW 12, 175（《逻辑学》的概念论）。

寻找分散的概念诸规定,并且将它们置于一种与实在相符的关联中。在《逻辑学》中,黑格尔将这称为"寻找着的[……]认识";在它之中,"主体、方法和客体并未被设立为一种具有同一性的概念"。[①]

这一寻找着的方法的结构对应着人在理论方面和实践方面的一种关系,一种与自然的关系。自然在这里并未被废除,而是按照它的内在结果被改造。因此,自然正如在劳动中那样(根据黑格尔的看法,劳动从一开始就是社会性的),不是一个由精神来规定的、死的基础;毋宁说,精神与自然的关系,被实现为规定与被规定的统一,且这在精神与自然这两个方面都发生着。精神将自己从直接的自然依附中解放出来,其方式是:在与自然的关系中,它利用实际存在的可能性,借此创造自由空间,准许行动的备选方案存在。根据《逻辑学》,一种实际存在的可能性[②]是指这样一种可能性,在其实现的过程中,在实际存在的可能性之中已经存在的,而实现的过程没有产生出来的环节被利用着,以致实现成为一种"与自身的交合"。[③] 因此,实际存在的可能性同样也是一种"实际存在的必然性"。[④] 实际存在的必然性和自由是这样一种解构,在其中,处在有限物领域的绝对理念实现着自身。这意味着:直至作为社会和国家的客观精神,精神——它在理念中表现自身——的自身关系始终被破坏着。在此实在之中,自由始终只是作为一种不完善的东西而被拥有,而非作为一种完全渗透一切的原则。这里,所涉及的始终是确定的、制度化的自由空间,这些空间处于人与自然的关系之中,且在这些空间中,自由拥有着它的定在。

精神作为绝对精神,以艺术、宗教和哲学的形态回到自身。将这些形态区分开来的是一种媒介,借助这种媒介,精神的自我意识探寻着自身并发现自身。在艺术中,这种媒介是感性;在宗教中,是表象;在哲学中,是概念。而哲学的任务是,以一种与理性相符的概念媒介来理解艺术和宗教的理性内容(与哲学相对,艺术和宗教这两者还与感性密切相连)。哲学超然于感性的直观和表象之外,表达着艺术和宗教的真理。三种形态所具有的共同之处是,它们都反映着精神性的东西自身;因此,一种反身性的精神的自身关联性是它们的内容。作为绝对精神的精神在其内在状况中反思自身,这是精神从其定在那里抽离出来的表现。然而,艺术与宗教的媒介——感性与表象——还受限于与自然的关系;就

① GW 12, 238(《逻辑学》的概念论)。

② "实际存在的可能性"对应的德语原文是"reale Möglichkeit"。根据前文语境和翻译说明,该词也可译作"实在的可能性"。——译者注

③ GW 11, 387.

④ 同上书, 388。
"实际存在的必然性"对应的德语是"reale Notwendigkeit"。根据前文语境和翻译说明,该词也可译作"实在的必然性"。——译者注

此而言,它们与作为概念的精神的完善的自我意识不相匹配。但是,即便是哲学,它也必须经过一段漫长的历史进程,努力向上,才会达到这样一种看法:它是与纯粹思维形式自身、与绝对理念打交道。然而,绝对精神处在纯粹概念的界限之下,这不仅是由于它所借助的媒介使它与自然的关系相连;而且是由于它不得不在自身之中反思有限的、主观的和客观的精神并予以扬弃,因为不然的话,它便在一种与有限物本身的对立中成为一种有限物。因此,即便是作为纯粹思维之实行的《逻辑学》,它也必须从与他者的关联那里走向一种概念的自身理解,或者说从一种外在的反思走向一种规定性的反思;《逻辑学》必须如此行事的目的是,借此它能够在绝对理念中,以一种回顾的方式来理解上述过程。因此,这里提及的绝对理念,根据其内在的逻辑结构,始终回指着处在有限实在之中的概念的外在于—自己—本身的—存在,即便这不是以一种物质的形式发生的,但以范畴的形式确实发生了。

还要补充的一点是,绝对理念既是理论性的,同样也是实践性的,也就是说,它是这样一种“欲望,即通过自己本身,在一切物之中发现并认识自己本身”。[①] 它的目标是,根据处在各自历史条件下的实际存在的可能性来实现理念。由此,在自然和精神之实在的条件下,绝对精神进入到一种实践关系之中,该关系所涉及的另一方是自然和精神之实在。[②] 因此,所谓的青年黑格尔派的理性的现实化的构想,就基本特征而言,已存在于黑格尔那里。[③] 这一点可以在作为宗教的绝对精神中得到示范性的阐明。因为在完善的宗教中,关于上帝的表象就是“在其全体教徒”中的精神的自身关系,所以,根据黑格尔的看法,一种自身的世俗化过程便被纳入到宗教之中:“因此,上帝的国,全体教徒,与世俗具有一种联系。[……]对于这种世俗性而言,原则存在于上述精神性的东西之中。”[④]但是,因为绝对精神不能直接被改造成实在(这将是一种注定要失败的狂热),所以,被表象的天国“下降为尘世的此岸和平庸的尘世,下降在现实和表象中”,而尘世的东西则在一种相反方向的运动中将自己“塑造为礼法与法律的有理性”。[⑤] 回到自身的精神,只有当它在实在的自由与必然性的条件之下能够实现自身的时候,它才获得了实在。没有与自然的关系,就没有精神的实在;没有人作为承载者,就没有精神的自我意识;没有人——没有上

① GW 12, 238.

② 参阅 Andreas Arndt, „Die Vollendung des absoluten Geistes im objektiven Geist. Weltgeschichte, Religion und Staat“, in: *Objektiver und absoluter Geist nach Hegel. Kunst, Religion und Philosophie innerhalb und außerhalb von Gesellschaft und Geschichte*, hg. v. Thomas Oehl und Arthur Kok, Leiden und Boston 2018, 709 - 719。

③ Walter Jaeschke, *Hegel-Handbuch*, Stuttgart und Weimar 2003, 502.

④ GW 29, 2, 224f.

⑤ GW 14, 1, 281.

帝，没有绝对理念。向绝对物提升，与之相随发生的是，绝对物在实在之中的力量的降低。而这为黑格尔的如下观点提供了理由：文化具有自然性和脆弱性，以及这种文化可能倒退到野蛮之中。

四、

黑格尔的精神哲学拥有一个醒目特征，即精神不具有一种独立特殊的实存，而是表示一种客观的实在：在与自然的关系之中，精神表现为物质性的和制度性的实在；①至于物质性的实在，其例子有工具（黑格尔将工具描述为"实在的理性"）②，又比如艺术和宗教祭礼中的物质性东西；至于制度性的实在，则有国家，以及作为自由之定在的法。自然标记出为了精神的实现而根本不可能忽略的那些条件。③ 这意味着，即便是国家和法，它们也以直接的人的自然—自身关系的转变为基础；就此而言，野蛮的、与自然的关系构成了通往（精神性的）文化的最初阶段。

黑格尔关于法的看法以一种独特方式明确指出了上述这一点。因此，在本文的结尾处，我将集中论述黑格尔关于法的看法。对于黑格尔而言，在惩罚权中的报复具有如下职能，即强迫法的破坏者的特殊意志接受法的普遍的、自在存在的意志的约束，并通过"对侵害的侵害"来恢复法权状态。④ 重要的是，根据黑格尔的观点，法通过报复而向法的破坏者所施加的侵害，在其源头处，在"法的直接性的领域中首先是复仇"，即便"按内容而言它是正义的"。⑤ 在作为暴力的根据的法之中，复仇虽然被扬弃，被转变了，但它还总是以暴力的形式存在着，它会急于以侵害罪犯的特殊意志的形式报复犯罪对法的侵害。根据黑格尔的看法，与复仇相比较，在法的惩罚中被改变的东西，并不是报复的正义内容，而是与复仇行为相对而言的、在惩罚行为中的意志规定形式。"按形式而言"，复仇行为，如犯罪一样，是一种"主观意志的"或者说"特殊意志"的"行为"，这种特殊意志对于罪犯来说，也"不过是一种特殊意志"。⑥ 因此，如同犯罪那样，复仇同样也缺少一种理性的普遍性，法的普遍性。所以，当报复一再引起报仇时，特别是在血亲复仇的情况中那样，复仇便"陷

---

① 参阅 Jean-François Kervégan, *L'effectif et le rationell. Hegel et l'espritobjectif*, Paris 2007。

② GW 5, 291.

③ 参阅 Bernd Rettig, *Staat — Recht — Ökologie. Das „grüne" Weltbild G.W.F. Hegels*, Köln, Weimar und Wien 2018。

④ GW 14, 1, 93（§101）。就这一点以及下文观点更为详细的论述，参阅 Andreas Arndt, „'Die Eumeniden schlafen'. Über die Fragilität der Moderne", in: *Dianoia* 26 (2021), No. 33, 71 – 88。（该篇文章即上一篇文章《"欧墨尼德斯沉睡着"——论现代性的脆弱性》，详见本书第 11 – 26 页。——译者注）

⑤ 同上书，95（§102）。

⑥ 同上。

于无限进程，代代相传以至无穷”。

黑格尔对于在国家建立之前的社会中法的先期形式表达了自己的看法；就大致特征而言，黑格尔的这一看法与当代法历史学家，如乌韦·韦泽尔（Uwe Wesel）关于法的早期历史所表达的看法一致："对规范的违反被［……］理解为对于当事人的个体权利的侵害，而不被理解为针对普遍性和秩序的违反。"[①]黑格尔通过多次援引索福克勒斯的名为《安提戈涅》的古希腊悲剧，描述了国家建立之前的法向国家所设立的、普遍的法的关键性过渡[②]；在《安提戈涅》中，神的法，也就是说国家建立之前的法，与国家的法（νόμος）陷入冲突之中，冲突的起因是是否埋葬波吕内克斯（Polyneikes）。黑格尔在描述国家建立之前的法向国家所设立的法的过渡时，同样也援引埃斯库罗斯的戏剧《俄瑞斯忒亚》；在该戏剧的第三部分"欧墨尼德斯"中，借助雅典娜的干预，古老的、母系社会的，以及自然的——与土地相关的复仇女神，厄里尼厄斯，解除了原先的任务，并在将来，作为欧墨尼德斯，作为善意者，关心着城邦的自然繁育；与之相对，事关血亲犯罪的审判权转交到亚略巴古那里，事关血亲犯罪的审判此时依据的尺度是由城邦订立的普遍的法。

在我们的论述语境中，黑格尔关于"欧墨尼德斯"的诠释特别值得关注；黑格尔分析了这一悲剧，尤其是在他的《美学讲演录》和《宗教哲学讲演录》之中。其中有四点特别值得强调。（1）俄瑞斯忒的母亲谋杀了他的父亲，俄瑞斯忒杀害了他的母亲；他的行为是"一种伦理的东西，一种十足的人的东西"；他实现了"正义，作为复仇的法"，而"欧墨尼德斯，良心与他毫无关系"。[③] 黑格尔将欧墨尼德斯和厄里尼厄斯相提并论；它们是作为内在意识的良心，而内在意识的对象是正义之物。但是，在俄瑞斯忒那里，内在意识作为复仇，是在一种主观侵害发生之后产生的；因此，这种意识招来了报仇与再报仇的永恒循环。（2）尽管如此，厄里尼厄斯仍是一种国家建立之前的，还不是以理性的普遍性为基础的原初一法的形式的代表。因此，她们不再是纯粹的自然力量，而是已具有一种精神性的方面。根据这一精神性的方面，希腊神话展现了"自然性的神向精神性的神的过渡"，而这

① Uwe Wesel, *Geschichte des Rechts. Von den Frühformen bis zur Gegenwart*, München 2007, 42。同样参阅 Walter Jaeschke, „Genealogie des Rechts", in: Ders., *Hegels Philosophie*, a.a.O. (Anm. 6), 209–228。有趣的是，黑格尔的学生爱德华·甘斯，与黑格尔相区别，概要性地论述了一种普遍法的历史（Eduard Gans, *Naturrecht und Universalrechtsgeschichte. Vorlesungen nach G.W.F. Hegel*, hg. v. Johann Braun, Tübingen 2005），但并未采纳黑格尔关于法的原初形式和其神话学前史所作出的提示。

② 克利斯托夫·蒙克（Christoph Menke）同样也强调了悲剧与法的紧密联系："悲剧类型和法的制度在它们的兴起和结构方面都相互联系着"（Menke, *Recht und Gewalt*. Berlin 2012, 13）。

③ GW 28, 2, 732（Nachschrift Griesheim）。同样参阅 Georg Wilhelm Friedrich Hegel, *Ästhetik*, hg. v. Friedrich Bassenge, Berlin und Weimar, Böhlau, 1965, Bd. 1, 272："欧墨尼德斯被描述为普遍力量，但同时不被描述为他的［俄瑞斯忒的——笔者注］仅仅是主观良心的内在毒蛇。"

里的精神性的神只是还带着“某种自然性东西的共鸣”。① 直接的法向政治上被设立的法(νόμος)过渡,而宙斯代表了政治上被设立的法,他是“政治性的神,是法律的神,统治的神,但是是公开的法律的神,不是良心的法律的神”。“以公共法律为依据的法具有效力,而不是良心的法律。——良心在国家中不具有法的形式[……],法定的东西才具有这种形式。”②(3)公开的法律终究将人从报仇与再报仇的恶性循环中引出来,用和解代替复仇:俄瑞斯忒斯并未被亚略巴古谴责为弑母者,而是作为个体活了下来。③ 根据黑格尔的看法,这首先是两种力量的和解,古老的、直接的、还具有自然性的法和新的、公开的、精神性的法的和解,是将复仇转变为法律的惩罚。(4)最后,借助这种转变,古老的法并未被持续地压制,而只是在新的法能够一再带来和解的时候,古老的法才得到压制;而共同体的稳定则依赖于这种和解。在《精神现象学》中,黑格尔写道:“下面的法和宙斯一起高踞王座之上,它所享受的声望一点都不逊色于那个作出启示和进行认知的神。”④

黑格尔的上述思考明确表明,对于他来说,复仇的野蛮的(国家和法律设立之前的)境况事实上是文化的最初阶段,在我们当前的讨论语境中,也可以说是法的文化的最初阶段。但是,这一境况并未扬弃于作为“νόμος”的法之中,它而是在该法之旁存在着,两者的关系必须一再地被重新平衡。虽然黑格尔认为,“νόμος”具有与原始的法和解的力量,但是当法的、国家的普遍性和个人的特殊性或者说个别性相背离时,“νόμος”和原始的法也会陷入冲突之中。而这就是在现代社会中可能发生的情况,现代社会是这样一个世界,它自身是分裂的,被市民社会与国家之间的差异所塑造。在个体遭受不公的地方,因为普遍物在他面前变得过于强大,所以个体自己成为“阴曹地府的势力,它手下的厄里尼厄斯负责进行复仇”。⑤ 但是,黑格尔马上通过以下方式缓和了这种冲突:他主张,并不是“共同体的[……]普遍性”,而是自然的“存在的抽象的普遍性”,将个人变成“一种

① GW 29, 2, 263 (Vorlesung 1831).

② 同上书,138f。

③ GW 28, 2, 888 (Vorlesungen über die Philosophie der Kunst 1826, Nachschrift Griesheim):“正义实现了,这是在个人没有毁灭的条件下发生的可能情况,正如在埃斯库罗斯的‘欧墨尼德斯’中所描述的那样。在那里,俄瑞斯忒斯被复仇女神迫害,案件交到亚略巴古之前,在此欧墨尼德斯出现,控告杀人犯,亚略巴古承认双方都有相同权利,将一个祭坛献给欧墨尼德斯,也献给俄瑞斯忒斯。伦理力量的冲突发生在俄瑞斯忒斯身上,他未被谴责,因此结果是惩罚的和解,复仇的和解。”也参阅 Vgl. auch GW 28, 1, 507f. (Vorlesung 1823, Nachschrift Hotho):“在埃斯库罗斯的‘欧墨尼德斯’中”所发生的和解出现“在主体中和主体身上”:“个体在这里并未走向毁灭,欧墨尼德斯停止了迫害,以致阿波罗,一方的权力,站在国王这边的权力,将案件带到亚略巴古之前。女神雅典娜做出了裁决。裁决的走向是,正如阿波罗被尊重那样,欧墨尼德斯也应当被尊重。和解的情况是,双方势力都被授予同等的尊敬。”

④ GW 9, 395.

⑤ 同上书,250。(引文翻译参阅黑格尔:《精神现象学》,先刚译,北京:人民出版社,2013 年,第 283 页。——译者注)

单纯的物”,并由此引起了他们的愤怒;“个人在消除他所遭受的不公正待遇时,并不是反对共同体(因为共同体并没有让他遭受不公正待遇),而是反对那种存在”。[①]

人们对黑格尔的上述论述应做这样的理解,即只要共同体的普遍性事实上是一种理性的普遍性,那么它就恰恰表现为如下方面:根据给定的历史条件下的实际存在的可能性,个体和共同体不会处在相互的冲突之中。在这种情况下,那么愤怒所针对的对象就是社会的、政治的活动过程的自然性,这种自然性还未被精神所渗透和改造。这种自然性在之后的精神性的教化中会带来成果,借助它,精神在客观精神与自然的关系的实在性中重新发现了自己,因而扬弃了它的异化。根据黑格尔的看法,精神通过“判断”[②]将被给予的世界占为己有;这种判断通过诉诸概念,检验着持存之物的合法性。比吉特·桑德考伦向我们正确地指出,通过上述这点,现代意识的分裂性持续存在着,因为之后继续做出的判断必然会一再质疑现存秩序的合法性。然而,一个盲点首先出现了,因为,教化一方面是被黑格尔当作“向普遍物发展的运动”来处理的,而“相反方向的运动[……],在其中普遍物自身受到检验的运动”,却逐渐消失了。[③]

事实上,对于黑格尔而言,战争具有的首要职能是,“时不时地”使个人的独立性处于不稳定之中,从而阻止个人在面对普遍物时,将自己孤立、禁锢于自为存在的状态中。普遍物应当战胜“个别性的叛逆原则”,但是黑格尔强调,国家的公开的伦理的有意识的精神与无意识的精神之间的“斗争”持续存在着。[④] 这一无意识的精神是原始的法,是欧墨尼德斯所具有的阴曹地府的、还带有自然性的力量,一种“未被摧毁的”力量;公开的精神只能使用这种力量,并且只有当这种使用成功的时候,共同体在判断中才能维持并稳定自身。

然而,在现代社会的诸多条件之下,一切都是不确定的。市民社会与国家之间的差异[⑤],在公开的伦理之旁,构成了一个自然的阴影王国,这一王国,正如原始的法那样,并未被扬弃。根据 1803/1804 年第一《耶拿体系草稿》的表述,阴影王国是“一种巨大的公

---

① GW 9, 250.

② 同上书,271。

③ Birgit Sandkaulen, „Bildungsprozesse (in) der Moderne“, in: *Schleiermacher / Hegel. 250. Geburtstag Schleiermachers / 200 Jahre Hegel in Berlin*, hg. v. Andreas Arndt und Tobias Rosefeldt, Berlin, Duncker & Humblot, 2020, 229–242; hier: 341.

④ GW 9, 257,以下引文也出自这里。

⑤ “市民社会是家庭和国家之间的差异[环节],虽然它的形成要晚于国家。因为作为差异[环节],它必须以国家作为前提,为了能够存在,它必须把国家作为独立的东西来面对。”(Hegel, *Grundlinien der Philosophie des Rechts oder Naturrecht und Staatswissenschaft im Grundrisse*, nach der Ausgabe von Eduard Gans hg. v. Hermann Klenner, Berlin, Akademie, 1981, 220)。

共体系和相互依赖的体系;一种无生气的、在自身之中运动着的生命,这种生命在其运动中盲目地、似乎以一种自然力的方式来回运动,并且作为一种野蛮的动物,它需要持续的严格管束和驯化”。[①] 黑格尔自己也不是很确定,这种驯化是否能成功。按照黑格尔的看法,市民社会的矛盾引起了法的意向的丧失,这种丧失将会摧毁共同体的基础。其代表性的现象是“贱民”的出现:贫穷的贱民失去了他的权利,而富有的贱民不理会法。[②]

这一点使得厄里尼厄斯作为一种自然力量再次得到释放,她们无意识地寻求着她们的复仇。她们不是良心的内在之物,而是通过多种表现形式,侵袭着我们现代社会的内部以及全球化世界的精神世界。[③] 即便从外部国家法来看,也不存在什么可以使黑格尔的如下希望得以实现的时机,即战争,作为一种为承认而斗争的形式,遵守着国际法的规范。文化是一种使精神走向自身的教化,它始于一种尚深埋于自然性中的精神的苏醒,始于野蛮。但是,精神将永远不会摆脱这一最初阶段,因为它的实在与自然相连。最初阶段始终是一种阴曹地府的力量,它一再地威胁着法的和理性国家的精神性的第二自然,使法和理性国家倒退到野蛮之中。

有鉴于此,哲学既不传播乐观主义,也不陷于绝望。关于精神性文化的脆弱的认识,并不为如下苟同提供理由,即对威胁着精神性文化的势力的苟同。就这一点,耶拿时期的黑格尔说道:哲学让人“忍受现实的限制,但并不让人在限制中感到满意”。[④]

Barbarian Relationship is the First Step towards Culture: Culture and Nature in Hegel's View

Andreas Arndt

【**Abstract**】 Barbarian relationship is the first step towards culture. Hegel wrote this sentence in one of his manuscripts. According to Hegel's theory on the recognition, one may assume that the first step towards culture,

① GW 6, 324.

② 参阅 GW 26, 2, 754:“财富是一种力量,财富的这种力量很容易发现,它也是高居于法之上的力量,比较有钱的人可以从许多东西中提取出对他人来说是不利的东西。财富是反对法、反对习俗的力量,这一意向当它存在时,那么比较有钱的人恰好也为自己采纳了一种无法无天的状态,在其中,他是权力”(Vorlesung 1821/22)。

③ 然而,不仅个体反对非理性的普遍物的统治,而且同样地,自然本身在黑格尔那里也还代表着一种非理性的普遍性。

④ GW 5, 269.

namely, the relationship between barbarism and culture, the relationship between nature and spirit, was superseded in culture in a way that the recognized existence was institutionalized in law. This paper will point out that the barbaric relationship does not simply disappear in the cultural state; Rather, in modern society, it also intrudes into the cultural state. In Hegel's view, culture and barbarism are always in a contradictory and interconnected unity. Hegel is of the opinion that only the awareness of this unity can play a role in preventing people from falling completely into barbarism.

【**Keywords**】 Barbarian Relationship, Culture, Nature, History, Spirit

道德革命,价值变迁与道德进步的问题[①]

[英]约珥 · 罗宾斯(著)[②]

马成慧(译)[③]

【摘要】 阿皮亚、普莱森特和贝克都借用了库恩的“科学革命”概念来探讨“道德革命”的问题。他们认为道德变迁就意味着道德革命,并自然地将道德革命等同于道德进步。但本文认为,道德变迁实际上有两种形式,即“范式的拓展”和“革命性的变迁”。只有当“革命性的变迁”发生时,探讨“道德革命”才有意义。此外,本文通过对乌拉悯人文化事例的分析,阐明道德革命未必是道德进步,它也可能形成某种道德困境。因此,判定道德进步尤需谨慎。

【关键词】 道德革命,价值变迁,价值多元主义,道德进步

近些年来,学界对道德根本性变革的兴趣与日俱增。许多哲学家以托马斯 · 库恩的科学革命的模型作为理解道德变迁的框架——夸梅 · 安东尼 · 阿皮亚认为,这一框架显示出了“短时间内的重大变迁”,它“不仅涉及道德情感,也涉及道德行为的快速转变”。[④] 阿皮亚只是在自己的论述中顺带提及了库恩的模型,而奈杰尔 · 普莱森特[⑤]和罗伯特 · 贝克[⑥]则对其做了更为广泛的应用。上述三人用库恩的革命概念来解释道德变迁,我对这种方法颇为关注。库恩把变迁看作格式塔的彻底转换,而不是对既存范式的微小修正。他的看法指向了某些过程,我在思考道德变迁和我的人类学研究之间的关系时,对这些过程最感兴趣。

阿皮亚、普莱森特和贝克用了一些西方的例子来说明他们的观点。虽然他们关注道

---

① 本文为黑龙江省哲学社会科学专项项目(项目编号:19ZXD185),黑龙江教育厅人文社会科学一般项目(项目编号:1351MSYYB018)的阶段性成果。

② 作者简介:约珥 · 罗宾斯,剑桥大学社会人类学教授,剑桥马克斯 · 普郎克伦理、经济、社会变迁研究中心主任,剑桥大学三一学院院士,《伦理学术》学术委员会委员。

③ 译者简介:马成慧,黑龙江大学哲学院副教授,主要研究方向为现代西方实践哲学和伦理学。

④ Appiah, Kwame Anthony. *The Honor Code: How Moral Revolutions Happen*. New York: Norton, 2010, p. xi.

⑤ Pleasants, Nigel. “The Structure of Moral Revolutions”, *Social Theory and Practice*, 2018, 44(4): 567 - 92.

⑥ Baker, Robert. *The Structure of Moral Revolutions: Studies of Changes in the Morality of Abortion, Death, and the Bioethics Revolution*, Cambridge, Mass.: The MIT Press, 2019.

德革命的作品颇富趣味,但我并不赞同将其中的例子作为道德变迁的范例。普莱森特的案例着眼于奴隶的解放和从道德上广泛谴责奴隶制的历史发端,着眼于种族主义公共合法性的崩溃,以及对性别和性的态度的转变。贝克依据自己的研究内容,聚焦于用尸体做医学研究、堕胎和医学伦理学中的一些道德评价的转变。阿皮亚用作道德革命的主要例子是欧美决斗传统的消失、中国缠足的废止以及跨大西洋奴隶贸易的终结。我的疑虑是,这些事例实际上并不属于道德范式的变迁,而只是先前范式在文化逻辑意义上,而非文化革命意义上的拓展。简言之,我认为普莱森特所关注的西方案例只是拓展了推崇个体权利的传统,也同时拓展了作为这种文化之基础的个体平等和个人选择权的观念。贝克所关注的生物学伦理革命和有关堕胎的争论同样如此。① 如果把伦理观念比作圆圈的话,在这些例子中,伦理圆圈的圆心是西方长久以来所秉持的、具有特定内涵的个人主义,而非某种全新的伦理观念。即便伦理圆圈的圆周向外延展,占据其内核位置的仍然是这种个人主义。阿皮亚的书中总有对个体权利之拓展的关切,但他并没有把思考聚焦于此。他最雄心勃勃的论点是,“人对荣耀的追崇是恒常的”。这在他所举的所有关于道德革命的例子中都有所体现。就他的观点而言,我认为道德革命的关键不在于取代荣誉的核心地位(由于他将荣誉看作人类心理的恒常内容,所以他觉得这种情况不太可能发生),而在于人对何种行为是荣耀的理解发生了变化②。上述道德变迁的内核——不论是个人主义还是荣耀——仍然稳定不变,我在下文会展开说明另一种道德变迁则是对真正的、全新观念的信奉,即推崇新的核心价值或价值秩序。我想,应当对这两种道德变迁加以区分。普莱森特、贝克和阿皮亚对道德变迁的研究卓有成绩,但本文认为那些核心价值发生了变化的情况才能被叫作“道德革命”。

如果要更广泛地探讨道德变迁,就要区分范式拓展的变化和革命性的道德变化。这是很重要的。因为在认定道德变迁是否是道德进步时,忽视这种区分反倒会形成某种信心。上述学者把取缔奴隶买卖、解放奴隶、西方从法律上认可同性婚姻、废止缠足、对病人权利的日趋关注等,都看作明确的道德进步。他们能够如此笃定,正是因为不论这些变迁具有多大的戏剧性,其基础还是他们早已接受了的道德价值,即关于个体权利和自由的道德价值。普莱森特③和阿皮亚④确信自己所举的案例体现的是道德进步。在这些案例中,

---

① Baker, Robert. “From Metaethicist to Bioethicist”, *Cambridge Quarterly of Healthcare Ethics*, 2002, 11(4):369 - 79.

② Appiah, Kwame Anthony. *The Honor Code: How Moral Revolutions Happen*. New York: Norton, 2010, p.169.

③ Pleasants, Nigel. “The Structure of Moral Revolutions”, *Social Theory and Practice*, 2018, 44(4): 567 - 92, 585.

④ Appiah, Kwame Anthony. *The Honor Code: How Moral Revolutions Happen*, New York: Norton, 2010, pp.161 - 164.

现存道德价值的实践和道德体系的概念化更加趋于一致。我们需要以观察基准(vantage point)来判断道德变化是否是进步的,而在我最感兴趣的道德革命的例子中,新的道德格式塔发挥着效用,但界定观察基准却更为棘手:是旧的还是新的道德标准提供了观察基准呢?或者只是学者们引入了第三种标准,用来评判彻底的道德变迁是进步还是退步?如果是这样,这第三种标准又是以什么道德范式作为基础的呢?我提出这些问题,并非要走向文化或者道德相对主义的讨论,人类学家的确常常会进行那些讨论。在做出结论之前,我首先要简单地论述一种将价值认定为道德基础的研究方法。这种方法认为,观察文化价值自身发生的转变,有利于界定正在发生的革命性的变迁。之后,我会通过一个民族学的案例来阐明这种方法的效用,再回到道德变迁的实例中探讨评价(道德)进步的问题。

前文已经提到了价值的概念,我想进一步明晰它的内涵,讲清我为什么把它和道德问题关联起来。在人类学领域中,价值理论的分歧源于两种不同的观点:一种观点认为价值是文化结构中的客观元素,而另一种观点则认为价值是主观现象,即人对世界体验的组成部分。① 我希望能将这两种观点融合起来。但限于篇幅,本文只聚焦于对价值客观方面的界定。我的界定方式将尽力帮我们理解价值客观方面对文化结构的意义。同时,我把道德传统看作文化的构成部分。在这样的语境中,最有说服力的定义就是:价值是特定文化中,依据某些基础决定其他内容位阶的那部分内容。特定文化的不同部分对实现善的生活或不同伦理生活有不同的贡献,道德价值正是以此为依据来认定它们的重要程度。每种文化都包含多种价值,甚至包含多种道德价值。与此同时,不同的价值之间彼此联系,也拥有不同的层级位阶。我最天然熟悉的文化是美国文化(但我并没有对其做过人类学的研究。所以,如果读者质疑我对其分析的准确性,我是能够接受的),以美国文化为例,身体健康、遵纪守法、经济富足都是美国人追求的价值——同时实现三者必然比稍有缺欠更好;不过,一旦简要地分析美国文化,我们就会发现,这些价值之间是有不同位阶的。至少从文化层面看,身体健康和遵纪守法高于经济富足。所以,人们普遍坚信(尽管有时不如此行事)若身体不健康,则金钱无意义;此外,财富再怎么重要,也不应以违法的方式获得(这也是有时会被忽视的道德价值,但依然是显著的文化元素)。同理,身体健康至少潜在地高于遵纪守法。所以,本科学生有时会长篇大论地探讨这样的问题:一个男人的妻子依赖某种昂贵的药活命,但他买不起这种药。那么,他是否可以为救妻子的命而

---

① Robbins, Joel and Julian Sommerschuh. 2016. "Values", in F. Stein, S. Lazar, M. Candea, H. Diemberger, J. Robbins, A. Sanchez, and R. Stasch eds., *Cambridge Encyclopedia of Anthropology*. Retrieved 21 May 2021 from https://www.anthroencyclopedia.com/.

去偷药呢?[1]

如果文化价值依据某种维度去给不同的文化内容排序,不同文化价值之间也依此存在层级关系,那么,这种排序维度的依据又是什么呢? 我用了很多等级排序的类比,想说明正是那些非常高阶的文化价值为其他价值定位。这就是说,大多数文化中都存在着非常高阶的价值。它们与社会生活的许多领域相关,并且为确定其他低阶价值的位置设定了排序维度。在有关价值关系的哲学讨论中,我留意到这些价值被称为"超价值"(Supervalues)[2],例如各种哲学方案中所说的幸福或效用。它们也接近于查尔斯·泰勒所说的更有文化性指向的术语——"超善"(hypergoods)。[3] "超善不仅比其他善更重要,而且提供了衡量、判断和界定那些善的立场"。在人类学领域中,路易·杜蒙是最重要的价值理论家,他用"至高价值"来指代那些价值。[4] 他的作品中有关"至高价值"的重要例子就是我提到的"个人主义"——杜蒙认为,个人主义是对每个人的价值和自由的评价。这种评价在西方世界为其他所有价值的排序设定了条件。例如,自由高于平等。因为在西方传统中,自由更符合个人主义这个至高价值。[5] 我对这些问题的看法深受杜蒙的影响,但由于"至高价值"的说法如今很少使用,我就把这些价值称作"高阶价值"(high-level values)。我的核心论点是,某种文化中最高位阶的价值可能发生变化,要么是被全新的价值所替代,要么是被既存的、位阶较低的价值所超越。只有发生这种变化时,我们讨论道德革命才是有意义的。

我以这种方式构建自己的观点时,借鉴了哲学家马克斯·舍勒关于价值变化的讨论。[6] 舍勒区分了两种价值的变迁:一种变化促使"特定价值"实现,另一种则是他所谓的"价值转换",那是"完全不同的另一回事"。当"价值之间的偏好发生变化时",后一种情况就发生了。[7] 他举的例子是西方历史上资产阶级价值超越基督教价值、获得更高层级

① Gilligan, Carol. *In a Different Voice: Psychological Theory and Women's Development*, Cambridge, Mass.: Harvard University Press, 1982.

② Chang, Ruth. "Value Pluralism", in N. J. Smelser and P. B. Baltes eds., *International Encyclopedia of the Social and Behavioral Sciences*, New York: Elsevier, 2001, pp. 16139 – 45.

③ Taylor, Charles. *Sources of the Self: The Making of Modern Identity*, Cambridge, Mass.: Harvard University Press, 1989, p. 63.

④ Dumont, Louis. *Homo Hierarchicus: The Caste System and its Implications*, M. Sainsbury, L. Dumont, and B. Gulati trans., Chicago: University of Chicago Press, 1980. 同时参见 Dumont, Louis. *Essays on Individualism: Modern Ideology in Anthropological Perspective*, Chicago: University of Chicago Press, 1986。

⑤ Robbins, Joel. "Equality as a Value: Ideology in Dumont, Melanesia and the West", Social Analysis, 1994, 36: 21 – 70.

⑥ Scheler, Max. *Ressentiment*, Wisconsin, Milwaukee: Marquette University Press, 1994.

⑦ Ibid., pp.59 – 60.

的事例。[①] 诚然,从人类学的角度来看,研究第一种变化更有效用(在这种变化中,某些行为促使特定的价值得以实现[②])。然而,我在这里还是要援引舍勒,并坚信只有当层级结构改变时(不论是引入了某种新的价值,还是原有高位阶价值的层级结构发生了变化),把某种道德变迁定义为道德革命才说得通。

为了阐明道德革命的本质,也谈谈道德进步的问题,我要介绍一下 20 世纪 90 年代巴布亚新几内亚乌拉悯人(the Urapmin)的生活状况。当时,我在那里做田野调查。[③] 乌拉悯人是大约 400 人的语族。他们生活在巴布亚新几内亚的高地,位于偏远的西部。从该地区任何其他语族社群走到那里,都至少需要六个小时。我在当地做田野调查时,乌拉悯人的生存方式仍然相当传统,他们大部分的生产活动是种植和狩猎;同时,他们的基础社会关系(包括亲属关系、婚姻关系和政治关系)也很传统。巴布亚新几内亚的市场经济和现代政治生活很少影响到他们。那里与外界之间没有公路相连,也没有电。不过,当我开始与乌拉悯人接触时,他们表面上虽然过着"传统"的生活,但整个社群都皈依了一个富有感召力的基督教分支。这是很重要的情况。澳大利亚的浸礼会在这一地区的其他社群传过福音,但却从未直接向他们传教。1977 年,一场复兴运动将这个基督教分支传到了这里,而后又蔓延至巴布亚新几内亚的大部分地区。乌拉悯人所信仰的基督教具有强烈的末世论倾向。他们相信耶稣可能在任何时刻归来,大部分人都对此极为关切。人们总是相互提醒,当耶稣归来时,他将判定谁能获救并在天堂永生、谁不能获救并被贬去地狱。20 世纪 90 年代早期,乌拉悯人的主要事业就是确保耶稣归来时尽可能多的人获得救赎。他们认为,获得救赎仰赖于道德纯洁,而出于原罪的人类堕落使这种纯洁极难实现。因此,他们的基督教生活就是持续地参与仪式和道德劝诫,帮助人们"强化信仰"、过道德的生活。乌拉悯人生活的绝对重心是思考道德缺欠的损害和道德提升的回报。他们在长达两三个小时的教会礼拜上,集中讨论道德行为。这些礼拜不仅在教堂内举办,有时也在户外;他们在乡村广场的晨讲中探讨正直问题及其实现困境;他们日常生活中的大部分闲

---

① Scheler, Max. *Ressentiment*, Wisconsin, Milwaukee: Marquette University Press, 1994, p. 61.

② 参见 Sommerschuh, Julian. "From Feasting to Accumulations: Modes of Value Realisation and Radical Cultural Change in Southern Ethiopia", *Ethnos*, 2020, DOI: 10.1080/00141844.2020.1828971(online ahead of print); Appiah, Kwame Anthony. *The Honor Code: How Moral Revolutions Happen*, New York: Norton, 2010; Baker, Robert. *The Structure of Moral Revolutions: Studies of Changes in the Morality of Abortion, Death, and the Bioethics Revolution*, Cambridge, Mass.: The MIT Press, 2019; Pleasants, Nigel. "The Structure of Moral Revolutions", *Social Theory and Practice*, 2018, 44(4): 567-592。

③ 有关乌拉悯人的更多情况,参见 Robbins, Joel. *Becoming Sinners: Christianity and Moral Torment in a Papua New Guinea Society*, Berkeley: University of California Press, 2004。

谈,以及自己建立的繁复的忏悔仪式也都关联着这个主题。

我希望这个简短的叙述足以说明,乌拉悯人在20世纪90年代最为关切的是道德生活的困难,以及他们为什么觉得道德状况如此意义非凡。本文无意阐述当地人对过道德的生活的强烈愿望,而重在讨论道德价值的关键变迁。正是这种道德变迁使乌拉悯人感受到了道德的困难,从而使他们确信基督教基于原罪说对人性的描述。我认为,乌拉悯人当时正在经历一场旧的最高价值和新的潜在价值之间的对抗,这种对抗尚未分出胜负。他们强烈地意识到了要完成革命性的道德范式的转变,但却遇到了很大的阻碍。为了更充分地解释他们的情况,我们需要谈谈影响他们生活的那些最高位阶的价值。

乌拉悯人在皈依基督教之前,以"关系"观念作为其文化结构中的最高价值。"关系"观念使人们认为建立和保持关系是最有价值的事情。由此,乌拉悯人总是把他们自己种植收割的作物送给别人。人们不吃自己种的食物。他们认为吃自己的食物是"吃白食"(eating for nothing),或者更清楚地讲,吃自己的食物对建立和保持关系没有任何用处。他们的很多传统仪式都涉及建立关系或者增进交流。一旦发生争端且争端双方的关系难以维持时,他们就安排双方在同一时间交换完全相同的东西。一位曾在公办学校短暂学习过的年轻人告诉我,这类交换和人们不断交换自己种植的食物一样,不产生"利润"——但他补充说,"即便如此,我们还是会交换"。乌拉悯人这么做是因为"交换"是实现他们高度推崇的关系主义价值的重要途径。

从乌拉悯人的道德心理来看,"心灵"(所有思想、感觉和意向的处所)由两个部分构成。为了成功地建立和维持关系,人们必须正确地调动这两个部分。他们称第一个部分为"意志"。"心灵"的这一部分引导人们"促使"他人和自己建立关系,例如,坚持与其一起种植、分享食物、一起打猎、把房子盖得很近,或以其他方式与其保持相互接触。"心灵"的另一部分被叫作"善的思维",它引导人们依"法"行事。如果人们的行为契合业已存在的关系的要求,这种行为就是"合法"的。例如,"合法"的行为引导人们和已经确立共同种植关系的人一起种植,与已经确立分享食物关系的人分享食物,等等。因为乌拉悯人以传统的方式看待事物,所以在理想的情况下,"意志"与"合法"应该共同起作用。人们受意志的驱使建立新的关系,也遵循善的思维的激励,确保他们所有的关系都保持良好的秩序。我在另外一篇文章中更多地从人类学的角度进行了论述,将乌拉悯人的关系主义价值和其社会结构的技术性细节关联起来。简单来说,那篇文章的观点是,乌拉悯人的社会结构允许人们为了进入到潜在的关系而做出大量的选择。所以,人们不把关系或广泛的社会秩序设想成历来如此的,也不认为关系会自动形成。反之,乌拉悯人坚信,人们必须去建立、维护并重建这些秩序。为此,人们必须把关系主义价值放在价值层级结构的顶端。就本文的论证目的而言,我们无须更多地探讨乌拉悯人社会组织上的细节。在乌拉悯人的传统生活中,关系主义价值占据极高的位置,它塑造了乌拉悯人的道德体系。在这个道德体系中,主导伦理生活的主要任务是正确地平衡两种冲动:一种是依据意志的、拓展关系的冲动,另一种是合法的、维护既存关系的冲动。

基督教进入乌拉悯人社群的效应之一是引入了新的高阶价值。至少对他们来说,这种高阶价值与关系主义是极不相称的。鉴于这种价值来源于基督教传统,又深刻地构筑了西方的个人主义,而西方的个人主义是这种价值在全球范围内的主要载体,我们不妨就用接近西方常识的"个人主义"来称呼这一价值。① 这种个人主义的要义是确信上帝将每个人视为单独的个体。因此,当耶稣归来时,每个人的最终命运取决于自己的道德状况,而不取决于他与其他人之间关系的道德状况。一位乌拉悯人颇富表现力地对我讲,在基督教中,"每个人应当独立信仰上帝"。他说道:"我的妻子不能将她的信仰分给我,我必须自己信。"我们需要留意,乌拉悯人曾很难接受吃自己耕种的食物。丈夫和妻子甚至会把花园分成两半,各种一块;这样他们就可以相互赠送食物,以此增进彼此的关系。如果想到这些,你就能够感受到这位乌拉悯人说法的震撼之处了。为了实现最高阶的基督教价值,人们必须拥有自己的"东西"——完全由自己生产而不是来自他人馈赠的东西。对乌拉悯人来说,这是一种新的观念。他们必须要努力接受这种观念,并将它与自己的生活融为一体。②

乌拉悯人致力于实现这种个人主义的价值,他们的道德心理因而被深刻地改变了。人们内心期望获得的不再是对意志与合法冲动的平衡,而是"简单轻松"的体验。这种"简单轻松"意味着人们可以从"意志"中解脱出来,避免"属罪"的行为,例如避免强迫他人、争吵、打架、偷盗,等等。以基督教观念为依据,单纯拥有"合法"的感受是拥有简单心灵、实现合法生活价值的唯一途径。意志则依其本质被谴责为属罪的状态。在乌拉悯人生活的很多重要领域中,这种单独强调"合法"的新的结构逐步发挥着作用。例如,有些精明强干、德高望重的乌拉悯人很适合承担领导角色。然而,他们以基督教个人主义价值观的名义,广泛地退出了社会生活的各个方面,避免因那些领导职位而行"意志"之事,或

① Dumont, Louis. *Essays on Individualism: Modern Ideology in Anthropological Perspective*, Chicago: University of Chicago Press, 1986.

② Robbins, Joel. "'My Wife Can't Break Off Part of Her Belief and Give it to Me': Apocalyptic Interrogations of Christian Individualism among the Urapmin of Papua New Guinea", *Paideuma*, 2002, 48: 189-206.

者像他们自己说的,避免"毁掉"他们的"基督徒生活"。还有些人也对和婚姻有关的意志驱动、有争议的交流(大概是构建关系中最基础的意志行为了)退避三舍。从更普遍的情况来说,追求简单轻松的心态降低了参与公共生活的吸引力。

然而,即便是我提到的那些人,那些放弃了乌拉悯人为建立关系所要做的重要事情的人,也仍然像其他人一样需要建立和维护某些关系。只有这样,他们才能在仍身处其间的社会和经济条件下生存。为此,他们就需要在某种程度上凭意志行事,不论这是否会使他们触犯教义。如此一来,基督教关于人性本质是堕落的说法就很契合乌拉悯人的理解了:如果把基督教价值作为最高位阶的价值,一旦他们为了社会生活而凭意志去构建关系,在道德上就是失败的;反之,如果把传统价值作为最高位阶的价值,当他们为了获得救赎而成功地养成持续轻松、"合法"的心态,免于有意、促进关系的冲动时,在道德上也是失败的。

我在这里试图勾勒出这样一幅图景:乌拉悯人生活于不断发展但尚未完成的道德革命之中。他们最高价值的变迁驱动了这场道德革命。至少在公众场合,他们表示清楚前进的方向,即更充分地实现基督教的个人主义价值。不过,他们的生活境况,特别是其社会组织的本质并未彻底的变革。这就使道德革命难以完成。在我做田野调查的时期,他们既生活在传统的、关系式的道德(心理)格式塔之中,也生活在新的、基督教个人主义的(心理)格式塔之中。20 世纪 90 年代早期,普莱森特和贝克在他们引用库恩的范式进行论证时,都使用了鸭兔图认知模型。我在此也借用这个类比。乌拉悯人常从一套价值体系对道德生活的规定转向另一套价值体系的规定。这样一来,他们在日常生活中的道德满足感就很有限。

我引用这些素材并不是想说乌拉悯人的问题能够随着时间的推移而得到解决。反之,这是基于价值角度的、不完全的道德革命的例子。我要借这个例子追问,如果道德革命是指高阶价值的变迁,我们该如何界定道德进步呢?我认为,乌拉悯人的案例有助于回答这个问题。熟悉世界哲学和社会科学传统的学者会认为,将乌拉悯人夹在中间的两种价值都是善。如前文所说,他们的个人主义源自宗教的传统,但也源自哲学的乃至更广义的文化的传统。至少西方的道德思想大多源自这个传统。所以,深度接受这个传统的人肯定从中看到了"善"。但与此同时,在我看来,如果不以最狭隘的经济思维来评判的话,乌拉悯人的关系主义价值同样无可指摘。实际上,的确有些道德学术的思想分支(即便它们不占主导地位)关注把"关系"作为极高道德善的文化,也使这类文化受到了更多的尊重。限于篇幅,本文不能更多地展开一些人类学的细节。不过很明显的是,乌拉悯人当时的社会生活方式仍然依赖关系主义,关系主义仍然在他们的文化价值等级中占据很高的位置。因此,如果个人主义要完全胜利,乌拉悯人就需要获得更多资源以过上完全不同的生活,而他们的生活方式将很有可能与全球市场经济更为紧密。有基于此,我们就要追问:乌拉悯人能够通过彻底的个人主义解决他们目前的道德困难吗?还是需要选取另一个方向,回到关系主义占主导的道德体系?我们可以直截了当地把废除奴隶制或者减少性别歧视看作进步,但我们能同样对乌拉悯人两种选择中的任何一种做类似的评价吗?在这种情况中,两种高位阶的道德价值都是我们所能理解的善。那么,我们应该怎样理解这样的难题呢?如果我们无法在这类复杂的道德革命例子中界定所谓道德进步,再探讨革命性的道德进步是不是应当谨慎小心呢?

我没有这些问题的答案。如果本文提出的问题足够令人信服,我就高兴不已了。不过,作为本文的结论,我的确想指出,人类学家在面对一般哲学争论时,会从文化和道德相对主义的角度提出问题。这是他们常用的方式。本文提出问题的意向则有所不同。人类学家们熟悉的方式是表达相对主义的关切,将学术对话者置于这样一类社会实践面前:某些文化积极地从道德上认可这类实践,但学术对话者们大概会觉得这类社会实践是可憎的。一些与此相关的、老生常谈的例子包括杀婴、显著的性别不平等、割礼,等等。由此,思考任务就变成了尝试将学术对话者引入"道德回避"(moral recusal)的位置。"道德回避"是哲学家约翰·库克提出的。[①] 在"道德回避"的境遇中,学者们不能急于作出判断,他们要去观察进行这类社会实践的人是如何从道德上积极认可此类实践的。

本文的立意有些不同,我尝试让读者直面正在演进的道德革命。这一道德革命从一种道德价值(我称之为关系主义)转向另一种道德价值(个人主义)。我认为,我们在这两种价值中都能够发现善和吸引人的内容。因此,我们需要做出判断的不是自明的、从坏向好过渡的道德变迁。那么,我不禁要问,我们应当如何判断在不同的善之间转换的道德变迁呢?

哲学的价值多元主义立场或许能为我们提供一些借鉴,帮助我们思考在这种情况下怎样更普遍地思考文化差异。以赛亚·伯林著名的价值多元主义就是这种立场的代表。[②] 他的理论显然不是在支持相对主义。他并不认为,任何道德状况的内在价值都能被论证,以使这种道德状况受到尊重或者支持。反之,他认为,有很多价值不能促进人类

① Cook, John W. *Morality and Cultural Differences*, New York: Oxford University Press, 1999.

② Berlin, Isaiah. *The Proper Study of Mankind: An Anthology of Essays*, New York: Farrar, Straus and Giroux, 1998. 同时参见 Berlin, Isaiah. *The Crooked Timber of Humanity*, Princeton: Princeton University Press, 2013。

繁荣，应该受到谴责，但也有一些能够实现这一目标的价值却是彼此不同的。这些可行的价值甚或是相互冲突的，即充分实现其中一种就意味着无法充分实现另外一种。在伯林最为关注的自由主义传统中，相互冲突的价值涉及平等与自由、正义与仁慈、安全与隐私等。他断言，人们必须在这些价值之间做出"悲剧性的选择"——所谓悲剧性的选择，即做出选择后，至少会导致一种价值无法充分实现自身的善。约翰·罗尔斯也从价值多元主义的立场指出："不存在没有缺失的社会——这就是说，某些生活方式以特定的途径实现了特定的基础价值。然而，不存在一种社会，它不需要剔除这类生活方式。"①我想说的是，正是在这些相互冲突的价值观之间，道德革命而非道德价值的范式拓展才得以发生。正是因为"革命前"和"革命后"的价值都能促进人类的美好生活，所以，我们很难在这种模式中判定道德进步与否。但这并不意味着此类革命无法激励我们以新的方式思考自己的道德生活。有些价值在我们自己的社会生活中位置不高，但如果我们可以通过扩展对这些有益价值的理解，就能够获得思考道德的新的视角。②

最后，我要对自己的主张有所限定。本文并非要质疑开篇时提及的阿皮亚、贝克和普莱森特的研究成果。但我认为，我们应当把"道德革命"这个提法用在最高位阶的善发生变迁的例子上；或者至少当特定文化形态的高位阶善的层级关系变化时，再使用"道德革命"的说法。如此一来，我们就能把上述学者所关注的高位阶善的范式拓展的情况，定义为（不同于道德革命的）道德变迁——在这种情况下，人们能够依据所讨论的文化形态的内部因素，或至少依据书写他们的哲学家的观点来观测道德的进步。对关注社会道德生活的人来说，两种道德变迁都很值得留意。本文只是认为，区分这两种道德变迁十分重要，当我们声称要界定道德的进步时，尤为如此。

---

① 参见 Rawls, John. "The Priority of Right and Ideas of the Good", *Philosophy and Public Affairs*, 1988, 17(4): 251-76。
罗尔斯的这篇文章收录在《罗尔斯论文全集》之中，目前已有中译本。与本句相应的译文是"诚如以赛亚·伯林爵士长期坚持认为的（这是他的根本论题之一）那样：不存在无[价值]缺失的社会世界（no social world without loss）——也就是说，任何社会世界，都会排斥某些以特殊方式来实现其根本价值的生活方式。任一社会，由于其文化和制度的关系，都将与一些生活方式是不相宜的……"（参见[美]约翰·罗尔斯：《罗尔斯论文全集》，陈肖生等译，长春：吉林出版集团，2013年，第523页）——译者注

② Robbins, Joel. "Anthropology Between Europe and the Pacific: Values and the Prospects for a Relationship Beyond Relativism", *Pacific Studies*, 2018, 41(1/2): 97-116.

Moral Revolution, Value Change, and the Question of Moral Progress

Joel Robbins

【Abstract】 Kwame Anthony Appiah, Nigel Pleasants and Robert Baker use Kuhn's concept of "scientific revolution" to discuss the problem of "moral revolution". They all believe that moral change means moral revolution, therefore, naturally equate moral revolution with moral progress. However, this paper argues that, in fact, there are two forms of moral change, namely "paradigmatic expansion" and "revolutionary change". It is only when the "revolutionary change" occurs that it makes sense to discuss "moral revolution". In addition, through the case of Urapmin, this paper illustrates that moral revolution is not necessarily moral progress, but may also cause certain kinds of moral dilemma. Therefore, it should be especially cautious to define moral progress.

【Keywords】 Moral Revolution, Value Change, Value Pluralism, Moral Progress

归根结底,极端财富究竟有什么问题?[①]

[荷]英格丽德·罗宾斯[②](著)

禾　文[③](译)　滕　菲[④](校)

【摘要】本文提出了一种称为限制主义的观点,它认为应该对一个人可持有的收入和财富的数量设上限。支持限制主义的一个论点是,超级富豪会破坏政治平等。另一论点是,若超级富豪家庭拥有的过剩金钱能用于实现地方与全球集体行动问题中未满足的迫切需求,则更佳。气候变化即为全球集体行动问题中一个特别紧急的案例。本文还讨论了一种反对限制主义的意见,得出了关于社会以及人类发展范式和可行能力理论的结论。

【关键词】气候变化,经济不平等,限制主义,需求,贫困,财富

一、引言

在过去的几十年里,学者们已经表明,经济不平等正在扩大。托马斯·皮凯蒂[⑤]的学说或许是其中最著名的。他的学说表明,因为1%,或者更明确地说,是因为0.1%最富有的人财务状况的改善,导致许多国家的财富差距一直在扩大。皮凯蒂和他的同事谈到了"一个新的镀金时代"(a new gilded age),其特点是有一小部分公民相比其他人口拥有极端的财富。信息和通信技术革命改变了资本主义,使公司能够在全球范围内获得利润,从而开拓更大的市场,并占据一个市场力量高度集中的位置。最富有的人地位的加强不仅仅是后工业化国家的现象(这些国家可获得更多表现其不平等的数据);即使在欠发达和

---

① 鸣谢:本文是我在2019年8月30日在布宜诺斯艾利斯举行的人类发展与能力协会(Human Development and Capability Association, Buenos Aires)上所作的大会报告的修订版。我感谢会议参与者的讨论,以及恩里卡·基亚佩罗·马丁内蒂、科林·希基、马蒂亚斯·克拉姆和迪克·蒂默(Enrica Chiappero Martinetti, Colin Hickey, Matthias Kramm and Dick Timmer)的意见。本文介绍的研究获得了ERC-COG的基金支持(资助协议号:726153)。本文英文版于2019年发表于《人类发展与能力期刊》(*The Journal of Human Development and Capabilities*)第20卷第3期。

② 作者简介:英格丽德·罗宾斯,乌得勒支大学伦理研究所机构伦理学主席。自2018年9月起担任HDCA主席,任期两年,出版有《幸福、自由和社会正义:重新审视能力方法》(*Wellbeing, Freedom and Social Justice: The Capability Approach Re-examined*)。

③ 译者简介:禾文,荷兰自由大学英语文化教育硕士、荷兰英文一级教师、中文教师。

④ 校对者简介:滕菲,中国人民大学哲学院科学技术哲学教研室讲师。

⑤ Thomas Piketty, *Capital in the 21st Century*, Cambridge, MA: Harvard University Pres, 2014.

许多公民生活在贫困中的国家,也有着极端富有的公民。

人们可能会问,在社会上或全球范围内,有些人拥有极端财富,这究竟有什么问题?我们的关注点不是应该放在弱势人群上,努力确保他们能够摆脱贫困吗?在相当程度上,这一直是人类发展范式和可行能力理论的重点,即更倾向于关注贫困和赤贫。此外,人类发展进路还关注不平等对包括健康和教育在内各种领域的人类能力所产生的不利影响。正如塔尼娅·布查特和罗德·希克①所确切指出的,人们对富人的关注较少。然而,如我在本文中所提,我们有很好的理由去解决极端财富带来的后果。

本文想要追问的是,超级富豪的存在究竟有什么问题?对此问题,有一个常见的答案:只要合法赚钱,不涉及犯罪活动和逃税行为,一个社会有一群超级富豪并没有错。这只不过是人们出于嫉妒而对他们的财产发出抱怨的议题,而嫉妒作为一种恶习,不应为我们所容忍。西方发达资本主义国家普遍认为,生活在资本主义经济体系中的每个人都享受着由资本主义和竞争市场的自由所带来的好处。我们每个人都有成为企业家的自由,如果我们满足一大群人的要求,那么我们将获得相应的回报,即大额的利润。同样地,资本主义经济体系奖励那些将自己的技能和才能用于满足他人偏好的人,如果具有创新精神,那么高收入对于他们来说就是公平分配②。这就是支持极端收入和财富通常采取的论证形式。

在本文中,我将对有超级富豪的社会究竟有什么问题提供不同的回答。我提出的问题是一个规范性问题,即我们在地方和全球政体中的共存方式,我们拥有的结构和制度,以及它们的后果是什么?为了回答这个问题,我们需要跨学科的论证。我们需要实证的社会科学,来了解极端财富对我们所关心的事物的影响。然而,能够帮助我们回答这个问题的最重要的学科是规范性政治哲学,其中有大量对不平等现象进行规范性分析的文献。

因此,我建议在此停留片刻,并思考以上提出的问题与其他现有的哲学辩论有什么关系。在政治哲学中,关于合理不平等的不同观点已经被标签化。一种观点被称为充足主义(sufficientarianism),它认为基于分配正义原则正义应该满足每个人最低限度的要求,例如,功能和能力。另一种观点是优先主义(prioritarianism),它认为在选择措施和设计社会制度时,我们应该优先考虑最贫困的人。此外,还有各种形式的机会平等主义——这种观点认为,只要我们从一个公平的竞争环境出发,每个人都有平等的机会,那么结果的不

① Tania Burchardt and Rod Hick, "Inequality, Advantage and the Capability Approach," *Journal of Human Development and Capabilities*, vol.19, nr.1, 2018, pp.38-52.

② Gregory N. Mankiw, "Defending the One Percent," *Journal of Economic Perspectives*, vol.27, nr.3, pp.21-34.

平等是合理的。最后一种观点是自由主义(libertarianism),它指出,既然人们拥有的权利很重要,且这些权利不可剥夺,那么询问有关分配的问题则是犯了一个基本错误。它们是罗伯特·诺齐克①所称的对我们行动的侧面制约(side-constraints):个人或国家都不能做违反这些权利的事。因此,探讨关于金钱、财富、功能或能力正确分配形态的问题,是问错了问题。

在回答这个多学科问题——有些人非常富有的社会有什么问题时,我想在本文中提出一个关于分配正义模式的观点,称为经济限制主义(Economic limitarianism)②。简而言之,经济限制主义认为,没有人应该持有过剩金钱,金钱过剩的定义是为完全满足一个人富裕生活所需之后多余的钱。作为一种伦理或政治观点,限制主义在某种意义上与以下观点是一致的:存在一条贫困线,且任何人都不应该落在这条线以下。限制主义声称,人们可以在理论上构建一条富裕线,一个没有人在富裕线以上的世界会更好③。

但为什么我们会认为限制主义是一种合理的观点呢?为什么一个没有超级富豪的世界会是一个更好或更公正的世界?保留自己的过剩金钱有什么不好或不对?

在回答这些问题时,我将按以下方式进行。我将提供几个力所能及(*pro tanto*)的理由④,解释为何超级富豪有问题。我将聚焦于两个论点:未满足迫切需求的论点与民主的论点。请注意,关于没有超级富豪的世界将会更好这个观点,仍有其他论据可以为之辩护。丹妮尔·兹瓦索德⑤曾基于自治的价值为限制主义辩护。除此之外,可能还有更多的论证策略来捍卫限制主义。例如,人们从关系平等主义的角度出发,认为公民的经济差异太大会造成人们无法平等相处,或者从反支配的自由价值出发,认为为确保反支配应该要求任何人都不能拥有太多的钱,以避免他们从结构上对其他公民真正施加权力。然而,

---

① Robert Nozick, *Anarchy, State and Utopia*, New York: Basic Books, 1974.

② Ingrid Robeyns,"Having Too Much," In Wealth: NOMOS LVIII, Jack Knight and Melissa Schwartzberg ed., New York: New York University Press, 2017, pp.1-44.如果只看当代关于分配正义的文献,这个观点可以视为"新颖"的。但在经济和政治思想史上,有许多观点可以被当作经济限制主义的近亲。关于历史上的前辈们的概述,可参考克拉姆和罗宾斯(Matthias Kramm and Ingrid Robeyns,"Limits to Wealth in the History of Western Philosophy," *European Journal of Philosophy*, vol.28, 2020, pp.954-969)。

③ 本文是关于经济限制主义,即经济资源(收入和财富)的限制主义。狭义的限制主义的概念更多的是指拥有、使用或享受有价值资源的上限,因此也可以适用于经济资源的限制主义。资源的上限,也可适用于其他稀缺的宝贵资源,如自然资源。在本文中每一次使用"限制主义"都应理解为"经济限制主义"。

④ 力所能及的理由指的是为规范性主张提供某种支持的理由。然而,也可能有其他力所能及的理由是为了反驳同一主张。因此,对"是否应该支持该规范性要求"这一问题的最终答案是,只有在进行了全盘考虑的判断之后,才有可能确认是否应该赞同该主张。在这个过程中,所有相关的力所能及的理由都被考虑在内。

⑤ Danielle Zwarthoed,"Autonomy-based Reasons for Limitarianism," *Ethical Theory and Moral Practice*, Vol.21, nr.5, 2018, pp.1181-1204.

我并没有试图详尽阐述一个没有超级富豪的世界的原因,反而还想分析一个反对意见——经济限制主义将导致一大批人的生活水平下降,因为经济上最有生产力的人将缺乏适当的经济激励,这将对总生产量造成负面影响。

第2节提出了经济限制主义的第一个论点——民主论点;第3节提出了未满足迫切需求的论点;第4节讨论了该论点的一个具体案例,即为气候行动筹措资金;第5节讨论了反对意见,即经济限制主义将破坏促进经济生产的激励,因此,罗尔斯差异原则(the Rawlsian difference principle)或其他最佳税收理论,在回答应该对多少过剩金钱征税的问题上将更有优势;最后一节将提出我的论点对社会以及人类发展和可行能力理论领域的影响。

本文在很大程度上借鉴了一本书的章节,其中我为哲学领域的读者介绍了限制主义①。本文再次介绍其中大部分内容有两重原因。第一,是想把一个哲学论点介绍给跨学科读者。大多数学者倾向于阅读主要发表在他们所在学科的文章和书籍,因此,我们需要更多的努力,使一个学科的工作引起其他学科的学生和学者的注意。第二,它使我能够做两件我认为对研究人类发展和可行能力理论的学者和学生很重要的事情:论证使用过剩金钱资助气候行动的道德理由(第4节),并讨论关于经济限制主义的文献对人类发展范式和可行能力理论的影响(第6节)。

在转向支持限制主义的规范性论点并讨论这两种反对意见之前,我想提醒读者注意我与经济社会学家一起进行的对富裕线的一些相关实证研究,其目的是了解荷兰人是否支持不应有人高居于富裕线之上的概念②。这种类型的实证研究并没有回答我刚才提出的规范性问题。然而,它确实告诉我们,人们(在此指荷兰人)是否认为有可能使"到了某个节点,更多的钱无法再增加你的福祉"这一说法有意义。参与我们研究的受访者样本具有荷兰人口代表性,其中大多数认为,到了某个节点,超出我们收入和财富的额外金钱将不再影响我们的福祉。我们描述的最富有的家庭有一栋带私人游泳池的别墅,两辆豪华汽车,一栋位于法国南部的房子,价值7000万欧元的资产,而且该家庭每年可以负担五次假期。只有3.5%的受访者认为,人们不能说这样的家庭所拥有的东西超过了最大福祉所需的水平。这一结果表明,大多数荷兰人(即96.5%)认为,到了某种程度,即可认定一个人拥有过多财富。然而,对如何划清"非常富裕"和"拥有过多"之间的界限,不同的人之

① 第2、3、5节改编自罗宾斯(Robeyns,2017)。

② Ingrid Robeyns, Tanja van der Lippe, Vincent Buskens, and Nina Vergeldt. "Vinden Nederlanders dat er grenzen zijn aan rijkdom?" *Economisch-Statistische Berichten*, vol.103, nr.4765, 2018, pp. 399 - 402.

间有很大分歧。大约67%的受访者声称,一个拥有带私人游泳池的别墅、两辆豪华汽车、一栋位于法国南部的房子和50万欧元资产的家庭,处于富裕线之上。对于我目前的论点以及许多政治讨论来说,最关键的一点不是富裕线的确切位置,而是这个概念是否有意义。受访者同意富裕线的基本和一般主张,即在某些时候,额外的金钱并不能为一个人的福祉加分。

然而,我们研究的另一个引人注目的发现是,赞同富裕线并不意味着也赞同这样的说法:富裕线本身足以成为允许政府规定最高工资、最高财富额、储蓄上限或个人可以获得的遗产总额上限的理由。我们的调查结果表明,受访者非常不愿意支持这些说法中的任何一种。唯一得到大约三分之二的受访者支持的说法是,对于增加富人和超级富豪的税收负担与减少最弱势人群的福利,在这两种国家规定之间,目前的荷兰政府应该选择前者。简而言之,从他们认为一些家庭过度拥有财富的主张,并不一定能推导出他们支持政府强制采取行动的观点。第一个主张是评价性的,而后者是规定性的。我们注意到,大多数支持评价性主张(认为一些人过度拥有)的受访者并不支持规定性主张(认为我们应该努力避免一些人过度拥有)。

有时,政治哲学家和伦理学家或活动家或公共知识分子,倾向于倡导一项不被社会广泛支持的事业。想想那些一直倡导废除死刑、为所有人提供无条件的基本收入或采取激进措施来应对气候挑战的人。从历史上看,许多论点起初都很难得到大多数人的支持,例如,废除奴隶制,妇女、同性恋或南亚低种姓人(Dalits)的平权运动。毫无疑问,无论社会上的大多数人是否支持,这些论点对健康的民主都是至关重要的。然而,赞同提案并不一定能告诉我们这些提案是否有什么好处。这些提案可能与社会主流背道而驰,或者挑战目前掌权者的特权,他们可能会利用这种权力来攻击提案(如倡导激进气候行动的论点)。尽管如此,这些提案也可能有令人信服的理由或论点支持;因此,它们需要被阐明和辩论。这就是本文阐释经济限制主义理念的目的。

二、限制主义的民主论点

限制主义观点的第一个论点与民主有关,担心收入和财富的大规模不平等会破坏民主的价值,尤其是政治平等的理想[1]。富人可以通过各种机制将他们的财政权力转化为

---

① 例如, Charles Beitz, *Political Equality*: *An Essay in Democratic Theory*, Princeton: Princeton University Press, 1989; Jack Knight and James Johnson. "What Sort of Political Equality Does Deliberative Democracy Require?" In *Deliberative Democracy Essays on Reason and Politics*, James Bohman and William Rehg ed., pp. 279 – 319. Cambridge, MA: The MIT Press, 1997; Thomas Christiano, *The Constitution of Equality*: *Democratic Authority and its Limits*, Oxford: Oxford University Press, 2008。

政治权力。在《政治中的金钱》(*Money in Politics*)一文中,托马斯·克里斯蒂亚诺①讨论了金钱支出从各个方面影响政治制度的四种机制。克里斯蒂亚诺表明,富人不仅更有能力,而且更有可能把钱花在将金钱转化为政治权力的各种机制上;这种倾向主要是由于金钱的边际效用递减。穷人需要把每一毛钱或每一分钱都花在食物或必不可少的用度上,因此,对他们来说,花 100 美元来获得政治影响力会带来严重的效用损失。相比之下,当富人花 100 美元时,他们不会付出同等程度的机会成本,因为他们不需要这 100 美元来购买基本的生活用品。

经济限制主义的民主论点源于克里斯蒂亚诺所概述的机制:因为富人有剩余的钱,他们不仅有能力,看起来也很有可能会利用这些钱来获得政治影响和权力。富人花掉他们的过剩金钱,几乎没有任何损失,对他们生活质量的影响几乎为零。或许心理上会感觉损失了福利,例如,如果一个人把钱花在政治上而不是花在最新的兰博基尼上,就会有地位上的损失,又如,若一个人不喜欢看到自己的经济财富下降,就会有纯粹主观感觉上的损失;但是,客观上他们的福利并不会有损失。因此,在这种情况下,人们可以更好地利用这些钱来施加政治影响,使立法在实施时符合他们的利益。

如果非常富有的人把多余的钱花在民主政体的政治进程上,为什么会有道德方面的问题? 首先,富人可以资助政党和个人。在许多私人竞选融资系统中,那些捐款最多的人将获得特殊待遇或对其事业的更大支持。捐赠者通常期望,如果有需要,他或她就会得到政客提供的帮助。收到钱后,政客们就会对捐赠者心存感激,会努力讨好他们,帮助他们,传播他们的观点,或者至少修饰自己的观点,以免让捐赠者不悦。

其次,过剩金钱可以用来制定集体决策的议程。如果像美国的总统选举一样,筹集资金的能力是决定谁将成为下一任候选人的关键因素,如果中上阶层和富人更有可能成为捐赠者,那么代表这些中上阶层和上层利益的政治候选人的名字就更有可能出现在选票上。由于富裕阶层更有可能为竞选活动提供资金,且捐赠者会选择把钱捐给拥有相同价值观和信仰的志同道合者,那些未提供捐赠的人就无法在选举辩论或选票上代表他们的利益和观点。克里斯蒂亚诺②认为,如果民主的部分价值在于它通过集体决策过程给予公民平等的发言权,以实现公开平等地对待公民,那么在影响政治议程时,政治上的财政支出会导致机会不平等。

---

① Thomas Christiano, "Money in Politics," In *The Oxford Handbook of Political Philosophy*, David Estlund ed., Oxford: Oxford University Press, 2012, pp.241 - 257.

② Ibid., p.245.

再次，过剩金钱可以用来影响公众舆论。富人可以购买媒体机构，可以利用其控制信息的传播和公共辩论中交流的论点。在当代民主国家，媒体已经成为一个非常重要的权力因素；然而，如果对媒体的使用权利是一种商品，可以售予最高出价者，这就为富人提供了另一种将财政权力转化为政治权力的机制。影响舆论的另一个重要工具是说客。好的说客的服务往往是昂贵的。同样，那些有能力雇佣说客的人的利益，会在政策制定者和政治家的决定中获得更好的体现。

在分析金钱如何影响公众舆论时，虽然最常讨论的是企业媒体和说客，但富人影响观点的方式更微妙，它不一定针对立法和决策问题，而是构建被视为合理的证据和知识。富人也可以通过研究和智囊团来改变意识形态氛围，并被认为是“可靠的证据”，例如，智囊团提出的论点支持被资助者对社会、经济和政治问题的各种看法。例如，丹尼尔·斯泰德曼·琼斯①的历史研究表明，私人财政支持对新自由主义思想在大学内的传播以及随后在政治中的传播起到了至关重要的作用。

最后，当富人对企业的财富投资达到某种程度时，他们可以利用其经济实力破坏民主目标，这可以将资本家的权力变成制约民主决策的可行性因素。例如，如果公民以民主方式决定了希望看到本国减少温室气体排放，那么，当民选政府决定实施更严格的环境排放法规时，大公司可能会威胁将污染性生产转移到其他国家②。

这些都是财富可能会（虽然不一定是全部）破坏公民政治平等的一些机制。公民的政治平等是自由和民主社会的基石。宪法应该保证政治平等，但它并不保护我们拥有极度富裕的权利。至此，某种程度上我们已然有了第一个关于我们为何不该成为超级富豪的论点——它破坏了政治平等。

人们可以对限制主义的民主论点提出如下反对意见。道德上的关怀并不在于一个生活领域（如经济福利）存在不平等，而是在于个人可以凭借某个生活领域的地位获取在另一个生活领域（如政治、教育）更高的地位。因此，真正的道德问题不是不平等本身，而是一个生活领域的不平等溢出到另一个生活领域③。毫无疑问，人们与其强迫富人处置他们的过剩金钱，不如提出解决方案，以防止金融权力转化为政治权力。例如，人们可以尝试改革关于竞选资金的立法，或者国家可以保证公共广播和电视在公开辩论中保持观点

① Daniel Stedman Jones, *Masters of the Universe. Hayek, Friedman, and the Birth of Neoliberal Politics*, Princeton: Princeton University Press, 2012.

② Thomas Christiano, “The Uneasy Relationship between Democracy and Capital,” *Social Philosophy and Policy*, Vol.27, nr.1, 2010, pp.195－217; Christiano, “Money in Politics”, p.250.

③ Michael Walzer, *Spheres of Justice*, New York: Basic Books, 1983.

和论点的平衡。迪安·马钦(Dean Machin)认为,我们应该为超级富豪提供选择,可以对他们的财富当中超出超级富豪水平的部分征收100%的税,或者让他们失去一些政治权利①。这个想法将防止富人购买政治影响力和权力。同样,人们可以说,如果我们实现适当的竞选立法并颁布反腐败政策,富人投入的资金就不能再对政治产生重大影响,基于民主的价值,则没有理由反对金钱过剩。

其中一些制度措施对于健康的民主制度无疑是必要的,但没有一个解决方案能恢复富人和非富人公民之间的政治平等。其原因在于,富人的大部分政治影响力都躲避了正式机构的运作,如立法和监管。富人可以放弃他们的投票权;然而,如果他们仍然可以建立和资助智囊团,进行由意识形态驱动的研究,或者仍然可以直接与政府官员私下接触,那么他们仍然会拥有与之不相称的政治权力。

强制实施正式的制度机制以减弱金钱对政治的影响,只在有限范围内可行。特别是在收入和财富的巨大不平等以及拥有过剩金钱的情况下,即使在通过制度措施尽可能削弱了上述四种机制的社会中,也会对政治平等构成威胁。因此,如果我们认同民主的价值,特别是政治平等,是公正社会的基石,那么我们就有充分的理由支持限制主义。

三、未满足迫切需求的论点

经济限制主义的第二个理由可以称为未满足迫切需求的论点。这个论点只有在满足以下三个经验条件中的一个或多个时才有效。

(1)全球极端贫困:我们生活的世界里,有许多人生活在极端贫困中。但通过需要财政资源的政府主导的行动,他们的生活能得到明显改善。(2)地方或全球不利条件:我们生活的世界里,有许多人的生活并不富裕。他们在某些方面的权利或利益被严重剥夺,但如果通过需要财政资源的政府主导的行动,他们的生活能得到明显改善。(3)迫切的集体行动问题:我们生活的世界面临着迫切的(全球)集体行动问题,这些问题至少可以部分通过需要财政资源的政府主导的行动来解决。

未满足迫切需求的论点取决于这些条件:如果这些条件都不满足,这个论点就不再成立;那么我们将生活在一个没有穷人或弱势群体、没有重大集体行动问题的世界里。必须至少有一个条件成立,来支持该论证有效,即在这个世界上,存在未被满足的迫切需求。

---

① Dean Machin, "Political Inequality and the 'Super-rich': Their Money or (some of) their Political Rights," *Res Publica*, Vol.19, 2013, pp.121-139.

在当今世界上,如我们所知,这三个条件满足了①。首先,全球极端贫困的条件显然达到了。全世界有几十亿人生活在(极端)贫困中,尽管并非所有需要财政成本或财政再分配的方案都能有效消除贫困,但许多有效的减贫干预措施都需要财政资源②。即使是制度上的改变,如建立一个对公众负责的官僚或法治机构,也需要财政资源。

第二个条件也满足了。即使是那些在世俗物质方面并不极端贫困的人,也可能在许多其他方面被剥夺权利或处于不利地位。例如,所有后工业化国家都有无家可归或被社会排斥的公民,以至于在某种程度上他们无法充分参与社会生活。有特殊教育需求的儿童并不总能享有可以充分挑战、发展他们的教育。另一个方面,出乎意料的是,有大量的人口是功能性文盲。最后,令人担忧的是,大量的成年人和儿童有心理健康问题,但却没有得到足够的帮助③。

第三个条件也满足了,因为有许多集体行动的问题需要政府或其他变革者的关注。正如近三十年的《人类发展报告》(Human Development Reports)所记录的那样,只要政府投入足够的关注度和资源,世界面临的几个主要的集体问题就可以得到有效解决。气候变化和地球生态系统的恶化可以说是最紧迫的问题,这个议题将在下一节进一步讨论。环境危害可以设法通过大量投资于绿色技术和清洁能源来应对,为女孩创造教育机会,为不能满足避孕药需求的地区提供生殖健康服务,组织大规模的重新造林计划等来解决④。所有这些行动都需要财政资源。

只要这三个条件中的其中一个成立(而我刚论证了这三个条件都成立),就会出现这样的情况:相比于富人的收入和财富可以满足的需求,特定的需求在道德上具有更高的迫切性。回顾一下,富人持有的超过富裕线的钱被称为金钱过剩(surplus money)。未满足的迫切需求的论点声称,由于金钱过剩对人们的富裕没有贡献,它的道德重量为零,那么

---

① 可能有一个例外,那就是政府(从地方到全球的类似政府的组织,如联合国)是否有能力解决这三类未满足的需求。如果他们有足够的资金,是否能够有效地解决这三类未满足的需求。所谓的"失败国家"或政府非常腐败的国家,可能无法满足这些条件。在这些情形之下,富人的私人倡议可能会更有效地满足这些迫切需求。

② 依赖资源发展干预措施助力减少贫困的例子有小额信贷计划或印度的《全国农村就业保障法》(National Rural Employment Guarantee Act)。最明显的严重依赖资源发展干预措施的例子是无条件的基本收入,或无条件的儿童福利金或老年人养老金,在南非就存在这样的例子。

③ 见《美国人类发展报告》(The American Human Development Report)(Sarah Burd-Sharps, Kristen Lewis, and Eduardo Borges Martin. *The Measure of America. The American Human Development Report 2008 - 2009*, New York: Columbia University Press, *2008*)或 Jonathan Wolff and Avner de-Shalit. *Disadvantage*, Oxford: Oxford University Press, *2007*。

④ Paul Hawken, *Drawdown. The Most Comprehensive Plan Ever Proposed to Reverse Global Warming*, London: Penguin, 2017.

反对我们应该用这些钱来满足迫切需求的原则是不合理的①。

未满足迫切需求的论点并不把财富看作是一种本质上道德败坏的社会状态,也不把富人看作是不道德的人。限制主义不是针对富人本身,而是关注极端财富状况对社会的影响。

限制主义这一论点的优势在于,它非常适用于非理想的世界,在这个世界里,我们往往没有关于人们剩余收入的来源和他们的初始机会设定的信息。更确切地说,我们不需要知道某人的剩余收入是否来自对市场中某种具有巨大需求的产品的独特创新,或者假设他或她属于一个垄断联盟的高级经理人,他们互相给予对方过高的收入,我们也不需要知道其是否从节俭的四个祖父母那里继承遗产。如果一个人的钱超过了他或她生活充分富足的需要,那么这些过多的钱应该被重新分配,以改善构成限制主义情况的三个条件之一。

四、一个特殊案例:气候行动融资

我现在想集中讨论未满足迫切需求的一个特殊案例:气候变化,这是我们目前面临的一个巨大的集体行动问题。有大量关于气候变化问题的学术文献,可以总结如下。自工业革命以来,人类排放了许多温室气体,极大地增加了大气中温室气体的浓度。这致使相当一部分太阳辐射的热量往往留在大气层内,这正在改变地球的气候,导致各种后果,包括平均温度升高和极端天气事件增多(如热浪、风暴、干旱、龙卷风)。这些发展对地球的各个部分及其生态系统产生了进一步的影响,包括海洋的酸化,永久冻土融化所释放的(非常强烈的)温室气体,一些地区的沙漠化,以及冰层融化和海洋温度升高导致的沿海地区的洪水。这些事件的一个严重的后果是,它增加了许多人,甚至也许是小岛屿的全部人口,在可预见的未来失去生存空间的可能性②。政府间气候变化专门委员会(The Intergovernmental Panel on Climate Change, IPCC)自 20 世纪 90 年代初就记录了气候变化对人类和其他动物的影响,报告显示,我们可以预期的影响将是压倒性的,对某些群体来

---

① 在罗宾斯(2017,12 – 13)中,我分析了来自未满足迫切需求的论点的异同,以及托马斯–斯坎伦(Thomas Scanlon, *What We Owe to Each Other*, Cambridge, MA: Harvard University Press, 1998, p.224)和彼得–辛格(Peter Singer, "Famine, Affluence and Morality," *Philosophy and Public Affairs*, Vol.1, nr. 3, 1972, pp. 229 – 243)所捍卫的类似原则。

② Frank Biermann, Ingrid Boas. "Preparing for a Warmer World: Towards a Global Governance System to Protect Climate Refugees," *Global Environmental Politics*, Vol. 10, Nr. 1, 2010, pp. 60 – 88; François Gemenne, "Climate-induced Population Displacements in a 4+ Degrees World," *Philosophical Transactions of the Royal Society A: Mathematical, Physical and Engineering Sciences*, Vol.369, 2011, pp.182 – 195.

说，将是灾难性的。此外，虽然这还没带来最坏的影响，但一些地区已经在经历不良影响了。

减缓并可能停止这一进程的唯一方法是降低地球大气层中碳排放浓度，通过努力快速消除进一步的排放。用可再生能源取代化石燃料，以碳中和的方式建造建筑物，避免食物浪费，大幅减少肉类和乳制品的消费，从而减少牲畜的总数，增加重新造林和其他扩大碳储存的方式，减少全球人口规模，等等[①]。其他降低净排放的方法是通过捕捉排放在大气中的温室气体并将其储存在某处；通过可扩展的技术将温室气体转化为对生物无害的另一种物质；或者通过地球工程（可能非常危险）的过程，实现减少到达地球的太阳辐射。所有这些过程都被称为减缓气候变化。然而，我们还需要的是气候适应，这涉及采取措施为气候变化的后果做好准备。例如，我们需要保护自己不受海平面上升的影响，确保有合适的作物可以在新的气候下生长，从而避免饥荒和饥饿，或者为那些将因气候变化而流离失所的人找到新的定居点。

让我们把减缓气候变化和气候适应所需的行动称为气候行动。其中一些行动可以由个人和家庭实施，例如，在房顶上使用太阳能电池板，减少我们的公路或航空旅行，驾驶电动汽车而不是传统汽车，采用素食或纯素饮食（鉴于肉类和乳制品的生产会造成许多碳排放）。然而，政府可以采取最有效的措施。第一，政府应该对温室气体密集的消费形式征收重税。第二，政府应该削减对化石燃料的补贴，并大量投资于可再生能源或者在目前参与气候行动的国家中引发激烈辩论的核能。第三，政府应该大量投资于支持气候行动所需的科学和创新，如开发更好的可再生能源发电的储存技术，或研究气候引起的移民模式的地缘政治。第四，政府应该投资于保护人民生活的物质措施；例如，应该修建堤坝或建造湿地，以便在雨量大时能够承载洪水。最后，需要为那些将被强制迁移或受气候变化影响的人提供适当的支持。

政府可以采取更多的措施；然而，这个简短的清单已经说明，适当的气候行动计划需要大量资金。这些资金应该从哪里来？正如许多参与气候伦理和气候政策辩论的人所主张的那样，如果最富有的人资助这些气候行动，会更公平，更有福利效益。如果总的过剩金钱规模不够，那么也可以要求中产阶级捐款。

最富有的人应该是气候行动的主要资助者，这个论点的第一个理由就是上一节给出的理由，它涉及整体福利的改善：超级富豪的过剩金钱不能用来提高他们的福利；然而，如

① Hawken, *Drawdown*.

果在气候行动战略上进行明智的投资,可能会更加有益。第一个理由的修改版本如下。越来越多的气候专家和描写气候变化的学者①都声称,我们正在应对一场真正的灾难。因此,如果气候变化问题与我们的许多日常问题不同,那么使用这样的原则是合适的,即任何有能力帮忙的人都应该帮忙,最有能力的人被寄予承担最繁重负担的期望。这种方法让一些哲学家得出结论,我们应该采用“贡献能力原则”(the ability to contribute principle),关注那些有能力做出改变的人②。

认为最富有的人应该是气候行动的主要资助者的第二个原因与当前情况中的不公平有关。如果对国家进行比较,那么从历史上看,欧洲对许多碳排放负有责任,尽管北美目前的人均排放量比其他地理区域的平均排放量高很多。例如,由消费产生的全球平均排放量约为每人每年 6.2 吨(如果我们打算避免危险的气候变化,这一数字在几十年后应接近于零)。尽管如此,差异是巨大的:北美 22.5 吨,欧洲 13.1 吨,中东 7.4 吨,中国 6 吨,拉丁美洲 4.4 吨,南亚 2.2 吨,非洲 1.9 吨③。这些平均数往往掩盖了这些地区国家内部的巨大不平等,以及各地富人的生活方式可能导致高达 300 吨的排放量。因此,钱瑟尔和皮凯蒂建议对机票征收全球统一税,这可以用来资助气候适应措施。虽然我赞同这个想法,并在其他地方论证了对航空旅行征税的必要性,这不仅为了气候,也为了不同运输部门之间的经济公平④,但我认为这个措施远远不够。理想情况下,我们应该向超级富豪征收全球生态危机税,为气候行动基金提供资金。如果这不可能实现,各国政府应主动建立国际协议,规定每个国家对全球基金的贡献,每个国家可以自行对其最富裕的公民征税。无论哪种方式,目的都是让超级富豪们首先为气候行动基金作出贡献。

向富人收取气候行动资金的公平性理由至少有两个方面。第一个方面是基于纠正或补偿的原则。大多数超级富豪通过从事具有负面环境外部效应的经济活动获得财富。市场价格本身并不反映商品生产和运输过程中所包含的环境损害。如果与经济生产相关的环境损害被适当地纳入价格中(或者像经济学家所说的那样,负面外部效应被内部化),

---

① 例如, Stephen Gardiner, *A Perfect Moral Storm. The Ethical Tragedy of Climate Change*, New York: Oxford University Press, 2011。

② Simon Caney, “Two Kinds of Climate Justice: Avoiding Harm and Sharing Burdens,” *The Journal of Political Philosophy*, Vol.22, Nr.2, 2014, pp.125 – 149; Henry Shue. *Climate Justice: Poverty and Vulnerability*, Oxford: Oxford University Press, 2014.

③ Lucas Chancel and Thomas Piketty, “Carbon and Inequality. From Kyoto to Paris,” Paris School of Economics: mimeo, 2015.

④ Ingrid Robeyns, “For a EU-wide Tax on Air Travel to Fight Climate Change,” Twelve Stars, 2019, https://www.twelvestars.eu/post/ingrid-robeyns.

价格就会上升,导致需求和利润下降。因此,超级富豪的财富部分包括未支付的环境损害补偿金。第二个方面是,在一些国家,情况甚至更糟,主要是因为政府直接或间接补贴化石燃料行业。因此,在这些国家拥有公司或为公司工作的超级富豪,其部分财富代表了转嫁给整个社会的生态破坏。因此,从公平的角度来看,人们可以认为,对这些过去负面生态外部效应的补偿,现在可以用来资助气候行动基金。

五、负面激励的反对意见

我们已经讨论了经济限制主义的两个常见理由,还讨论了一个具体的案例,它为优先向最富有的人收取气候行动基金提供了强有力的理由。尽管如此,如果希望全面判断这种观点是否值得赞同,我们还应该考虑对经济限制主义的反对意见。在这里,我将重点讨论一个在跨学科背景下特别重要的反对意见:限制性税收将会被严重曲解,因此,这个概念将会被累进税替代[①]。

在我研究这个具有激励性的反对意见之前,有必要指出,在所有国家,税收结构更加累进会被认为是朝着限制主义的方向发展。因此,从过渡性和实用性的角度来看,限制主义者会强烈支持更多的累进所得税和财富税率,特别是关闭(国际)逃税的路线[②]。然而,我们应该研究限制主义是否对这个激励的反对意见提供了一个更有力的回应。

激励的反对意见首先指出,因为作为超级富豪本身并没有道德上的坏处,如果未满足迫切需求的论点证明了限制主义的合理性,那么它的目标就不是惩罚超级富豪。相反,它的目标是去满足构成限制主义的三个条件下的那些未满足的迫切需求。因此,如果最终动机是满足这些未满足的迫切需求,那为什么不认可罗尔斯的差异原则呢,哪怕稍加修正也好?毕竟,如果存在捐赠所有过剩金钱的道德义务,那么,在一个人的收入和财富达到我们认为所有额外的钱都是“过剩金钱”的数额之后,一个强大的抑制因素已添加到社会产品中。毋庸置疑,如果富人一开始在赚取高于财富线的收入时即面临强大的抑制因素,那么对满足迫切需求就没有益处。差别原则将削弱这种抑制因素,因为只要弱势群体也能从中受益,它允许富人变得更加富有。在罗尔斯的理论中,差异原则指出,在基本社会和经济制度的设计中,只要能使社会中最贫困的群体受益,就可以允许社会初级产品的不

① 在其他地方,我对关于限制主义会违反机会平等原则的反对意见做了回应(Robeyns,“Having too much”, pp.33-34)。

② Peter Dietsch, *Catching Capital*, Oxford: Oxford University Press, 2015.

平等①。修改后的差异原则不适用于基本制度的设计,而适用于收入再分配,并且可以用收入和财富的综合衡量标准取代社会基本益品。这种分配规则不是更能为主张限制主义提供最终理由吗?

这个结论并不完全正确。限制主义本身并没有说明:将过剩金钱和非过剩金钱区分开来的富裕线以下的分配需要如何处理。因此,限制主义对非富人之间的合法不平等问题保持沉默;与此同时,它对分配顶端的分配正义要求却更加激进。在差异原则下,一个人可以是富人,也可以有相当多的过剩金钱;然而,从他或她赚到的任何额外资金中,只有一小部分必须分配给最贫困的人。然而,限制主义原则不允许这样做:所有的过剩金钱都必须分配给弱势群体,满足最贫困者未满足的需求,并解决迫切的集体行动问题。限制主义与差异原则有着共同的强烈的再分配目的,但两者又是不同的。

限制主义的反对者可能会从一个稍微不同的角度发起攻击。如果不参考差异原则而直接陈述,也许激励的反对意见会更深入。毋庸置疑,限制主义需要一个强大的激励机制,让几乎所有的富人通过更努力的工作、更聪明的创新和更多的商业活动为社会产品的创造作出更多的贡献。这里的反对意见涉及最优所得税的概念,正如公共经济学中所说的那样。公共经济学家的共识是,所谓的"最优最高边际税率",即总所得税税收最大化的税率,约为70%。如果提高最高边际税率,总税收收入就会减少。在某种程度上,限制主义被视为财政政策(而不是作为指导分配前的制度设计或慈善义务的理想),限制主义的最高边际税率为100%。

这对本文所提出的论点构成了严重的挑战。民主论证不受最优最高边际税率低于100%这一事实的影响,因为民主论证关心的是政治平等,而不是可用于满足那些未满足的迫切需求的最大税收。因此,如果我们只关心政治平等的价值,我们就不应该把最高边际税率降低到100%以下,只要后者可以被证明对政治平等的理想有更大的贡献。

相比之下,如果最优最高边际税率低于100%,那么关于未满足的迫切需求的论点就会被大大低估。由于满足那些未满足的迫切需求是基础价值,因此,仅仅作为一个与满足那些未满足的迫切需求有关的政策问题,明智的做法是削弱限制主义,以及在富有和最富有的人中提高最大税收收入。

此举说明了限制主义的不同理由之间潜在的对立。有关未满足迫切需求的论点意味着我们应该选择最佳的税率,而民主论点则认为,若实施正统的限制主义能更好地保护政

① John Rawls, *A Theory of Justice* (*Revised Edition*), Cambridge, MA: Harvard University Press, 1999, pp.52-56.

治平等,则宁愿放弃一些税收。因此,这些限制主义的论点之间存在着潜在的对立。接下来有两点。第一,我们需要问,限制主义是否还有其他理由,这样我们就可以研究这些论点之间其他对立的可能性及其实际影响。第二,就有关未满足迫切需求的论点和民主论点之间的对立而言,我们有四个选择。第一种是选择收入最大化的财政政策,同时进行一系列的制度改革,努力削弱将金钱转化为政治权力的机制。也许在这种理想的情况下,政治影响机会不平等的残余部分太小,不足以让我们担心。尽管如此,这是一个值得研究的经验问题。第二种选择是坚持这样的观点:不平等的政治影响仍然重要,但解决未满足的迫切需求胜过民主论点,因此,需要采取收入最大化的财政政策。第三和第四种选择与第一和第二种选择是对称的。在第三种方案中,我们选择了正统的限制主义(富裕线以上的最高边际税率为100%),这充分保护了政治平等,并试图通过财政政策以外的其他手段间接满足那些未满足的迫切需求(例如,通过呼吁非政府正义机构或企业家来解决未满足的迫切需求问题)。在第四种方案中,我们坚持认为满足那些未满足的迫切需求仍然重要,但解决政治平等问题更重要,这就证明了100%最高税率的合理性。

如果我们更关心的是满足那些未满足的迫切需求,而不是金钱过剩的影响对政治平等的损害,那么,最接近限制论观点的财政政策应该是设置收入和财富最高税率,使税收最大化。然而,这不应该被视为对限制主义观点的否定。首先,限制主义作为一种道德理想不会受到影响,我们应该鼓励在征税后仍有过剩金钱的人中形成一种社会风气,将这些资金用于满足那些未满足的迫切需求。其次,我们应该研究非货币激励系统,以排除高边际税率对富人的抑制作用。在一个物质利益不是主要激励因素的文化中,人们可能会因为他们的承诺、他们为自己设定的挑战或内在的快乐、自尊或荣誉而更加努力工作。

我的结论是,激励的反对意见应该促使我们根据最佳税收设计来调整适用于财政政策的限制主义,让把满足那些未满足的迫切需求的价值远超过金钱过剩对破坏政治平等的影响。

六、影响

几年前,我在规范性政治哲学的文献中引入了“经济限制主义”一词,其他一些哲学家也对经济限制主义的原因进行了论证和分析①。在这个阶段,我们可以为那些致力于

① 例如,Zwarthoed “Autonomy-based Reasons for Limitarianism”; Alexandru Volacu and Adelin Custin Dumitru, “Assessing Non-intrinsic Limitarianism,” *Philosophia* Vol. 47, 2019, pp. 249 – 264; Dick Timmer, “Defending the Democratic Argument for Limitarianism: A Reply to Volacu and Dumitru,” *Philosophia*, Vol.47, 2019, pp.1331 – 1339.

可行能力理论和人类发展范式的人得出什么经验教训？对从业者和决策者有什么经验教训？

对社会来说，至少有三个启示。第一，对经济不平等的分析以及对超级富豪的伦理和政治经济分析不仅仅是一个货币不平等的问题，本质上是对一些关键公共价值的保护，如社会正义、生态可持续性、民主和机会平等。如果不分析货币数字，就会错过理解超级富豪有什么问题这个最关键的部分。这也是进行多门类和多学科分析的一个重要的原因。

第二，气候变化是一个道德和政治问题，不能与消费和财富不平等分开。气候正义和分配正义的问题紧密地交织在一起，限制主义可以帮助勾勒出一个既相对公正，又在生态上更可持续的世界愿景。一直以来，气候变化主要被视为技术问题。也许最近的事件见证了这种心态的改变，年轻人对气候变化进行了深刻的道德化和政治化的抗议，要求政府采取强有力的气候行动的公民非暴力运动的兴起，以及在公共领域越来越多地辩论气候变化的分配后果。然而，我们应该明白，所有层面的气候行动不仅仅是一个我们可以决定追求与否的“可选”事项，而是一个正义的问题。一旦我们承认围绕着气候变化存在着巨大的不公正感，与谁产生排放和谁承担责任有关，在我看来，使用过剩金钱来应对气候挑战的论点就变得非常合理且并不太过激进。

最后一个启示是，有人宣称我们生活在后意识形态时代，1989 年柏林墙的倒塌标志着良好社会和经济体系的不同理念之间的斗争已经结束。这种说法是不对的。的确，几乎所有的社会实际上都接受了某种形式的资本主义；然而，这些不同类型的资本主义之间存在着重要的差异。其中之一即为该资本主义类型是否允许过度的财富。当我学习经济学时，也就是在柏林墙倒塌之后，我接受的教育告诉我，在世界北半球，基本上存在三种经济体系：以美国为例的资本主义、以苏联和东欧集团为例的共产主义以及西欧的混合经济。使用“混合经济”一词的原因是，它是资本主义所带来的经济效率的混合物，但没有其坚硬和冷酷的边缘，为此在共产主义经济中建立了（强制性）团结制度。如今，我们很少听到“混合经济”这个词。然而，无论我们是希望开始重新使用这个词，还是更有力地捍卫福利国家或其他形式的财产分享经济，关于我们应该想要什么形式的经济体系的辩论并未被搁置。而本文给出的理由表明，要重视社会正义、生态可持续性、民主和机会平等，就要抑制资本主义，而且还需要集体社会保险和团结制度。

本文提出的论点对人类发展进路和可行能力理论框架有什么启示？对于人类发展进路来说，一个重要的启示是，我们应该把富人和超级富豪纳入我们的分析中。毋庸置疑，人类发展范式最重要的目的是尽量减少最贫困者的痛苦，提高他们的生活质量。然而，如果要求,例如,我们的经济体系将所有人获得体面的生活置于少数人成为超级富豪的可能性之上,或者保护所有人的真正民主涉及限制超级富豪的经济自由,那么这就需要成为我们分析的一部分。

关于人类发展进路的第二个启示是要充分认识气候变化的紧迫性。毋庸置疑,人类发展论坛上已讨论了气候变化,但仍然有必要更频繁地将气候变化这一议题置于舞台中央。由于弱势人群或发展中国家将受到气候变化的最严重打击,对气候变化关注的不足引人侧目。气候变化带来了巨大的经济不公,需要对其进行分析和理解,并倡导公平的解决方案。有大量关于气候正义和气候伦理的文献,解释了谁应该做什么,为什么,出于什么原因①。因为人类的繁荣是不可能依靠一个不能再为我们提供安全生活的物质必需品的星球,人类发展进路应该更多地涉及这些文献。这组文献帮助我们将它当作一个伦理和政治问题而不是一个技术问题去分析。

研究可行能力理论的学生和学者可以获得另外两个启示。第一,货币分析和能力分析可以互补;这完全取决于我们到底要分析什么。这也着重强调了布尔查特和希克②提出的一个类似的观点。在很大程度上,经济学中的可行能力理论是作为对货币度量的评论而引进的,有时也被阐释成货币分析应被置弃这样的观点。然而,事非如此。事实上,当我们讨论金钱过剩时,我们需要重新关注收入分配,但这次关注,是由于它对他人的自由、能力和共同利益所产生的负面影响。

第二,本文为我们提供了将需求/愿望的区别纳入可行能力理论的理由。如果我们分析超级富豪的生活质量,或者为什么一个人愿意拥有一种导致每年 300 吨而不是 10 吨(或更少)二氧化碳温室气体排放量的生活方式,那么我们就需要讨论,是否真的需要花钱或排放温室气体,以满足一个人的基本需求或保障一个人的基本能力,又或者说,是否这些符合超越了需求愿望的能力或喜好满意度。在主流经济学中,需求/愿望的区别几乎不可能置于中心位置,这主要是因为个人偏好的中心地位,以及外界永远无法判断个人偏好/满意度的幸福水平的偏激观念。在主流的规范性政治哲学中,有更多的空间可以将需求/愿望的区别放在中心位置。然而,尽管人们可能想知道,经过仔细审查,这是否会是一

---

① 例如,Stephen Gardiner, Simon Caney, Dale Jamieson, and Henry Shue eds., *Climate Ethics: Essential Readings*, Oxford: Oxford University Press, 2010; Gardiner, *A Perfect Moral Storm*; John Broome, *Climate Matters: Ethics in a Warming World*, New York: W.W. Norton, 2012; Caney, "Two Kinds of Climate Justice"; Henry Shue, "Uncertainty as the Reason for Action: Last Opportunity and Future Climate Disaster," *Global Justice: Theory, Practice, Rethoric*, Vol.8, Nr. 2, 2015, pp. 86-103.

② Burchardt and Hick, "Inequality, Advantage and the Capability Approach".

个坚实的理由,但鉴于人们厌恶说任何违反核心自由主义原则的话,所以他们对这样做十分犹豫。无论如何,鉴于世界在面临生态危机的同时还面临着高水平的持续贫困,我们不能再使用那些不能让我们指出在某些时候有人拥有、获取或消费过多的理论和规范框架了。

What, if Anything, is Wrong with Extreme Wealth?

Ingrid Robeyns

【**Abstract**】 This paper proposes a view, called limitarianism, which suggests that there should be upper limits to the amount of income and wealth a person can hold. One argument for limitarianism is that superriches can undermine political equality. The other reason is that it would be better if the surplus money that superrich households have were to be used to meet unmet urgent needs and local and global collective action problems. A particular urgent case of the latter is climate change. The paper discusses one objection to limitarianism, and draws some conclusions for society, as well as for the human development paradigm and the capability approach.

【**Keywords**】 Climate Change, Economic Inequalities, Limitarianism, Needs, Poverty, Wealth

【学术现场】

感觉与想象，情感与理性：论亚里士多德的《论灵魂》的基本概念和问题

田书峰[1]

【摘要】 亚里士多德的《论灵魂》是西方哲学史上首部系统地探究生命现象的哲学作品，也是西方的灵魂学说和心灵哲学的奠基之作，对灵魂的诸种官能及其活动进行了原因性的理论解释：生长能力、感觉能力、欲求能力、想象能力、理性能力、位移能力。本文试图从以下几个方面来对亚里士多德的灵魂学说中的几个基本概念和问题进行概览性的介绍，并将古代和现当代对亚里士多德的灵魂学说的诸种争论呈现出来：(1)亚里士多德对柏拉图的灵魂理论的批判；(2)质形论的灵魂定义及其问题；(3)感觉的本质和种类；(4)想象与心灵图像的作用；(5)理性的可分离性问题以及主动理性的归属问题。

【关键词】 亚里士多德，质形论，灵魂论，感觉，理性

在西方哲学史上，亚里士多德的《论灵魂》(περὶ ψυχῆς, *De anima*，简称为DA)是首部系统地探究灵魂的作品，在《亚里士多德全集》(Corpus Aristotelicum)中，它也是被后人注释最多、研究最深的作品之一，是对后世哲学影响最深和最广的一部作品。[2] 无论从历史上的对《论灵魂》的注释传统，还是从其对后世哲学的效用史或作用史

① 作者简介：田书峰，中山大学哲学系副教授，主要研究古希腊哲学、德国古典哲学和天主教神学。

② "灵魂"一词虽然在中华古代典籍中早有出现，在《楚辞》《礼记》《左传》和《易传》中都可以发现"灵魂""魂""魂魄"等词语，比如，"羌灵魂之欲归兮，何须臾而忘反！背夏浦而西思兮，哀故都之日远"（屈原：《楚辞·九章·哀郢》）；"大凡生于天地间者，皆曰命。其万物死，皆曰折。人死曰鬼，其五代不变也"（《礼记·祭法》）；"原始反终，故知死之说，精气为物，游魂为变，是故知鬼神之情状"（《易传·系辞》）；"魂气归于天，形魄归于地"（《礼记·郊特牲》）。但是，这一概念并没有作为一个重要的哲学概念在后来的儒家、道家中得到更为深入的发挥。那么，它是什么时候在中国文化中成为一个重要的哲学概念的呢？我认为，这应当始于晚明来华的耶稣会士的作品，比如利玛窦的《天主实义》、毕方济的《灵言蠡勺》、艾儒略的《性学觕述》。他们在自己的著作中首次将"anima"译为"灵魂"，也有的耶稣会士直接将"anima"音译为"亚尼玛"。

(Wirkungsgeschichte)来看,《论灵魂》这部作品的重要性都是不言而喻的。亚里士多德在《论灵魂》中所使用的灵魂概念包罗诸种可感的生命形式,这并不限于人的灵魂,也囊括了动物和植物的灵魂。植物有着最为基本的生命形式——生长,即营养灵魂;动物除了具有营养灵魂之外,还具有感觉灵魂;而人则兼有营养、感觉和理性灵魂。现代学界在谈及亚里士多德的灵魂论时喜欢用"psychology"一词,而将亚里士多德的灵魂论标示为一种最原始的心理学,但是,现代意义上的"心理学"更多侧重于对人在特定的条件下的心理现象和心理变化的研究,亚里士多德所说的灵魂论则是对生命体进行一种原因性的解释,不是针对某个心理现象的研究,而是去追问所有生命现象的最后本原或原因是什么,探究作为形式的灵魂与作为质料的躯体之间的关系,二者如何构成一个统一的生命体,生命体所具有的诸种官能和其现实活动是什么,等等。事实上,"psychologia"(灵魂论或心理学)这个专用术语要到很晚的时候才出现,历史上的一个书目清单上有一本叫作 *Psichiologia de ratione animae humanae liber I* 的作品,作者是马卢里克(Marko Marulic, 1450—1524),但是,这本写于 1520 年的书并没有被保存下来。后来,随着沃尔夫(Christian Wolff, 1679—1754)在自己的两部著作中使用 *Psychologia empirica* (1732)和 *psychologia rationalis*(1734)作为书名,"psychologia"作为一个专门术语才被广泛地使用开来。亚里士多德所说的灵魂论是一种专门界定什么是灵魂的科学,灵魂对于亚里士多德来说就是一切存在,是万般诸有,因为存在的事物要么是可感对象,要么是可思维的对象,他在《论灵魂》第三卷第 8 章这样说:

> 现在,让我们对灵魂所作的探究进行总结,灵魂在某种意义上来说就是万般诸有(τὰὄντα πώς)或一切存在(πάντα);因为这些存在者要么是可感对象,要么是思维对象,而知识在某种确切的意义上来说就是其认识对象,感觉也就是其可感对象。我们有必要去考察或探究情况为何是这般。知识与感觉这两者都可以根据各自的对象而被区分开来,那潜在的知识或感觉与潜在的认识对象或可感对象相应,那现实的知识或感觉就与现实的认识对象和可感对象相应。灵魂的感觉能力与认识能力在潜能的意义上是各自的对象,即一为感觉对象,一为认识对象。认识能力与感觉能力要么是对象本身,要么是对象的形式;前者是不可能的,因为石头是不在灵魂内的,而是其形式在灵魂内。因此,灵魂如手,手则是使用工具的工具,而直观理性是形式的形式,感觉是可感对象的形式。(DA III 8, 431b21 - 432a1)

从这段文本中,我们可以非常清楚地看到"灵魂"(ψυχή)这个概念的重要性,对亚里士多德来说,灵魂概念的重要性并不在于灵魂是永恒不死的,或能够推动事物或躯体进行运动,就像在柏拉图那里那样,而是在于灵魂这个概念蕴含着我们感知、认识和理解这个世界的诸种能力或官能,灵魂就是万般诸有,因为世界上的存在物要么是可感对象,要么是思维对象,而感觉能力和认识能力皆为灵魂的能力或官能,潜在的知识与感觉就与潜在的认识对象和可感对象相对应,而现实的知识或感觉就与现实的认识对象或可感对象相对应,所以,感觉活动就是对可感形式的接受,而思维活动就是对可理解形式的接受。如此,我们可以说,世间的万般存在就是灵魂的潜在的或现实的可感对象与认识对象,所以,亚里士多德说灵魂如手,因为手是使用工具的工具,同样,我们凭借灵魂和其诸种官能来感知和认识这个世界。万物就是灵魂,即是说,灵魂才是生命的本原和形式,灵魂是使万事万物得以呈现出来的原因,灵魂的活动就是万物的呈现,既可以是可感的对象,也可以是想象的、被欲求的对象,还可以是被思维把握到的对象,所以,万物就是在心灵里的各种各样的呈现。但是,亚里士多德并不因此就是观念论的或唯心主义的,因为他认为,可感物和可理解的或可思的对象独立于人的感觉和思维之外而存在。虽然他主张在现实意义上的感觉活动与其可感对象是等同的,在现实意义上的思维活动与其思维对象是同一的,但是,这种同一并不表示思维与存在是同一的,而是说灵魂的感觉官能接受了可感物体的形式,而理性官能接受了可理解的形式(intelligible forms)。但是,感觉官能仍然为感觉官能,而可感物的形式仍为可感物的形式,只不过在现实的感觉活动中,感觉官能的潜能借助对可感形式的接受而被现实化,所以,客观的诸种存在,无论是可感对象还是可思对象并不是观念论意义上的概念自身的推演。相反,亚里士多德预设了事物自身的存在,他多次强调,我们人的认识就是从那些对我们来说熟悉易知的事物开始,慢慢达致对事物在其自身之所是的知识(《论题篇》VI 4, 141b3;《后分析篇》I 2, 71b33 - 72a5;《物理学》I 1, 184a16 - b14;《形而上学》VII 3, 1029b3 - 12)。但是,如若没有心灵现实地在感知和思维它们,那么,这些对象就是以潜在的方式存在着,意即灵魂的感觉能力和理性能力作为潜能随时可以接受可感的形式和可理解的形式。

亚里士多德的灵魂学说或心灵哲学在汉语学界的研究和接受起于对《论灵魂》的汉语翻译,直至今日仍然处于一种开始阶段。首先,吴寿彭先生的《论灵魂》(商务印书馆,1999 年)的译本比较古旧,多是文言与白话文掺杂一起,拗口难懂,亟待重新翻译和注释。另外还有两个中文译本,一是由秦典华先生翻译的《论灵魂》中文译本,[①]收录在人民大学

① [古希腊]亚里士多德:《论灵魂》,秦典华译,苗力田主编:《亚里士多德全集》第三卷,北京:中国人民大学出版社,1992 年,第 1 - 94 页。

出版社出版的《亚里士多德全集》(1992 年)的第三卷中,一是陈玮翻译的中文译本。[①] 美中不足的是,后面这两个译本都没有对文本进行详细的注释。另外,汉语学界对亚里士多德的心灵哲学的研究也是比较零散的,除了个别研究论文以外,并没有专门的研究专著出现。在汉语学界,亚里士多德的灵魂论亟待学者们进行挖掘和研究,其各个主题都值得进行深入而系统的研究。亚里士多德的灵魂论几乎涵盖了人的所有精神活动的种类,包括人的感觉活动(包括专有感觉、共通感和偶有感),欲求活动,想象活动,意识活动,理性的思维活动等。接下来,我从以下几个方面对亚里士多德的《论灵魂》进行一个大略的介绍:(1)《论灵魂》的文本探源;(2)《论灵魂》的注释史;(3)《论灵魂》在《亚里士多德全集》中的位置;(4)《论灵魂》作为一门科学;(5)《论灵魂》内容梗概和主题介绍。

一、《论灵魂》的文本探源

普鲁士科学研究院于 1831—1870 年间陆续出版发行的五卷本《亚里士多德全集》奠定了现代的亚里士多德哲学研究的文本基础。在 1960—1987 年间,柏林科学研究院的学者们对《亚里士多德全集》做了部分的修订之后又重新再版。伊曼努尔·贝克编辑了前两卷:*Aristoteles Graece*,也就是《亚里士多德全集》(Corpus Aristotelicum)。贝克所编辑的《亚里士多德全集》与马努齐奥(Aldo Manuzio)在 15 世纪末在威尼斯结集出版的主要版本(*editio princeps*)相比,最大的特色就是除了保存下来的希腊文本之外,还收录了拉丁文的翻译,一些出自希腊文评注的选段,失传了的一些著作中的引语残篇,甚至还包括一个亚里士多德哲学辞典。[②] 直到今天,我们引用亚里士多德的作品的页码和行数仍然是按照贝克的版本,贝克的《亚里士多德全集》选用了双排或双栏印刷,比如,403a10 就表示贝克版第 403 页的左栏第 10 行,a 表示左栏或左排,b 代表右栏或右排。根据贝克的划分,亚里士多德的著作主要分为如下五大类:(1)工具论(*Organon*),逻辑学和论证理论;(2)自然科学,包括宇宙论、灵魂论和生物学;(3)第一哲学(形而上学),(4)伦理学和政治哲学;(5)修辞学和诗学。

亚里士多德的《论灵魂》在贝克版中只有 32 页,第一卷包含 9 页贝克页码,第二卷有 12 页贝克页码,而第三卷有 11 页贝克页码。《论灵魂》的文本基础正如他的许多其他作

---

① [古希腊]亚里士多德:《论灵魂》,陈玮译,北京:北京大学出版社,2021 年。

② Primavesi, O., Werk und Überlieferung, in *Aristoteles Handbuch*, hrsg. von C. Rapp und K. Corcilius, Stuttgart: Metzler, 2011, pp. 57 - 64.

品那样来源于几个不同的手抄本或残篇，但是，没有一个手抄本早于公元 10 世纪。按照罗斯（D. R. Ross）的看法[①]，《论灵魂》的手抄本来源共有 11 种：

C（Försteri），Codex Parisinus Coislinianus 386（第 11 世纪）

E（Bekkeri），Codex Parisinus 1853（第 10 世纪）

L（Bekkeri），Codex Vaticanus 253（第 14 世纪）

P（Bekkeri），Codex Vaticanus 1339（第 14—15 世纪）

S（Bekkeri），Codex Laurentianus 81，1（第 13 世纪）

T（Themistii citatio）（年代不详）

U（Bekkeri），Codex Vaticanus 260（第 13 世纪）

V（Bekkeri），Codex Vaticanus 266（第 14 世纪）

W（Bekkeri），Codex Vaticanus 1026（第 13—14 世纪）

X（Bekkeri），Codex Ambrosianus H. 50（第 12—13 世纪）

y（Trendelenburgii），Codex Parisinus Bibl. Nat. 2014（第 13—14 世纪）

从这些手抄本的列表中可以看到，只有除了 C 与 y 以外，贝克在自己的版本中对所有其他的手抄本源流都做了参考和编校。根据弗斯特（Förster）的看法，CSUVWXy 这些手抄本有着一个共同的源流或谱系，统称为 b，而 EL 这两个手抄本则有另外一个共同源流，统称为 a。众所公认的一个事实是，在这些不同的手抄本中，E，Parisinus graecus 1853 对于《论灵魂》的文本传承是最为重要和最有权威的手抄本来源。但是，E，Parisinus graecus 1853 最大的一个问题就是，原来的第二卷被来自另外一个谱系的手抄本所代替，并且与 E 同属于一个谱系的 L 本只包含《论灵魂》的第三卷，这为我们找到 E 本中第二卷的原本面目带来了很大的困难。所以，我们并不能对其他手抄本弃之不顾，而只是将 E 本作为权威，就像希克斯（R. D. Hicks）所做的那样，他只是参考 E 本来进行文本批判的工作。[②]

除了这些手抄本之外，来自古代的评注家们的引语、旁证和释义也对我们理解《论灵魂》的文本传承历史有着很大的帮助。尤其是阿弗洛迪希亚斯的亚历山大（Alexander of Aphrodisias，活动于公元后 200 年左右）、特米修斯（Themistius，317—388）、辛普里丘（Simplicius，480—560）、所弗尼亚斯（Sophonias）、斐洛坡努斯（Philoponus，490—575）这几

---

① Ross, D. R., *Aristotle, De Anima*, Oxford University Press, 1961.

② Hicks, R. D., *Aritotle, De anima, with translation, introduction and notes* by R. D. Hicks, Cambridge University Press, 1907, p. lxxxiii.

位评注家的注释,对我们了解亚里士多德的文本有着不可忽视的贡献。亚历山大在自己的《疑难和解决》(*Aporiai kai Luseis*, or *Puzzles and Solutions*)中有 11 个段落提到过亚里士多德的《论灵魂》,在这 52 行的评注中,只有 26 个标点不同于保存下来的手抄本,这显示,手抄本的可信度还是很大的。但问题是,亚历山大开始自己的著述的时间要晚于亚里士多德 5 个世纪之久,而《疑难和解决》的最早手抄本要在 12 个世纪之后才出现。在这段漫长的时间内,不可能完全没有错误发生。在 12 世纪之前,只有亚里士多德的一些逻辑学作品被译为拉丁文,并在拉丁西方流行,这就是波艾丢斯在公元 6 世纪初翻译的《范畴篇》(Categoriae)和《论解释》(De interpretatione),并附带了波菲力的《逻辑学导论》(Isagoge)。而《论灵魂》的最早拉丁文译本是威尼斯的詹姆斯(James of Venice)在 12 世纪中期从希腊文翻译过来的,这个译本一般被人们称为古典译本(translatio vetus);在 1230 年左右,产生了第二个译本,这个译本是从阿拉伯文翻译过来的,一般称为新译本(translatio nova),尽管人们都认为译者应该是迈克尔·司各特(Michael Scot),但是,这个译本并没有太大的影响;真正在中世纪被广泛地使用的译本是被称为新修订译本(recensio nova),这就是莫拜克的威廉姆(William of Moerbeke)在 1266—1267 年翻译的版本,这是他在古典译本的基础上修订而成的新译本。有一点值得引起我们的注意,那就是代表阿拉伯注释传统的阿维森纳(Avicenna, 980—1037)和阿维洛伊(Averroe,1126—1198)对拉丁西方的影响是不容忽视的。有学者认为,拉丁西方的评注家在 1240 年之前所写的关于亚里士多德的《论灵魂》的文论都受到过阿维森纳的影响,而在 1265 年之前所写的对于亚里士多德的《论灵魂》的评注性著作都受到过阿维洛伊的影响。①

但是,尽管我们有可以互相印证、纠正和互相对照或对观的很多手抄本源流,古代评注家的评注旁证,包括后来的作者的引语等,但是,我们还是很难确定我们究竟在多大程度上还原了或建立了亚里士多德的《论灵魂》的真正文本。一个很大的原因就是手抄者或抄写员可能经常将不同的文本混杂在一起,以至于《论灵魂》的文本很难恢复原貌。尤其是《论灵魂》第三卷的文本更为凌乱或无序,以至于托斯垂克(Torstrik)做出这样的大胆假设,他认为亚里士多德曾经先后写过《论灵魂》第三卷的两个不同版本,这两个版本后来混杂在一起,他的工作就是要将它们区分开来而还原出真实文本。② 这表明,对《论灵

---

① 参见 Callus, D. A., "Introduction of Aristotelian Learning to Oxford", *Proceedings of the British Academy*, 29 (1943), 229 - 281。另外,关于亚里士多德的《论灵魂》在 13 世纪直至托马斯之时的接受史参见 Dales, R. C., *The Problem of the Rational Soul in the Thirteenth Century*, Leiden: Brill, 1995。

② Torstrik, A., *Aristotelis*, *De anima*, *Libir III*, Berlin : Apud Weidmannos, 1862, pp. viii - xv.

魂》的文本的源流分析关涉到亚里士多德哲学作品的分类特征，因为亚里士多德有很多作品是秘传的，只为自己漫步学园的内部学徒所用，而不是写给公众或公开出版发行的。学者们通常将亚里士多德的作品区分为“秘传的”（esoteric）和“外传的”（exoteric），前者是指为了内部人员或学徒所写的一些作品，而后者是指为公众而写的一些公开的作品。外传作品往往都有介绍性和劝勉性，旨在引导民众能走向哲学或鼓励人们转向哲学，比如亚里士多德所写的《劝勉篇》（Protrepticus）和模仿柏拉图而写的一些对话篇。[①] 但是，外传作品中只有一些残篇被保存下来。而《论灵魂》应当属于为吕克昂学园的内部人员而写的讲义。鉴于亚里士多德的这些秘传作品的文本传承之复杂，我们今日所见的《论灵魂》的文本与亚里士多德当时所写的文本之间应该有很多不同，所以，我们必须接受这样一个事实，即亚里士多德的《论灵魂》文本的批判性版本始终有改善的空间，有些关于文本的争论是很难给出确切定论的。[②]

我参照的翻译版本是罗斯在1961年编辑出版的牛津古典文本系列中的*Aristotle, De anima, with Introduction and Commentary*。这个版本是基于他在1956年编辑出版的*Aristotelis De anima*，添加了导言和注释而成，这个版本也被称为editio minor。罗斯版本被认为是比较有权威的版本，也是最常用的一个版本，除了罗斯版本之外，德语学界中共有三个希腊文版本的《论灵魂》，特冷德伦布克（F.A. Trendelenburg, 1833）版本、托斯垂克（1862）版本与福斯特（Förster, 1912）版本，这三个版本在德语学界仍然受到重视。法语学界有罗迪埃（Rodier, 1900）版本和亚诺厄与巴尔波坦版本（A. Jannoe and E. Barbotin, 1966），这两个希腊文版本在法语学界被最为广泛地使用。而英语学界对亚里士多德《论灵魂》的古希腊文文本的整理开始得比较晚一些，其中，最引人注目的当属希克斯（1907）的版本，他的注释非常详细，堪称注释楷模。

二、《论灵魂》的注释史

亚里士多德的《论灵魂》自古以来就是一部后人译注、诠释和研究的古希腊哲学的经典之作。历史上对于亚里士多德的《论灵魂》的注释或评注可以分为两大阵营，一是以希腊文为主的古典注释传统，一是以拉丁文和阿拉伯文为主的中世纪注释传统。前者又可以分为漫步学派和新柏拉图主义的注释传统。古典注释传统内漫步学派的集大成者是阿

① 参见 Bobonich, C., Aristotle's Ethical Treatises, in: *The Blackwell Guide to Aristotle's Nicomachean Ethics*, Richard Kraut ed., Blackwell Publishing Ltd. 2006, pp. 12－29。

② David Ross, Aristotle, *De anima*, with Introduction and Commentary 1961, Introduction.

弗洛迪希亚斯的亚历山大,可惜他的注疏已经失传,而保留下来的则是他自己写成的有关灵魂的两卷本专著。另外,亚历山大的另外一部被称作《补编拾遗》(Mantissa)的著作也被保存下来。只有特米修斯的注疏本被完整地保存下来,亚里士多德的吕克昂学园的继任人特奥弗拉斯图斯(Theophrastus,公元前372—前287)对《论灵魂》的观点和看法就保存在他的注疏中。而新柏拉图主义的注释传统的集大成者是斐洛坡努斯(Philoponus,490—575)和辛普利丘。这两位注释家试图通过自己的注释来弥合柏拉图与亚里士多德哲学之间的差异,尤其是斐洛坡努斯的这种注释动机更为明显。① 他在很多方面随从了自己的老师阿莫尼乌斯(Ammonius,约435或445—517或526)的观点,认为柏拉图在《蒂迈欧》中对灵魂所做的一个物理学上的解释必须被解读为象征性的,因为柏拉图并没有将灵魂视为一个有广延的或有量度的存在,②并且,他还认为,亚里士多德之所以在《论灵魂》中特意反驳灵魂在其自身运动或在运动中的观点,是因为其意识到后人对柏拉图的观点进行字面解释的事实和危险。③ 在中世纪,亚里士多德的《论灵魂》受到前所未有的重视,其中,最为重要的两位注释家是以托马斯·阿奎那(Thomas Aquinas,1225—1274)为代表的天主教的拉丁注释传统和以阿维洛伊为代表的阿拉伯注释传统。亚历山大所写的关于灵魂的作品共有三部:关于亚里士多德的《论灵魂》的注释,亚历山大本人所著《论灵魂》《论灵魂补编拾遗》(Mantissa)。一如上述,亚历山大所写的关于亚里士多德的《论灵魂》注疏已经失传,需要加以说明的是,将那些附在《论灵魂》后面的一些论文统一称为"Mantissa"的是19世纪末一位德国的古典学家布朗斯(Ivo Bruns),④《论灵魂补编拾遗》共包含25篇论文,按照布朗斯的看法,25篇不同的论文可以分为两大类,一类是旨在反驳其他哲学流派的一些论证,另一类是亚历山大本人所写的关于一些主题的评注。⑤《论灵魂补编拾遗》中最重要的当属第二篇"论理智"(de intellectu)。⑥ 中世纪的阿拉伯注疏

---

① Cf. Philoponus, *On Aristotle On the Soul* 1.3 – 5, Translated by Philip J. van der Eijk, Bloomsbury 2006. Esp. the Preface, VII – IX.

② Philoponus, 124, 2 – 26.

③ Philoponus, 116,26; 122,19 – 26; 125,30.

④ I. Bruns, Supplementum Aristotelicum 2.1, Berlin: Reimer, 1887; Supplementum Aristotelicum 2.2, Berlin: Reimer, 1892.

⑤ Cf. Alexander Aphrodisiensis, De anima libri mantissa, A new edition of the Greek text with introduction and commentary by Robert W. Sharpies, de Gruyter 2008.

⑥ Cf. *Two Greek Aristotelian Commentators On The Intellect: The De Intellectu Attributed to Alexander of Aphrodisias and Themistius' Paraphrase of Aristotle De Anima 3.4 – 8*, Introduction, Translation, Commentary and Notes by Frederic M. Schroeder Robert B. Todd. Pontifical Institute of Mediaeval Studies 1990. 关于亚历山大的灵魂学说对后世哲学的影响,也请参考 Kessler, E., Alexander Aphrodisias and his Doctrine of the Soul, 1400 Years of Lasting Significance. *Early Science and Medicine*, Vol. 16, No. 1 (2011), pp. 1 – 93。

传统主要是以阿维森纳和阿维洛伊为代表。他们两位并没有逐句地注疏，而是基于文本阐释了自己关于理性灵魂的哲学。尤其是后者曾经先后撰写三部《论灵魂评注》:《论灵魂概要》《论灵魂中篇评注》和《论灵魂长篇评注》。阿维森纳对拉丁中世纪的注释传统有着很大的影响，这主要体现在他对于亚里士多德关于灵魂的定义的理解上，他认为灵魂可以从以下两个角度来进行理解:(1)在其自身的灵魂，从这个角度，我们可以把灵魂理解为一个精神的永恒实体;(2)与身体的关系来看，从这个角度，我们可以把灵魂理解为就是身体的“完善”或“成全”(perfectio)。他并没有采取亚里士多德所说的灵魂是身体的形式(forma)，而是使用了“成全”这一概念，如此，这一界定就与灵魂可以脱离身体，是一个永恒的精神实体就不相矛盾了。[①] 阿维森纳这种解释的一个后果就是，灵魂与身体似乎又成为两个不同的事物，灵魂在其自身就是一个精神的永恒实体，灵魂就是“某一这个”(hoc aliquid)。但是，当时的评注家更加关注的是这样的一个单纯的精神实体是如何构成的，因为没有任何受造的实体可以是完全的单纯实体，这将会使其与上帝没有区别。所以，有的评注家认为，灵魂也是由自己的形式和质料构成的，只不过构成它的质料是精神性的，而身体则是由形式和躯体性质料构成的。这样的说法将会导致人是由多个实体性形式构成的，至少包括灵魂的形式和躯体的形式。阿维森纳的这种解释蕴含着一些非常复杂难解的矛盾和问题，但是，他的解释推动了中世纪对亚里士多德的灵魂论进一步的研究。德·波尔(De Boer)认为，至少发展出如下三种策略来回应阿维森纳的解释:(1)拒绝承认灵魂是永恒的、赋予有生命的身体的持存形式，比如布拉邦的西格尔(Siger of Brabant)、杨墩的约翰(John of Jandun，约1285—1328)等，这一派被称为严格的或绝对的亚里士多德主义。[②] (2)灵魂是身体的唯一形式，并且在其自身就是持存的，但并不需要将灵魂转变为一个实体。这是托马斯的观点。(3)人的灵魂既是一个实体，又是身体的形式，很多方济各会士都持此看法。其中，托马斯与阿维洛伊之间的观点冲突最为明显。阿维洛伊为了解决灵魂一方面是身体的形式，另一方面理性灵魂又是永恒的和可分离的冲突，他认为，只有营养灵魂和感觉灵魂才是身体的形式，而理性是一个分离的形式(a separate form)，是独一的、不死的、独立于所有躯体之外而单独存在的神性实体，它只是在思维过程中才与人的身体相连，所有人都分有这独一的理性。阿维洛伊的这种解释导致的一个最重要的后果就是，不是个别的人在理解，而是只有这独一的或单一的理性在理

---

① Aviccena, *Liber De anima seu sextus De naturalibus*, édition critique de la traduction latine médiévale par S. van Riet. Introduction sur la doctrine psychologique d'Avicenne par G. Verbeke, Louvain: Peeters, 1968-72 (2 vols.).

② 有时这个观点也被称为“拉丁的阿维洛伊主义”(Latin Averroism)。

解。阿维洛伊根据《论灵魂》第三卷第4—8章发展出自己有关理智(νοῦς, intellectus)的解释传统,其中,最为重要的四个命题是:(1)所有人类分有的都是同一个主动理性(νοὺς ποιητικός, intellectus agens),并且人的潜能理性(νοῦς δυμάμει, intellectus possibiliis)也是独立自存的分离实体①;(2)世界是永恒的;(3)人在今世可以通过哲学达到幸福;(4)双重真理论②。这几个观点遭到托马斯的严厉批判,与此相反,托马斯主张,无论主动理性还是潜能理性,都属于人的灵魂的理性部分,是灵魂的理性能力,而非在其自身就是独立自存的或分离存在的实体,因此,主动理性和潜能理性是个体性的。③ 托马斯在对亚里士多德的《论灵魂》进行注释时并没有使用古希腊文文本,而是基于莫拜克(William of Moerbeke,1215或1235—1286)的拉丁文的修订译本(translatio nova)来进行注释的。托马斯并没有逐字逐句地注释,而是根据文本所讨论的问题和论证步骤把文本分为不同的段落来进行段落注释。托马斯的注释动机旨在澄清和解释亚里士多德的意思,使之更清晰易懂。但是,有人认为托马斯的注释动机并非如此,而是为了反驳当时在巴黎盛行的阿维洛伊的注释传统,即所谓的"拉丁的阿维洛伊主义"(Latin Averroism)。尽管托马斯的有些注释确实存在特意反驳阿维洛伊的观点的地方,比如托马斯在对《论灵魂》第三卷第4—5章的注释中就加入了对阿维洛伊潜能理性和主动理性的观点的反驳,但这并不能适用于所有的注释,虽然在有些注释中,我们可以看到与阿维洛伊主义者的观点存有冲突的地方。托马斯对亚里士多德的《论灵魂》注释通篇并没有太强的论辩性色彩,当然,我们可以说,托马斯对亚里士多德的《论灵魂》的研究和注释应被视为他要撰写的巨著《神学大全》中关于"人的本性"的前期准备工作。④ 一方面,我们可以说托马斯按照亚里士多德的《论灵魂》的文本进行了忠实的注释,我们从他对文本中的论证巨细无遗的步骤划分就能看出来,另一方面,我们也可以说托马斯并不会将他所不认同的观点写在注释中,所以,托马斯所写下的观点也就是亚里士多德的观点。⑤ 但是,任何注释家在进行注释的时候都会带有自己对问题和文本的主观理解,

---

① 关于阿拉伯注释传统中的理性学说研究,参见 Herbert A.Davidson, *Alfarabi*, *Avicenna*, *and Averroes on Intellect*: *Their Cosmologies*, *Theories of the Active Intellect*, *and Theories of Human Intellect*, New York and Oxford: Oxford University Press, 1992。

② 关于阿维洛伊的理性学说研究,参见 Wirmer, D., Averroes, *Über den Intellekt*, *Auszüge aus seinen drei Kommentaren zu Aristoteles's De anima*, Herder 2008。

③ Cf. Thomas, Aquinas, *A Commentary on Aristotle's De anima*, translated by Robert Pasnau, Yale University Press, 1999.

④ Thomas, *Summa Theologiae* (qq. 75 - 89).

⑤ Cf. Thomas, Aquinas, *A Commentary on Aristotle's De anima*, translated by Robert Pasnau, Yale University Press, 1999. pp. xviii - xxi.

一个完全中立的或客观的解读是不可能的，托马斯在注释时遵循的一个原则就是，哲学的学习不是为了了解不同的个体或哲学家各自说了些什么，或前人的观点究竟有哪些，而是为了获得关于事物本身的知识。①

除了托马斯的注释以外，我们还可以找到其他很多学者对亚里士多德的《论灵魂》的研究和注释，这在中世纪达到了一个前所未有的高峰，尤其是在1260—1360年间，先后出现了很多注释家：匿名的魏纳布什（Annoymus Vennebush，活动于1260年左右）、匿名的雷乐（Anonymus Giele，活动于1270年左右）、匿名的巴赞（Anonymus Bazán，活动于1275年左右）、匿名的斯汀伯根（Anonymys Van Steenberghen，活动于1275年）、司各脱（John Duns Scotus，1265—1308）、布里托（Radulphus Brito，约1270—1320），这几位学者主要是以提问的方式对亚里士多德的《论灵魂》提出了不同的问题，尤其是司各特的 *Questiones super secundum et tertium* 对《论灵魂》的第二卷和第三卷提出了不同的问题；布雷（Walter Burley，约1275—1344）、杨墩的约翰、布里丹努斯（Johannes Buridanus，1295—1363）就亚里士多德的《论灵魂》先后做过不同的演讲；欧瑞斯莫（Nicole Oresme，1320—1382）、匿名的帕塔尔（Anonymus Patar，约1340—1350）、布拉邦的西格尔（Sieger of Brabant，1240—1284）、匝巴瑞拉（Jacopo Zabarella，1533—1589）、苏阿来兹（Suarez Francisco）等人也有不同形式的注释作品。但是，学者们对这些注释的研究仍然是比较贫乏的，因为一方面，很多注释集都没有被加以整理、编辑出版，另一方面，保存下来的注释集大部分都集中于对人的灵魂的探究，以至于这个以研究所有灵魂为目的的广阔视域就被忘却了。1592年，葡萄牙的科因布拉大学在苏阿莱兹的带领下出版的亚里士多德全集的科因布拉注释集（Coimbra Commentaries）中关于《论灵魂》的注释也非常重要。② 关于《论灵魂》的现代注疏和研究更是层出不穷，佳作连连。

综观上述各种注疏，漫步学派内部的注疏旨在处理一些文本上的疑难；而新柏拉图学派则以调和亚里士多德与柏拉图的哲学为己任，将亚里士多德的哲学柏拉图化；中世纪发展出更加完善的有关论灵魂的科学（scientia de anima），形成不同形式的注疏形式，包括问题阐释（expositio per modum quaestionis），段落阐释（sentenciae）、章句答问（sentenciae cum quaestionibus），集注（Glosses）等。但是，也有学者指出，从托马斯到欧瑞斯莫之间写成的有关亚里士多德的《论灵魂》的评注中可以看到有一个转变在悄然发生，这就是从对灵魂

---

① Thomas, *Commentary on De Caelo*, I, 22.

② 参见 Meynard, T., "The first Treatise on the Soul in China and its sources: an examination of the Spanish edition of the Lingyan lishao by Duceux", *Revista filosófica de Coimbra*, 2015, Vol.24 (47), pp. 203 - 242。

的本质的探究到关注于灵魂的感觉官能的转变,即从经验主义的视角对灵魂的诸种官能进行探究。这种转变也可以被称为一种不断发展的经验主义(empiricism),因为评注家越来越强调灵魂的感知官能,而对灵魂的本质所进行的形而上学的玄想则日趋式微。① 14世纪晚期的评注家经常宣称,人的理性灵魂的永恒性(immortality)和不可分割性(indivisibility)并不能被加以证明,但是,13世纪晚期的评注家则认为这是可以被证明的。当然,托马斯的评注对中世纪的影响是深入而持久的,比如布里丹(Buridan)和欧瑞斯莫就认为,对理性的研究就包含在灵魂科学(scientia de anima)的研究范围之内,而理性灵魂的不可分割性和永恒性也应当属于论灵魂的科学中的结论。②

国内有关《论灵魂》最早的中文译述作品出自明末清初来华的一些耶稣会士,以下介绍其中最为重要的几部作品。来自意大利的毕方济(Francesco Sambiasi)曾与徐光启一起在1624年出版了《灵言蠡勺》(*Short Treatise on Matters Pertaining to the Soul*),这是第一部有关西方灵魂论的中文作品,虽然自此之后相继还有一些作品出现,但都不如《灵言蠡勺》说理最精。另外的一个中文译介作品是来自意大利的耶稣会传教士艾儒略(Giulio Aleni,1582—1649)所写的《性学觕述》一书(*A Brief Introduction to the Science of Human Nature*),这部作品是他在自己早期的一部叫作《灵性篇》(*A Treatise on the Nature of the Soul*)的基础上修订而成。另外,意大利耶稣会士龙华民(Niccolò Longobardo,1559—1654)在1636年也写了《灵魂道体说》(*On the Essence of the Soul*)一书,利类思(Lodovico Buglio, 1606—1682)也曾写过一本叫作《性灵说》的作品,在当时的文人中间引起关注。由此可见,明末清初来华的耶稣会传教士对"灵魂"这个概念甚为关注,因为他们大都承继了中世纪建基于托马斯的解释传统之上的灵魂观,灵魂是人的真正自我,尤其是理性灵魂,并且灵魂是永恒的,而基督宗教中所理解的救恩或拯救就在于拯救人的灵魂能够回到上帝那里,与上帝合一。③ 这一时期的灵魂论有两个比较重要的特点:第一,这几位耶稣会士的作品并不是对亚里士多德的《论灵魂》的直接译介,而是基于托马斯对《论灵魂》的评注以及科因布拉注释集中关于《论灵魂》的注释,并结合中国文化尤其是儒家思想来向中国人介绍西方的"灵魂"概念。第二,明末

---

① Zupko, J., "What is the Science of the Soul?, A Case Study in the Evolution of Late Medieval Natural Philosphy", *Synthese*, 110 (1997), 297 - 334.

② Nicole Oresme, *Quaestiones in Aristotelis De anima*, B. Patar, *Expositio et quaestiones in Aristotelis De anima*, études doctrinales en collaboration avec C. Gagnon, Louvain [etc.]: Peeters, 1995, iii.1, 309.

③ Giulio Aleni, 2020. *A Brief Introduction to the Study of Human Nature*, translated and annotated by Thierry Meynard S.J. and Dawei Pan, Brill 2020.

清初时期有关灵魂的作品大都强调灵魂的永恒不死，因为灵魂是承受永远的拯救与惩罚的主体。传教士的神学解释还表现在对灵魂所作出的一种目的论解释，即上帝是至善和至美，因此只有上帝才是灵魂应欲求的最后目的，只有借助于渴望和爱上帝，人的自然本性才能达到圆满和成全。

三、《论灵魂》在《亚里士多德全集》中的位置

《论灵魂》究竟在《亚里士多德全集》中占有什么样的位置，或者与其他著作有着什么样的关系也是一个颇有争议的问题。牛阳斯（M. Nuyens）在自己的专著《亚里士多德的灵魂论的发展》（*L' evolution de la psychologie d'Aristote*）中就提出一种发展论的看法。① 他认为，亚里士多德的灵魂论共有三个发展阶段，第一个阶段是亚里士多德在自己的对话作品中表达出来的灵魂论，主要是继承和发展了柏拉图在《斐多》中的灵魂学说。这一时期的对话作品是《论哲学》（*De philosophia*）和《欧德姆斯》（*Eudemus*），这些作品中的灵魂观只限于人类，灵魂与身体的关系是不对等的，灵魂是先在的，灵魂在身体内就像被束缚在监狱中一样，在人死后，灵魂返本归元，回到其真正的寓所。第二个阶段主要体现在亚里士多德的生物学作品中，如果说在第一个阶段，亚里士多德的灵魂观只限于人类，那么在第二个阶段中，他认为，所有动物都赋有灵魂。尤其在《动物志》（*Historia Animalium*）中，他将人和其他动物都视为是由灵魂和躯体构成的生命体，而且，在动物那里，我们也会发现某种心理或情感上的特征表现，比如，温顺与凶猛、勇敢与胆怯、高兴与低沉等，甚至有些动物也表现出基本的聪明。② 因此，这一阶段的灵魂观与所谓的"心脏中心主义"（cardiocentrism）相一致，即把灵魂在躯体中的位置视为心脏。亚里士多德在《论动物部分》（*De partibus animalium*，简称"PA"）与《论动物运动》（De motu animalium，简称"MA"）中确实将动物的灵魂与躯体中最有热量的器官——心脏相等同③，同样地，在《自然诸短篇》（*Parva Naturalia*，简称"PN"）中，亚里士多德也将灵魂与心脏相关联，心脏在引起动物运动中起着至关重要的作用。第三个阶段代表亚里士多德对灵魂的最成熟的思考，这主要表现在《论灵魂》中，其中最大的一个发展特点就是，亚里士多德不再关注灵魂究竟在躯体中的哪个位置，而是将灵魂视为整个躯体的现实性（ἐντελέχεια）。

---

① Nuyens, F., *L' evolution de la psychologie d'Aristote*, Louvain 1948.

② Cf. HA 588a18 – b2.

③ Cf. PA 652b7 – 16; 653b5 – 8; 665a10 – 13; 670a25 – 26; 672b13 – 19; 678b1 – 4; MA 703a14 – 16; 29 – b2.

牛阳斯认为,亚里士多德在《论灵魂》中不再使用心脏来解释动物的运动和情感状态,而是使用质料形式论(hylomorphism)的理论框架来解释灵魂与躯体的关系。这种发展论的观点在某种程度上可以很好地解释《论灵魂》是亚里士多德关于灵魂的思想的最高阶段和最高成就,但是,这并不能说亚里士多德只有在《论灵魂》中才使用质料形式论的框架来解释灵魂与躯体的关系。牛阳斯的发展论受到一些学者的反驳,因为质料形式论框架下的灵魂观并不与亚里士多德在《自然诸短篇》中所说的"心脏中心主义"互相排斥,也就是说,这并不能作为判断亚里士多德的《论灵魂》的发展阶段的标准。① 关于《论灵魂》在《亚里士多德全集》中的位置,我们至少可以指出如下两点:(1)《论灵魂》属于一个相对比较晚期的一部作品;(2)我们需要将《论灵魂》放到亚里士多德的自然哲学的大背景中来审视,而非仅仅限于生物学的范围之内。

关于第一点,我们可以从如下两个方面看出来,首先,《论灵魂》文本中对《亚里士多德全集》中的其他作品多有提及,有些直接提及其他作品的名字,比如在 DA 404b19 提到《论哲学》(De philosophia)和在 407b29 提到《欧德姆斯》(Eudemus),在 417a1 和 423b29 也有对《论生成与毁灭》的引用,在 417a17 中提到《物理学》。有时并没有写下作品名字,只是说在别处或别的作品中有所论及或会论及,比如在 DA 416b31 提到《论食物》(Περὶ τροφῆς)、在 427b26 提到《尼各马可伦理学》、在 432b12 指向《论呼吸》和《论睡眠》、在 433b20 指向《自然诸短篇》和《论动物部分》,以及《论动物运动》。并且还有很多其他作品也有指向《论灵魂》的引证,尤其是在《自然诸短篇》中,比如,在《论感觉及其对象》(De sensu et sensibilibus,简称"DS")436a1, a5, b10, b14, 437a18, 438b3, 439a8, a16 18, 440b28 中;在《论记忆》(De memoria, 简称"Mem.")449b30 中;在《论睡眠》454a11, 455a8, a24 中;在《论睡眠和清醒》(De somno et vigilia)454a11, 455a8, a24 中;在《论梦境》(De insomniis, 简称"Insomn.") 459a15 中;在《论青年和老年》(De juventute et senectute, 简称"Juvent.")467b13 中;在《论呼吸》(De Respiratione, 简称" Respir.")474b11 中。另外,在《论动物运动》700b5, b21 中;在《论生成与毁灭》736a37, 786b25, 788b2 中也都对亚里士多德的《论灵魂》有所论及。所以,罗斯根据这些在《论灵魂》中的

① Cf. Block, I., "The Order of Aristotle's Psychological Writings", *The American Journal of Philology*, Jan., 1961, Vol. 82, No. 1 (Jan., 1961), pp. 50 - 77. 作者在文中提到,罗斯在对自己译注的《自然诸短篇》的序言中认为,《论灵魂》的写作时期要晚于《自然诸短篇》和其他生物学的著作(cf. 2 W. D. Ross ed., Parva Naturalia, Revised Text with Introduction and Notes, Oxford, 1955),但是,罗斯在 1961 年出版的《论灵魂译注》中却说《论灵魂》要早于《自然诸短篇》,而希洛克的这篇论文的发表也是在 1961 年,所以,我们可以推断,罗斯在出版《论灵魂》的译注本之前的这段时间里改变了自己的看法,而认为《论灵魂》的写作时期要早于《自然诸短篇》。

和指向《论灵魂》的引用而认为，亚里士多德的《论灵魂》的写作时期应当是晚于《欧德姆斯》《论哲学》《物理学》《论生成与毁灭》《论动物的位移运动》(*De Incessu*)，但是，早于《诠释篇》(*De interpretatione*)、《自然诸短篇》(*Parva Naturalia*)、《论动物的部分》《论动物的运动》和《论生成与毁灭》。[①] 其次，罗斯根据亚里士多德在不同作品中对"ἐντελέχεια"(现实性)这个重要的形而上学术语的使用频率而将《论灵魂》置于与《物理学》《论生成与毁灭》《形而上学》同样的写作阶段，亚里士多德在《论灵魂》第二卷第1章中将"灵魂"定义为"潜在地有生命的自然躯体的第一现实性"，并且，他在《论灵魂》中使用"ἐντελέχεια"这一术语有34次之多，除此之外，他在《物理学》(12次)、《形而上学》(12次)、《论生成与毁灭》(*De generatione et corruptione*)(15次)、《论动物的生成》(2次)、《论天》(*De caelo*)(1次)、《天象论》(*Meteorologia*)(1次)、《论动物的部分》(1次)中也分别使用过这一术语。

关于第二点，有人认为，亚里士多德的《论灵魂》不仅属于自然哲学的一部分，而且更是整个自然哲学之大业的拱顶石，或是整个自然哲学的完美的结束部分。[②] 亚里士多德在《论灵魂》的开头处便认为有关灵魂的知识看起来似乎对全部真理大有裨益和贡献，尤其是对关于自然的真理贡献最大。为什么亚里士多德认为对于灵魂的知识会对自然的研究贡献最大呢？如果我们理解了亚里士多德所说的"自然"(φύσις, nature)的含义，我们就会明白为什么亚里士多德会这样认为。古希腊文"φύσις"来自动词"φύεσθαι"(生长)，植物或动物的生长所依从的本性就是自然。按照亚里士多德在 Phys. II 1, 192b8 ff.中所列举的属于自然的事物或实体来看，这里的自然包含两种基本对象，一种是没有灵魂的简单的元素，即土、火、气和水，一种是有灵魂的动物和动物的部分、植物。亚里士多德在 Meta. V 4 中认为，"φύσις"有如下五种用法：(1)生长；(2)在最初的生长的东西中所蕴含着的内在于其中的本原；(3)那内在于每一自然存在物中的，且最初的运动由之开始的东西，它在其自身就是如此；(4)物质或质料因，就如铜器或雕像的铜，木器的木料，自然存在的元素——土、水和火等；(5)自然事物的本质。自然在亚里士多德这里最为重要的一个含义就是事物的运动和静止的内在本原或原则(immanent principle)。这个关于自然的经典定义是在 Phys. II 1, 192b13ff.中：自然事物中的每一个都在自身之内有其运动与静止的本原。这明显地将自然理解为事物运动的动力因，有时，亚里士多德也将

① Cf. Ross, D., 1961, p. 8.

② Cf. Aristoteles, Über die Seele, De anima, Übersetzt, mit einer Einleitung und Anmerkungen hrsg. Von Klaus Corcilius, Hamburg 2017, S. XXIX.

“φύσις”理解为目的因(Phys. II 2, 194a28f.; Pol. I 2,1252b32ff.)。亚里士多德在《论灵魂》中认为灵魂就是生命体的本原或原则(ἀρχή),所以,“灵魂的自然”应当是指那内在于灵魂自身之内的原则或本原,即灵魂是潜在地有生命的自然躯体的形式因、动力因和目的因。所以,对灵魂的知识可以帮助我们更好地解释自然事物和生命体的运动。① 亚里士多德所说的自然哲学究竟是关乎有运动的实体(ens mobile),抑或是关乎有运动的躯体(corpus mobile),学界仍有争议。我认为,亚里士多德的自然哲学是关乎这两种对象的运动,它探究的对象可以分为两大类,一种是无生命的或没有灵魂的物体,另一类是有生命的或赋有灵魂的生命体。亚里士多德主要在《形而上学》《物理学》《论生成与毁灭》《论天》《天象论》中论述前者,除《形而上学》外,这些作品主要探究元素之间互相转化的生成过程,以及探讨在地球与月亮之间发生的元素变化。《形而上学》虽然不是专门探究灵魂之本质的学问,但是,亚里士多德在 Meta. VII 11, 1037a5 – 10 中认为灵魂就是第一实体:

> 灵魂显然是第一实体(οὐσία ἡ πρώτη),而身体是质料。人或者动物是出于两者作为普遍的两者而构成的。而苏格拉底和柯里斯库斯(个别实体)就有两重含义了,如若灵魂就是苏格拉底:因为我们既可以将他们理解为灵魂,也可以理解为具体的组合物。简单说来,他们就是这个灵魂和这个身体,普遍者(τὸ καθόλου)与个别物(τὸ καθ' ἕκαστον)都是如此。

亚里士多德在这里使用质料形式论(hylomorphism)来解释身体与灵魂的关系,如果灵魂就是第一实体的话,那么,这显然表示,用于解释生命体的质料形式论才是真正意义上的绝对的质料形式论,而用于解释人造物的质料形式论只有类比或派生的意义,亚里士多德经常使用人造物(比如铜球)来解释质料形式论。不同于柏拉图的是,亚里士多德的灵魂概念不只是限于人类,也包括动物和植物,因为动物也有营养与感觉能力,而植物则有生长和营养能力。因此,亚里士多德写了很多著作来探讨动物的历史与动物的生成。亚里士多德关于生物学的作品有:

---

① “……当然,灵魂不是这样的躯体的本质和原理,而是某种特定的自然躯体的(本质和原理),在它自身之内就拥有运动与静止的本原。”(DA II 1, 412b16 – 18)

《动物志》(Historia animalium)

《论动物的部分》(De partibus animalium)

《论动物的生成》(De generatione animalium)

《论动物的前进》(De incessu animalium)

《论动物的运动》(De motu animalium)

其中,《动物志》主要探究的是动物所具有的一般意义上的特性有哪些,动物通过哪些属性而彼此区分开来。亚里士多德将这些普遍的特性分为四组:躯体部分、动物的活动、动物的生存方式和性格特点。他在《动物志》中主要对这些普遍属性和事实进行搜集与整理,而在后面的四部作品中才讲出其所以然,对这些普遍的现象进行原因性的解释。另外,《自然诸短篇》与《论灵魂》的关系也极为密切,它包括如下短篇:

《论感觉及其对象》(De sensu et sensibilibus)

《论记忆》(De memoria et reminiscentia)

《论睡眠》(De somno et vigilia)

《论梦》(De insomniis)

《论梦中的征兆》(De divination per somnum)

《论生命的长短》(De longitudine et brevitate)

《论青年与老年》(De juventute et senectute)

尤其《论感觉及其对象》《论记忆》《论梦》和《论睡眠和清醒》都与亚里士多德在《论灵魂》中所讨论的灵魂的感觉能力和想象能力等主题密切相关。

四、《论灵魂》作为一门科学

尽管亚里士多德在《物理学》《论生成与毁灭》和关于生物学的一些作品中也论及灵魂,但是,这些作品并没有专门就灵魂的本质或本性展开论述,而更多的只是将动物的运动归因于灵魂。亚里士多德在《论动物的生成》中则着重于对动物的生殖进行生理学上的阐释,他认为动物所赖以生成的形式因是由雄性动物的体液所提供的,而雌性动物提供的是质料，[①]雄性的精血之所以能够提供动物之所以生成的形式是因为存在于雄性的种子内的先天的气（πνεῦμα），这是一种元始的生命的热量，[②]这种先天的气在营养和生殖方面起着根本性的作用。[③] 亚里士多德甚至认为，先天的气能够引起运动，并提供力量。[④] 正是因为先天的气能引起运动，所以，它有赋予形式的能力（formative），我们甚至可以说，它有传输或传送灵魂的功能（soul-transmitter）。[⑤] 所以，灵魂存在于那些具有先天的气的存在物那里，它就像天体赖以形成的首要躯体——以太那样。[⑥] 但是，这先天的气并不是现实的灵魂，它所预备的是那潜在地有生命的自然躯体，即能够作为营养与生长功能的工具性躯体。所以，亚里士多德在生物学作品中更加关注的是潜在地有生命的自然躯体和其生理学意义上的原理，而在《论灵魂》中才真正开始探究灵魂的本质或灵魂作为灵魂所具有的特性，《论灵魂》就是关于灵魂的学问或科学。他在 DA I 1, 402a8 – 12 中这样来定位《论灵魂》的目的：

> 我们寻求去研究和认识灵魂的自然本性和其实体之所是（τήν τε φύσιν αὐτῆς καὶ τὴν οὐσίαν），以及灵魂的所有属性，其中，一些看起来是灵魂专有的受动状态（τὰ μὲν ἴδια πάθη τῆς ψυχῆς），另外一些基于灵魂也为动物所具有。但是，要想获得有关灵魂的任何确切的知识，这在各方面来说都是一件极为困难的事情。[⑦]

《论灵魂》的任务是探究灵魂的本性和实体以及所有的随之而来的属性。亚里士多德在这里所说的“灵魂专有的受动状态”应该是指一些基于灵魂的本质而来的属性（τὰ καθ' αὑτὰ συμβεβηκότα），这些属性与那些在严格意义上所说的“偶性”

① GA I 9, 726b1 – 18; II 5, 741a6 – 9. 关于亚里士多德的《论动物的生成》和《论动物的部分》更详细的研究，参见 Kullmann, W., 2014, *Aristoteles als Naturwissenschaftler*, Berlin: De Gruyter; Lennox, J., 2001a, *Aristotle: On the Parts of Animals I–IV*, New York: Oxford University Press; Lennox, J., 2001b, *Aristotle's Philosophy of Biology: Studies in the Origins of Life Science*, Cambridge: Cambridge University Press; Lennox, J., 2010a, “Bios and Explanatory Unity in Aristotle's Biology”, in D. Charles ed., *Definition in Greek Philosophy*, Oxford: OxfordUniversity Press; Carraro, N., “Aristotle's Embryology and Ackrill's Problem”, in *Phronesis*, Vol. 62, No. 3 (2017), pp. 274 – 304。

② Cf. GA II 3, 736b29 – 737a1; PA II 2, 648a36 – 649b8. 关于生命的热量（vital heat），参见 Freudenthal, Gad., *Aristotle's Theory of Material Substance: Heat and Pneuma, Form and Soul*, Oxford: Oxford University Press, 1995。

③ Cf. GA II 6, 741b37 – 742a16.

④ MA 10, 703a18 – 23.

⑤ 关于“灵魂的传输者”的使用，请参见 Aristotle, *De anima*, translated by C. D. C. Reeve, Hackett, 2017, pp. xx – xxiii.

⑥ Cf. DC, I 2, 269a30 – 32.

⑦ Cf. DA I 5, 409b13 – 17.

(συμβεβηκότα)不同,因为“偶性”恰恰是指那些并不是基于事物自身的本质而来的性质或属性。[①] 那么,这些灵魂专有的受动状态是什么呢? 我认为,这里是指生命体通过灵魂而具有的一些受动状态,而不是指灵魂在其自身来说而有的一些属性。虽然在亚里士多德看来,只有理性灵魂或灵魂的理性部分是与躯体不混合的、不受动的、没有身体器官的等,尤其是 DA III 5 中的主动理性更是被亚里士多德认为是分离自存的、不灭的。但是,主动理性究竟是否还是个体的灵魂的能力,抑或是神性的永恒理性,亚里士多德在这里并没有给出定论。如此,主动理性是否仍然属于亚里士多德的灵魂理论中的一部分,学者们对此争论不休,看法不一。无论如何,“灵魂专有的受动状态”的用法会让我们误以为亚里士多德在灵魂与其本质和实体之间作了区分,就好像我们可以在灵魂的本质与其专有的属性之间作出区分。这样的理解是错误的,因为亚里士多德在 DA II 1 的灵魂定义中把灵魂界定为潜在地有生命的自然躯体的第一现实性,灵魂本身并没有一个本质,而是本身就是生命体的本质和自然本性。[②]

亚里士多德的《论灵魂》是关于有灵魂的或有生命的存在物的学问、是关于生命体的学问,有生命的存在物不仅仅是人类、陆地上的动物和水中的鱼类和植物都有生命。“生命”(βίος)在这里是一个最直接的和最直观的经验判断,一个有生命的物体就是那能够进行生长、生殖、感知、欲求、有痛苦和快乐之感受的存在,而那些没有生命的就是一些人造物或质料而已,亚里士多德在 DA II 1, 412a13 - 18 中说:

> 在自然诸物中,有些具有生命,有些没有生命。我们说生命不仅是凭靠自身能够摄取营养,而且还包括生长和衰亡。(412a15)所以,所有那些分有生命的自然躯体(σῶμα φυσικὸν)应该是实体,且是在复合物意义上的实体。因为自然躯体也是这样的一种有生命的躯体,所以,灵魂应该不会是躯体。因为躯体不属于那些能够谓述载体或主体的东西,而是本身更如主体和质料。

有生命是因为有灵魂,而不是因为有躯体,因为躯体不属于那些能够谓述载体或主体的东西,而是本身更如主体和质料。我们纵然能够对躯体进行甚为精密的解剖和研究,而

---

① Cf. Ana. Post. I 4, 73b10ff..

② 科斯利厄斯(K. Corcilius)认为,亚里士多德在这里之所以使用了“灵魂的本质和实体之所是”的字样,是因为前苏格拉底时期的哲学家们并没有把灵魂理解为实体、本质或本性,而是将灵魂理解为某种元素或精微的物体,而这样的物体有着某种本质。所以,亚里士多德在这里仍然使用了灵魂的本质或实体。参见 Corcilius, K., 2017, p. xxv。

且能够在生物学的意义上对躯体各个器官的功能和作用了如指掌,但是,我们并不能说了解躯体的生理功能就能解释生命的现象,因为在亚里士多德看来,生命的本原或原则并不在于躯体或身体的生理结构,灵魂不是躯体,而是寓居于躯体中的本原或原则,而躯体则是灵魂的工具,不是任何意义上的形体或物体都可以作为灵魂的工具,而是特定的某种躯体,即有身体器官的,潜在地能够进行营养活动、生长活动或感知活动的自然躯体才是灵魂的工具。"工具"一词在这里并没有任何贬义的内涵,这只是说,如果我们将灵魂和躯体进行比较,灵魂才是生命的本原,是最终的目的,躯体是为了灵魂的现实活动而存在。所以,灵魂没有躯体,其现实性也无从谈起。如果说灵魂是现实性原则,那么躯体就是潜在性原则,就像亚里士多德在 DA III 5, 430a10 - 13 中所说的,在自然中,一方面存在着每一类事物的质料的东西(这就是那所有在类中潜在的事物),另一方面,存在着一些作为这些事物的原因和制作者的东西,就像技艺作用到其质料那样。灵魂就是原因、形式或技艺,而躯体则是那被作用的质料。亚里士多德在《论灵魂》第二卷第 2 章中这样总结道:

> 因此,那些持有如下看法的人是正确的,即他们认为,灵魂既不能没有躯体而存在,亦不是某种躯体。因为灵魂并不是躯体,而是某种属于躯体的东西(原则),所以,灵魂寓于躯体之中,且存在于某种有着特定属性的躯体之中。(414a19 - 23)

亚里士多德将灵魂视为客观的研究对象,并且,灵魂不仅仅为人所独有,植物和动物同样也是有生命的,因此也是有灵魂的。现代的心理学只是从人的意识出发对心理的诸种现象进行描述,而亚里士多德的灵魂学说并不是对一些所谓的心理现象、心灵活动、心灵经验或状态进行描述而已,相反,亚里士多德的灵魂论作为一种科学,是在寻求一种适用于整个生命界的普遍的解释原则,在寻求一种关于灵魂的普遍定义。通过亚里士多德在《论灵魂》的开篇所提出的关于灵魂的几个根本性问题就能看出来这一点:

> 首先,我们必须界定灵魂属于哪个类以及它究竟是什么,我是指它是否是某个具体的这一个和实体呢,抑或是性质或数量或这些不同范畴中的另外一个范畴呢?除此之外,我们也必须研究灵魂是否属于潜在的存在,抑或更多的是一种现实性。这种差异不可小觑,我们必须考察,灵魂是可分的或者是不可分的,以及所有的灵魂是否是同种同质的,或者不是同种同质的。如果不是,那么,灵魂是在种上还是在类上彼此区分开来。(DA I 1, 402a23 - 402b3)

为了能够界定灵魂,那么,我们首先需要知道灵魂属于哪个类,属于范畴中的哪一个范畴。另外的几个问题也是围绕着这个最基本的问题而展开的(DA Ⅰ 1, 402ab3 - 403a4)。亚里士多德并不满意于前人或前苏格拉底时期的哲学家们对灵魂的界定,既反对柏拉图和学园派主义者们将灵魂视为自我运动者的观点,也反对自然主义者们将灵魂视为某种元素或还原为某种精微的质料的做法,而他使用质料形式论(hylomorphism)来解释灵魂与躯体或身体的关系,这就是他在 DA Ⅱ 1 中所达到的关于灵魂的普遍定义:灵魂是潜在地有生命的自然躯体的第一现实性。古希腊文"ἐντελέχεια"是由"ἐντελής"和"ἔχειν"组成,包尼斯(H. Bonitz)认为这个词应该源自形容词"ἐντελεχής",而这个形容词就等于"τὸ ἐντελὲς ἔχων"。这两个词都表示完满实现或达致目的后的完成状态,并不表示动作。但亚里士多德有时将"ἐντελέχεια"与"ἐνέργεια"这两个词混用。因此,学者们对这两个术语的异同也产生不同的看法。一个传统的看法就是,"ἐνέργεια"表示动态的实现活动,目的是达其完满状况;而"ἐντελέχεια"更多的是指活动的结果、静态的完满状态自身①,但这并不表示它就与现在无关或完全属于过去的一种状态,相反,"ἐντελέχεια"是对这种完成的圆满状态的一种持存或把守,是所有其他活动得以展开的始点和终点。亚里士多德也是在这种意义上将灵魂理解为能够解释生命现象或灵魂的诸种活动的原则或本原。亚里士多德的《论灵魂》之所以能被视为一种科学,是因为它不但能够对心灵活动或生命现象进行描述,而且更能够对这些现象和活动进行原因性的解释,不只是知其然,更是知其所以然:

> 灵魂乃是活着的躯体的原因和本原(αἰτία καὶ ἀρχή),原因和本原能以多种方式被言说出来。灵魂根据不同的三种区分方式同样是原因:灵魂是运动的源始,灵魂是何所为(οὗ ἕνεκα),灵魂作为有灵魂的躯体的实体是原因。灵魂作为实体是原因,这一点不言而喻。因为实体是所有存在的原因,对于生命体来说,生命就是这种存在,而灵魂则是这些生命或生活的原因和本原……非常明显的是,灵魂作为何所为是原因,就像理性总是为着某个目的(ἕνεκά του)而起作用,自然就是以这种方式来运作的,在(自然)这里,这就是目的。在生命体这里,灵魂就是在自然意义上的这样的

① 参见 Bonitz, *Index Aristotelicus*, Aristotelis Opera, edidit Academia Regia Borussica, vol. V, S. 253。陈康先生认为,"ἐντελέχεια"与"ἐνέργεια"皆有动的意义和静的意义,它们在意义方面是无差别的,差别在于这两个术语所蕴含着的动静的意义的衍生方面,"ἐνέργεια"由动的意义发展到它的静之含义,而"ἐντελέχεια"则由静的意义发展到它的动之含义。陈康:《陈康:论希腊哲学》,北京:商务印书馆,2011 年,第 426 - 434 页。

(目的)。因为所有自然躯体(τὰ φυσικὰ σώματα)都是其灵魂的工具(ὄργανα),就像动物(的躯体)与植物(的躯干)也是这样,因为它们也是为了灵魂的原因(ἕνεκα τῆς ψυχῆς)而存在。(DA II 4, 415b8 - 24)

灵魂是活着的躯体的形式因、动力因和目的因。灵魂是形式因,因为灵魂是躯体的本质;灵魂是活着的躯体的动力因,因为灵魂通过选择和思想来推动躯体;灵魂是活着的躯体的目的因,因为躯体就像灵魂的工具,它们为了灵魂的原因而存在。

五、《论灵魂》的内容梗概和主题

《论灵魂》共分为三卷,第一卷主要是亚里士多德对前人的灵魂观的批判和接受,第二卷主要讨论灵魂的普遍定义和感觉能力,第三卷则着重探究灵魂的想象能力、理性能力和欲求能力。现将其内容大纲罗列如下。

第一卷　《论灵魂》的探究目的和亚里士多德对前人的灵魂学说的考察
第 1 章　对灵魂研究的重要性、困难、目的以及研究方法
第 2 章　前人的灵魂学说之概观和提出的困难:运动、感知和非躯体性
第 3 章　灵魂作为自我运动者或运动的本原
第 4 章　灵魂作为一种和谐和再论灵魂与运动
第 5 章　灵魂作为元素的构成者
第二卷　灵魂的普遍定义和其感觉能力
第 1 章　灵魂的第一个定义
第 2 章　灵魂的第二个定义
第 3 章　灵魂的诸种能力
第 4 章　灵魂的营养性能力
第 5 章　感知能力
第 6 章　可感对象
第 7 章　视觉及其对象
第 8 章　听觉及其对象
第 9 章　嗅觉及其对象
第 10 章　味觉及其对象

《论灵魂》中所讨论的最为重要的几个主题列示如下：(1)亚里士多德对前人的灵魂理论的批判；(2)灵魂的普遍定义与质料形式论；(3)感觉的本质和种类；(4)想象与心灵图像；(5)人的潜能理性与主动理性。

（一）亚里士多德对前人的灵魂理论的批判

亚里士多德在第一卷中主要批判性地重新审视前人对灵魂的理解和界定，将前人的灵魂观中的错误之处剔除，同时将正确的或合理的东西继承下来。他认为：

> 有关灵魂的定义，流传下来的共有三种。(409b20)有些人宣称灵魂就是那最能引起运动者，因为它能自行运动；另外一些人认为，灵魂就是最为精妙的一种物体，或者相对于其他的物体而言乃是最为非物体性的东西。(DA I 5, 409b19 - 22)

前人关于灵魂定义的遗产就是：(1)自我运动；(2)最精妙的一种物体，这就是为什么灵魂能够有感知的原因；(3)非物体性。亚里士多德对前两种观点加以反驳：灵魂在其自身是不被运动的，灵魂也不是由元素构成的，哪怕是最精微的元素；他接受了最后一种观点，即灵魂是非物体性的(incorporeal)。我们可以将前人的灵魂理论分为如下两大类：一类是将灵魂视为自我运动者，灵魂通过自我运动而推动其他事物进行运动，比如，柏拉图、德谟克利特、色诺克拉底等人就持有这种看法，此外，灵魂是某种和谐也属于此类；另一类是从灵魂的感知或认知出发把灵魂界定为某种精微的元素——火，比如恩培多克勒根据"同认识同"的原理而将灵魂理解为出自元素或由元素而构成，再比如，阿那克萨戈拉则把理性视为灵魂的本质。我在这里着重介绍亚里士多德对柏拉图的灵魂学说的反驳。

柏拉图的灵魂学说并不是一成不变的铁板一块，而是在中期与晚期的对话中有一个发展的或变化的脉络可循。在中期对话中，柏拉图并没有对灵魂的本质进行过多的考察，而更多的是想去证明灵魂的不朽。在《斐多》中，柏拉图通过不同的论证强调灵魂的不朽、灵魂与不朽的理念的亲缘关系等，他显然使用一种对立的二元主义来看待灵魂与身体的关系。在《斐德洛》和《蒂迈欧》中，他才将灵魂的本质理解为一种自我运动，灵魂就是自我运动者(τὸ αὑτὸ κινοῦν，Phaedr. 245c7)或者那运动自我者(τὸ ἑαυτὸ κινεῖν，Leg. 10, 896a3 - 4)。而亚里士多德使用不同的论证来证明灵魂自身是不被运动的或灵魂也不推动自身进行运动，因为对他来说，灵魂并不是一个有广延或量度的东西，所以，它在其自身是不被运动的(κινείσθαι καθ' αὑτό)，如果灵魂凭靠自身就在运动中或推动自身运动，那么，灵魂就会要么从躯体中脱壳而出，进入别的躯体内，致使死者复生，要么灵魂就会是自我毁灭的灵魂或否定自己的存在。① 但是，亚里士多德在 Phys. II 1, 192b13 - 14 中将自然定义为那在自身之内有着运动与静止之本原的事物，如此，自然作为一种本原和原则就可以引起运动和导致静止。可是，为什么亚里士多德在这里如此反对灵魂基于自身或在自身就能被运动呢？就像卡特尔所说的，亚里士多德在这里不得不面对如下的选择，他视灵魂要么为一种自然之物(natural object)，要么不是一种自然之物(unnatural object)。② 但是，灵魂不可能是自然之物，因为自然之物在自身就有运动与静止，而灵魂不是，而灵魂也不可能是一种非自然之物，因为如果这样的话，灵魂就没有什么部分可以是自然学家所探究的对象了，而这显然与亚里士多德在 DA I 1 中所做的结论相矛盾，因为亚里士多德认为，很多灵魂的受动状态或情感共同地属于灵魂和身体，因此，这项对灵

① DA I 3, 406a30 - b5; 406b11 - 15.

② Cf. Carter, J., *Aristotle on Earlier Greek Psychology, the Science of the Soul*, Cambridge University Press, 2019, pp. 76 - 78.

魂的研究之事业必然也属于自然学家。① 但是,我们仍然有一种可以走出这种困境的可能性,那就是生命体的自然与物质元素的自然是不同的,就像亚里士多德在 Phys. VIII 4, 255a5 - 10 中所说的,两者的不同在于,灵魂是生命体的运动与静止的内在本原,灵魂就等同于生命体的自然,但这并不表示,灵魂在自身就是自我运动者,而是它引起动物的运动与静止,但它自身则不被运动,就像那引起天体运动的不动的动者那样。

柏拉图的灵魂学说中蕴含着一些荒谬的结论,因此,亚里士多德提出,灵魂只能在偶性的意义上或基于他物而被运动,就像身在船上的人随着船的运动而被运动,人的灵魂并没有基于自身而进行运动。② 在亚里士多德看来,灵魂通过动物的欲望、想象等来推动动物的运动,或通过人的意愿、考量、决定和欲求能力来推动人的行动,灵魂不需要通过运动自身来推动人或动物进行运动,所以,灵魂尽管引起动物的运动或人的行动,但是,它自身则不被运动或推动。③

(二)灵魂的普遍定义与质料形式论

在关于灵魂的定义以及灵魂与身体的关系方面,我认为,有两个问题值得我们关注,第一个问题是关于理性灵魂或灵魂的理性部分的分离性。一方面,亚里士多德对灵魂的定义是质料形式论的,灵魂是作为质料的躯体的形式或现实性,但另一方面,灵魂中的理性能力或官能似乎又是可以和躯体相分离的,这构成了亚里士多德灵魂论中的一个最大矛盾,能够与躯体相分离的、不与躯体混杂一起的理性灵魂又如何是潜在地有生命的自然躯体的第一现实性?第二个问题,质料形式论的灵魂定义自身蕴含着一种内在矛盾,这种矛盾在于灵魂"是潜在地有生命的自然躯体的第一现实性"的这个定义本身就预示着灵魂是"现实地有生命的自然躯体的第一现实性",因为一个没有了生命的自然躯体就已经不是真正意义上的自然躯体了,不是某个人或某个动物的自然躯体了,没有生命的自然躯体就是同名异义上(homonymous)的自然躯体。我想从以下四个方面来论述亚里士多德对灵魂与身体的关系的质料形式论的解读:(1)对灵魂、感觉和理性作出的质料形式论的定义;(2)对灵魂定义的不同解释以及所蕴含的困难;(3)理性灵魂的特殊地位以及其分离性;d. 灵魂定义中的阿克瑞尔难题。

---

① Cf. DA I 1, 403b9 - 19.

② 关于亚里士多德对柏拉图的灵魂是自我运动者的反驳,学者们一致认为,亚里士多德的意思是说,灵魂根本不是那种在其自身就能被运动的东西。请参见 Shields, C., "Soul as Subject in Aristotle's De Anima", *The Classical Quarterly*, 38:140 - 9; "The Peculiar Motion of Aristotelian Souls", *Proceedings of the Aristotelian Society*, (2007) 81: 139 - 61。

③ Cf. Kelsey, S., "Aristotle's Definition of Nature", *Oxford Studies in Ancient Philosophy*, (2003) 25:59 - 87.

首先,亚里士多德对灵魂的定义是质料形式论或质形论(hylomorphism)的,灵魂是潜在地能够进行生命功能的自然躯体的形式,而质料就是自然躯体。从亚里士多德对灵魂的定义中我们就可以看到,他对灵魂的理解是质形论的。

(1) 尝试性定义:因此,灵魂必然作为在潜能的意义上具有生命的自然躯体的形式而是实体。①

(2) 更确切的定义:所以,灵魂是潜在地具有生命的自然躯体的第一现实性,这样的躯体应该就像有器官的那样(DA II 1. 412a27 - 29)。

(3) 最终的普遍定义:如果我们必须要说出关于每种灵魂的共同(普遍)的东西,那么,它应该是有器官的自然躯体的第一现实性(DA II 1, 412b4 - 5)。

在第一个定义中,他将灵魂定义为实体(οὐσία),因为灵魂是潜在地有生命的自然躯体的形式(εἶδος)。亚里士多德在《形而上学》第七卷第17章第1041b7 - 9节中认为,形式是质料之所以成为某个个别物或个体的原因,当亚里士多德说灵魂作为形式是实体时,他是说灵魂是自然躯体之所是的原因,即灵魂是有生命潜能的自然躯体之所以属于人的种或成为具体的个别实体(τόδε τι)的原因。② 在其他另外两个定义中,亚里士多德主要将灵魂视为潜在地有生命的或有器官的自然躯体的首要的现实性(ἐντελέχεια),潜在地有生命的或有器官的自然躯体与质料相对应,而首要的现实性则与形式相呼应。因为质料是潜能或潜在的实体,而形式才是使潜在的成为现实的实体的原因,形式就是现实性,就是现实活动。按照亚里士多德在 Met. VII 7 - 9 中有关实体的理论,只有形式才构成具体个别实体的是其所是或本质(τὸ τίῆν εἶναι),也只有形式才构成现实活动,灵魂就是如此这般的躯体的是其所是或本质,③实体和形式归根结底就是实现活动,生活或生命就在灵魂中,而幸福也是一样。很明显的是,在灵魂与身体的形质关系中亚里士多德似乎更突出作为形式的灵魂的优先性。但是,这并不表示他忽略身体的重要性,恰恰相反,亚里士多德借此证明了灵魂不是身体或躯体性的存在,并且灵魂的功能,比如感觉、情感、对快乐和痛苦的感受、想象等离开身体是无法实现的,正因为灵魂是非躯体性的存在,它才能够和有空间广延的身体共在一个地方。

另外,亚里士多德也用质形论来解释灵魂的三种最为主要的生命活动或能力(营养能

---

① DA II 1, 412a19 - 21. 在关于普遍的灵魂定义中,我更倾向于将"σώματος φυσικοῦ"或"σῶμα φυσικὸν"译为"自然躯体",因为这不仅包括人的躯体,还指动物甚至植物的躯体,但如果专门指人的时候,我会译为"自然身体"。

② Cf. Meta. VII 7, 1032b1f.

③ DA II 1, 412b9 - 13:因为灵魂根据定义来说是实体,是如此这般的躯体的是其所是或本质,就如在这些器具中的一个可以比作自然躯体,比如斧头。也请参见 Meta. IX 8, 1050a30 - b2。

力、感觉能力和理性能力),比如,他将情感(πάθη)定义为“寓居于质料中的概念”(λόγοι ἔνυλοί)①,因为所有的情感属性都是与身体混合在一起的。而辩证学家(dialectician)只把握到情感的形式因,自然主义者(naturalist)则只顾及情感的质料因,所以,前者把“忿怒”界定为对报复的欲求,或诸如此类的事情,而后者则将其定义为在心脏周围的血液和热能的沸腾。不管是辩证学家还是自然主义者都各执一端,难免有所偏失。对亚里士多德来说,情感中所蕴含着的形式或概念必须是寓居于有着如此这般的特定属性的血肉中的,二者不能分开,就像房屋作为遮风挡雨的庇护处所之原理或形式必须在石头、砖瓦和木料中才能实现。② 无独有偶,亚里士多德也是借用质形论来解释灵魂的最为特殊和复杂的理性能力的,他在 DA III 5, 430a10 - 25 中提出主动理性(νοῦς ποιητικός)和被动理性(νοῦς παθητικός)的说法:

> 因为在整个自然中,一方面存在着作为每一类事物的质料(这就是那潜在地是这一切的事物),另一方面,存在着另外一些作为这些事物的原因和制作者的东西,因为它制作一切,就像技艺作用到其质料那样,这种区别必然出现在灵魂中。如此,存在着这样一种理性,它可以成为一切,还存在着另外一种理性,它制作一切,如一种习性状态,就像光一样……

我们暂且将主动理性与被动理性的关系,主动理性的本质是什么以及可否分离的问题搁置一边,③这里很明显的是,亚里士多德也是借用质形论来解释人的理性能力的。被动理性对应于质料,可以成为一切,意即可以接受一切可理解的形式或概念,就像有些质料可以接受不同的形式而成为不同的个别物,主动理性对应于形式或主动的起作用者,它就像光,使一切潜在可见的颜色成为现实可见的颜色。

虽然亚里士多德对灵魂与身体的关系的理解是质料形式论的,这一点是毋庸置疑的,但是,他对二者的关系的描述却是复杂的。有时,他强调灵魂与身体的一体性,灵魂是自然身体的原初实现,因为“一和实是”的最为主要的意思就是原初的现实性:

---

① Cf. DA I 1, 403a26.

② Cf. DA I 1, 403b1 - 19.

③ 关于理性灵魂的分离问题,请参见田书峰:《亚里士多德论理性灵魂的可分离性》,《哲学与文化》,2017 年第 5 期。这里主要谈论的是对灵魂的一般定义,不涉及理性部分的定义和可否分离问题。

> 如果我们必须要说出在每个灵魂中的共同(普遍)的东西,那么,它应该是有器官的自然躯体的第一现实性。因此,我们没必要去探究灵魂与躯体是否为一,就像我们也不去追问蜡与形式是否为一,总体上来说也不会去追问每个事物的质料与质料所属的那个东西是否为一。因为"一和实是"尽管以多种方式被言说,但是,最有主导性的意指就是现实性(ἐντελέχεια)。(DA 412b4 - 9 中)

有时他更为突出灵魂相对于身体而言的优先性,或强调灵魂与身体的区别,将灵魂与身体区分开来,因为灵魂是躯体的形式因、动力因和目的因,是灵魂与身体的复合实体之所是的本原;①有时则更多地论及灵魂与身体的协作关系,诸如感觉活动、营养或生长能力以及想象和灵魂的情感状态都无法脱离身体而实现,都是与身体一起来完成的活动,情感是寓居于身体内的概念;②有时他在目的论意义上将身体视为灵魂的工具,灵魂使用身体,就像技艺要使用与之适宜的质料。③ 我们可以找到灵魂与身体所拥有的各自不同的特性④:(1)灵魂在其自身不能被运动(DA I 3),而有广延或体积的躯体可被运动(《论天》,简称:DC 268b15 - 16);(2)灵魂作为躯体的形式是不可生成的(non-generable),而有器官的躯体则是可生成的(Meta. VII 8, XII 3);(3)灵魂是不可以被分割为不同部分的,(DA 411b27),而有广延的躯体可以(Phys. 219a11, 237a11);(4)灵魂既不是任何一种元素,也不是来自某种元素(《论生成与毁灭》,简称:GC 334a10—11),而有器官的躯体则是这样。甚至我们可以找到灵魂与身体更多的其他彼此相反的特性,但是,我认为,这种特性差异的形而上学基础就是灵魂的非质料性(immateriality)和彼此的不可被还原性(irreducibility),灵魂不可被还原为身体,身体也不是灵魂,就像形式不能被还原为质料,质料不是形式。亚里士多德在 Meta. VII 1041b13 - 19 中说,音节并不同于构成音节的字母,同样,肌肉并不同于构成肌肉的成分:火与土。因为解散或拆分之后,音节与肌肉便不复存在,但是字母、火与土仍然存在,因此,音节并不是其构成成分,而是存在着别的东西,同样,肉并不是火与土,而是还有别的东西。灵魂与身体的形质结合虽然不可分离,但是,我们仍然可以基于灵魂的非质料性在概念上或定义上找到诸多不同的属于各自的模态特性。

---

① DA 415b8 - 14; PA 467b12 - 25; Phys. 255a6 - 10.

② DA I 1, 403b2 - 19.

③ DA I 3, 407b16 - 23.

④ Cf. Shields 1988, pp. 103 - 137.

这表明,虽然亚里士多德对灵魂的质料形式论的定义更多地强调灵魂与身体的一体性或统一性,但是,与此同时,他也强调二者的区别和不同,反对任何还原性的解读,灵魂是非质料性的、不可被还原为躯体,而躯体也不是灵魂。所以,我们在他对灵魂与身体的关系作出的质料形式论的解读中仍然能够感受到这种存在于二者之间的一体性与差异性之间的张力,我们仍然可以追问,亚里士多德是否通过质料形式论解读模式真正地摆脱了柏拉图的二元主义呢? 或者他的这种解释是否可以完全避免还原主义的危险? 事实上,现当代的学者们确实对亚里士多德的这种解读模式产生出不同的,甚至完全对立的两种看法,这就是一元主义与二元主义立场之间的对立,前者以物理主义①、功能主义为主要的理论预设,②后者也包含不同的下述类型,比如实体性的二元主义③以及随附性的二元主义(supervenient dualism)等。④ 我认为,亚里士多德对灵魂与身体的关系作出的这种质形论的解读既不是任何还原性质的一元主义,也不是任何程度上的二元主义。事实上,一方面,他严厉地批判原子论者将灵魂视为元素或来自元素的做法,另一方面,他也不赞同柏拉图等理念论者的主张:灵魂与身体是完全不同的两种存在或实体,灵魂是永恒不死的、先存的,而身体则是可死的、变幻不定的,身体之于灵魂犹如监狱与囚徒的关系。亚里士多德对灵魂与身体的关系的质形论的理解的优势在于,它既能摆脱原子论者的还原主义之草率,又能避免陷入柏拉图式的二元论的窠臼中,因为灵魂是自然躯体的形式,是潜在地有生命的自然躯体的原初实现(ἐντελέχεια),灵魂如若离开身体便没有实现之场域,而身体如若没有灵魂便没有实现之可能。所以,对于亚里士多德来说,灵魂与身体不可分地构成了一个现实存在着的有生命的实体,二者的关系既不是原子论者的还原为元素的

---

① Barnes, J., "Aristotle's concept of mind", *Proceedings of the Aristotelian Society*, (1971/1972) 72: 101 - 114; Charles, D., *Aristotle's Philosophy of Action*, London 1984; Slakey, T., "Aristotle on Sense Perception", in the Philosophical Review, 1961, pp. 470 - 484; Matson, W., "Why Isn't the Mind-Body Problem Ancient?", in *Mind, Matter and Method: Essays in Philosophy and Science in Honor of Heibert Feigl*, Feyerabend and Maxwell ed., University of Minnesota Press, 1966, pp. 92 - 102. 物理主义又可以分为淘汰性的物理主义(eliminative materialism)、还原的物理主义和非还原的物理主义(reductive and non-reductive materialism)。

② Shields, C., "The First Functionalist", *Historical Foundations of Cognitive Science*, J. C. Smith ed., Dordrecht, Netherlands: Kluwer, 1991, pp. 19 - 33; M. Nussbaum and H. Putnam, "Changing Aristotle's Mind", *Essays on Aristotle's De Anima*, A. O. Rorty and M. Nussbaum ed., Clarendon Press, 1992, p. 30.

③ Robinson, H. M., "Mind and Body in Aristotle", *The Classical Quarterly*, 1978, vol. 28, no. 1, pp. 105 - 124; Heinaman, R., "Aristotle and the Mind-Body Problem", *Phronesis*, 1999, vol. 35, no. 1, pp. 83 - 102.

④ Cf. Jaegwon, K., "Concepts of Supervenience", *Philosophy and Phenomenological Research*, 1984, vol. 45, pp. 153 - 176; Granger, H., "Supervenient Dualism", *Ratio*, 1994, vol. 7, pp. 3 - 8; Shields, C., "Body and Soul in Aristotle", *Oxford Studies for Ancient Philosophy* 6. 二元主义的阵营主要包括各种强弱意义上的二元主义,比如强意上的实体二元主义(substance dualism),这主要是指柏拉图和笛卡尔意义上的二元主义、认识上的二元主义(epistemic dualism)、先验的平行主义(transcendental parallelism),而弱意上的二元主义包括随附主义(supervenience)、附带或偶发的现象主义(epiphenomenalism)以及横向的二元主义(horizontal dualism)。

一元架构,也不是柏拉图意义上的两个不同实体的二元模式。

首先,以物理主义与功能主义解释为主的一元论解释已经受到很多学者的反驳,因为这种解释在很多方面都会面临文本上的困难,物理主义的解释可以通过如下两个命题表达出来:(1)灵魂或心灵的活动最后可以通过身体的物质成分或身体的物理过程得到解释。(2)灵魂或心灵活动就是身体的物质成分的某种状态、属性、变化过程或结构功能。物理主义解释者大都会将 DA II 1, 412b6 - 9 视为最有力的支持文本之一,因为灵魂就是有器官的自然躯体的第一现实性,这似乎暗示着灵魂与躯体是一。但是,这段话并不能被理解为支持物理主义解释的文本,因为亚里士多德在这里想要证明的是身体与灵魂的不可分离性,或至少灵魂的某些部分是不能与身体相分离的,如果灵魂有不同部分的话。所以,亚里士多德在 DA II 2, 414a19f 中明言:

> 因此,那些持有如下看法的人是正确的,即他们认为,灵魂既不能没有躯体而存在,亦不是某种躯体。因为灵魂并不是躯体,而是某种属于躯体的东西(原则),所以,灵魂寓于躯体之中,且存在于某种有着特定属性的躯体之中。

物理主义的解释还面对其他两个主要的责难:(1)亚里士多德将形式视为事物的内在变化的本原,这种本原不可能是物质的(Meta. VII 17, 1041b11 - 19);(2)亚里士多德对人的情感状态和感知状态的界定是质料形式论和目的论的,比如,愤怒是在心脏周围的血液的堆聚,是对报复的欲求。最为关键的是,亚里士多德将灵魂视为身体的形式因、动力因和目的因(DA II 4, 415b8 - 24)。

其次,各种二元主义的解读似乎又陷入柏拉图的二元论中,面临的最大困难就是解释非质料的心灵活动如何与物理的构成或生理的变化过程相联系,两个完全不同的存在如何相互作用和相互影响。功能主义试图解决物理主义的一元论与实体的二元论的纠葛,但自身也面对着与物理主义解释相同的困难。我认为,一方面,功能主义的解释反对对心灵的活动进行物质或质料的还原论解读,这一点是对的,因为在亚里士多德看来,心灵状态或活动并不能通过其物质构成得到解释,而是由灵魂或形式引起的,并且由于灵魂在本体论上的优先性,使得灵魂不仅不能被还原为质料,而且相反,它更是躯体的或生理状态的"原因"。另外,功能主义者认为,心灵活动与其相应的物理状态是外在的和偶性的,即同一种心灵活动可以在不同的物质结构中实现。但是,根据亚里士多德的本质主义和对质料的理解,一个实体的质料必定是潜在地能够实现其功能或完成其本质的切近质料，因为质料的本质是由相应的形式而被规定的。最后，灵魂或其精神活动也不是随附在其生理结构之上而出现的，灵魂并不是随附在身体上的性质或现象，作为自然躯体的形式，而是实体和其本原。所以，灵魂不可能如同某种特性那样随附于躯体之上。

但是，亚里士多德在《论灵魂》中多次提及灵魂的理性部分或理性灵魂具有某种特殊的地位，理性的这种特殊地位主要表现在它可以和身体分离：

> 理性看起来就像某种特定的实体而生成于我们之中，并且不会消亡。理性在最大程度上可能会由于年老力衰而趋于毁灭，事实上，同样的情况也发生于感觉器官上。如果一位年迈的老人能够得到同样好的眼睛，那么，他就能像年轻人那样目明眼亮了。因此，年老力衰并不在于灵魂承受了某些作用，而是在于它寓居于其内的躯体受到了影响，就像在醉酒状态和疾病中那样。但是，思维活动和沉思活动也会日渐衰微，那是因为在内里某些别的东西毁灭了，但是思维与沉思活动自身则不会受到影响。推理性的思虑活动、爱或恨并不是理性的属性表现，而是属于拥有理性之人的属性，就其拥有理性而言的。因此，当这个个别主体消亡了，那么，他也就既不能回忆，也不能去爱了。因为这些并不属于理性，而是属于整个已经消亡了的共同之物（出于灵魂和躯体者）。但是，理性应当是某种更为神性的东西，且是不受动的。（DA 408b19－29）

亚里士多德在这一段中提出了理性灵魂的特殊性，爱、恨和记忆等并不是理性的属性，而是属于那拥有理性之人的属性，即属于那出于灵魂和躯体者。亚里士多德甚至认为，灵魂的某些部分根本不是躯体的现实性（DA II 1. 413a3－9），因为没有什么能够阻止某些部分是可以分离存在的。如何来理解灵魂的有些部分（ἔνια）不是躯体的圆满现实性（ἐντελέχεια）呢？如果灵魂的某些部分不是躯体的现实性，那么这似乎与亚里士多德在 DA II 1 的灵魂定义——灵魂是潜能地具有生命的躯体的第一现实性相矛盾；另外，如何理解“ἔνια”？难道除了理性灵魂部分以外，还包括其他的部分也不是躯体的现实性吗？关于上述分离问题，亚里士多德在 DA III 4－5 中才真正展开论述。在第 4 章中，亚里士多德认为潜能理性因其非承受性（ἀπαθές）、非混合性（ἀμιγῆ）和能接受各种形式的可能性与身体分离（χωριστός）；另外，就如事物可以和质料分离，同样那有关理性的事物也可以分离。但是，在第 5 章中，他却在理性中作出区分，一种是被动理性或受动理性

(νοῦς παθητικός, intellectus passivus),一种是主动理性(νοῦς ποιητικός, intellectus activus);受动理性会随着身体的消亡而消亡,但主动理性则是永恒不灭,它按其"实是"(οὐσία)来说就是现实活动(ἐνέργεια)。

学者们争论的问题是:究竟这种分离是本体论意义上的分离,抑或只是在概念或定义上的分离?陈康先生、魏婷(Jennifer Whiting)、米勒(Fred D. Miller)等对亚里士多德的"分离"分类提出过不同的解释,但我认为,无论学者对亚里士多德的分离学说提出多少种不同的解释,其中最重要的不外是本体论(存在论)意义上的分离和定义或概念上的分离。前者又可称为强意上的分离(separation in a strong sense),而后者可被称为弱意上的分离(separation in a weak sense)。理性灵魂究竟在本体论的意义上抑或是在定义的意义上是可分离的呢?对于这个问题,我们需要分开来说,首先,潜能理性与躯体分离应该是何种意义上的分离呢?这里显然不是概念上和空间上的分离,但是,这里的分离也并不如阿维洛伊所说的,潜能理性能够在躯体之外独立存在。因为还有另外一种本体意义上的分离,即它不表示一种独立的存在实体,而只是表达潜能理性并不具有相应的身体器官,但是,这并不表示它能独立于身体器官而存在,为能发挥作用,它仍然需要建基在感觉功能之上的想象能力(φαντασία)。亚里士多德将想象能力看作介于理性与感觉之间的一种能力,而想象图像(φαντασμάτα)对于理性灵魂来说就像是感觉之物(αἰσθήματα)对于感觉能力一样,感觉能力如果没有感官事物就不能实现出来,同样地,理性如果没有想象内容或想象图像就不能思维任何对象:

> 对于具有思考能力的灵魂来说,想象图像就如可感事物(αἰσθήματα)一样。当灵魂肯定某种善或否定某种恶时,她就会避免或欲求它。因此,灵魂如果没有想象图像就不会进行理性的认识活动。(DA III 7. 431a14 - 17)

可见,这里的分离既不是说潜能理性是独立于个体之外而存在的精神实体(Averroes),也不是说潜能理性只是一种定义上的分离而已,而应该是在相对于感觉能力而言的一种实现意义上的分离,即感觉能力实现的原理与潜能理性实现的原理是不同的,感觉能力的实现需要相应的感觉器官,而潜能理性的实现则没有相应的身体器官,因为如果那样,潜能理性就不能思考万物了,但同时,潜能理性仍然需要建基在感觉能力上的想象能力所提供的去质料性了的可感事物的图像,因为没有这些图像,潜能理性就没有可被认识的对象,就如在漆黑的山洞中,混然无物。至于主动理性与躯体是否可以分离的问题

更为复杂,亚里士多德清楚地说:

> a. 这个理性(主动理性)是可分离的(χωριστὸς),不受动也不混杂,按其本质来说就是现实活动。(DA III 5, 430a17 - 18)
>
> b. 在分离中(χωρισθεὶς),它是其所是,仅仅这个理性是不死而永恒的(ἀθάνατον καὶ αἴδιον)。但是,我们对此并无任何记忆,因为它不是不受动的(ἀπαθές),相反被动理性是可消逝的(παθητικὸς νοῦς φθαρτός),没有这种理性,它就不能思考任何事物。(DA III 5, 430a22 - 25)

结论b中提到的这两种特性也同样被应用到潜能理性上。有些学者认为,在DA III 4与III 5中提到的这两种特性应该有一种递进的关系,因为亚里士多德认为作用者(τό ποιοῦν)比被作用者(τοῦ πάσχοντος),或形式比质料更加尊贵(τιμιώτερον),因为前者(作用者和形式)是现实活动,而后者(被作用者和质料)则是潜能,所以潜能理性与主动理性可分离性的程度也不一样。① 按照亚里士多德《形而上学》第九卷第八章中(Met. IX 8)的观点,无论就定义、实体或时间来说,现实活动都更早于潜能。如此,主动理性应该在一种更高的程度上具有可分离性,非质料性,非掺混性,正因为要突出主动理性的这种"在更高的程度上",亚里士多德在结论b中使用了分离的另外一种形式:χωρισθείς,不定过去时的被动态分词(participle aorist passive),这表示这种分离在某个时间段发生,只有在分离后,主动理性的本真性才会被揭示出来。② 如果主动理性在与躯体和身体分离之后才真正是其所是,那么,这就是说,分离后的主动理性才是其存在的常态。但是问题是,那些内在主义者(internalists)认为,主动理性的可分离性发生在此世的个体性灵魂之内,它与个体性灵魂不可分,而外在主义者(externalists)则认为主动理性彻底与此世的个体性灵魂与躯体断离而等同于非个体性的普遍理性或神性理性。虽然这些内在主义者

---

① Themistius (1996), p. 131.

② 下面是一些英文的不同译文:Richard C. Taylor:"And when it is separate, it is what it is alone and that alone is eternally immortal." D. W. Hamlyn:"In separation it is just what it is, and this alone is eternal and immortal." Robert Passnau:"Separated (intellect) is only that which truly is; And that alone is immortal and everlasting." Mark Shiffman:"Only when separated is this just what it is, and this alone is undying and eternal."这些不同的译文都强调主动理性在某个时候与躯体分离,而只有在分离之后,主动理性才真正是其所是,只有它才是永恒不死的。

和外在主义者在后来的诠释传承中又各自具有不同的表达形式①,但是一种基本的争论形式早就在漫步学派内形成了,即在特奥弗拉斯图斯和欧德莫斯(Eudemus)之间,前者认为主动理性属于人类本性,②后者则将主动理性等同于神。③ 这两种立场的基本对立在后来的亚历山大与特米修斯那里也可以找到。④

在中世纪,这种基本立场的对立愈演愈烈,以至于成为阿维洛伊与托马斯之间不可调和的极端争论,前者主张理性实体论和理性独一说,而后者则主张理性能力说和理性复多论。托马斯在《论独一理智》一书中倾尽论证之能事来反驳阿维洛伊有关理性的学说,甚至做出如下惊人的结论:"阿维洛伊并不是一个漫步学派分子,而是漫步学派哲学的叛徒。"⑤托马斯在引言中这样描述阿维洛伊的理性学说:"他断言理智是一种实体(substantia),它脱离身体而独立存在,而不是作为身体的形式(forma)同身体结合在一起的;而且他还主张,这种潜能理性对所有的人都只是一个(unus)。"⑥这里虽然只谈到潜能理性,但同样适用于主动理性,因为对于阿维洛伊主义者们来说,这两种理性都是脱离躯体与灵魂而能独立存在的精神实体。阿维洛伊主义者基于理性实体论所理解的"分离"是一种理性外在分离说,相反,托马斯基于理性能力说而主张一种理性内在分离说,即"脱离"或"分离"并不是指理性能够脱离灵魂而独立存在,而是说理性灵魂作为身体的本质形式(substantial form)不会随着身体的消亡而消亡,而是仍然在其自身就能进行某些运作(subsistence),人的认识能力至少超越于身体的器官功能,理性作为灵魂的能力可以和躯体相分离,实体是灵魂,而不是理性。⑦ 因为那样,阿维洛伊无论如何都不能解释"这个人在理解"。托马斯在考察了希腊的漫步学派和阿拉伯的漫步学派之后认为,阿维洛伊根本误解了漫步学派哲学家的思想,因为无论是特米修斯,还是亚历山大,抑或是阿维森纳都

---

① Fred D. Miller 将内在主义者的表达形式总括为三种:(1)主动理性作为个体性理智灵魂的一部分与身体以及其他灵魂部分在本体意义上可分;(2)主动理性作为个体性理智灵魂的一部分与身体只是在定义上可分;(3)包括主动理性和被动理性的整个人类理性在本体意义上与躯体可分。而将外在主义者的表达形式概括为两种:(4)人的主动理性等同于神性理性(神),在本体意义上与个体灵魂和躯体可分;(5)所有人都分享一个共同主动理性,但它并不等同于神性理性(神),在本体意义上与个体性灵魂和躯体可分。参见 Fred D. Miller (2012), p. 321。

② Themistius (1996), pp.107 – 108.

③ Simplicius, *In libros Aristotelis de Anima commentaria*, M. Hayduck ed., *Commentaria in Aristotelem Graeca*, vol. IX. (Berlin: 1882). S. 411.

④ Alexander of Aphrodisias, *De Anima cum Mantissa* and *Aporiai kai Luseis*, I. Bruns ed., *Supplementum Aristotelicum*, vol. ii, pt. 1. (Berlin: G. Reimer, 1887), S. 89, 108; Themistius (1996), p. 128.

⑤ [意]托马斯·阿奎那:《论独一理智——驳阿维洛伊主义者》,段德智译,北京:商务印书馆,2015 年,第二章第 58 节。

⑥ 同上书,引言第 1 节。

⑦ ST Ia, q. 75, a. 2; Coimbra, Liber II, c.1, q. 2, a. 2, 49: "Inter animas sola intellectiva est subsistens secundo modo. Probatur, quia omnes animae, excepta intellectiva, educuntur de materiae potestate..."

将理性视为人的灵魂的一种能力，而非是一种外在于人的灵魂和人的身体以及作为其复合体的人的外部的某种精神实体，潜能理性和主动理性不是两种独立的理性，而是同一理性在两种不同的条件下的两种状态。而对于阿维洛伊主义者的"理性独一论"，他更是用亚里士多德的"白板说"和"习得说"来加以反驳，①托马斯之所以也对"理性独一论"毫不留情地加以挞伐，是因为它会完全抹杀了个体性灵魂的特性，而个体性灵魂正是基督宗教中神所拯救和惩罚的对象。

最后，我们来论述亚里士多德对灵魂的定义所遇到的另外一个难题。亚里士多德对灵魂与身体的关系所作的这种质形论的理解受到现当代一些学者们的质疑，阿克瑞尔(J. Ackrill)认为，在亚里士多德对灵魂的定义与人造物的质形论中存在着某种不可协调的矛盾，人造物的先存质料可以被想象为没有形式的，在等待接受某种形式，而生命物的躯体必然是赋有灵魂的(ἔμψυχος)或潜在地有生命的(δυνάμει ζωὴν ἔχοντος)，因为没有生命潜能的躯体就只是同名异义上的躯体了，如此，这导致灵魂与身体不像人造物的形式与质料那样各有属于自身的不同的模态特性(modal properties)，因为有生命的身体就必然是有灵魂的。这样，单纯地可以作为生命物的质料的身体在有灵魂前(before ensouled)与有灵魂后(after ensouled)都不可能存在，并不像雕像的质料——铜那样可以被单独提取出来而被想象为没有形式的。② 一个潜在地有生命的身体就一定是被赋予了灵魂的身体，也就是潜在地能够进行生命活动的身体，因此，也就不可能具有不同于其灵魂的模态特性，因为没有了生命的身体便不再是某个人的身体了。③ 因为这个问题最早是由阿克瑞尔提出，所以，大家将其称为"阿克瑞尔难题"。④ 按照阿克瑞尔的理解，亚里士多德所说的"潜在地有生命的自然躯体"事实上就是"现实地拥有生命的躯体"，因为潜在地拥有生命就是有能够进行生命活动的能力，比如营养能力、感觉能力和位移运动等。他使用"ὀργανικόν"一词来表示这样的躯体，⑤即这样的躯体是有器官的，能像工具一样起作用或发挥功能，一个没有生命的躯体肯定是做不到这一点的。所以，潜在地拥有生命

① 托马斯：引言，第92－93节。

② Cf. Shields, C., "The Homonymy of the Body in Aristotle", *Archiv für Geschichte der Philosophie* 75 (1993), p. 13; "Body and Soul in Aristotle", *Oxford Studies for Ancient Philosophy* 6 (1998).

③ 有些现当代学者恰恰在这里看到了一种类比的断裂，即灵魂与身体的联结关系与一般人工产品的形式质料关系并不对称。Cf. Söder, J./Weber, S., 2009, "Ackrill's Schein-Problem", *Philosophiegeschichte und logische Analyse* 12, pp.130－148; Ackrill, p. 132。

④ Cf. Ackrill J. L., 1972－1973, "Aristotle's Definitions of 'Psuche'", *Proceedings of the Aristotelian Society* 73.

⑤ DA II 1, 412b1.

和现实地活着没有本质上的区别。① 这种不对称归根结底就是因为灵魂与身体在时间上要必然地重叠在一起(temporal overlap)。

关于这个问题,现当代的一些学者们从不同的视角进行了回应,试图解决“阿克瑞尔难题”。② 我认为这些学者们的回应和解决策略大部分聚焦于将亚里士多德所说的“质料”概念或“潜在的”(ἐν δύναμει)说法进行扩大化的理解,试图弥合潜能与实现之间的截然不同或完全对立,潜能与实现并不是两个不同的自然事物,而是关于自然事物的两个形而上学的方面而已。我认为,“阿克瑞尔难题”的提出是基于在亚里士多德那里存在着两种不同的质形论的前提,即用于解释人造物的质形论和用于解释生命体的质形论。但是,事实上,亚里士多德并没有发展出两种完全不同的质形论,尽管我们确实可以找到用于人造物和用于生命体的质形论的差异,比如,(1)人造物的形式与质料的关系是偶然的(contingent),质料可以接受不同的形式或形式可以由不同种类的质料来呈现,而灵魂与身体的关系则是必然的;(2)人造物的形式更显得是某种形状、结构、秩序或者功能,而灵魂更多的是自然躯体的本原和原因,灵魂不仅是躯体的形式因,也是动力因和目的因③;(3)在持存方面,新陈代谢的过程不是必需的,对于生命体来说,新陈代谢的过程是必需的。这些差异并不能证明这是两种完全不同的质形论,倒不如说,在生命体这里的质形论才在一种完美的意义上展现出质料和形式的必然结合,而在人造物那里的质形论则在一种有限的或派生的意义上展现出质料和形式的偶性的结合。亚里士多德经常在类比的意义上使用人造物来解释生命体的质形论。这其中的原因就在于,人造物的形式是外在于自身的,来自有技艺知识的专家的灵魂,而生命体的灵魂作为形式则是内在于自身之内的。因此,与之相应的质料的潜在性也就有不同,人造物的质料的潜在性需要技术师才能实现出来,而生命体的质料的潜在性的实现之本原则在自身之内,灵魂作为内在形式是生

---

① Cf. Shields, 1993, p. 19. 希尔斯(C. Shields)这样来总结阿克瑞尔所提出来的问题:The argument behind this objection would seem to be: (1) stuff x can be the matter of form F only if x and F have distinct modal properties; (2) given the homonymy principle, an organic body could not have modal properties distinct from its soul; (3) therefore, organic bodies cannot be the matter of souls。

② Cf. Carraro, N., "Aristotle's Embryology and Ackrill's Problem", *Phronesis*, 2017, vol. 62, no. 3, pp. 274 - 304; Burnyeat, M., 1992, "Is an Aristotelian Philosophy of Mind Still Credible?", in M. Nussbaum and A. O. Rorty ed., *Essays on Aristotle's De anima*, Oxford: Oxford Univ. Press; Charlton, W., "Aristotle's Definition of Soul", in: *Phronesis*, 1980, vol. 25; Cohen, M., "The Credibility of Aristotle's Philosophy of Mind", in M. Mathen ed., *Aristotle Today*, Edmonton: Acad. Print. and Publ., 1987; Mathews, G. B., "Aristotle: Psychology", in C. Shields ed., *The Blackwell Guide to Ancient Philosophy*, Malden: Mass, 2003; Whiting, J., "Living Bodies", in M. Nussbaum and A. O. Rorty ed., *Essays on Aristotle's De anima*, Oxford: Oxford Univ. Press, 1992; 曹青云:《亚里士多德灵魂定义的困境及其出路》,《云南大学学报(社会科学版)》,2016 年第 3 期。

③ DA II 4, 415b8 - 28.

命体的现实活动的原因与本原。①

（三）亚里士多德论感觉的本质和感觉的种类

《论灵魂》的第二卷主要讨论感觉及其可感对象。亚里士多德在DA II 1－2中给出了关于灵魂的一个普遍定义后，便在第3章中列出了关于灵魂的诸能力的一份清单，即营养能力、欲求能力、感觉能力、运动能力和理性能力。在这五种能力中，营养能力、感觉能力和理性能力是三种最主要的能力，有人将其称为主干能力②，而其他两种能力，即欲求能力与运动能力则是源自感觉能力和理性能力，因为有感觉能力，那么也就会产生欲求能力，欲求有三种形式：欲望、情志、意愿或愿望。至于想象能力则更是一种基于感觉能力而来的一种派生的能力，亚里士多德在第三卷的第3章中对此专门进行了论述。

古希腊文感觉“αἴσθησις”一词的意涵并不是单一的，可以有以下三种不同的指向：(1)感觉能力，这等于古希腊文中的“αἰσθητικόν”；(2)感觉的实现活动，即感觉活动“ἐνέργεια”；(3)感觉的成就，即古希腊文中的“αἴσθημα”，在其中，一种感觉的内容或对象(αἴσθητον)呈现出来。所以，“αἴσθησις”一词应当根据所论之问题的语境不同来进行翻译。关于亚里士多德的感觉理论，学者们争论最多的一个问题是关于感觉的本质，即感觉究竟是一种什么样的实现活动？亚里士多德在《论灵魂》中是这样来界定感觉的：

> 就像我们在前面论述过的，感觉存在于被推动和被作用(或承受作用)中。感觉看起来似乎是一种变化。有些人认为，相同者会承受来自相同者的作用。这一点如何是可能的或者是不可能的，我们已经在有关施动者和受动者的讨论中做了大致的说明。(DA II 5，416b33－417a2)
>
> 我们必须在普遍的意义上对所有感觉作出如下的主张：感觉就是对感觉对象的可感形式的不带有质料的接受，就如同蜡接受指环的印记(424a20)，但并不接受指环的铁或金。蜡所接受的是金与铁的印记，但是，并不是就它是金或铁来说。同样地，每一种感觉都承受来自有颜色、味道和声音的可感对象的作用，但是，并不是就每种对象可以被谓述为这些对象中的某一个来说的，而是就其中每一个有着某种特性以及符合比率来说的。(DA II 12，424a17－24)

---

① 具体的论述参见田书峰：《灵魂作为内在形式：论亚里士多德对灵魂与身体关系的质形论理解》，《哲学研究》，2022年第7期。

② Cf. Aristoteles, *De anima*, *Über die Seele*, *übersetzt mit Einleitung und Kommentar von Thomas Buchheim*, WBG 2016.

在第一个定义中,亚里士多德将感觉理解为一种“变化”(ἀλλοίωσις),变化这个概念更多的是指一种发生在某个不变的基底或载体上的质或属性的变化①,但是,生成与毁灭也可以被视为是一种变化②。亚里士多德所说的感觉是一种变化,应该是在第一种意义上来说的,即感觉是一种在质或属性上的变化,而不是指生成与毁灭。但是,我们该如何来理解感觉是一种质或属性上的变化呢?亚里士多德在 DA Ⅱ 5 中对这个问题进行了深入的探究。首先,对亚里士多德来说,要理解感觉是何种变化需要理解什么是“受动”或“承受作用”(πάσχειν)。感觉能力所寓居于其内的感觉器官承受来自外界的感觉对象的作用,所以,感觉活动看似是一种变化,因为可感对象与感觉器官确实是不同的,它承受来自相反者的作用。但是,感觉活动的受动并不是一种简单意义上的质或属性的变化,因为对亚里士多德来说,存在着两种不同的“受动”,第一种表示某物通过相反者的作用而遭到毁灭或消亡,第二种则更多的是指那潜在的存在者通过在现实意义上的存在者而得到保存(σωτηρία),第二种受动与其说是一种变化,倒不如说是一种潜能的实现活动。现实的可感对象并不与潜在的感觉能力完全相反,而是在两者中存在着一种相似性,否则潜在的感觉就无法被与之毫不相干的或完全相反的现实的对象实现出来。为了能够更好地理解感觉是第二种意义上的受动,亚里士多德提出了两层或两阶潜能说:

> 因此,一方面存在着某种“有知识的人”,就像我们称某个人是有知识的,因为人属于能够认识的和有知识的存在者。另一方面,就像我们所说的,可以将有书写知识的人称为有知识的。这二者不是在同一种方式上是有能力的,而是前一种有能力是因为它的种是这样的以及它的质料,而后一种有能力是因为只要一个人愿意,他就可以进行沉思静观的活动,如果没有什么外在的东西来阻碍他。还有一种是已经在进行沉思或思辨活动的人,他是在圆满实现的意义上进行沉思活动,并且他是在严格意义上认识这个字母 A。根据潜能来说,尽管前面提到的上述这两者都是有知识的人(但是,他们各自成为现实意义上的知道者却是两不相同),前者是通过一番“学习”才能发生变化,即从相反的习性状态(无知识)经常变化到有知识之另一端;相反,后者那里所发生的变化则是从他对数学和语法或书写知识的拥有的状态或并不现实地运用的状态转变到现实地应用的状态。(DA 417a24-417b2)

---

① Cf. Meta. XII 2, 1069b12; Phys. III 1; GC I 4.

② Cf. GC I 2, 317a23ff.

感觉作为潜能是在第二层的“有语法知识的人”的意义上来说的，而不是在第一层“人有能力学习或获得知识”的意义上来说的，即不是在某物属于其类或就其质料来说的意义上，而是在一个人对语法知识的拥有状态的意义上来说，只要他愿意，并且没有什么外在的东西阻碍他的话，那么，他就能运用其知识或进行沉思活动。亚里士多德也用另外一个例子来说明感觉作为第二层意义上的潜能，即我们一方面可以说，一个儿童有成为将军的潜能，但是，我们还可以说一位成年人或一位士兵有成为将军的潜能，显然，人所拥有的感觉潜能是在后一种意义上来说的。所以，亚里士多德说，我们最好不要把感觉活动视为某种受动或被动，而更应视为是一种所获得的习性的实现活动：

> 谁如果作为在潜能状态中的存在者从在实现中的存在者那里学习，并获得知识，且有能力去教授所学的东西，很明显地，这或者不应当被视为某种被动承受，就像我们所说过的那样，或者存在着两种形式的变化，一种是进入缺乏或褫夺状态中的变化或改变，一种是进入所获的习性(ἕξεις)和自然状态中的改变。而对于感觉能力来说，那首要的改变乃是从其生育者(生父)而来，当他出生以后，感觉活动的情形就已经像(所获得的)知识那样了。同样地，那在实现中的感觉活动可以就像那在实现中的沉思活动那样被谓述出来。(DA II 5, 417b13－19)

亚里士多德在第二个定义中将感觉界定为对可感对象的可感形式的一种不带质料的接受，感觉器官在受到可感对象的作用时只接受可感对象的可感形式。现在，我们面对的问题是，应当如何来理解“对可感形式的不带质料的接受”这句话。众所周知，在学界存在着两种互相对立的解读方式，一种被称为字面主义的解释①，一种是精神主义的解释②。

至于感觉的类别或形式，亚里士多德在 DA II 6 中是通过其可感对象的形式来确定的，可感对象可以分为两种，第一种是专有或本有的可感对象(καθ’ αὑτά)，第二种是偶有的可感对象(κατὰ συμβεβηκός)：

> 首先，我们应当就与每一种感觉相应的感觉对象进行论述。感觉对象可以

---

① 字面主义的代表是索拉布吉(R. Sorabji)，参见 Sorabji, R.,“Body and Soul in Aristotle”, *Philosophy* 49 (1974), pp.63－89。

② 精神主义解释传统的代表是布恩耶特，参见 Burnyeat, M.,“Is an Aristotelian Philosophy of Mind Still Credible?”, in M. Nussbaum and A. O. Rorty ed., *Essays on Aristotle's De anima*, Oxford: Oxford University Press, 1992。

在下述三种方式上被表述出来。其中,我们认为,前两种是在其自身或本有意义上被感觉到的可感对象,而第三种则是在偶性意义上被感觉到的可感对象。(418a7－10)

第一种可感对象又可以分为每种具体感觉的专有对象和共通或共同的可感对象(τὸ κοινόν)。每种具体感觉的专有对象是指不能被另外的其他一种感觉所感知到的对象,而且一个人也不可能被这样的可感对象所欺骗,比如,视觉的专有对象是颜色,听觉的专有对象是声音,嗅觉的专有对象是气味,味觉的专有对象是滋味,而触觉的专有对象是冷热干湿等特性。共通的可感对象则包括运动、静止、数字、形状和广延,这五种对象并不专属于任何一种具体的感觉对象,而是属于所有感觉的共有对象或至少两种感觉以上的对象,亚里士多德提到运动的例子,既有一种被触觉感知到的运动,也有一种被视觉感知到的运动。偶有感觉的对象是指那在偶性的意义上被感觉到的对象,比如感知到某个白色物是狄亚瑞斯的儿子,白色物是视觉的直接的专有对象,而感知到这个白色物是狄亚瑞斯的儿子则是间接地被感知到,也就是在偶性的意义上被感知到。如果说我们一般不会被专有的可感对象所欺骗,但是,我们却经常会在偶性的可感对象那里犯错误,即当我们指出感知到的有颜色的对象是什么或者在什么地方时,又或者那发出声音的东西是什么,或在什么地方时,很容易犯错。

(四) 想象与心灵图像

尽管亚里士多德并没有在关于灵魂的诸种能力的清单中单独地把想象能力列出来,但是,这并不表示想象能力不重要,相反地,他在《论灵魂》第三卷第 3 章中专门讨论想象能力,而且在很多其他著作中也都会附带地对想象能力进行解释,尤其在《论感觉及其感觉对象》《自然诸短篇》(尤其是《论梦境》和《论记忆》)中,他更是多次论述到想象能力。但是,令我们感到困惑的是,尽管他在不同的著作中都论及想象能力,现当代的很多亚里士多德哲学专家还是一致地认为,亚里士多德并没有发展出一个一以贯之的、完整自洽的关于想象(φαντασία)或想象能力的理论,他并没有给我们刻画出一幅完整的有关想象能力的图景。由此,现当代学者们关于想象或想象能力的解释观点也是众说纷纭,莫衷一是。“φαντασία”这个概念最近在现当代学者的研究讨论中甚为重要,中文一般译为“想象”“想象力”或“意象”,也有台湾学者称之为“构想力”,我在这里随从大部分中文学者的想法,将其译为“想象”。

关于古希腊文“φαντασία”的来源，学者们大致认为共有两种：第一种来自动词“φαντάζεσθαι”，即在自己心灵中制造一个图像或影像或将某物的图像呈现于自己①；第二种来自动词“φαίνεσθαι”，即事物向某人的显现或呈现。所以，按照第一种解释，我们可以将“φαντασία”译为“想象”，这与感觉或思维的主体主观意义上的想象能力有关，一个人可以自由地在自己的心灵里制造某个心灵图像（mental images），而按照第二种解释，“φαντασία”更加强调的是客观事物给我们呈现的样子，学者们认为将其翻译为“显现或显像”（appearance）更好。所以，“φαντασία”具有主观和客观意义上的两种基本含义：主体的想象能力在心灵中制造出来的图像和客观事物向主体的心灵所呈现的显像或样子。亚里士多德在 DA III 3 中并没有太多着墨于什么是想象力，而是首先着力于说明想象力与灵魂中的其他几种能力或状态的不同，并没有详细地解释想象力究竟是什么的问题。所以，要想获得一个统一的、完整的关于想象的理论，这是很难做到的，就像汉姆林（Hamlyn）所批评的那样，亚里士多德并没有一个完整的关于想象力的理论。邵菲尔德（M. Schofield）则认为，亚里士多德有一个完整自洽的、一以贯之的关于想象的理论。②

亚里士多德在 DA III 3 中认为，（1）想象不是理性的思维活动；（2）想象不是感觉（428a5 - 18）；（3）想象不是科学知识和直观理性（428a18）；（4）想象不是意见（428a18 - 24）；（5）想象不是信念和感觉的混合（428a24 - b9）。首先，亚里士多德在想象与思维活动之间作出区分，因为我们可以自发地或随意地展开想象，在心灵中想象某个图像，不用去管这些想象是对或是错。但是，理性的思维活动则不是这样，因为思维是对事物的理解和认识，因此它必然为真或假；另外，如果我们认为某物为真，那么我们就会在情感上进行反应，比如，当我们认为某物是可怕的或恐怖的，那么，我们就会陷入恐惧中。但这并不适用于想象，哪怕我们想象某个令人恐怖的事物，也不会真正陷入恐惧中。然后，想象也与感觉不同，感觉可以分为现实的活动和潜在的能力，但是，我们并不能将此种区分用于想象，因为哪怕没有现实的视觉活动或看的活动，人仍然可以在睡梦中有想象的图像；如果想象活动在现实活动的意义上与感觉是一回事，那么，所有动物就都会有想象了。但是，事实上，某些蠕虫并不具有想象；另外，感觉永远都是真实的，而大多数的想象则是虚假的。其次，想象也与那些永远为真或正确的事物不同，也就是与科学知识（ἐπιστήμη）和直觉理性（νοῦς）不同，因为错误的或虚假的想象也是存在的，但科学知识所关涉的对象就是那不

---

① Liddell Scott, 1915.

② M. Schofield, “Aristotle on the Imagination”, Aristotle on Mind and the Senses. Proceedings of the Seventh Symposium Aristotelicum, G. E. R. Lloyd and G. E. L. Owen ed., Cambridge 1978, p. 101 and n. 15, pp. 131 - 132.

能别样的永远为真的东西，而直觉理性则是对第一本原或原则的直接把握。再次，想象与信念或意见也不同。尽管想象和信念都有对错，但是，信念一定会伴随着某种确信（πίστις），没有任何一种动物可以形成信念，也就没有确信，而想象却可以被很多动物所具有；确信也表示一种被说服或信服（πεπεῖσθαι），而信服则一定与理性有关，但是，有些动物有想象，却并不具有理性。最后，想象既非与感觉相随而成的信念，亦非通过感觉而获得的信念，也不是信念与感觉的混合或交织，因为感觉印象可以和信念或意见分开，二者并不重叠出现。比如，太阳看起来只有人的脚掌那么大，但我们相信它比地球大得多。

令我们感到意外的是，亚里士多德虽然用了很多笔墨来强调想象与灵魂的其他诸种官能的不同。但是，接下来，他似乎笔锋一转而强调想象与感觉活动的相似性，虽然想象不是感觉活动，但是想象或心灵图像的产生则离不开感觉活动：

> 但是，既然一物的被运动是基于另外一物被运动，因此，想象显得是某种运动，没有感觉，这种运动也就不会产生，而是只发生在那些有感觉能力的生命体中，并且仅与感觉所关乎的那些对象有关。运动只有通过感觉的现实活动才能产生，因此，这种运动就必然与感觉活动相似，因此，没有感觉，这种想象运动既是不可能的，也并不出现在那些没有感觉的生命体那里……那么，想象就可以是一种由感觉的现实活动而生成的运动。因为视觉在最高的程度上被视作感觉，所以，想象从光那里取得自己的名字，即没有光，人就一无所见。（DA III 3, 428b10 - 429a4）

在这一段中，我们可以清楚地看到，亚里士多德将想象理解为一种基于在前的感觉经验而产生的一种运动或过程（κίνησις）。所以，在前的感觉经验是想象得以可能的基础，因此，我们可以说想象依赖于感觉活动，仿若一种寄生的本性（parasite nature），它本身是一些变化或运动，而不是运动的主动的起始点，为了能够产生想象运动，它需要一个外在的推动者。对于感觉活动的这种依赖使得想象在其功能上有一种不自足性，因为想象并没有一种独立的认识能力，有着专门属于自己的认识对象，虽然那些被保持在心灵中的图像就像是在档案馆里排放的图片，我们可以重新把它们召唤出来，但是，这些图像需要一个另外的认知能力（感觉或理性）来被解释，或被置入到不同的意向性的语境中。

另外，想象可对可错，或可真可假，甚至很多时候，想象或心灵图像是错误的，因为它们并没有把这个世界如其所是地那样呈现给我们，我们可以因为想象而犯错或被欺骗（DA III 3, 428a17 - 30; Cf. De insomn. 3, 461b22 - 30）。既然想象这么依赖于之前的感觉经验,所以,想象的对错与感觉经验就有着十分紧密的联系。

> 感觉也是针对那些属于(专有的)可感对象的偶性的,关于偶性,感觉可能产生错误。[①] 因为,如果某物是白色的,那么,这种感觉就不会错误,但是,关于这个白色物是这个东西,还是另外一个东西,这可以产生错误。[②] 第三,也存在着一种对随附于偶有的可感对象的共同属性的感觉,而这些专有可感对象就属于这些偶有的可感对象。[③] 我是指,比如运动与广延或大小[④],这些特性附属于可感对象,与之相随相成。(428b25)关于这些事物,我们很可能在感觉上容易被欺骗或犯错误。因此,由感觉的现实活动而引起的运动会根据三种感觉形式的不同而有不同。第一种运动在当下的感觉活动中是真实的,与此相反,其他的两种运动可以是错误的,不管感觉活动在现实地进行抑或不在,特别是在可感对象离我们很远的情况下。(DA III 3, 428b18-30)

由此可知,人最容易在共通或共同的感觉对象与偶有的感觉对象上犯错误,因为想象的心灵图像可能是错误的,尤其是当可感对象离感觉主体比较远的情况下。我们对于这个东西是白色的感知是不会错误的,但是,至于这个白色物体究竟是什么,我们会犯错误。这一方面可以表现在想象制造的心灵图像就是错误的,比如"太阳看起来只有脚掌这么大",但我们相信,它比地球大得多;另一方面,错误也可以发生在感知者把当下的感知对象通过想象与先前的感觉经验关联起来。

现当代学者们争论最多的一个问题还是:想象对亚里士多德来说究竟有什么功能?我认为,现当代学者们对想象或想象能力的功能问题的解释可以概括为如下四种:(1)想象具有一种解释功能;(2)想象有一种综合功能;(3)想象处理的是非典型性的感觉经验(non-paradigmatic sensory experiences);(4)想象有重新组构心灵图像的能力,可以被放置

---

① 428b19-22是指偶有的可感对象,有些注释家将偶有的可感对象径直使用"实体"来指称(cf. Philoponus, 460, 11),无可置疑的是,偶有的可感对象是具体的个别事物。在感知的序列中,我们先感知到某物的颜色,然后感知到有颜色的事物,而这些事物恰恰是属于颜色的偶性;但是,就形而上学而言,这些专有可感对象(颜色、声音、气味等)当然属于具体事物。所以,我们在此还是需要作一个区分,实体或个别物是偶有的可感对象,而颜色和气味等才是专有的可感对象。

② Cf. DA 418a20-23.

③ Cf. 418a17-20.

④ 亚里士多德在此只列举了共感对象中的两种,即运动和大小,但是,在DA 418a17-18与425a16中,他还提到另外三种,即静止、数字和形状。关于感觉的这三种形式,他在DA 418a8-25中进行了更详细的阐释。

到新的意向语境中而引起动物的欲求运动,因此在伦理学中有很重要的意义。第一种解释路径的代表主要是努斯鲍姆(M. Nussbaum),她主要依赖《论动物运动》中的一些核心文本,认为动物通过想象不只是感知到某物,而是把某物感知为某种确切的对象,即可以是欲求或躲避的对象。① 我认为,努斯鲍姆的这种解读所依据的文本有些过于偏狭,她主要列举了《论动物运动》中的一些核心文本,而忽略了《论灵魂》和其他一些作品中的相关文本,亚里士多德在 DA III 3 中更加强调想象的认知作用。想象某物或拥有某个对某物的心灵图像并不表示将其解释为欲求或躲避的对象。弗莱德(D. Frede)可被视为是第二种解释策略的代表,她认为,想象有一种综合的功能,可以把不同的感觉印象或后图像(after-image)综合统一起来,形成一个完整的图像。因此,这种解释也被称为全景理论。想象力只处理视觉材料,她以材料所停留的长短来区分想象力和共通感所做的工作,想象力处理后图像,而共同感或共通感则处理稍纵即逝的感觉印象。② 这种解读预设了如下有待商榷的命题:第一,感觉只存在于当下的现实活动,稍纵即逝,只要我们的感官不再现实地感知着某物,那么,现实的感觉就停止了。第二,我们所感知到的感觉印象或经验都是分离的、片面的、无组织的材料,它们需要等待着想象力对其进行综合,如此,我们才能对这些感觉材料形成整体性的认识。亚里士多德在 DA III 2, 425b24 - 25 中认为,虽然感觉对象已经不在场,但是感觉内容和想象内容都还停留在感觉器官内。第三,感觉,尤其是共通感和偶有感所感受到的对象并不是分离的、片面的,杂乱的感觉材料。③ 提出第三种解释策略的是斯科菲尔德(M. Schofield),他认为,想象处理的是非典型性的感觉经验,只有当我们的感觉对感觉对象持怀疑、保留和不确定的态度时,想象才应运而生并发挥作用,想象力在于解读那些不成功的感觉经验(DA III 3, 428a11 - 14)。④ 但是,我认为,这种解读赋予想象力可以解读的范围太过狭窄,只是处理那些我们无法模糊的、不确切的感觉对象。亚里士多德在 DA III 7 - 8 中多次强调,人的思维,无论是实践理性的推理抑或是理论理性的认识都离不开心灵图像,当我们在思考毕达哥拉斯定理时,眼前必定会呈现出一个三角形的心灵图像(DA III 7, 431a16 - 17, 431b2; III 8, 432a8 - 9; De mem. 1, 449b31 - 450a1)。除此之外,根据某些文本我们还可以认为,想象还有着动机力量,即可

---

① Cf. Nussbaum, M. C., *Aristotle's De motu animalium*. Text with Translation, Commentary and Interpretive Essays, Princeton 1978, p. 246.

② Frede, D., "The Cognitive Role of Phantasia in Aristotle", *Essays on Aristotle's De Anima*. MarthaNussbaum and Amelie Rorty ed., Oxford: Clarendon Press, 1997, pp. 15 - 26.

③ 参见陈斐婷:《亚里斯多德论构想力》,《台湾政治大学哲学学报》,2018 年第 40 期。

④ Schofield, M., "Aristotle on Imagination", in *Aristotle on Mind and the Senses*, *Proceedings of the Seventh Symposium Aristotelicum*, G. E. R. Lloyd and G. E. L. Owen ed., Cambridge: Cambridge University Press, 1978, pp. 99 - 140.

以推动动物进行运动。第四种解释策略更多地强调想象或想象力在道德心理学或心理学中有着不可忽视的重要作用，正是通过对某物或某事的快乐想象或痛苦想象，我们才有了对善或表面的善的认知或把握。① 但是，学者们在关于想象力在伦理学中究竟有着怎样的作用的问题上至今争议不断。

（五）人的潜能理性与主动理性

亚里士多德在讨论了灵魂的感觉能力之后，开始在 DA III 4－8 中对灵魂的理性能力进行探究。关于理性灵魂的这段文本，尤其是第三卷第4—5章可以说是历史上被讨论和被注释最多的哲学文本之一，也是对后世哲学家影响最深的一个文本。亚里士多德首先在第三卷第4章中讨论了人的潜能理性，理性能力是指人的灵魂赖以进行认识和理解活动的部分。他用感觉能力作为类比来解释理性能力的本有特性，一方面，他强调在感觉能力和理性能力之间存在一种类比性（analogy），因为二者都是一种受动（πάσχειν），感觉能力承受感觉对象的作用，而理性能力承受可理解的形式的作用，就像他在 DA III 9，432a15－18 中也强调感觉就像理性那样是区分和判断的能力，因为感觉能力也能对其相应的可感对象进行区分和判断。但是，另一方面，他又强调二者的非类比性（disanalogy），因为感觉能力的受动与理性能力的受动是不同的。或者更好的说法是，因为感觉能力离开了身体的感觉器官是无法存续的，那么，感觉器官在接受外界的可感对象的作用时，多多少少会导致一些物理意义上的变化。但是，理性作为一种纯粹的潜能是不受动的，理性能力之所以是不受动的，是因为它不与躯体混合，或没有相应的身体器官。因此，感觉器官如果受到过于强烈的可感对象的刺激，就会受到某种破坏而不能再进行任何感觉活动，但是，理性能力哪怕思维那些最抽象的或最为强烈的可理解的对象，不但不会受到影响或破坏，反而能更好地认识这些较低的可理解对象。因此，理性能力是非躯体性或非形体的（incorporeal），也恰恰是因为理性能力的这种非躯体性，不与躯体混合，也就不像感觉能力那样会受到可感对象的影响。亚里士多德借用阿那克萨戈拉的说法而认为，人的理性就是一种能够接受可理解形式的纯粹潜能，在理性进行现实的思维之前，它并不是任何现实之物：

> 因此，理性除了接受能力外，并无其他本性。任何所谓的灵魂的理性（我称理

① Cf. Moss, J., *Aristotle on the Apparent Good*: *Perception*, *Phantasia*, *Thought and Desire*, Oxford: Oxford University Press, 2012.

> 性为灵魂赖以进行思考和判断的能力)在进行思维活动之前,并不属于任何现实性的存在。因此,它与躯体混合在一起是没有道理的;因为那样的话,它就会生成为具有某种特性的东西,或冷或热,也就像感觉器官那样而有一种相应的身体器官。(429a21-26)

基于人的理性的这种特性,亚历山大也将人的潜能理性称为质料理性(intellectus materialis),而中世纪的阿维洛伊基于潜能理性的这种特点将其视为一种分离或独立自存的实体,这种看法遭到了托马斯的严厉反驳,托马斯认为,潜能理性不可能是一个与我们分离开来、独立自存的实体,因为,潜能理性在接受可理解的形式时就是在现实地进行思维,而心灵图像则是可理解的形式的载体,这些心灵图像是与我们的感觉能力连接或联合在一起的,由此可以得知,潜能理性并不是一个独立自存的实体。①

学者们争论最多的则是主动或生产性理性,亚里士多德的《论灵魂》第三卷第5章共有十五行,但是,这寥寥数句却是《亚里士多德全集》中最难理解、争议最多的一章,而其中争论的焦点就是我们该如何来理解他所提出的"νοῦς ποιητικός"(主动理性)。

> 因为在整个自然中,一方面,存在着作为每一类事物的质料(这就是那潜在地是一切的事物),另一方面,存在着另外一些作为这些事物的原因和制作者的东西,因为它制作一切,就像技艺作用到其质料那样,这种区别必然出现在灵魂中。如此,存在着这样一种理性,它可以成为一切,还存在着另外一种理性,它制作一切,如一种习性状态,就像光一样。光以某种固定的方式将潜在的颜色转变为现实的颜色。这种理性是分离的、非受动的、非混合的,而且在本质上就是现实活动。因为主动者永远比受动者更为尊贵,就如本原永远都优越于质料一样。那在现实状态中的知识与事物本身是同一的,尽管那在潜能状态中的知识对于一个人来说在时间上更早一些,但是,从总体上来说,并不是在时间上更早。然而,理性并不是一时思维,一时又不思维。只有作为一个在分离状态中而存在的理性才是其本真之所是,只有这个理性才是不死而永恒的(但是我们对其却没有丝毫记忆,因为这个理性是非受动的,而被动理性是可死的)。没有这个被动理性,我们的理性便不能思维任何东西。(430a10-25)

---

① Thomas, pp.348-350.

我们可以提出一系列有关主动理性的问题，比如，这里所说的主动理性的主体是谁？究竟有多少个主动理性？主动理性的功能或所做的活动究竟是什么？或者我们可以提出更多的其他问题，比如主动理性是否与 DA III 4 中所说的被动理性（νοῦς παθητικός）是不同的第二种理性，抑或是同一个或同一种理性的两种形式？对主动理性的阐释共有两种传统的解释模式，一为神性或神本主义的解释传统（divine interpretation），一为人性或人本主义的解释（human interpretation），前者的代表是亚历山大，后者的代表是特奥弗拉斯图斯。亚历山大认为，主动理性是纯粹的现实活动，没有任何质料和任何潜在性，由此，可以看出这样的主动理性就是亚里士多德在《论动物生成》中所说的从外而来的理性（GA 736b27），就是在《形而上学》第十二卷中所说的神或不被推动的推动者（unmoved mover），这样的主动理性不可能是人的灵魂的一个能力或部分，不属于人的灵魂论的研究对象，而是属于神学的范畴。这样的主动理性并不需要寓居于质料中的自然形式，或者说与我们所处的月下世界根本没有什么干系，而是自然万物和整个宇宙都依赖于它才能存在，主动理性就是自然和宇宙的最后目的因。亚里士多德在 DA III 5 中所使用的光的比喻尤其使他们更加相信自己的理解是对的，因为光是外在于可见对象的可见性的条件，同样地，主动理性作为可理解对象的可理解性的条件而外在于人的灵魂之外。追随这种神性解释的中世纪注释家有阿维森纳和阿维洛伊，有些现当代学者们也坚持这种解释，比如巴恩斯（J. Barnes）、①克拉克（Clark）、②李斯特（Rist）、③弗莱德、④卡斯同（Caston）和伯尔尼耶特（Burnyeat）。⑤

神性主义解释传统主要是基于对《论灵魂》第三卷第 5 章与《形而上学》第十二卷第 7—9 章这两处文本进行对比而得出这样的结论，亚里士多德所说的主动理性就是《形而上学》中的神性理性。如果我们对比这几种特性就会发现，这两者并非完全对应，比如，《论灵魂》中说主动原则是较为尊贵的，而在《形而上学》中则说神的理智是最为高贵的，一为比较级，一为最高级。亚里士多德对比较级的使用表明，他在这里并不认为主动理性

---

① Barnes, J., "Aristotle's Concept of Mind", *Proceedings of the Aristotelian Society* 72 (1971 - 1972): 101 - 14, repr. in Barnes, Schofield, and Sorabji (1979), 32 - 41.

② Clark, S. R. L., *Aristotle's Man*, *Speculations upon Aristotelian Anthropology*, Oxford Clarendon Press, 1975.

③ Rist, J., "Notes on De Anima 3.5", *Classical Philology* 61, 1966, pp. 8 - 20.

④ Frede, M., "La théorie aristotélicienne de l'intellect agent", Romeyer-Dherbey, G. and Viano, C. eds., *Corps et âme: Sur le De anima d'Aristote.* Paris, Librairie philosophique J. Vrin, pp. 377 - 390. 弗莱德的观点比较特殊，他认为，主动理性虽然是外在的、超验的神的理性或许就是超验的神，但这丝毫不影响他可以在每个个体灵魂之内作为一个主动原则来起作用（cf. Frede:383）。

⑤ Burnyeat, M., *Aristotle's Divine Intellect*, Milwaukee, WI: Marquette University Press, 2008.

就是第一推动者或神的理性,而是认为主动理性是与神相似的或是有神性的,但并非认为与神完全等同。另外,DA III 5 强调主动理性是一切思想或思维内容的必然条件,而在《形而上学》那里,他径直认为神的理性就是所有的存在或事物的必然条件或原因。"所有思想"与"所有存在或事物"并非完全是一回事儿。主动理性是个体的一切思想和思维内容的必然条件,因为人为了进行现实的认识活动需要一个主动原则,如此,那潜在的可被认识的对象才能现实地被人所认识。而《形而上学》应该是指神的理性的特性,只有神的理性才可以说是所有存在的必然条件,是整个自然和宇宙都赖以存在的最终本原(Metaph. XII)。其次,主动理性在时间上要早于或先于普遍意义上的潜能,但是,《形而上学》强调神的理智直接早于或先于任何潜能。亚里士多德认为,潜能或潜能状态中的知识在个体那里在时间上更早,但是,在总体上来说,并非在时间上更早。就个体来说,我们需要经历一个出生、成长、学习、沉思的学以成人的过程,之后才能运用主动理性,进行沉思活动。所以,就时间来说,并就个体而言,潜能似乎是在先的,但是,就整体来说,或者在永恒的视角下来看,现实活动总是在先的,因为主动理性或其沉思活动是我们所有学习过程和努力的结果与目的,它作为目的因在规范着我们的学习过程。但是,因为人的主动理性并非时时刻刻在进行着思维或认识活动,或因为睡眠,或因为被疾病或情绪所影响而不能沉思或不能好好地进行沉思,所以,就个体而言,我们的主动理性似乎有时是在后的。然而,神却是超越于时间之上的,他先于任何潜能,因为他就是永恒的现实活动,没有任何潜能性的现实。至于"理性在其本质来说是现实活动""理性从不间断地思维",以及"它在分离状态中是其所是"这三个特性都在强调主动理性作为一个现实性的原则不需要也不可能需要另外一个现实性的原则来进行现实的活动,否则主动的现实原则就不是主动的现实原则了,而成了被动的承受作用的原则了。所以,在这种意义上,亚里士多德认为主动理性的本质就是现实活动,分离后才是其本真之所是,也是在这种意义上,亚里士多德认为主动理性不能一时思维,一时又不思维,因为就主动理性是一个现实性的原则来说,它始终有着随时能将潜能理性现实地接受和认识可理解的对象,或者随时能够作用到被动理性上,使其现实地认识。因此,我认为,这里所说的主动理性始终在思维是指它就像某种习性状态或持有状态那样,随时都可以发挥作用,只要人的潜能理性或被动理性准备就绪了,那么主动理性就能发挥作用。当然,我们人不可能不间断地进行沉思活动,但是,这并不表示,在睡眠、疾病或其他情况下人的主动理性就丧失了这种主动的现实性,而是说,它的这种主动起作用的能力是随时待发的,随时就绪的。

人性的解释传统源于特奥弗拉斯图斯,虽然他的作品大部分失传了,只有一些残篇保留了下来，所幸的是，特米修斯在自己的著作中将特奥弗拉斯图斯的观点保存了下来。① 他认为主动理性属于人之本性，并非超然在上之物，所谓的主动理性和被动理性只不过是人的理性的两个特点，之所以说理性是主动的，是因为理性的思维活动很难是一个完全受动的过程，就如潜能理性的非混合性或非受动性那样，主动理性更是非受动的，人对于思维活动完全拥有内在的支配性或主动性，因为何时思维或思维什么都是由思维主体来决定，不需要外在的对象来引起，也不依赖外在对象而发生。特米修斯接受了特奥弗拉斯图斯的观点，并不认可亚历山大将主动理性等同于神或第一推动者的做法，而坚持主动理性属于人的灵魂的一部分。② 人生而具有潜能理性，通过感觉活动、想象和普遍概念的抽象，潜能理性达致一种就像习性的积极状态，就像藏有不同的形式或概念的仓库，但是，在这个阶段的潜能理性仍然需要主动理性才能进入真正的现实状态。不同于亚历山大的是，他认为这个主动理性并不独立于人的灵魂之外而存在，而是与潜能理性一起构成一种所谓的理性的形式—质料复合物（form-matter composite），人拥有了这种现实性，就像获得一种新的视力，能够独立地进行区分、分析和综合的活动。③ 所以，对特米修斯来说，亚里士多德共区分了四种理性，即神圣或神性理性、主动理性、潜能理性和被动理性。④ 但是，另一方面，特米修斯也认为，主动理性基于它永不会疲倦和永不会错误的思维活动因而是不死的，是与躯体分离的。至于这是一种什么样的分离，他并没有详述。后来的注释家斐洛珀努斯、托马斯·阿奎那和辛普利丘（Simplicius）似乎都坚持这种解释，现当代的学者们有的坚持认为，主动理性虽然属于人的理性，但它是永恒不死的，在形而上学的意义上是与身体可分离的，比如罗斯、⑤罗宾逊（R. Robinson）、⑥西斯寇（J. Sisko）和哲森（L. Gerson）等都这样认为；⑦而希

---

① Themistius, 107,30 – 108,37. 我使用的是陶德所译的版本：Themistius, *On Aristotle On the Soul*, Translated by Robert B. Todd, London: Bloomsbury, 2013。除此之外也可参见 Franz Brentano, "Nous Poietikos: Survey of Earlier Interpretations", in *Essays on Aristotle's De anima*, Nussbaum and Rorty ed., Oxford: Clarendon Press, 1995, pp. 313 – 314。

② Cf. Themistius, *On Aristotle On the Soul*, Translated by Robert B. Todd, London: Bloomsbury, 2013, pp.102,30 – 103, 19.

③ Cf. Themisitus, 95, 9 – 20; 99, 9 – 10.

④ 关于特米修斯对理性的分析，请参见 Frans de Haas, A History of Mind and Body in Late Antiquity, Anna Marmodoro, Sophie Cartwright ed., Cambridge: Cambridge University Press, 2018, pp. 111 – 128。

⑤ Cf. Ross, W. D., *Aristotle, De anima, introduction and commentary*, Oxford: Clarendon Press, 1961, The introduction.

⑥ Robinson, H. M., "Mind and Body in Aristotle", *Classical Quarterly*, 1978, vol. 28, no. 1: 105 – 124.

⑦ Sisko, J., "On Separating the Intellect from the Body: Aristotle's De Anima iii – 4, 429a20 – b5", *Archiv für Geschichte der Philosophie* 81 (1999): 249 – 67; "Aristotle's Nous and the Modern Mind", *Proceedings of the Boston Area Colloquium in Ancient Philosophy* 16 (2000): 177 – 198; Gerson, L. P., "The Unity of Intellect in Aristotle's De Anima", *Phronesis*, vol. 49, no. 4 (2004), pp. 348 – 373.

克斯、魏丁（Wedin）①和卡斯同则认为人的主动理性只是在定义上是可分的，即他们并不认可人的理性是不死的。

人性解释传统的集大成者还是托马斯・阿奎那，将主动理性视为个体的理性灵魂的一种能力，他极力反对阿维森纳和阿维洛伊将主动理性和潜能理性理解为一种独立自存的单一实体。他坚持认为，主动理性是属于人的理性灵魂的一部分，并且没有主动理性，人就无法现实地进行认识活动。他的主要论证如下②：

（1）如果人在其自身并没有能够赖以独立地进行理性认识活动的原则，那么，人在自然上就是残缺不全的，也就无法完全实现自我的本性或自然了；

（2）就像潜能理性是属于人的能力，可接受那些可理解的对象，同样地，主动理性也存在于人的灵魂内，它的功能或运作就是将可理解的形式（intelligible species）抽取出来，但是只有当这种活动的形式原则存在于人的灵魂内才是可能的；

（3）DA III 5, 430a12－14 中所说的"ἐν τῆ ψυχῆ"就是指这两种理性都是个体灵魂的部分或能力，而不是分离存在的实体。③

我认为，托马斯对主动理性所做的属人解释是合理的，主动理性对亚里士多德来说就是这种像现实的火一样的主动性原则，它不可能存在于个体灵魂之外，因为这势必会对人能够获得真正的善和实现幸福造成威胁，会与亚里士多德所说的人有实现自己的潜能相违背，人的自足性、自主性也便无从谈起了。的确，亚里士多德在《尼各马可伦理学》中的一个主要命题就是人可以通过符合完美的或最终的德性活动而达到幸福，不管这里所说的德性是符合伦理德性的道德行动，抑或是符合理论理性的沉思活动，这两种实现活动都是理性的一种卓越的实现状态，而这种理性的能力不管是被动的抑或是主动的，必然存在于人的灵魂之内。除此之外，亚里士多德在 430a16－17 中提及主动理性的运作方式就像光，而他在这里将光理解为某种习性或持有状态，如果是某种习性，那么，这就更明显地说明主动理性属于个体了，因为习性必然地是某个主体的属性状态，它自身不是实体。最后，值得我们注意的一个有利于人性解释的证明是 *EN* X 7，1177a11－18，亚里士多德在这里说，理性是我们灵魂中最有神性、最好的一部分，或与神最相似的部分，所以，这里明显的是，沉思活动就是这个神性的灵魂部分的现实活动，亚里士多德在这里也没有将理性与

---

① Wedin, V. M., *Mind and Imagination in Aristotle*, Yale University Press, 1988, pp. 160－202; Gerson, L., "The Unity of lntellect in Aristotle's De Anima', *Phronesis* 49 (2004): 348－373.

② Cf. Aquinas, A Commentary on Aristotle's De anima, Rober Pasnau trans., New Haven &London: Yale University Press, 1999, pp. 366－368.

③ 罗斯也同样持有这种看法，他认为，"在灵魂内"只能是指在人的个体灵魂内。参见 Cf. Ross 1961: 45。

神等同起来，只是说与神最为相似或最有神性的，也是永恒的。① 但是，托马斯对主动理性的活动的陈述则是不妥的，按照他的理解，主动理性将存在于可感物和心灵图像中的可理解的形式抽取或抽象出来。

但是，这似乎与亚里士多德在 *DA* III 5，430a15－17 中所说的光的比喻相矛盾，因为光的主动作用只是照亮，而非抽取。我认为，可理解的形式或概念已经潜在地存在于心灵图像中，与其说主动理性将其抽象出来，不如说将其照亮而已。我们需要弄清楚什么是"潜在的可理解的对象"，对亚里士多德来说，普遍的本质不存在于心灵图像中，而仅仅存在于理性中，因为心灵图像仍然尚未完全与质料分离，并且是具体而个别的，认识就是要剥除掉个别的那些属性，②所以，心灵图像并不是现实意义上的可理解对象，但它们可以被主动理性所作用而成为可理解的对象。存在于心灵图像中的事物本质并不是在其自身就是可理解的，而是需要主动理性使其成为可理解的，因此，它们只是在潜在的意义上是可理解的。主动理性的活动无非就是将存在于心灵图像中被动的或潜在的可理解性实现出来，成为现实的可理解性。事物的本质已然存在于人的心灵图像中，但并不是作为可理解的而存在于心灵图像中，为了成为可理解的，主动理性需要作用于这些心灵图像上。对亚里士多德来说，颜色在其自身就是可见的，但是，那些通过感知觉而生成的心灵图像中的事物本质并不是在其自身或通过自身就是可理解的，而是可感物的本质需要通过主动理性作用于心灵图像上才能成为现实的可理解对象。

这种神性主义的解读与人本主义的解读当然并不能穷尽所有注释家和学者们的观点③，比如布伦塔诺（F. Brentano）的解读就显得别具一格。剑桥版《亚里士多德全集》的主编巴恩斯认为，布伦塔诺对《论灵魂》III 5 的解读和讨论"至今仍然是最好的"，④希尔斯也认为，"在所有有关'主动理性'的参考文献中，最详尽、最彻底以及在哲学上最为强硬的是布伦塔诺之作"。⑤ 尽管学者们对布伦塔诺的观点褒贬不一，但是，有一点是不容置疑的，那就是布伦塔诺通过自己的《亚里士多德的心理学，尤其关于主动理性的学说》

---

① 参见田书峰：《亚里士多德论理性灵魂的可分离性》，《哲学与文化》，2017 年第 5 期。

② Cf. Thomas，730，732.

③ 除此之外，现当代学者们还发展出另外一种解释传统，他们将亚里士多德所说的主动理性进行一种紧缩的或简化的理解，将主动理性理解为理性的某种储存能力，理性或心灵行动的储藏或心灵府库（reservoir of mental acts），是某种理智的范围或疆域（noetic sphere），可以供我们随时取用的、储存着理念或形式的地方。Cf. Macfarlane，P. and Polansky R.，"God，the Divine，and νοῦς in Relation to the De anima"，*Ancient Perspectives On Aristotle's De anima*，Gerd Van Riel and Pierre Destrée ed.，with the assistance of Cyril K. Crawford and Leen Van Campe，Leuven University Press，2009.

④ Barnes，J.，"Aristotle's Concept of Mind，" *Proceedings of the Aristotelian Society* 72（1971/72），p.111.

⑤ Shields，*De Anima Translated with an Introduction and Commentary*，p.313.

这部著作引发了现当代学界对亚里士多德的灵魂论,尤其是关于主动理性的强烈兴趣和集中讨论。[①] 布伦塔诺认为,“主动或生产性理性是属人的还是属神的”其实是比较表面的问题,亚里士多德对主动理性的讨论所具有的更深层的含义是:人的理性以及精神性究竟源于何处?神性解读需要解决的问题是:主动理性是如何进入人之中的?它又是如何与非理性、非精神性的感性及身体结合的?而人本主义的解读需要面对的问题是:主动理性是如何从动物性的感性及身体性或躯体性而跃升到理性和精神性的?

在布伦塔诺看来,主动理性有着以下六种特性:(1)主动理性被清楚地标示为我们的思想的主动原则;(2)它是属于人的灵魂的某种存在;(3)它属于灵魂的精神性部分;(4)它不同于那接受性的潜能理性,主动理性只在主体(理智灵魂)上与潜能理性同一,而不是在存在上与其同一;(5)两种能力的不同以及其相对立的本性可在如下内容中得到证明,即潜能理性的本性仅仅是一种潜在的可能性,而主动理性就其存在来说就是现实活动;(6)主动理性首先作用于感性部分,而这些可理解的形式就保存在感性的想象或心灵图像中,因此,这正是间接地把接受性的潜能理性转变为真正的思维着的理性。[②] 布伦塔诺在自己的著作中对主动理性的这六种特性进行了详细的分析,我认为,布伦塔诺的解读的确不能完全归入属人传统或属神传统中,因为他一方面认为,主动理性并不是神,而是属于人的理性灵魂或属于灵魂的精神性部分,但是,另一方面,他又主张,主动理性有神性,如果追本溯源,人的主动理性只能来源于神,因为这种能力不可能来源于动物性的感觉与身体。更直接地说,它与创造万物的神的理性具有“同名性(synonym)”,因此,主动理性是神圣的创造性力量在人身上的体现。另外,他基于 DA I 4, 408b20 - 29 认为,那作为我们诸精神能力的主体即理性灵魂是不朽的。

六、总结

我们从以上几个方面对亚里士多德的《论灵魂》进行了大致的介绍,可以发现,关于亚里士多德的灵魂论的注释有以下几个特点:(1)古代和中世纪更重视灵魂的理性部分或理性灵魂,因为理性灵魂对于人来说有着本质性的规定性作用,是人与动物之间的属差(differentia),所以,古代和中世纪的注释家更注重理性灵魂的永恒性、分离性、实体性和

---

① Brentano, F., *Die Psychologie des Aristoteles, insbesondere seine Lehre vom ΝΟΥΣ ΠΟΙΗΤΙΚΟΣ*, Mainz Verlag von Franz Kirchheim, 1867. 英文译本:*The Psychology of Aristotle: In Particular His Doctrine of the Active Intellect*, edited and translated by Rolf George, Berkeley: University of California University Press, 1977。

② Brentano 1867, S. 167.

现实性等;(2)明末清初的耶稣会士对《论灵魂》的译介是建立在托马斯的神学解读之上的,强调灵魂不仅是身体的形式因、动力因和目的因,而且它更有一个外在于它自身的目的和来源,那就是神,所以,灵魂的本质实现在于欲求和爱慕那唯一的终极目的——上帝,所以,他们寻求的不只是对灵魂的本质的知识层面上的理解,也寻求对灵魂的拯救;(3)自布伦塔诺以降,现当代学者们对亚里士多德的《论灵魂》的研究视角有了一个基本的转向,我称之为经验的转向(empirical turn),意即研究不再侧重于理性灵魂对于人来说具有何种特殊地位,理性灵魂是不是不朽和可分离的实体,而是更强调感觉官能、想象力、欲求能力、心灵图像在人的理论思维和实践推理中的重要作用,也就是说强调感觉官能在认识论和伦理学中的不可取代的根本性的作用,无论是对事物的认知还是对伦理的善的把握都是始于人的感知活动和感觉经验,以至于很多学者们都把亚里士多德称为认识论上的和实践上的经验主义者(empiricist);①(4)现当代学者们不再致力于构建一个亚里士多德关于灵魂的系统的整体理论,而是更多地去探究亚里士多德的灵魂论中的不同主题,比如,感觉的本质、想象力的作用、反身性的自我感知、欲求与实践理性、灵魂与身体的关系问题、主动理性的问题等,并且学者们对上述主题都形成了不同的,甚至截然对立的观点,争论比比皆是,几乎涵盖了每一个主题。所以,这种争论的局面使我们很难在关于亚里士多德的灵魂论中的诸多议题上达成一个一致的观点和立场,但是,这并不表示我们对亚里士多德的灵魂论的研究陷入了一种进退两难的境地,相反,这恰恰表示亚里士多德的灵魂论自身之内所蕴含着的一种对不同的可能解释所具有的开放性和灵活性,也表示与其他学科和其他哲学主题对话的可能性,比如与脑神经科学、物理学和当代心灵哲学等。研究亚里士多德的灵魂论的意义并不只是在于知道亚里士多德说了什么,而更在于去理解他的灵魂论对今日的哲学发展和科学理论有着怎样的价值,对我们人理解自身和世界有什么价值和意义。从这个视角来看,学界对亚里士多德的灵魂论中的诸多议题会一直争论不断,而这正凸显了亚里士多德的灵魂学说本身所具有的内在活力。

① 请参见 Moss, J., *Aristole on the Apparent Good: Perception, Phantasia, Thought, and Desire*, Oxford: Oxford University Press, 2012; Herzberg, S., *Wahrnehmung und Wissen bei Aristoteles: zur Epistemologischen Funktion der Wahrnehmung*, De Gruyter, 2008。

阿奎那《〈论灵魂〉评注》中的感知理论研究

许 可[①]

【摘要】在《〈论灵魂〉评注》中,阿奎那不仅批判了早期古希腊“相似者被相似者认知”的原则,还通过提出“主动者使被动者相似于自身”与“被接受者按照接受者的样式被接受”两条认知原则,解决了在早期古希腊感知论中使人困扰的感知主体与感知对象的同一性问题。本文分为三个部分,在第一部分剖析早期古希腊“相似者被相似者认知”问题的灵魂论根源,在第二部分探寻阿奎那对于早期古希腊“相似者被相似者认知”原则的反驳理由,在第三部分阐释阿奎那“主动者使被动者相似于自身”与“被接受者按照接受者的样式被接受”两条认知原则的理论背景与融贯之法。总结而言,阿奎那既通过对早期古希腊“相似者被相似者认知”原则的反驳,又借由对自身形而上体系中“主动者使被动者相似于自身”与“被接受者按照接受者的样式被接受”两条认知原则的融贯,彰显了其感知论中独特的表象主义色彩。

【关键词】阿奎那,《〈论灵魂〉评注》,感知理论

一、引言:本文所探讨的问题及探讨的方法

在自然实存中的感知对象与在感知主体中的感知对象之间究竟保持着一种怎样的关系?这是认知论领域所要讨论的基本问题。在阿奎那看来,在自然实存中的感知对象与在感知主体中的感知对象之间保持着一种相似性的关系。

对于这种相似性的关系,一方面,或许可以从阿奎那的相似者原则(principle of similitude)出发,探寻这种相似性关系的由来。皮尔森(Pierson)就此将“主动者产生相似于自身之物”(omne agens agit sibi simile)的原则称为“相似者原则”(principle of similitude)[②];在他看来,“相似者原则”这一术语不仅很好地表达出阿奎那“主动者产生相似于自身之物”原则中作用相似于其原因(effects resemble their causes)的因果相似性,还

① 作者简介:许可,浙江大学哲学学院助理研究员,主要研究方向为中世纪哲学、心灵哲学与知识论。

② Daniel J. Pierson, *Thomas Aquinas on the Principle Omne Agens Agit Sibi Simile*, The Catholic University of America, ProQuest Dissertations Publishing, 2015, pp.5-6.

精确地通过“similitude”一词对应于拉丁语的“similitudo”。同时，皮尔森也对该原则从吉拉迪（Giulio Girardi）、约瑟夫·德菲南斯（Joseph De Finance）、巴蒂斯塔·蒙丁（Battista Mondin）、伯纳德·蒙塔尼（Bernard Montagnes）、欧鲁克（Fran O'Rourke）到菲利普·罗斯曼（Philipp W. Rosemann）、威佩尔（Wippel）①的思想脉络进行了梳理。其中，除了欧鲁克与威佩尔将该原则命名为“相似者原则”（principle of similitude）之外，可以看到吉拉迪将之称为“典范的原则”（principle of exemplarity），德菲南斯将之称为“活动的扩散的原则”（principle of the diffusion of act），蒙丁将之称为“相似性原则”（principle of similarity），蒙塔尼将之称为“相似者公理”（axiom of likeness），罗斯曼将之称为“因果相似性的原则”（principle of causal similarity）。

另一方面，也可以从阿奎那的类比学说（doctrine of analogy）探寻这种相似性关系的根源。吉尔松（Gilson）在《中世纪哲学精神》（*The Spirit of Mediaeval Philosophy*）中曾提出，阿奎那承继伪狄奥尼修斯（Pseudo-Dionysius）关于“善是其自身的扩散和传播”（bonum est diffusivum sui et communicativum）②的思想，并将其改造为“存在是其自身的扩散和传播”（ens est diffusivum sui et communicativum）③，继而将因果关系（causality）解释为一种存在的馈赠（a gift of being），由此在作用（effect）与原因（cause）之间建立了一种新的关系，而这种新的关系就是类比（analogy）的关系。克鲁贝坦兹（Klubertanz）在《阿奎那论类比》（*St. Thomas Aquinas on analogy*）一书中进而陈述，类比作为一种关系既不是单义的

---

① Daniel J. Pierson, *Thomas Aquinas on the Principle Omne Agens Agit Sibi Simile*, The Catholic University of America, ProQuest Dissertations Publishing, 2015, pp.5－6. 参见 Giulio Girardi, *Metafisica della causa esemplare in San Tommaso d'Aquino*, Torino: Scuolo Grafica Salesiana, 1954; Joseph De Finance, *Être et agir dans la philosophie de saint Thomas*, Rome: Librairie Éditrice de L'Université Grégorienne, 1960; Battista Mondin, *The Principle of Analogy in Protestant and Catholic Theology*, The Hague: Martinus Nijhoff, 1963; Bernard Montagnes, *The Doctrine of the Analogy of Being According to Thomas Aquinas*, E. M. Macierowski trans., Milwaukee: Marquette University Press, 2004; Fran O'Rourke, *Pseudo-Dionysius and the Metaphysics of Aquinas*, Notre Dame: University of Notre Dame Press, 2005; Philipp W. Rosemann, *Omne Agens Agit Sibi Simile: A "Repetition" of Scholastic Metaphysics*, Leuven: Leuven University Press, 1996; John F. Wippel, *Metaphysical Themes in Thomas Aquinas II*, Washington, DC: Catholic University of America Press, 2007。

② 关于阿奎那对伪狄奥尼修斯“善是其自身的扩散和传播”观点承继的讨论，可参见 J. Durantel, *Saint Thomas et le Pseudo-Denis*, Paris: Alcan, 1919; Fran O'Rourke, *Pseudo-Dionysius and the Metaphysics of Aquinas*, Notre Dame: University of Notre Dame Press, 2005, pp.241－250; Jan A. Aertsen, *Nature and Creature: Thomas Aquinas's Way of Thought*, Leiden: Brill, 1988, pp.337－390; Andreas Speer, "The Epistemic Circle: Thomas Aquinas on the Foundation of Knowledge," in *Platonic ideas and concept formation in ancient and medieval thought*, Gerd Van Riel and Caroline Macé ed., Leuven: Leuven University Press, 2004, pp.119－132; 徐龙飞：《循美之路：基督宗教本体形上美学研究》，北京：商务印书馆，2018 年，第 173－185 页。

③ Etienne Gilson, *The Spirit of Mediaeval Philosophy*, A. H. C. Downes trans., New York: Charles Scribner's Sons, 1940, pp.93－97.

(univocal),也不是多义的(equivocal),而是比例性(proportionality)的①。艾尔特森(Aertsen)在《自然和造物:论阿奎那的思维方式》(*Nature and Creature: Thomas Aquinas's Way of Thought*)中进一步提出,当某物能够被不同的概念述谓,且这些不同的概念都相联系于一个一且同(one and the same)的概念时,该物与述谓其的不同概念之间的关系就是类比的关系。②

然而,在以上两种探讨路径之外,为了从本源理解在自然实存中的感知对象与在感知主体中的感知对象之间的相似性关系,回到阿奎那讨论感知活动与相似性问题的原始文本,或许是一个更好的选择。在《〈论灵魂〉评注》(*Sentencia libri De anima*)中,阿奎那不仅批判了早期古希腊灵魂论中"相似者被相似者认知"的原则,还通过提出"主动者使被动者相似于自身"(agens agendo assimilat sibi patiens)与"被接受者按照接受者的样式被接受"(unumquodque recipitur in aliquo per modum sui)两条认知原则,解决了在早期古希腊灵魂论中使人困扰的感知者与被感知者的同一性问题。

在上文讨论的意义上,本文将以阿奎那的《〈论灵魂〉评注》为核心,并补充以《神学大全》(*Summa Theologiae*)、《〈物理学〉评注》(*Commentaria in libros Physicorum*)等文本,首先,以早期古希腊"相似者被相似者认知"的原则作为阿奎那的问题来源,分析该原则的灵魂论根源与其问题的内在逻辑展开;其次,以驳论作为方法论,从感知活动中灵魂的改变与感知活动中被感知者在灵魂中的存在样式两个角度探寻阿奎那对于早期古希腊"相似者被相似者认知"原则的反驳理由;再次,以正论作为方法论,阐释阿奎那的灵魂论及其所提出的两条认知原则的融贯;最终,以综论作为方法论,探讨在自然实存中的感知对象与在感知主体中的感知对象之间从古希腊认知论中的同一性关系到阿奎那认知论中的相似性关系的发展,并由此为阿奎那的认知论及其方法论做一总结性的收束。

二、早期古希腊"相似者被相似者认知"的原则作为阿奎那的问题来源

(一)"相似者被相似者认知"的原则:其灵魂论根源

阿奎那在《〈论灵魂〉评注》中提出,早期古希腊哲学家认为有灵魂之物区别于无灵魂之物的特征有两点:一是运动(motus),二是感觉(sensus)或认知(cognitio)。③ 在此基础

① George P. Klubertanz, *St. Thomas Aquinas on analogy: a textual analysis and systematic synthesis*, Chicago: Loyola University Press, 1960, pp.5-7.

② Jan A. Aertsen, *Nature and Creature: Thomas Aquinas's Way of Thought*, Leiden: Brill, 1988, pp.58-64.

③ Thomas Aquinas, *Sentencia Libri De anima*, I, 3, 32.

上,对于灵魂(anima)本性的研究可以通过研究运动和感觉的原因来实现①。由此而言,对于灵魂本性的研究可以分为两类,一类将灵魂作为运动的原因,另一类将灵魂作为感觉或认知的原因。根据亚里士多德在《论灵魂》中的分类,从运动的角度研究灵魂本性的哲学家主要有德谟克利特(Democritus)、毕达哥拉斯(Pythagoreans)与阿那克萨戈拉(Anaxagoras);从感觉或认知的角度研究灵魂本性的哲学家以恩培多克勒(Empedocles)与柏拉图为代表。

在将灵魂作为感觉或认知原因的早期古希腊哲学家看来,一方面,被认知的实存必然在某种方式上存在于认知者中,所以,认知是通过存在于认知者中的被认知实存的相似者而产生的②;另一方面,被认知实存的相似者是以自然的存在方式,也即其在自身的存在方式存在于认知者中的,在此意义上相似者被相似者认知③。在该认知原则下,如果灵魂要认知外在实存,那么灵魂内就必须以自然的存在方式存有外在实存的相似者④;在这一情形下,由于属于实存本质的是组成该实存的诸多原则,认知这些原则也就是认知实存本身⑤;就此而言,灵魂若要认知外在实存,就必须与外在实存是由同样的诸多原则组成的。因此,可以说这些早期古希腊哲学家在灵魂与外在实存由同样的诸多原则组成上意见一致。然而尽管如此,依然值得注意的是,在这些诸多原则的具体分类上,他们彼此持有不同的观点⑥;举例而言,恩培多克勒认为组成原则可被分为六种,分别是四种质料原则——土、水、火、气与两种主动与被动的原则——争斗与友爱⑦;而在柏拉图看来,组成原则仅为同和异两种⑧。

总结而言,这些早期哲学家认为,灵魂的特征在于认知,他们由此出发,最终得出结论:灵魂与外在实存享有共同的组成原则;其内在逻辑可以被分析如下:其一,灵魂的特征在于认知;其二,认知的先决条件在于灵魂内部存有外在实存的相似者,由此灵魂才能够通过“相似者被相似者认知”的原则认知外在实存;其三,灵魂内部是以自然的也即其本身的存在方式存有外在实存的相似者的,在这个意义上,灵魂内部存有外在实存的相似者,也就是灵魂内部存有外在实存本身;其四,外在实存本身是由其组成原则构成的,若要

① Thomas Aquinas, *Sentencia Libri De anima*, I, 3, 32.
② Thomas Aquinas, *Sentencia Libri De anima*, I, 4, 43.
③ 同上。
④ 同上。
⑤ 同上。
⑥ Thomas Aquinas, *Sentencia Libri De anima*, I, 4, 44.
⑦ Thomas Aquinas, *Sentencia Libri De anima*, I, 4, 45.
⑧ Thomas Aquinas, *Sentencia Libri De anima*, I, 4, 46.

灵魂内部存有外在实存本身,那么也就是要灵魂由外在实存的组成原则所构成;其五,灵魂与外在实存是由同样的原则所组成的。

(二)"相似者被相似者认知"的原则:问题的内在逻辑展开

在特奥弗拉斯图斯的记载中,"相似者被相似者认知"的理论最早可以追溯到巴门尼德(Parmenides)①。巴门尼德将组成灵魂和外在实存的原则定义为光与暗(light and night),提出灵魂与外在实存就是光与暗不同比例(ratio)的组合;在这个意义上,灵魂对于外在实存的认知,就是通过光与暗的原则进行的;灵魂通过自身内部的光认知外在实存的光,通过自身内部的暗认知外在实存的暗。同时,巴门尼德还提出,当人灵魂内部光与暗的比例与神(宇宙)内部光与暗的比例一致时,人对外在实存的认知就是对其自身的认知,其所认知的就是作为存在本身(reality as Being)的真理②;而当人灵魂内部光与暗的比例与神(宇宙)内部光与暗的比例不一致时,人对外界的认知就从真理(Truth)掉落到了意见(Opinion),其所认知的就是由光与暗组合而成的外在实存。故而可以说,对巴门尼德而言,认知主体只拥有认知相似于其自身的对象的能力③;并且,在认知主体和认知对象两者中任何一方的改变,都会因为改变了两者之间的关系而改变主体对于对象的认知;在这个意义上,认知就是认知主体和认知对象之间的相互作用。

柏拉图在巴门尼德的基础上,将组成灵魂和外在实存的原则定义为同和异④,并且将独立存在分为感觉存在、数学存在与普遍存在(理念,ideas)三类⑤。在柏拉图看来,首先原初的同与异通过结合生成了理念,其次理念与异通过结合生成了数学存在,最后数学存在与异通过结合生成了感觉存在;由此可以说,理念是数学存在与感觉存在的原因。而灵魂对于理念、数学存在与感觉存在的真正认知,需要借助灵魂的净化与提纯(abstractio),也即提高其内部同的比例与降低异的比例来实现。柏拉图提出,当灵魂内部同与异的比例符合于理念时,灵魂就可以通过参有(participatio)理念而对数学存在与感觉存在进行认知;只有在这种情况下,灵魂所认知的才是真理(veritas)而非意见(opinio)。比较而言,如果在巴门尼德那里,灵魂内部光与暗的比例是认知的关键,那么在柏拉图这里,认知的关

① D. W. Hamlyn, *Sensation and Perception: A History of the Philosophy of Perception*, London: Routledge & Kegan Paul, 1961, pp.5-6. 在此,哈姆林还提出,特奥弗拉斯图斯将"Parmenides"与"Empedocles"归类为将感知作为相似者对相似者的作用(the effect of like upon like),将"Alcmaeon of Croton"与"Anaxagoras"归类为将感知作为不相似者对不相似者的作用(the effect of unlike upon unlike)。

② Aryeh Finkelberg, "'Like by Like' and Two Reflections of Reality in Parmenides," *Hermes* 114, 1986, pp.405-412.

③ Aryeh Finkelberg, "'Like by Like' and Two Reflections of Reality in Parmenides," *Hermes* 114, 1986, pp.405-406.

④ Thomas Aquinas, *Sentencia Libri De anima*, I, 4, 46.

⑤ Thomas Aquinas, *Sentencia Libri De anima*, I, 4, 48.

键则是灵魂内部同与异的比例。

不同于巴门尼德与柏拉图将感觉知识定义为意见而非真理,恩培多克勒不认为有超出感觉世界的存在,在他看来,实存的世界就是可感世界或自然世界,灵魂与外在实存都是由物质元素组成的感觉存在;在此基础上,灵魂对外在实存的认知就都是感觉认知。在自然主义的本体论立场下①,恩培多克勒将灵魂与外在实存的组成原则定义为土、水、火、气四种质料原则,并将灵魂与外在实存中四种元素不同比例的集合与分散归于友爱与争斗两种动力原则②。同时,恩培多克勒还独创了流射(effluences)与孔道(pores)的概念;在他看来,自然实存根据其自身不同比例的四元素的组合产生不同的流射,不同的流射通过进入感觉主体中相应的孔道而引发不同的感觉活动;在这个意义上,孔道的不同形状、大小以及内部所含不同元素的比例对应了不同的感觉对象,进而导致了感觉主体的不同感觉③。由此而言,感觉认知的发生就是感觉对象的流射进入感觉主体相应的孔道,再由该流射与其对应的孔道中相同元素互相作用的过程。

归纳而言,在早期古希腊"相似者被相似者认知"的原则下进行的灵魂认知活动具有两个特点:第一,灵魂的认知活动是交互性的(interation),并且灵魂在认知活动中发生了某种改变(alteratio);第二,灵魂中所存有的被认知实存的相似者以其本身的存在样式(modus)存在于灵魂之中。正是由于上述两点,如果灵魂的认知对象是物质的,那么其自身就必须也是物质的;而如果灵魂的认知对象是非物质的,那么其自身就必须也是非物质的。

三、驳论作为方法论:阿奎那驳早期古希腊"相似者被相似者认知"的原则

在《〈论灵魂〉评注》中,阿奎那明确表示了对于早期古希腊哲学家所遵循的"相似者被相似者认知"原则的不认同。下文将分别从认知活动中灵魂的改变与认知活动中被认知者在灵魂中的存在样式两个角度出发,探寻阿奎那对于早期古希腊"相似者被相似者认知"原则的反驳理由。

(一)阿奎那驳认知活动中灵魂的改变

阿奎那在《〈论灵魂〉评注》中提出,灵魂的改变是对"相似者被相似者认知"原则的考

① Leen Spruit, *Species Intelligibilis: From Perception to Knowledge*, Leiden: Brill, 1994, 31.

② Thomas Aquinas, *Sentencia Libri De anima*, I, 4, 45.

③ A. A. Long, "Thinking and sense-perception in Empedocles: mysticism or materialism?", *The Classical Quarterly* 16, 1966: 260-261.

察中所面临的首要问题。① 在早期古希腊“相似者被相似者认知”的原则下,灵魂的认知活动被看作是灵魂与认知对象之间的相互作用。而亚里士多德将早期古希腊哲学的这种相互作用理解为改变活动,并为之赋予了性质的改变的含义②。在《〈物理学〉评注》中,阿奎那就跟随亚里士多德,提出运动可以被分为三类:一类是位置的运动,即位移;一类是量的运动,也就是增加或减少;一类是质的运动,即改变③。因此可以说,阿奎那在评注亚里士多德的《灵魂论》时,对于灵魂在认知活动中的被作用(passio)与灵魂在认知活动中所发生的改变(alteratio)进行了一致性的理解。在这个意义上可以说,在早期古希腊哲学家所认为的作为一种相互作用的认知活动中存在着两个不同的过程:从外在实存而言,认知活动是外在实存作为主动者作用于灵魂的过程;从灵魂而言,认知活动是灵魂作为认知者通过相似者认知外在实存的过程。

首先,从外在实存作为主动者而言,灵魂的“被作用”在原初且出于其本身的意义上,意味着由一个相反的主动者所导致的毁坏④。在此需要强调的是,因为被动者在被主动者战胜的过程中,失去了某种属于其自身的东西,或者是在完全的意义上失去其实体性形式,或者是在相关的意义上失去其偶性形式。不论是以何种方式,其不变的是在这一过程中,被动者因为从主动者而来的相反的形式的施加⑤,从质料或者基体那里失去了其自身的某种形式。在这个意义上,认知活动是通过对立者而不是通过相似者实现的⑥。

阿奎那由此对早期古希腊“相似者被相似者认知”的理论提出反驳:即使在灵魂被作用的意义上,灵魂也是通过相反者而非相似者认知外在实存。在此应当强调,阿奎那在认知论中的一个核心观点是灵魂在认知活动中不被作用也不发生改变,因此他在这里的反驳是一个让步反驳,其内在逻辑是即使灵魂在认知活动中被作用和被改变了,灵魂也并非是通过相似者来进行认知;也就是说,阿奎那在这里只是意在反驳早期古希腊“相似者被相似者认知”的理论,而并不是认可灵魂在认知活动中会被作用和被改变。

其次,从灵魂作为接受者而言,灵魂的“被作用”在另一种更为广泛的意义上意味着

---

① Thomas Aquinas, *Sentencia Libri De anima*, II, 10, 350.

② Harold Cherniss, *Aristotle's criticism of presocratic philosophy*, Baltimore: Johns Hopkins Press, 1935, p.301. 彻尼斯提出,亚里士多德将早期古希腊哲学中“interation”的概念翻译为“alteration”,并给之赋予了质的变化的内涵,是一种有意或无意的错误理解与翻译。

③ Thomas Aquinas, *Commentaria in libros Physicorum*, VII, 3, 898.

④ Thomas Aquinas, *Sentencia Libri De anima*, II, 11, 365.

⑤ 同上。

⑥ Thomas Aquinas, *Sentencia Libri De anima*, I, 12, 183.

对于某物的接受[①]。针对这一点，阿奎那提出，接受者与其接受之物的关系就如同潜能与其现实的关系。正如现实是潜能的完善，接受之物与接受者的关系在这个意义上就并非是主动者对于被动者的毁坏，而是处于现实中的事物对于处于潜能中的事物的保存和完善[②]。更进一步而言，只有在潜能与现实之间保持有一定的关系时，固有的现实（proprius actus）才能作用于固有的潜能（propria potentia）；在阿奎那看来，固有的潜能与固有的现实之间所保持的关系就是"潜能与现实之间的相似者"（similitudo inter potentiam et actum）的关系。从这个角度而言，灵魂的"被作用"也就是灵魂的潜能根据相似者朝向现实的活动[③]。庶几可以说，虽然灵魂仍然是根据相似者进行认知，但这里的相似者并不是早期古希腊认知论中保存有外在实存自然样式的相似者，而是潜能与现实之间关系性的相似者。并且，灵魂在该意义上的认知活动并不伴随灵魂的改变，因为潜能朝向现实的活动是一种实现而非一种改变。

概而言之，从外在实存作为主动者作用于灵魂的角度而言，灵魂是通过相反者而不是通过相似者进行认知，故而有悖于早期古希腊"相似者被相似者认知"的原则；从灵魂作为认知者认知外在实存的角度而言，灵魂在认知活动中通过潜能与现实之间关系性的相似者进行认知，而非早期古希腊认知论所言的存有外在实存自然样式的相似者，因此也有悖于"相似者被相似者认知"的原则。就此可以说，由于灵魂在认知的活动中不按照"相似者被相似者认知"的原则被作用和被改变，所以早期古希腊"相似者被相似者认知"的原则不成立。

（二）阿奎那驳灵魂中被认知实存的相似者的本然存在样式

阿奎那在《〈论灵魂〉评注》中继而提出，就早期古希腊"相似者被相似者认知"的原则而言，在灵魂的认知活动中，被认知的实存的相似者是以其自身的存在方式存在于灵魂之中的。[④] 在恩培多克勒看来，由于外在实存是物质的，所以被认知的实存的相似者以物质的存在方式存在于灵魂之中[⑤]；在柏拉图看来，由于被认知的理念或种相是非物质的，所

---

① Thomas Aquinas, *Sentencia Libri De anima*, II, 11, 366.

② 同上。

③ 同上。

④ Thomas Aquinas, *Sentencia Libri De anima*, I, 4, 43. "Antiqui vero philosophi arbitrati sunt, quod oportet similitudinem rei cognitae esse in cognoscente secundum esse naturale, hoc est secundum idem esse quod habet in seipsa: dicebant enim quod oportebat simile simili cognosci".

⑤ Thomas Aquinas, *Summa Theologiae* I, q. 84, a. 2, resp.

以被认知的实存的相似者以非物质的方式存在于灵魂之中①。

不唯如是,在《〈论灵魂〉评注》中,阿奎那主要以恩培多克勒为对象,对被认知的外在实存的相似者以元素的存在样式存在于灵魂中的观点进行了反驳。② 阿奎那提出,首先,外在实存作为自然存在的复合物,其内部不仅有元素(如恩培多克勒所强调的土、水、火、气四要素),还有这些元素所结合的特定的比例与范式③。如果这些比例伴随着元素存在于灵魂之内,那么在灵魂内部就存有作为自然存在的各种复合物,这显然是不可能的。而如果这些比例不伴随着元素存在于灵魂之内,那么基于"相似者被相似者认知"的原则,灵魂在认知活动中则不能认知外在实存中元素的组成比例,仅能够认知组成外在实存的元素,在这个意义上不能说灵魂能够认知外在实存。

其次,原则根据实体、质、量等范畴的不同而有所不同④。如果灵魂是由实体的原则组成的,那么灵魂仅仅能够认知实体,而不能认知具有偶性的自然复合物;如果灵魂是由所有范畴的原则组成的,那么灵魂就同时是实体,是质,是量,而这是不可能的。概括而言,灵魂不能通过其内部的元素认知外在实存,也就是不能通过其内部以物质(元素)的存在样式存在的外在实存的相似者进行认知活动;由此可以说,以恩培多克勒为主要代表,认为被认知的外在实存的相似者以元素的存在样式存在于灵魂中的观点不成立。

此外,在《神学大全》中,阿奎那对于柏拉图所提出的,被认知的外在实存的相似者以非物质的存在样式存在于灵魂中的观点进行了概括性的两点反驳。⑤ 阿奎那提出,第一,如果所有的种相(species)都是非物质的(immaterialis)和非运动的(immobilis),由此而言灵魂的认知将不包括运动和质料的知识;也就是说,灵魂的认知将不包括自然科学与借助动力因和质料因所进行的推证。第二,灵魂在认知对其显而易见的感觉存在时,要借助另一种与感觉存在具有完全不同的存在方式(esse)的种相或理念作为中介才能实现,这显然是荒谬的;并且,即使灵魂认知了那些分离的实体,这种知识也不适用于判断感觉存在。由此可以说,以柏拉图为主要代表,认为被认知的外在实存的相似者以非物质的存在样式存在于灵魂中的观点不成立。

---

① Thomas Aquinas, *Summa Theologiae* I, q. 84, a. 2, resp.

② 在《〈论灵魂〉评注》中,阿奎那从十个不同的角度对该理论进行了反驳,本文仅择取其中最为关键的两个反驳,其他反驳可参见 Thomas Aquinas, *Sentencia Libri De anima*, I, 12, 178 - 191。在《神学大全》中,阿奎那在反驳恩培多克勒为代表的相似者理论时,使用了概括性的两个反驳,详见 Thomas Aquinas, *Summa Theologiae* I, q. 84, a. 2, resp。

③ Thomas Aquinas, *Sentencia Libri De anima*, I, 12, 180.

④ Thomas Aquinas, *Sentencia Libri De anima*, I, 12, 181.

⑤ Thomas Aquinas, *Summa Theologiae* I, q. 84, a. 1, resp.

归纳而言,被认知的外在实存的相似者既不是以恩培多克勒所言的物质(元素)的存在样式存在于灵魂之中,也不是以柏拉图所言的非物质的存在样式存在于灵魂之中,故而以恩培多克勒与柏拉图为代表的早期古希腊哲学"相似者被相似者认知"的原则不成立。

四、正论作为方法论:阿奎那论灵魂及其认知原则

(一) 阿奎那论灵魂

阿奎那的灵魂论既承继了亚里士多德灵魂论的原则,又在亚里士多德的基础上对其某些尚显模糊的问题做了进一步的阐释;同时,阿奎那所提出的灵魂论及其认知原则与他所处的时代与所面临的哲学与神学问题密不可分。在 12 至 13 世纪,关于灵魂论及其认知原则的讨论已经颇为丰富。① 从教父传统而言,跟随涅墨修斯(Nemesius)与奥古斯丁(Augustine)对于柏拉图与新柏拉图主义的继承,灵魂被称作一种独立的精神实体。从阿拉伯传统而言,或者跟随阿维森纳的新柏拉图主义立场,将灵魂作为最低层级的独立的精神实体;或者跟随阿维洛伊的亚里士多德质形论立场,将灵魂作为身体的实体性形式,但又区分出可能理智作为最低层级的精神实体。从中世纪经院传统而言,伴随着调和新柏拉图主义与亚里士多德主义的愿望,灵魂被视作既是一种独立的精神实体又同时是身体的形式;在此意义上,灵魂从其自身而言是一种独立的精神实体,从其与身体的联系而言又是身体的形式;这种灵魂论也被称作是一种折衷主义(eclecticism)的灵魂论,大阿尔伯特(Albert the Great)便是这一理论的代表人物。

在这样的理论背景下,折衷主义灵魂论调和立场下既作为独立的精神实体又作为身体形式的灵魂,被阿奎那改造为既作为个体性的实体(hoc aliquid)又作为实体性形式(forma substantialis)②的灵魂。由此可以看出,阿奎那的灵魂论具有强烈的亚里士多德主义倾向。首先,他不承认柏拉图和新柏拉图主义所秉持的灵魂作为一种最低层级的独立的精神实体的观点;在他看来,灵魂在被称为实体而言也仅是一种个体性的实体而非精神实体。其次,他在灵魂与身体的关系问题上也与恩培多克勒所代表的自然主义的立场相分离;在他看来,灵魂是作为身体的实体性形式而统一于身体的。

在阿奎那看来,早期古希腊哲学家之所以没有为灵魂的认知活动提供恰当的原则,其

---

① 参见 B. Carlos Bazán, "The Human Soul: Form and Substance? Thomas Aquinas' Critique of Eclectic Aristotelianism," *Archives d'histoire doctrinale et littéraire du Moyen Age* 64, 1997: 95 - 126;Anton Charles Pegis, *St. Thomas and the problem of the soul in the thirteenth century*, Toronto: Pontifical Inst. of Mediaeval Studies, 1978。

② Thomas Aquinas, *Summa Theologiae* I, q. 76, a. 8, resp.

中一个根本的原因在于他们没有能够区分灵魂的本质与灵魂的能力①。他在《神学大全》中就此提出,灵魂从本质而言既不是恩培多克勒所认为的物质或元素的,也不是如柏拉图所言的分离于身体的独立存在,而是身体的实体性形式②,并由此而统一于身体③。而灵魂从能力而言,则可以被区分为营养能力、感觉能力、欲求能力、运动能力、理性能力五种不同的能力④;并且,在灵魂的五种能力中,感觉能力与理性能力相关于灵魂的认知活动。

(二)阿奎那论灵魂的认知原则

在此需要注意的是,灵魂认知活动的运作可以从两个不同的角度去言说;其中一个角度是从认知对象而言,另一个角度是从认知主体而言。在这个意义上,威佩尔将"主动者产生相似于自身之物"与"被接受者按照接受者的样式被接受"归纳为阿奎那形而上学的两条原则⑤;如果将这两条原则限定在认知论的领域,那么其就分别成为"被认知者产生相似于自身之物"与"被认知者按照认知者的样式被认知"。以这两条认知原则为标准,如果从认知对象出发,认知活动就是被认知者产生相似于自身之物的过程;而如果从认知主体出发,认知活动就是认知者按照自身的样式接受被认知者的过程。

首先,从认知对象而言,灵魂感觉能力的认知对象是可感的物质,灵魂理性能力的认知对象是普遍的存在⑥。在阿奎那看来,灵魂的能力根据对象被区分,灵魂的能力越高,其所涉及的对象就越普遍⑦;其中,灵魂感觉能力所涉及的对象是所有可感的物质,而非仅仅是统一于灵魂的身体;灵魂理性能力所涉及的对象是所有普遍的存在(universaliter omne ens),而非仅仅是可感的物质⑧;由此可知,灵魂感觉能力与理性能力的运作不仅涉及与灵魂相联结的事物,而且涉及外在于灵魂的事物⑨。在这个意义上可以说,不论灵魂的认知对象是关涉于感觉能力的可感物质,还是关涉于理性能力的普遍存在,这些认知对象都必须基于一个自然的实存,也就是阿奎那所说的"外在于灵魂的事物"。

---

① 关于灵魂的本质与能力关系的讨论,可参见 John F. Wippel, *The Metaphysical Thought of Thomas Aquinas: From Finite Being to Uncreated Being*, Washington, DC: Catholic University of America Press, 2000, pp.275-294。

② Thomas Aquinas, *Summa Theologiae* I, q. 76, a. 8, resp.

③ Thomas Aquinas, *Summa Theologiae* I, q. 76, a. 7, resp.

④ Thomas Aquinas, *Summa Theologiae* I, q. 78, a. 1, c.

⑤ John F. Wippel, *Metaphysical Themes in Thomas Aquinas II*, Washington, DC: Catholic University of America Press, 2007. 威佩尔在该书的第四章中讨论了 the Axiom What Is Received Is Received According to the Mode of the Receiver 的问题,在第六章中讨论了 the Axiom that Every Agent Produces Something Like Itself 的问题。

⑥ Thomas Aquinas, *Summa Theologiae* I, q. 78, a. 1, resp.

⑦ 同上。

⑧ 同上。

⑨ 同上。

而一个自然的实存为什么能够被灵魂的感觉能力与理性能力所认知呢？在此就必须提起阿奎那关于“主动者产生相似于自身之物”的形而上学原则。值得关注的是，在阿奎那的《〈论灵魂〉评注》中，该原则被改造为“主动者使被动者相似于自身”①的原则。在这个意义上可以说，在灵魂的认知活动中，主动者作为被认知者能够使认知者相似于自身。阿奎那在讨论认知活动中灵魂改变问题时曾提到：一则，灵魂在认知活动中的被作用并不是在灵魂被改变的意义上，而是在灵魂作为接受者其潜能被实现的意义上被言说的。二则，在灵魂作为接受者其潜能被实现的认知活动中，作为潜能的灵魂与作为现实的自然实存之间，具有一种相似者的关系；正是这种相似者的关系，使得固有的现实能够作用于固有的潜能，进而使得认灵魂的认知活动得以实现。

由此阿奎那在《神学大全》中提出，灵魂的感觉能力与理性能力所涉及的，外在于灵魂的事物自然地被联系于灵魂，并且通过这些事物的相似者的存在样式存在于灵魂之内②。进而言之，一方面，自然的实存作为灵魂的认知对象，其本身具有一种现实性，能够使灵魂的潜能在认知活动中被实现；另一方面，作为自然实存的认知对象与作为灵魂的认知主体之间，保持着一种潜能与现实之间的相似者的关系。

其次，从认知主体而言，灵魂的五种能力中可以分出三种灵魂的运作，等级由高到低分别是理性灵魂、感觉灵魂与营养灵魂③。阿奎那对此提出，由于理性灵魂与感觉灵魂的运作皆是出于内在原则，而不是来自外部的原则④，故而可以说，理性灵魂与感觉灵魂的运作是超出身体本性的⑤；并且在这个意义上，身体的本性是作为灵魂的质料和工具而从属于灵魂。其中，理性灵魂的运作由于远超出了身体的本性，故而可以不借助于身体器官⑥；然而，感觉灵魂在理性灵魂之下，其运作需要借助身体器官来进行。对此，阿奎那强调，尽管感觉灵魂的运作需要借助于身体器官，但却不需要借助于物质的性质⑦；也就是说，尽管感觉能力的运作要求热和冷、干和湿等物质的性质，但这仅仅是身体器官的倾向所要求的，而不是说感觉灵魂的运作需要以物质的性质为中介而进行；在这个意义上，感觉灵魂的运作不借助于物质的性质。

---

① Thomas Aquinas, *Sentencia Libri De anima*, II, 10, 351.

② Thomas Aquinas, *Summa Theologiae* I, q. 78, a. 1, resp.

③ 其中营养灵魂处于最低等级，其运作既通过身体器官和也通过物质的性质来进行的，具体参见 Thomas Aquinas, *Summa Theologiae* I, q. 78, a. 1, resp。

④ 同上。

⑤ 同上。

⑥ 同上。

⑦ 同上。

概而言之,在阿奎那看来,感觉灵魂与理性灵魂在认知活动中都是通过内在原则而运作的;在此基础上,灵魂在认知活动中所遵循的是“被接受者按照接受者的样式被接受”的形而上学原则。如果将该形而上学原则限定在灵魂的认知活动中,则可知灵魂的认知原则为“被认知者按照认知者的样式被认知”。对此阿奎那在《〈论灵魂〉评注》中阐释道,任何事物都是按照接受者自身的样式被接受的,而所有的认知活动也都是按照这条原则①;由此可以说,被认知者是按照认知者的样式而被认知的。在这个意义上,被认知者根据相似者以另一种样式存在于认知者中;故而在实现中的认知者就是在实现中的被认知者自身。具体到灵魂的感觉活动和理智活动而言,由于感觉灵魂是通过身体器官而运作的,理性灵魂是不通过任何身体器官而运作的,就此可以说,感觉灵魂有形地和质料地(corporaliter et materialiter)接受被感觉认知者的相似者,理性灵魂无形地和非质料地接受被理智认知者的相似者。

在阿奎那看来,在自然实存中的认知对象具有自然的存在样式②,而在感觉灵魂中的认知对象具有感觉的存在样式③,在理性灵魂中的认知对象则具有理智的存在样式④;尽管认知对象在自然实存、感觉灵魂、理性灵魂中具有不同的存在样式,但是在感觉灵魂与理性灵魂中的认知对象能够在一种相似性的关系上表象在自然实存中的认知对象;由此可以说,在自然实存中的认知对象与在认知主体中的认知对象保持着一种相似性的关系。

结合以上两种认知原则值得注意的是,在讨论灵魂本质与能力的关系问题时,阿奎那将灵魂的本质与能力的关系比作主体与其固有的偶性的关系。⑤ 一方面,从认知对象的角度而言,由于阿奎那认为“一个直接且固有的作用必须相称于其原因”⑥;故而可以说,认知活动中灵魂的近似原则(proximate principles)在于偶性而不在于主体。在这个意义上,因为灵魂的感觉能力与理性能力都是被其认知对象所引起的,所以在认知活动中灵魂所遵循的是“主动者使被动者相似于自身”的因果相似性原则。另一方面,从认知主体的

---

① Thomas Aquinas, *Sentencia Libri De anima*, II, 12, 377.

② Thomas Aquinas, *Sentencia Libri De anima*, I, 4, 43.

③ Thomas Aquinas, *Sentencia Libri De anima*, II, 24, 551.

④ Thomas Aquinas, *Summa Theologiae* I, q. 79, a. 6, ad3.

⑤ 阿奎那对于灵魂本质与能力关系的刻画在其同时代人中都属于较特殊的观点,具体讨论可参见 Pius Künzle, *Das Verhältnis der Seele zu ihren Potenzen: Problemgeschichtliche Untersuchungen von Augustin bis und mit Thomas von Aquin*, Freiburg, Schweiz: Univ.-Verl., 1956。

⑥ John F. Wippel, *The Metaphysical Thought of Thomas Aquinas: From Finite Being to Uncreated Being*, Washington, DC: Catholic University of America Press, 2000, pp.275-294.

角度而言，由于阿奎那认为灵魂可以被称为感觉灵魂与理性灵魂，并且感觉灵魂与理性灵魂的运作皆出于内在的原则①，因此可以说，在灵魂的认知活动中，感觉灵魂接受脱离质料的种相②，理性灵魂接受脱离个体性原则的种相③；进而可知，感觉灵魂在认知活动中接受感觉种相，理性灵魂在认知活动中接受理智种相。在这个意义上，灵魂在认知活动中所遵循的是"被接受者按照接受者的样式被接受"的内在原则。

总结而言，从认知对象而言，灵魂的认知原则是"主动者使被动者相似于自身"，也即"被认知者使认知者相似于自身"；从认知主体而言，灵魂的认知原则是"被接受者按照接受者的样式被接受"，也即"被认知者按照认知者的样式被认知"。对阿奎那而言，认知活动是一个完整且一贯的活动，正如灵魂的诸多能力归于灵魂的本质，灵魂的诸多近似原则也归于灵魂的第一原则④；在这个意义上，从认知对象而来的"主动者使被动者相似于自身"的原则作为灵魂的一种近似原则归于从认知主体而来的"被接受者按照接受者的样式被接受"的内在原则。

五、综论作为方法论：从同一性到相似性——阿奎那对于早期古希腊认知论的综合论证

通过《〈论灵魂〉评注》可以看出，阿奎那虽然跟随亚里士多德的立场继承了早期古希腊灵魂论将运动和认知作为灵魂的两个特征⑤的观点，但是他对于早期古希腊所遵循的"相似者被相似者认知和感觉"⑥的认知原则是不认同的。在阿奎那看来，灵魂是通过同化或者相似性来认知外在实存的⑦，以恩培多克勒与柏拉图为代表的早期古希腊哲学家所提出的"相似者被相似者认知"的原则在某种程度上已经触及了这一真理；然而，由于他们没有能够发现灵魂内部外在实存的相似者的存在样式可以不按照其本身的存在样式存在的可能性，因此只能将灵魂认知外在实存的原因归于灵魂与外在实存的共同组成原则。

---

① Thomas Aquinas, *Summa Theologiae* I, q. 78, a. 1, resp.

② Thomas Aquinas, *Sentencia Libri De anima*, II, 24, 551.

③ Thomas Aquinas, *Summa Theologiae* I, q. 85, a. 1, ad1.

④ Thomas Aquinas, *Summa Theologiae* I, q. 77, a. 1, ad4.

⑤ Thomas Aquinas, *Sentencia Libri De anima*, I, 3, 32.在《神学大全》中，阿奎那也曾提出"灵魂是生命(vita)的第一原则(primum principium)，而生命最主要的两个特征就是认知和运动"，参见 Thomas Aquinas, *Summa Theologiae* I, q. 75, a. 1, resp。

⑥ Thomas Aquinas, *Sentencia Libri De anima*, II, 10, 351.

⑦ Thomas Aquinas, *Sentencia Libri De anima*, I, 12, 179.

对早期古希腊哲学家而言,认知活动中的被认知者是按照其自然的存在样式存在于认知者之中的;在此意义上,被认知者与认知者必须由同样的原则组成;其所组成的原则或者如恩培多克勒所言是物质的,或者如柏拉图所言是非物质的;由此可以说,在早期古希腊认知论中被认知者与认知者之间保持着一种同一性的关系。针对这一点,阿奎那提出,早期古希腊坚持"相似者被相似者认知"原则的哲学家,或者如恩培多克勒,不区分灵魂中的感觉认知与理智认知,将灵魂的认知原则认定为是一种物质的原则,或者如柏拉图,尽管区分了灵魂中的感觉认知与理智认知,但将这两种认知都归于非物质的原则①。由此在阿奎那看来,无论是恩培多克勒还是柏拉图,他们都没有能够真正区分灵魂的感觉认知和理智认知,并在此基础上提出恰当的灵魂认知原则。

在阿奎那而言,认知活动中的被认知者可以不按照其自然的存在样式存在于认知者之中;在此意义上,被认知者与认知者不需要由同样的原则组成;由此可以说,作为认知者的灵魂既可以通过其感觉能力认知自然实存的感觉性质及其个体性,也可以通过其理智能力认知自然实存的本质及其普遍性。在此基础上,阿奎那从认知对象的角度将认知的原则定义为"主动者使被动者相似于自身",也即"被认知者使认知者相似于自身";从认知主体的角度将认知的原则归于"被接受者按照接受者的样式被接受",也即"被认知者按照认知者的样式被认知"。而就这两种认知原则的关系而言,阿奎那将这两种认知原则比拟于灵魂的能力与其本质的关系;在这个意义上可以说,"主动者使被动者相似于自身"的原则是灵魂的近似原则,"被接受者按照接受者的样式被接受"的原则是灵魂的内在原则;由此可知,从认知对象而言的"主动者使被动者相似于自身"的原则作为灵魂的近似原则,归于从认知主体而言的"被接受者按照接受者的样式被接受"的灵魂的内在原则。

从早期古希腊"相似者被相似者认知"的原则,到阿奎那"被接受者按照接受者的样式被接受"的原则,其中所敞开的是早期古希腊认知论中认知对象与认知主体的同一性关系到阿奎那认知论中认知对象与认知主体的相似性关系的发展。② 就认知活动中的认知对象而言,如果在早期古希腊认知论中其在自然实存与认知主体中保持着同一的存在样式,那么在阿奎那的认知论中,其在自然实存与认知主体中却保持着不同却相似的存在样式。在阿奎那看来,在自然实存中的认知对象具有自然的存在样式③,而在感觉灵魂中的

① Thomas Aquinas, *Summa Theologiae* I, q. 75, a. 3, resp.

② 帕纳乔将阿奎那认知论中认知对象在自然实存与在认知主体中的相似性关系称为"*similitudo*-relation",就此可参见 C. Panaccio, "Aquinas on Intelligible Representation," in *Ancient and Medieval Theories of Intentionality*, D. Perler, ed., Leiden: Brill, 2001, pp.185-201。

③ Thomas Aquinas, *Sentencia Libri De anima*, I, 4, 43.

认知对象具有感觉的存在样式①,在理性灵魂中的认知对象则具有理智的存在样式②;尽管认知对象在自然实存、感觉灵魂、理性灵魂中具有不同的存在样式,但是在感觉灵魂与理性灵魂中的认知对象能够在一种相似性的关系上表象在自然实存中的认知对象;由此可以说,在自然实存中的认知对象与在认知主体中的认知对象保持着一种相似性的关系。

总括而言,通过对于在自然实存中的感知对象与在感知主体中的感知对象之间相似性关系的界定,阿奎那不仅克服了早期古希腊认知论中感知对象在自然实存中与在感知主体中同一性关系的桎梏,更由此引发了其在认知论上影响深远的种相学说(doctrine of species);在这个意义上既为中世纪表象主义的认知论提供了思路,又在很大程度上丰富了认知论的层次与结构。当然,这也是阿奎那从驳论、正论到综论的方法论的重大意义与重要价值所在。

Aquinas's Theory of Perception in His *Sentencia libri De anima*

XU Ke

【Abstract】 In his *Sentencia libri De anima*, Aquinas not only criticizes the early ancient Greek principle of "*simile simili cognosci*", but also puts forward his cognitive principles of "*agens agendo assimilat sibi patiens*" and "*unumquodque recipitur in aliquo per modum sui*". Through his two cognitive principles, the confusing early ancient Greek cognitive problem-the identity of subject and object of perception-is solved. This article will divide into three parts. The first part will discuss the origin of the problem of "*simile simili cognosci*" in early ancient Greek soul theory. The second part then explores the reasons why Aquinas is against the early ancient Greek principle of "*simile simili cognosci*". The third part will explain the theory background and analyze the coherence of Aquinas's cognitive principles of "*agens agendo assimilat sibi patiens*" and "*unumquodque recipitur in aliquo per modum sui*". In conclusion, medieval representationalism is revealed from the cognitive theory of Aquinas. It is both from his refutation of early ancient Greek cognitive principle and also from the coherence of his two cognitive principles.

【Keywords】 Aquinas, *Sentencia libri De anima*, Theory of Perception

---

① Thomas Aquinas, *Sentencia Libri De anima*, II, 24, 551.

② Thomas Aquinas, *Summa Theologiae* I, q. 79, a. 6, ad3.

“亚里士多德《论灵魂》”研讨会精彩辩论实录

田书锋　张文霞　王楚标　范启明　陈初阳(整理)

一、探讨灵魂的方法论与身心关系问题

葛天勤(东南大学哲学与科学系):

我今天报告的题目是“亚里士多德的《后分析篇》与《论灵魂》2.2 探究灵魂的方法论——如何将《后分析篇》的探究方法应用到《论灵魂》?”。第一,《后分析篇》中的灵魂被认为是一个不可分割的统一体,无法继续被分析为一个谓述结构,也就无法通过三段论的形式加以研究,但《论灵魂》中的灵魂却可以通过证明法加以探究。第二,在《后分析篇》中,原因是三段论的中项,它在本体论的意义上优先于被解释项。但在《论灵魂》当中,作为被解释项的灵魂本身已经是生物体的本质,是生物在本体论上不可分的第一原理。第一个问题是:灵魂本身是否能够被分析为一个谓述性的结构。这涉及灵魂的统一性问题。如果灵魂是直接的、没有中项的,那么它就不能通过《后分析篇》中提倡的方法来探究。在《后分析篇》和《形而上学》中,灵魂似乎被看作一种没有中项的、直接的定义原理,它不能继续被分析为一个三段论。但《论灵魂》强调的是一种认识论意义上的探究,而不是探究一个在存在论的意义上比灵魂更加优先的原因和本质。那么,在《后分析篇》中被认为是不可分的、没有中项的事物,在《论灵魂》中就变得可分,且有自己的中项。第二个问题涉及灵魂与灵魂的原因。如前所述,《后分析篇》中的原因同时被认为是本质,在存在论的意义上也优先于探究对象。但是灵魂在什么意义上拥有自身的原因和本质呢?那么,在此就存在一个区分——作为原因的灵魂和灵魂的原因之间的区分。亚里士多德在《论灵魂》中所讨论的灵魂的原因和中项不是在存在论的意义上优先于灵魂的本质,而只是在认识论的意义上优先于灵魂。亚里士多德之所以提出需要探究灵魂的本质,是为了让我们能够更清楚地认识到,灵魂是生物体的本质这一事实。要认识灵魂为什么是生物体的本质和原因,就要探究灵魂各种官能的具体机制。而就灵魂的本质而言,它在存在论的意义上是和灵魂同一的,但在知识的角度上说,则是优先于灵魂本身的。

评议人　程炜(北京大学):

针对天勤老师的演讲我有四点需要请教一下。第一,我没有在《论灵魂》的文本中找

到直接对于“为什么”的探究而只找到具体的“为什么”，但不是关于灵魂的、规定性的“为什么”，这些“为什么”都指向更后面的文本，而不是2.2、2.3的论述。这里的“why”到底是什么？第二，天勤老师认为，《论灵魂》中灵魂的定义缺少了原因性的要素因而不是一个完善的定义。但有人会认为，根据对文本的考察，2.1中的定义不能覆盖所有的“灵魂”，至少不能覆盖“理智”，因此是不完整的。那我们应如何理解从2.1到2.3思路的转换？第三，根据天勤老师的说法，我们是不是要自己给出一个三段论，如果是的话，这样一个三段论是什么？第四，就天勤老师的结论而言，我分别有一个问题和一个想法。首先，针对第一个结论，我的疑问是，在研究对象可分析性上，《后分析篇》比《论灵魂》有更高的要求，但《后分析篇》是否提及这一可分性？其次，针对第二个结论关于本体的优先性和知识的优先性，我同意天勤老师说的灵魂作为原因和灵魂本身的原因是不一样的。但天勤老师说灵魂自身就是原因并且是作为其本身的原因，我认为还需要更多正面的论述，来说明灵魂不仅是生命的原因，也是其自身的原因。

葛天勤：

关于第一个问题，其实很多人都有这样的困惑。我在文中提及的是被大多数人所接受的观点，对“灵魂”更清楚、更具体的描述在2.4之后，2.1和2.2是对“灵魂”的一个大致的定义。关于第二个问题，我认为关于“灵魂”一般性的定义与缺少原因性的定义这两种说法不矛盾。2.1中的定义不能覆盖所有“灵魂”的定义，在这个意义上就是一个不完整的定义。假设我们找到了一个关于“灵魂”原因性的最可靠的定义，那么这个定义就能覆盖所有“灵魂”的多样性，但我认为这种定义可能不止一个，而会是一个包含其他说法的定义。至于第三个问题，尽管亚里士多德没有将他的论述写成三段论的形式，但我们不能排除当亚里士多德完成关于探究的论述后，其学生或后来的读者能根据其讨论来构建出一个三段论。关于第四个问题，虽然《后分析篇》没有明确提及可分性以及“灵魂”两种原因的区分，但通过对其例子的分析能看出，在《后分析篇》中不能用三段论进行分析的例子在其他著作中却可以用三段论来分析。再就是关于原因，我认为是有区分的。如果我们承认“灵魂”本身的原因是一个不同于“灵魂”的、优先于“灵魂”的事物，那么有可能陷入第一原理无限上溯的困境。

吴天岳（北京大学）：

请问天勤老师，在知识的证明性三段论中前提比结论更可知，但在讨论中，您对于存在论上的优先性和认知上的优先性进行了区分。但亚里士多德对于认知上的优先性也有区分,一个事物相对于我们而言的认知上的优先性和一个事物在其自身中的优先性,在《后分析篇》的科学性三段论分析中,是一个事物因其自身的优先性。通常我们谈论一个事物在其自身的优先性与其在存在论上的优先性等同,那么您的区分在多大程度上能够解释《论灵魂》2.2 和《后分析篇》中经典例证的差异?《论灵魂》似乎只解释了相对于我们在认知上的优先性,并没有《后分析篇》中要求的在其自身的优先性。

葛天勤:

在《后分析篇》里,前提比结论更加可知指的是一种对于本性、事物自身、相对于自然的优先性,而不是相对于我们的优先性,相对于自然的优先性往往跟存在论意义上的优先性相符合,那这样我自己的解释就是不成功的。在我看来,《论灵魂》2.2 中提到我们需要从对于我们更可知的事物开始进展到对于自然而言更加可知的事物,由此,我认为《论灵魂》2.2 中提到的优先性不是相对于我们更加可知,而是相对于自然更加可知。相对于我们更加可知的是之前的一些讨论,2.4 以下关于"灵魂"具体的描述是一种对于自然而言更加可知的谈论。

张硕(延安大学):

我提交的论文题目是"灵魂的定义与身心关系"。首先,阿克瑞尔在其《亚里士多德的灵魂定义》中指出,亚里士多德关于灵魂的定义的表述即"潜在地拥有生命的身体"包含了一个矛盾。因为根据同名异义的原则,亚里士多德多次强调那些无法实现生命的功能的"身体"不是真正的身体,只能算是同名异义的身体。如果说某物是"潜在的",则还尚未拥有,而将来会拥有。因此,阿克瑞尔说这个潜在意义上的身体似乎是一个有问题的表达,因为它不能对潜能和现实的这个矛盾给出一个很好的解释。针对这个问题,存在着几种有代表性的解决方案。第一种方案,是查尔顿、波兰斯基、约翰森提出的方案。第二个方案是以威廉姆斯为代表提出的"两种身体"的解决方案,他提出了大写的身体(Body)和小写的身体(body)之间的差别。第三种方案是门恩(S. Menn)提出的,他将"δύναμις"解释为"潜能",将"ὀργανικόν"解释为"工具性的"。"ὀργανικόν σῶμα"就是"工具性的身体"。在此基础之上,他说"潜在地拥有生命"的身体是还没有发挥生命特性的身体,就像胚胎,他"潜在地拥有生命",当他成为一个生命体时,就是现实地拥有生命,所以他认为灵魂的定义不存在矛盾。但是,我认为这三种解决方案都没有真正地解决阿克瑞尔所提出的难题。

接下来,我想从自然物与技艺的根本差异入手来尝试分析这个问题。技艺和自然之间最大的差异在于技艺的形式外在于质料本身，而自然物的形式本身就潜在地包含在质料当中。因为自然本身就包含着运动的目的。亚里士多德也曾说过，在可感事物中，只有自然物才是真正的实体。那么人工物只能在次要意义上是实体。从这种意义上来看，灵魂和身体之间的质形关系才是真正典型的质形关系。灵魂作为身体的三种原因——目的因、动力因、形式因，目的因占首要地位。因为目的因是现实，而现实是最重要的实体。在《物理学》中，亚里士多德提到，目的因优先于动力因，因为目的因是现实，而动力因包含在潜能当中。只有以目的因为前提的动力因，其存在才有意义，因为潜能以现实为目的。由于目的的规范和限制，运动才会有方向和界限，才会表现为一种目的的和有目的的最好的一种运动方式，而不是任意的运动方式。如果没有目的因的话，运动将会陷入一种无序的状态，所有的元素都会各自无序地运动，那么生命体就无法成为一个完整的生命体。

最后，让我们再回到阿克瑞尔难题。我们在考察潜能的时候，除了运动这个视角之外，还有实体的角度。如果我们从实体存在的角度来理解潜能，那么身体作为“潜在地拥有生命”，它的意义其实是质料是潜在的实体。那么，“潜在地拥有生命”这一定义就是不存在矛盾的。在言说“灵魂”“自然”和“身体”这些词时，我们不是在现象上说这个词，而是在实体意义上。说生命其实是探讨生命本身的原因，而不是生命的现象或生命活动。“潜在地拥有生命”实际上是从原因的角度来探讨身体，实际上它就可以替换实体。从这个角度来说，我认为“灵魂”的定义是潜在性的，其实不存在任何矛盾。这就是我论文的大体思路，感谢各位老师。

评议人　曹青云（厦门大学）：

我先说一说阿克瑞尔问题。有人说我们不应当把阿克瑞尔问题看成他指出了亚里士多德的“灵魂”定义里面有一个矛盾，而只应当说阿克瑞尔发现了亚里士多德的“灵魂”定义具有一种特别的地位或有一种特殊性。这个特殊性是指它的这个定义和亚里士多德的一般的质形关系之间不同。要理解这个不同就涉及怎么理解亚里士多德的整个形而上学框架的问题。阿克瑞尔指出了一个比较重要的方面，即亚里士多德最后没有办法放弃同名异义的原则。所以，阿克瑞尔说亚里士多德或许没有考虑到这样的一种可能，也就是在一般的质形关系里把形式理解为一种结构。在理解灵魂的时候，亚里士多德可能会把灵魂理解为这个物质对象所具有的一些能力或者潜能，如果不能够在“structure”和“powers”之间划分一个比较明确的界限的话，亚里士多德就会遇到在灵魂定义里面阿克瑞尔发现的这个问题。

另外，张硕师妹的这篇论文给我一个很大的启发，她提到的关于亚里士多德的自然目的论，有助于我们理解身心关系以及灵魂定义时“目的”所具有的地位问题。我想其实这里面的一个争论就是，在亚里士多德的自然目的论中所说的形式对于质料的统治究竟可以到哪一个层次？他是不是说像这样一种比较典型的形式可以统治一种最近的质料，也就是我们所说的这样的一种作为工具的身体是没有问题的。这样的一种目的论的模型，究竟可以深入到什么样的位置，是不是可以深入到元素，或者深入到原始质料。最近我发现不断出现一些新的研究论文，比如说讨论有机的质料（像血液）的特殊地位问题——血液既可以是一种有机物形式，同时是不是在同名异义或者在其他的意义上也可以是一种无机物，以及它们之间的形式是在哪一种界限中出现的等问题。

吕纯山（天津外国语大学）：

我发现大家在讨论《论灵魂》关于灵魂的定义时，似乎不愿联系亚里士多德在《形而上学》里关于质形复合物、质形关系的思想。但刚才几位发言人实际上也都肯定了生物、人的身心关系，灵魂和躯体的关系就是质形关系中的一种典型。张硕也提到了形式作为一种实体，原因就是这个躯体的原因，我觉得这样就可以回应青云刚才说的形式本身既是结构性的又是功能性的疑难。亚里士多德虽然没有把这两个词弄得那么清楚，但参考《形而上学》里的一个说法，其实这些思想都已经包括在内了。所以当我们讨论灵魂的定义的时候，这些问题其实都能以《形而上学》里的思想为背景进行讨论。而且，刚才张硕提到的自然物和人工物之间的地位问题，我觉得无论在《形而上学》还是在《物理学》中，亚里士多德都认为人工物都只是一种相对工具性，并没有同自然物的质形关系在本质上有不同的地方。

张硕（延安大学）：

好的，我简单回应一下。刚才曹老师所说的“形式对于质料的目的论的统治是在哪个层次上发挥的”问题是一个很复杂的问题。在我的论文所涉及的范围之内，目的论主要发挥的作用是使一个事物成为一个生命体，成为一个整体，成为一个统一性，并没有达到对元素层次的作用。亚里士多德在有些文本中否定了元素能成为实体的观点。而且对于元素本身是否包含着目的论这一问题也是存在争论的。因为亚里士多德也说过，使一个生物体成为生命体自身的那种热与火的热不是同一种热，因为生命体的那种热是包含目的的热，而火的热只是一种元素自身的热，而不是带有目的论的热。目前我认为，目的对于生命体主要体现在整体性和统一性上，目的本身是有层次的，因为一个生命保存自身的生命本身是最起码的目的,一个生命自身的持续以致其物种的持续是一种目的,另外,想要活得更好、更加完善也是一种目的。这些不同层次的目的之间是什么关系?也是一个很复杂的问题。

另外,师姐认为技艺和自然物具有同样的本质,但是根据之前关系的结构来看,它们之间的质料和形式会呈现出不同的表现形式。在技艺中,质料和形式是一种松散的、外在的关系,而在自然物当中二者则是内在的、有唯一性的关系,这就是我的回应。

二、营养灵魂、灵魂的状态变化与想象力

朱清华(首都师范大学):

今天我所提交的报告题目是"亚里士多德论营养灵魂"。首先,营养灵魂是最基本的灵魂形式,是有生命之物,这种灵魂可以分离于其他灵魂样式单独存在,但其他灵魂样式离不开它。亚里士多德说,营养灵魂是生命体生长和持存活动的本原,由于这一本原,活着属于活着的东西。亚里士多德又说营养灵魂是首要的和最普遍的灵魂机能,是对所有生命而言最合乎自然的。同时,他也提出了研究灵魂的步骤和方法论。亚里士多德说,"要考察灵魂,需要详尽考察这些能力或潜能(dunamis)——营养、感觉、理智等,而要考察这些能力,要先考察这些潜能的现实和实践(energeia kai praxis)。而考察其现实之前,先要考察其对象(DA, 415a15)。听的对象是声音,看的对象是颜色,而营养能力的对象是食物。营养能力的活动和实现是'使用食物'"。

其次,营养、生长、繁殖是一种机能还是几种机能?这有两种不同的说法,一种说法是营养灵魂通过营养和其他的潜能区分开,这样营养、生长、繁殖是不同的机能。但他又说营养机能的功能就是繁殖和使用食物,那营养和繁殖是同一个机能。所以,问题是营养灵魂同时是生长和繁殖的机能还是一种特殊的灵魂形式?波兰斯基认为,可以将这几种机能看作同一种机能的分机能,但这些分机能又是在功能和活动上可以区分的,生长是量上的,涉及生命体的量的变化,而营养是实体上的,涉及生命体的存在,"营养能力保存生命体为其所是的东西"。

生命体是由身体和灵魂结合而成的复合实体,作为质料的身体自身不是"tode ti",只有"morphe"或者"eidos"才构成其本质或实体,一个事物因为它而被称为一个"tode ti"。灵魂不是在躯体之中或跟躯体并列的实体,而是使得生命体成为一个统一的实体的组织形式和驱动能力。个体性的生命系统就是通过这样一种形式使得这个生命体成为一个实

体的。就像瞳仁和视力构成了眼睛,灵魂和身体构成了动物。任何自然生命体都有身体,并且物身并非附加给生命体的累赘,而是和灵魂一体的。这种一体或统一是指身体作为潜能,其实现就是灵魂。亚里士多德提出,生物都力图保存其存在,并尽可能地达到永恒不朽。这种目的既是通过灵魂的实现来展示,同时也是灵魂自身的追求目标。不妨说,身体就是灵魂这一追求的具身化。但亚里士多德说过去那些自然哲学家只看到质料因和动力因,这往往是一种物理主义的还原论,即把生物现象几乎还原为物理现象,生命过程变成物理、化学过程。这种解释更针对有内在物理成分的东西,将这个事物从它复杂背景中孤立出来进行解释,消解一切非物质的,比方说意识,等等。我们通过对亚里士多德以上区分的介绍可以看到,亚里士多德对现代意义上的物理主义还原论持警惕和对立的立场,有一种说法对亚里士多德的这种态度的描述很恰当:亚里士多德拒绝对生命的任何还原论的解释,拒绝将对生命的解释诉诸非生命。

评议人　刘未沫(中国社会科学院):

感谢朱老师的精彩演讲。作为评议人,我主要想向朱老师请教三个问题。第一个问题是,为什么繁殖和和营养是灵魂的同一种能力,或者说繁殖和营养是如何在亚里士多德这里被统一成同一种能力的?第二个问题是,亚里士多德在《论灵魂》中从动物到植物的过程可以说是一种退化论的目的论,这和柏拉图《蒂迈欧篇》中所描述的生物发展过程很类似,但我想请教您,亚里士多德和柏拉图的这些观点有什么区别?第三个问题是,您在第三部分引入当代还原论的物理主义或自然主义的必要性是什么?

朱清华(中国社会科学院):

谢谢,我先从最后一个问题回答。物理主义还原论是一个源远流长的解释方式,亚里士多德也反复多次批判了这种解释方式,比如针对自然哲学家从质料及其动力的角度出发来解释事物的生成问题等。而我之所以将亚氏的观点引入到当代语境中讨论,主要是考虑到亚里士多德对恩培多克勒的批评,对当代的这种物理主义还原论来说也是很有效的。如果说科学尤其是自然科学家讨论问题的方式主要是一种物理还原的解释的话,那么我认为不能摒弃亚里士多德这种思考问题的方式,否则将是对思维的一个损毁。关于第二个问题,我认为亚里士多德并非旨在呈现生命怎样从一个高等级的形式退化为更低级的形式,而是为了获取对生命的一种解释。即,当我们理解更为低级的东西的时候,我们应该从更加充分更加完满的生命形式出发对比较低级的东西作出解释,而不是相反。我认为亚里士多德这样一种从高到低的解释方式,在某种意义上正是他的真正有创造性的解释的理论出发点。针对第一个问题，我刚才提到了一种解释方式，即认为营养是一个大的名称，它下面包括了营养、生长和繁殖等种种功能，我试图完善这个解释，说明它不仅仅是名称同其下面各分支的一种关系，而且更多的是营养灵魂自身能够根据自主的、内在包含的目的维持它的存在。那么，生长便是这种基础之上的量的增加，繁殖也是基于这种基础存在的，它们都是营养灵魂的一个重要的目的，所以，从这个角度来看，营养、生长、繁殖实际上是营养灵魂实现的一个完整链条。

胡慧慧（南昌大学）：

各位老师下午好！首先非常感谢中山大学田书峰老师举办这次研讨会，也很荣幸能参与本次讨论。下面是我的报告内容：亚里士多德在《论灵魂》一书中提出，灵魂具有多种不断变化的状态（pathê），这似乎与他所坚称的灵魂的不动性无法兼容。但通过对比灵魂状态的变化与所有的运动类型可以得出，二者之间并不存在矛盾。我主要从以下几点论证。

（1）前提：亚里士多德认为灵魂中出现的仅仅是开端和结尾，而变换的过程则在身体器官中发生。这就把“灵魂状态的变化和灵魂不动如何兼容”的这个问题作了降级处理，从身心问题的传统讨论转移到对灵魂状态变化和运动类型之间做一个区分这个问题上来。

（2）对运动（kinêsis）和变化（metabolê）类型进行界定。这部分的主要文本是《物理学》，亚里士多德把运动和变化按照空间、量、属性和实体四个范畴划分了六种类型。第五卷明确说明，每一个运动都是某种变化，但凭生成和毁灭而产生的变化不是运动。因此，其实亚里士多德是把原本广义的、未加区分的运动和变化做了一个限制或者说提纯。只有前三种称之为运动，实体的生成和毁灭不再算作运动，而是称之为变化。由于空间位移运动和量变具有很大的相似性，因此放在一起对比。此后是分别对不同范畴的运动所做的一个解释，以及把他们与灵魂状态的变化所做的一个区分：首先，灵魂状态的变化不是空间位移运动和量变。位移一定要发生在空间广延上，有一个质料载体发生了物质变化，而灵魂状态是无法用空间位置来考量的，尤其是努斯直接可以脱离肉体，就更无所谓空间位移。其次，灵魂状态的变化不是质变，质变是发生在同一个性质的某个区间内两端或之间的（a）；性质变化其实是偶性的变化，而不是实体程度的变化（b）；质变是直接作用的，作用者和承受者之间是没有居间者的（c）；它是被可感事物所具有的，可感属性所引起的（d）。再者，灵魂状态不是生成和毁灭。

我认为这个问题可以利用《形而上学》H8 或者 H5 里的一些内容来解释。亚里士多德觉得灵魂的形式或灵魂状态可以说它在或不在,但不能说它生成了或者毁灭了。那是否可以说,这也导致了我们的灵魂产生了变化呢?我觉得不会造成这样的误解。衰老过程的思维变化就很显然,老年人虽然身体不如从前,但努斯方面、智慧方面比很多年轻人要好得多,这说明其实变化只是在我们的身体感官中发生,我们的灵魂能力没有受到根本性影响。

结论:因为灵魂状态变化的特殊之处在于,只有变化的起点或终点才会在灵魂中出现,而变化的过程则发生在生物身体中。这种特殊性决定了灵魂状态变化并不属于亚里士多德在空间、量、属性和实体四个范畴所区分的六种运动类型中的任何一种。这一结论说明,灵魂状态变化不会对灵魂不动学说造成威胁。

评论人　卢明静(商务印书馆):

感谢胡老师精彩的报告,我想请教如下几个问题:第一个问题是,这些灵魂状态究竟是一个怎样的性质或者变化?文章没有展开阐明,胡老师是基于什么考虑?第二个问题是,文章的结论是主要从排除的方式来证明,这样的论证是否不充分?第三个问题是一个文本解读的问题,可否再详细说明一下?最后提到第一章第四节 408b13－18 这一段,如何得出您这里的结论就是灵魂只出现在开端跟结尾,而变化过程中是在生物躯体中?

吕纯山:

我想提一个问题,从灵魂整个变化运动的几个范畴上讨论,我完全同意胡慧慧的观点。但我认为这类比是否可以说成,灵魂上的变化实际上就是它的潜能和现实状态的一个变化?因为灵魂就是实体,实体的变化是一个生灭,我们要讨论灵魂的时候,它肯定是活着的躯体的现实。这个意义上来说,是否灵魂的变化实际上就是潜能和现实的变化,跟那四个是完全不一样的?也就无需对比了。在 Lambda 卷里说了,形式就是一种状态,就是去奔向那种状态,这种说法用在灵魂上,我觉得可能就很恰当地表达出了这种意思,这是我的一个看法。

胡慧慧:

谢谢各位老师的问题和点评,首先灵魂状态我没有做一个展开。我可能是出于两个考虑,第一个是因为我们看到,在《论灵魂》第一卷第一章开头,他罗列的那些状态里边,是没有办法用一个共性的标准来统一的,要用一个统摄概念来形容这些所有,确实难度过大,所以我把它给拆分开,然后放到每一个部分里来分别处理。那这确实是会导致看似有一部分没有展开。关于卢老师的第三个问题,排除论证作为一些否定性的证明是否充分呢?因为这个在我的博士论文里面做了一个更详细的论证,这里确实显得太仓促。卢老师的第二个问题,您说感觉和思考这些都被当作灵魂的状态,那是否等同呢?确实我们说感觉和思维是两个灵魂部分,或说两个灵魂能力,是不等同的。但是巧的是,亚里士多德都把这些东西当作灵魂的状态,我想他可能是指灵魂有各种属性。但并不是我们常规意义上所理解的物理事物所具有的那种属性或性质。第四个是文本解读的问题,灵魂的变化的起点和终点在灵魂之中,但变化的过程是发生在身体中的,希尔兹(Shields)的英文本说的是,灵魂会觉得遗憾、会思考会学习、会有这些活动。但是我们这样说的时候,其实不能严谨地说灵魂在做着这些活动。其实毋宁说是这个运动有时候到了灵魂这里,有时候是从灵魂这里出发的。我是基于这一句话所做的解读。最后,我也认同吕老师给我的建议,我的博士论文正在讨论潜能与现实的关系,我自己也觉得如果把它放在潜能和现实的角度去理解的话,就相对容易一些。但是我有一点不太认同的是,阿弗洛狄特的亚历山大提出来,我们把第一现实可以直接等同为潜能,在这之前,是没有这个直接等同的。我自己也不建议把这两者等同,因为现实和潜能确实有严格的区分,如果不加思索就这样等同的话,可能会导致整个形而上学的很多核心概念的坍塌。我就简要做以上这些回应。

裴延宇(上海社会科学研究院):

我今天报告的是《论灵魂》里的想象概念,重思其作为影像的保存功能。这次报告的重点是想象和感觉的关系及其引发的疑难,最重要的可能是关于它是否是一种独立的灵魂能力。想象的定义主要出现在《论灵魂》3.3,亚里士多德先提出了一个重大论断,即可以通过两种差别来确定灵魂的显著特征,一个是位移运动,另一个是广义的认识,包括感觉、想象还有努斯,但要澄清每个性质,这里实际就是把想象跟这几种做出区分。知识、意见都可以被视为某种断定。亚里士多德表明,没有感觉就没有想象,没有想象的也没有断定。如果我只想象,但不断定,就不会产生谬误。想象和断定有两个差别。第一,我们可以在眼前制造出东西,这由我们决定;第二,想象中我们不会形成某种情绪,比如恐惧感就是来自断定。第一个特点实际上是把它理解为想象对于心灵图像的创造,是创造还是解读,最终可以归结到影像究竟是产生于感觉还是想象这个问题。3.3 里面没有给出直接答案,但是 3.2 里面提示到,即每种感觉器官接受感觉对象只接受其形式。感觉对象消失后,在感官中仍然存在着感觉和影像。一般认为 3.2 是关于共通感的描述,是否意味着共通感是可以回答影像来源疑问的一把钥匙。在第三卷第一章里面,他把其对象都归结为运动。如果结合《物理学》中的时间定义,共通感是存在着时间性的,运动和时间联系在一起,一定会呈现出来持续的影像,就是共通感的一个“pathos”,也是一种“hexis”,二者还是有一些区别的。

最后说回想象的定义,它是由感觉的实现活动所产生的运动,想象是一种实现活动,还是一种运动? 我认为应该是运动。在《论梦》中有一些例子,当我们的视线从运动的物体,比如说奔流湍急的河水中移开的时候,似乎还有某种运动,还不是静止。因此,想象的作用更多的是共通的,是单纯感觉的桥梁,没有共通感和想象的话,就没办法保存。想象把感官能力所接受的那个保存为影像并再现,这也是它的意义。因此,我认为可以用“保存”这个概念贯通理解《论灵魂》,当然最高的保存可能是要靠努斯,尤其是到神圣的努斯那里。我就讲到这里,谢谢!

评议人　瞿旭彤(清华大学):

首先谢谢裴老师的精彩报告,这是一篇文本分析细致,而且论述有新鲜切入角度的论文。第二部分共通感跟记忆中的影像问题的区分,是非常重要又有意思的,当然有些具体的部分还值得商榷。首先,可能是您还没来得及看一些比较重要的相关文献,比较重要的有维克多 · 卡斯顿(Victor Caston)、韦丁(Wedding)、克劳斯 · 科斯里乌斯(Corcilius),尤其是克劳斯 · 科斯里乌斯跟你有很多类似的观点和立场,但他做了很多更细致的分析,尤其是他把“phantasma”分成有三个特点:一是它是惰性,二是功能性的不独立性,三是可以不断地被改造。其次,具体来说,您提到形而上学的角度才能够真正澄清想象的定义和功能,但是您这里很大程度上是一个方法论的说法,是借用几个概念来加以论述,但没有一个整个的形而上学方案。可能这是之后你想做的工作,这里只是一个开头,所以非常期待。再者,您认为“phantasia”也可以理解成“phantasma”,甚至认为这两个概念是等同的,这没有错。但是您这里更强调的是“phantasma”这一面,我觉得这可能不是您论文的重点,是不是还需要做更仔细的说明呢? 接下来,关于创造心灵图像,我想,您这个当代诠释不足以概括您后面的内容,因为它里面还有综合,还有保存的解释;第二个是您“创造”这个翻译可能是错误的,我估计可能是“produce”,甚至可能是“reproduce”,它应该是生产和产生的问题,因为它也适用于动物和人;关于谬误,很多重要学者认为这个问题是极其关键的。我认为,提出这个是要反驳和更新前人的观点,引出问题也作为考察和检验自己的概念的试金石;另外,也缺乏对偶然对象的考察,不知道为什么,因为涉及谬误问题,是很重要的。因为它才有一个真假的问题,之前的同类相知没有真假问题,他无法面对这种谬误;而断定这个词,德语一般是“annehme”,我理解是有待检验和考察的假设。在我自己看来,在亚里士多德拯救现象的科学方法论和论述习惯和这种所谓的辩证法论证习惯是直接密切相关的;另外,你提到想象具有更大的主动性,我想这里可能是个笔误,因为想象作为一个功能或者作为影像是被动的,被行使的或者说有待实现的。也就是说是想象的行使者具有更大的主动性,是一个其他的能力,而不是想象的能力,我想这个很重要。最后,因为您处理的是共通感,如果我没理解错的话,甚至认为共通感是一个想象的影像的来源,但是影像是关于三种感觉的影像,所以专属感觉的影像、共有感觉的影像、偶然感觉的影像,这三种意义上,它都是可错的,可谬误的。时间原因,其他内容就先不谈了,谢谢!

裴延宇:

谢谢瞿老师的专业点评,我这篇文章最早其实只有第三部分。第二部分是我最近在修改这篇文章的时候得到的一个灵感。可能瞿老师认为第二部分比较重要,我也认为这中间涉及很多问题,是有待展开的。比如中间提到的共通感、运动与时间。比如,时间问题就一定要联系到《物理学》做一个更加具体的展开,此外还有形而上学和伦理学,它实际上,甚至可以说把它看作一个非常具有支配地位的东西。起码在这个定义里边体现了一种区分,比如感觉或者“phantasia”,作为灵魂的功能,它具有的自足性,实际上是有关系的。那么,意识里面就涉及是否想象具有更大的主动性?我文中的这个说法确实是不太严谨。我想表达的是,从营养灵魂开始,感觉灵魂,想象到努斯实际呈现出一种不断摆脱质料性的一个提纯过程。在这个意义上讲,实际上想象并没有那么依靠外部对象,可以自己给自己提供一个形式性,在这个意义上具有一种主动性。此外,关于没有提及偶然对象,因为我放在一个脚注里了,这是如何结合在一起的就与谬误问题息息相关。我还是集中在定义问题上,我认为这个问题还是最根本的问题。这个话题可以做许多拓展,现在主要是一个初步探讨。

李涛(中国社会科学院大学):

我的题目是“亚里士多德论情感:从实践活动的灵魂基础来看”,目前尚未正式成文。下面是我的报告:

情感一词,从词源上还是“passion”更精确,在现代被认为是实践活动中的主导因素。不止休谟、霍布斯,海德格尔也认为情绪(Stimmung)先于一切知识,也承认第一部系统的情绪阐释是亚里士多德的著作,要考察情感作为实践因素与它的理论因素的关系,就要回到亚里士多德实践生活的整体图景中去。

总体上,情感被归结成两种:正面的是快乐,负面的是痛苦。亚里士多德都是将情感两两地进行考察。首先来考察情感与想象,亚里士多德认为,想象不止是感觉的渐次衰退,因此必须讨论感觉,在形而上学图景中,情感跟感觉的基本定义都是被动的遭受。有感觉想象,就会有情感,就会有欲求,这是亚里士多德的《论灵魂》里面关于实践活动机制的一个基本看法。感觉想象跟情感的关系大致为:感觉接受,想象保存。既可以上升成知识,也可以带来情感或实践。其次,情感有某种想象,在感觉和想象中有某种被动性感受;另一方面跟欲求有关,就有主动性的一面。

其次,是情感跟欲求的关系。首先,它俩被认为是在灵魂的第二部分,是相对于理性部分的物理性部分。情感偏重于受动,欲求偏重于主动。所以在实践活动里面,它似乎有一体两面的关系,最终情感欲求部分通过听从实践理性,获得一个整体的实践面向。其次,情感推动欲求,有被动就会产生一个主动。欲求是实践推动者,在《论灵魂》中用的是明确的主动态,但二者都要通过欲求潜能,最后通过听从实践理性而导致一个整体实践面向。

最后澄清一点,快乐作为情感的一般性,是提升情感的位置,提升是通过二分,一种感觉是情感,另一种是超越感觉的,甚至在沉思活动中,它也有快乐的情感,是一个高级的快乐。古代认为,情感作为实践活动仍然是低于沉思活动,在现代有个颠倒,要么是这个情感(passion)或者是基于情感的意志,它比知识更高。这还是一个粗略的框架。感谢大家!

评议人　刘玮(中国人民大学):

感谢李涛老师,你的报告严格来说不是一个论文,即通过一些证据来论证这个题目,我也通过证据论证来检验是否有效。所以我就只能挑你的毛病了。在我看来,最大的问题,甚至会使得你整个文章崩掉的就是,我认为你对于快乐跟情感关系的界定从一开始就错了,就是你把快乐与痛苦当成情感的一部分。其实你的翻译是有问题的。不管是《伦理学》还是《修辞学》里,亚里士多德提到快乐与痛苦的时候,他说情感是伴随着快乐与痛苦的东西,他没有把情感等同于快乐与痛苦。正因为这个,后面的讨论都存在问题。比如感觉会产生想象,想象会产生欲求,欲求会产生快乐,所以就一定会产生情感。我觉得这个推理还是太快了,亚里士多德并没有说快乐之后马上就能够产生情感,如果按你的这个逻辑推下去的话,那就应该是,所有动物只要它有感觉灵魂,它就应该都有这些情感,但肯定不是这样。关于"phantasia"的作用,你是把"phantasia"的作用落在了它的被动性上,但是我觉得亚里士多德在讨论情感的时候,它的这个"phantasia"的作用远不只是说你感受到了某些东西的这种被动性。这里面一定有一种对处境的分析,"phantasia"在情感里面发挥的作用应该是积极的。你是把情感跟欲求画等号,说成是一体两面,说情感是被动的,欲求是主动的,但我觉得你的论证问题很大。最后一点,你用情感的作用理解古今之变,我觉得现代这部分很奇怪,霍布斯和休谟可都没有说过情感先于认知。何况现代里面还有好多理性主义者呢,你凭什么说这里面有一个古今之变呢? 我就说这几个问题,谢谢!

李涛:

谢谢刘老师的评议! 第一个是关于你说情感与快乐的这个翻译,我实在没看出来伴随性的意思,我认为可以说成是随后的。而且我想在常识意义上,不管是在中国还是外国,我们都是把这个快乐和痛苦作为两种基本的情感,最根本的界定。因此,我不太理解你的质疑。关于感觉欲求会带来情感,我想可能你是不是看反了? 亚里士多德说的是,有一种感觉就会有快乐、痛苦,然后才有欲求,情感在前面,而且刚刚我说得很清楚,情感是一个被动性的,下一步才能带来欲求这个主动性;两者肯定不是一个东西,只是在实践活动里面是一体两面。比方说,你感觉我轻慢了你,你就想过来报复我,这就是一体两面,前后也描述得很清楚;另外你说,情感有更积极的,我也承认一定是有,不然没办法跟欲求连接,这个积极性体现在何处呢? 我想就体现在"phantasia"或者"phantasma",它是有某种象存在里面,它会带来不光是当下性的,以前的情感也会存下来,再推动下一步的主动行为。关于这个情感跟理性之间的关系,是不是能代表一个古今之争,我想如果再去进一步看休谟的说法,他是要跟意志连在一起,这方面是对前面的沉思性部分的一个颠覆。而海德格尔你可以说他比较极端,但从感觉、想象到记忆、科学、智慧这条线索来看,我想这是一个古今之变。我就大概作这样一个简短的回应。

曾怡(四川大学):

谢谢书峰给大家这个机会又在线上聚在一起,疫情期间能够继续互相学习。我尽量节约时间,留给其他老师。自然有两类对象——理性和欲望,这两种机能或者叫灵魂的两个对应部分遵循相似性的原则,就是说相似的寻找相似的。遵循这个原则,所以分成了两个部分欲望和理性,它们之间是有冲突的,而它们要协作一起来完成一个行动,那么就需要一些连接。那理性对欲望能够起一个限制作用,也是因为"thumos"在中间有纽带的作用,希望和理性之间产生连接就需要一个枢纽性的东西,那就是"thumos"的作用。这个概念可以译作激情、怒气、血气、意气、心气、活动、冲动,乃至于经历,在身体性的欲望和理性之间是"thumos"去沟通;在这个城邦的对立的各部分之间,统治和被统治之间是节制这种美德要去沟通；然后在整个的灵魂和谐上又是最后要实现正义，这个与和谐等价的概念就会发现，所有的这些中介性的概念，其实都是在每一步不得已产生出来的概念。我最后的结论就是，亚里士多德的伦理学实际上是建立在对两种模态世界的规划上的，而取消了像柏拉图那样在对象上的三分法。而这种取消，其实是他发现了柏拉图的那种三分法需要在不同的层面做中介的方式，其实有重叠性的功能的地方是没有办法去疏通的。所以他希望自己建立一个更完整的，不需要太多中介性的概念，却能够具有同样强的阐释力，并且能够树立一个善好的伦理学系统的灵魂学说的方式。因此，最后他取消掉了"thumos"，形成了一个新的灵魂学说，而不再去纠结灵魂到底有多少个部分，因为我们看到，在知觉活动中有逻格斯，而在所有的灵魂部分里头都有欲望。谢谢！

评议人　常旭旻（华侨大学）：

我大概讲两点，一个是曾老师这个文章的立场，第二是她所援引的这个文本。我早上也跟曾老师交流过，她可能有一个基本的立场，就是从柏拉图再到亚里士多德，特别是后者，有这样一个灵魂的三分到两分的过程，她特别强调实践或者行动中的灵魂划分可能已经远离了从早期希腊哲学以来，然后再到苏格拉底，再到柏拉图的灵魂划分的方式。他划分基础的标准，第一个是，是否有真伪的判断，或者说他是不是进入了一个认知真伪的判断，这个部分大家把它归结为求真，或者非求真部分。第二个是，如果我们要考虑"thumos"的灵魂的功能，要强调行动性的一面。当我们在重新认识古代的灵魂学说时，在一个当代视角里，我觉得可能曾老师在这里最有意义的一点是，我们要把道德心理学的领域内的灵魂考量和一个早期的希腊自然哲学理论中的灵魂区分开来。这是我读下来的基本感受。

曾怡：

我只是想要指出，到底柏拉图错在哪里。其实三分本身没有错，三分的问题是它不是一个最优阐释，不是灵魂学说的最优阐释。这是第一个错，是亚里士多德想要自立门户的一个初衷，所以我做的工作非常集中，也很小，就是指出亚里士多德到底在什么意义上发现了苏格拉底或者说柏拉图的不足。非常感谢大家的意见，我会多听再完善，谢谢！

田书峰：

曾老师，我同意你的看法，就是亚里士多德对灵魂的这个分法跟柏拉图不一样，柏拉图还是欲望、激情还有理性这样一个分法。亚里士多德其实把这个三分搬到了欲求部分，实际上欲望有三种形式，有理性欲望（愿望）、激情、肉体欲望，所以实际上柏拉图的这个灵魂的三分,就是亚里士多德所说的欲求的三种形式,所以这样的话,柏拉图的灵魂的三分如何与亚里士多德所说的灵魂的二分协调呢?在《尼各马可伦理学》中,灵魂只分成有逻格斯和无逻格斯的部分。

曹青云:

我其实比较同意曾怡的看法,亚里士多德和柏拉图在灵魂部分的划分之间的差异,还有它们是如何递进、演进的。在整个《论灵魂》里面,这个勇气,如果我没有看错的话,几乎没有出现,刚刚旭旻谈到,“thumos”的对象是勇气和荣誉,然后亚里士多德在伦理学,更多的是在修辞学的领域里谈到了。但是为什么他在《论灵魂》的语境里面反而不谈了呢?是否有一些重点的迁移或变化呢?

赵奇(东北大学):

我今天的报告内容是关于亚里士多德《论灵魂》3.1 的共通感问题,主要集中在通感是否是一个第六感。《论灵魂》在诸能力之中,对感觉能力的论述是最丰富的,五感以外是否还拥有第六感?亚里士多德的态度似乎是矛盾的。首先,亚里士多德将五感分为距离性感觉和接触性感觉,由于四元素的种类有限,亚里士多德认为感觉与感官的关系可类比于灵魂与身体的关系,所以感官、感觉和中介种类也有限,因而我们仅有五感。追溯元素确实是不充分的阐释方案,未被人所认知的动物仍有多于五感的可能性。关键问题就在于通感是否作为第六感,有五感的动物必然有通感,从而将第六感的疑难问题陷于五感和通感的问题之上,这也是行为逻辑的必然选择。其次,承认通感的存在必要性,并分析通感的不同效应。五感偶性地感觉普遍对象,通感才能在本性意义上感觉普遍对象,也具备一种自我意识能力,能本性上感觉普遍对象,也能进行区分和辨别活动,且具有一种自我意识能力,并作为后感觉能力的前提。通感问题存在这些疑难:第一,五感对于感觉普遍对象而言是否充分?第二,通感对于感觉普遍类型而言,是否存在可能性与必要性?第三,若通感存在的话,它应作为第六感还是作为一种状态?关于亚里士多德通感问题,学术界有两种针锋相对的看法,以莫德林为代表的学者认为,通感是一种更高等级的第六感。以莫德拉克和哈姆林为代表的学者则认为这是对亚里士多德观点的曲解。两种解释方案都是一种极端化的态度。莫德林的看法是未经考证而得出一种草率的观点,通感也不是一种纯粹的状态,而是五感的存在方式、一种能力。而莫德拉克和哈姆林注意到了通感并非第六感,这避免了这种《论灵魂》文本的前后矛盾。但是他们对通感的论述存在一个关键错误,通感是五感的存在方式,而非存在状态。对于状态论,一方面要肯定它的指引作用,另一方面要看到它的致命缺陷。通感之所以能够作为五感的一个存在方式,关键在于协作的本质属性。在现实中,从无纯粹的个别感觉。通感赋予个别感觉在本性上感觉普遍的能力,但并不是专属于个别感觉,只是一种伴随性的状态。最终的结论是通感与五感在数上同一,但在存在方式上不同。人和大多数动物作为生命体,只要存活就一定具有通感能力,个别感觉先在地将通感寓于自身。那个别感觉、偶性感觉的普遍对象,只是理论上的。因此,通感是作为五感的存在方式,并不作为第六感,所以亚里士多德的看法并不存在自相矛盾之处。这就是我今天的报告,谢谢各位老师!

评议人　陈玮(浙江大学):

各位好,很荣幸能担任赵老师的评议员,这个问题是一个比较困难也很重要的问题。在某种意义上我是借这个机会来提出自己的一些问题,请赵老师澄清一下。第一个问题,通感在存在论上始终在五感之前是五感的存在前提,但通感和五感是一体两面的关系,这两种说法如何调和?如果通感是五感存在方式的话,那通感的存在方式又是什么,能否接续推论?如果它是让五感得以正常发挥的东西,那和“五感是通感得以呈现自身前提条件”的说法是否相冲突?存在方式和状态之间有何区别?第二个问题,莫德林所说的通感是一个“高级”的能力,和赵老师所描述的通感是“独有”的能力,“高级”和“独有”之间的区别是什么?

吕纯山:

想请教一个问题,按照赵老师所说的伴随状态,那《后分析篇》第二卷第九章中,它有对类的感知,这应该就是你说的普遍对象,但五感并没有起作用,这种情况我们应该如何考虑呢?

田书峰:

我的问题是,我们是否可以把通感理解成是一种内感官?

郝亿春:

我也是比较感兴趣的。我比较困惑的是,我们反过来从现实性上讲,五感是不是通感的一种方式?

赵奇:

谢谢各位老师。这些问题对我来说都非常有意义。我逐个来分析,先回答一下陈老师的问题。通感的存在方式,是介于能力和它的状态之间的。所以说它一方面可以规避把通感称为一种第六感，而导致亚里士多德文本的自相矛盾；另一方面，一旦把它称为一种状态，就不是一种真正可以运行的能力了。我通过这种存在方式，既可以避免是第六感，也可以避免一种状态，从而解决这个问题。其次，这个通感的确可以保证个别感觉正常发挥，而且能保证共同协作，从而能认识到一些普遍对象，是一种更深层的作用。这种存在状态和方式到底有什么区别？如果说某物的存在方式是什么，比如说人以理性的方式存在，但如果理性是一种状态，就不能作为一个动力而存在了，就会缺乏一种能力范畴。我之所以反对莫德拉克和哈姆林的观点，就在于这种状态否认能力范畴。如果我们承认了通感是第六感，亚里士多德在 3.1 也说，我们有且仅有五种感觉，就会造成文本的自相矛盾。这是对亚里士多德比较好的一个辩护方式。

吕老师的问题是如何协作，我们认识某种普遍对象，其实这些对象不是需要五种个别感觉都起作用，只需要两种及其以上就可以。

田老师的问题，其实非常贴近约翰森的观点，其实我并不认同，把它视为一种内感觉，其实是肯定它是一种感觉和感官，就又回到了第六感的困境。亚里士多德是不承认第六感的存在的。自我意识这种通感到底来源于哪儿呢？它是具有一种生理基础的，这个基础是心脏。我觉得通感是从感觉通向想象的一个中介环节和准备工作，能够对某个感觉对象进行区分和辨别。

郝老师的提问其实我认为可以说互为存在方式的，因为它们之间是一种存在方式的差异，两者之间是在数目上同一的，在存在方式上是存在差异的。这就是我大致的回答。

三、灵魂的理性能力

田书峰（中山大学）：

对于 *De Anima* Ⅲ5 中提出的“主动理性”，存在两种解释传统：亚历山大开创的神本主义——这种纯粹现实性活动或能力，因其非质料性与无潜在性而根本不属于人的灵魂，就是神圣理性；特奥弗拉斯托斯开创的人本主义则认为它是人的本性。

卡斯顿追随亚历山大并认为主动理性的特征与《形而上学》中神圣理性的特征是一致的。但是，二者实是相似而非等同：“较为尊贵”与“最为尊贵”是比较级与最高级的差别；“所有其他思想的必然条件”与“宇宙与自然的必要条件”意味着所奠基的领域不一致；“时间上先于普遍意义上的潜能”和“先于任何潜能”则是时变中作为目的因地在先和超越时间地在先。包括其他特征也是相似或共有而非等同的依据。

阿奎那则是人本主义的集大成者，主要论证有三：其一，人拥有完善自身的本性，但这更适合于潜能理性；其二，主动理性的功能是抽取共相，但这与光喻的"照亮"异质；其三，"在灵魂之内"(ἐν τῆ ψυχῆ)意味着人类灵魂的一部分或功能而非实体，但也可以理解为"就灵魂来说"。从光喻来看，主动理性不是分离实体，而只能是灵魂实体的属性。

我认为主动理性的理论功能是获得存在于质料中的可知形式——这对于柏拉图可以直接认识的而无需主动原则从可感形式过渡而来，但反对制造和抽取模式。本质已存在于心灵图像中，主动理性只是照亮，三者互相依赖而不能独立理解。我的基本看法就是反对抽取模式，也反对制造模式。我理解的主动理性的功能和作用就是将存在于心灵图像中的、被动的潜在的可理解性(passive or potential intelligibility)实现出来。这里的关键就是知道"potentially intelligible"的含义，它与光的比喻相似。光只是照亮，没有制造新的东西，也没有抽取。主动理性要作用到可理解的对象上，无非是把潜在的可理解性变成现实的。但是，主动理性与光的比喻实际上有一些矛盾冲突。因为颜色有主动性，可以作用到人的视觉器官，眼睛打开就可以接受颜色。但是，我们看事物不是随便地就能接受事物的本质，需要主动地作用到心灵图像上，才能够认识事物的本质。所以，我们才需要学习，而视觉不用学习——打开眼睛就可以看到、就可以接受；但主动理性不是这样，而是一个过程，需要努力，需要共同协作(co-actualization)——只有主动理性不行，还需要潜能理性、被动理性、心灵图像——它们相互依赖(interdependent)。人的认识活动就是这样一种"interdependent"和"co-actualization"。

聂敏里：

谢谢田老师邀请我做论文评议。《论灵魂》我不是特别熟悉，所以对田老师的文章主要是学习，而且的确也学习了很多。我个人认为，可能从对两个解释传统的讨论转入到对主动理性的活动和功能的探讨，这个转折还是有些薄弱。田老师的主要理由好像是人性的解释传统的困难比较容易辩护，所以人性的解释传统就成立了，下面就开始在人性的解释传统基础上探讨主动理性的活动和功能。我觉得，在一篇论文中这样展示也可以成立。但就论证本身来说，还是显得稍微薄弱一些。

另外，这个逻辑转折反倒启发我们认识到，所谓的神性的解释传统和人性的解释传统根本的分别，就在于是对分离问题的重视还是对主动理性的运用问题的重视——两种不同视角。亚历山大的视角更重视亚里士多德关于主动理性的可分离性的论述，实际上是本体论的或者说存在论的关照。但是，托马斯 · 阿奎那探讨主动理性的功能，关注的可能并不是主动理性是如何分离的,而是主动理性是如何被我们运用的。由于它需要被我们运用,所以就要强调它在我们的灵魂之中。所以,我觉得在神性解释和人性解释背后,实际就是分离的视角和运用的视角。

我的立场还是倾向于卡斯顿的思路。从分离的角度来探讨主动理性和《形而上学》第十二卷中的神的关联,以及主动理性和我们的灵魂之间的关联。这个问题比较容易解决——需要做一个区分:“在我们的主动理性”“在其自身的主动理性”“作为神自身的主动理性”,但也可以看到三者之间的关联。“主动理性在我们灵魂之中”就是“在我们的主动理性”,但根据亚里士多德多方面的表述,很显然我们只能短暂地分有它,也就是一种分有关系;“在其自身的主动理性”就是主动理性本身,它是纯思的东西;“作为神自身的主动理性”就是不动的推动者。三者可以明确地区分开来,又有内在的关联。我觉得,把这个理解清楚,再探讨主动理性在我们的认识中怎么样发挥作用、具有什么功能,才可以得到正确的理解。

田书峰:

谢谢聂老师精彩评议!确实,我的论文里转换稍微有些弱。因为我认为人的解释传统比较容易 defensible(可辩护的),但它的问题就在于对主动理性作用的诠释比较弱。所以,批判了神性解释传统之后,转而对人性解释传统进行辩护,再对主动努斯的功能进行解释,是这样的逻辑。但是我还会再考虑一下的,谢谢提醒!

另外是主动理性有两个视角,一个是从它的 separation(分离性),一个是从它的运用。我觉得,在亚氏的文本里,这两个视角可能并不清晰,或者并不能够区分出这三种主动努斯和它们的关联——“在我们之内的主动努斯”,“在其自身的主动努斯”,还有“神圣的主动努斯”,这样可能更复杂。我想说,可能只存在“我们的努斯”和“神圣的努斯”。聂老师您提出的“在其自身的主动努斯是哪一个呢?究竟是属人的,还是属神的?或者称“就主动努斯来说”,但主动努斯毕竟不是实体,到底归谁呢,是我们还是神?所以,我觉得这可能让它无家可归,这是我的一个疑问。

吕纯山:

我认为罗列特征来对比的方式没有说服力,因为亚氏在不同的地方论述同一概念时未必一致,还需要更多的分析,尤其是根本的分离性。另外,主动理性对可知形式认识的功能是亚氏自己需要处理的问题,因为柏拉图的理念本就不涉及质料。

吴天岳(北京大学):

我报告的内容是关于大阿尔伯特的“阴影喻”方案。*DA*. Ⅱ 用质形论的方式刻画了人的存在状态,作为形式的灵魂规定了作为质料的身体,并且二者具有严格统一性。“船喻”提示了以下疑难:船员离开了船,仍可以是潜在的船员,但灵魂却似乎不可与身体分离存在,而只是解释和定义上在先。分离问题延续到了理性灵魂的主动理智——属人还是属神?

阿尔伯特借用了以色列利的流溢说:流溢出的事物不仅出自本原还是其造成的阴影。对于理智本体与理性灵魂而言,人类笼罩在理性灵魂的阴影中,该阴影也是人的一部分,也就是主动理智,但主动理智作为阴影又不是造成阴影的理智本体。由此,主动理智作为阴影依赖于光,但并不与人类灵魂分离而就是超越的理智灵魂。

这一方案的理论代价也是很沉重的,它必须依赖流溢说中理性灵魂的特殊位置:既在物质之中,又包含超越物质的能力;人类灵魂的外在起源说也做出了超出传统质形论的本体论承诺;尽管最终承认了作为阴影的理智是人类灵魂的一个部分,却依赖于理智本体的生成,因此削弱了对人类理智活动自然化的努力。

田书峰:

我认为阿尔伯特的解释可能还是新柏拉图主义的路线,认为灵魂的来源是理智本体——理性灵魂真正的本原,亚氏没有谈其本原。

对于分离,阿尔伯特有没有清晰地认为理性灵魂的可分离是认识论的,还是本体论的?

吴天岳:

灵魂来源于理智,这听起来很神秘。但新柏拉图主义的太一、理智和灵魂并不是存在者,而是解释原则:太一是统一性,理智是自我意识,而灵魂是多样性。人不是由理智创造而是上帝①,理智不解释人的存在而是解释理性灵魂的功能源自何处。正是在这一点上既不同于柏拉图的身心二元论,也不同于亚氏的质形论。并且在理性灵魂作为智能阴影的意义上也不完全是新柏拉图主义的本体论,而是理智论先于灵魂论和人类学,身体与灵魂作为两类本质而非两种存在可以随后而分别得到定义。

理性灵魂不是存在论意义上的分离,而是剥离了所有类别化和个别化的要素。理性灵魂作为人的形式规定着人这类自然物的存在,这是个别化的。但理智能力本身并不会受个别化的限制,因此能把握普遍对象。对于人来说,其本质既包含抽象而普遍的认识能力,也包含身体而拥有个别性。

---

① 对神学家而言。

郝亿春(中山大学):

我的报告题目是“布伦塔诺对‘制作性努斯’的解读”。布伦塔诺对 *De Anima* Ⅲ.5 的诠释并未从将“主动理智(属人的或者属神的)”与“被动理智”对置的模式来看,而是创发性的通过“制作性努斯”①重构了亚里士多德心理学。由此解决以往争论的实质——人的理智性和精神性的来源,以及如何与感觉结合,又如何使之提升为理智。

根据“活动—对象(形式)”的认识结构和人类灵魂“植物—感性—理性”的可类比结构,感觉活动首先是潜在性,由感觉形式触发而成为现实活动;感觉形式首先是潜在性,然后是被感觉到的现实形式;将潜在性转化为现实性的主动原则是感觉形式。由此类比:理智活动首先是潜在性;理智对象首先是可感形式(即潜在性可知形式),然后是理智活动得到的现实性可知形式。

然而,理智活动的现实性由何主动原则实现不能由外在对象触动解释——感觉活动是质料间的,而理智活动是非质料的。因此,只能是理智活动自身的原则,即“制作性努斯”。首先,它是属人的制作出可知形式的现实性活动,在高于潜在性的意义上“更尊贵”;其次,它与神圣努斯共有但不等同于神圣性,如与身体相对地“可分离”、对可感形式主动作用的“非受动”、与潜在努斯相对的“非混合”等;最后,它所推动的“可触动的努斯”是隶属可感形式的意向形式,而非潜能理智(也是“非触动的”)。

王纬:

不同个体所拥有的“制作性努斯”能否个别化?苏格拉底与柏拉图“制作三角形”就现实性来说是一致的,是同一可知形式,但却有各自的“制作”过程,这两点似乎是矛盾的。

郝亿春:

布伦塔诺对这个问题没有继续分析,而只是指出了运行机制。我认为“制作性努斯”作为能力是一致的,并非个别化,但这个过程可以个别化。

吕纯山(天津外国语大学):

我报告的题目是“柏拉图的‘ει'~δος’与亚里士多德的灵魂学说”。柏拉图起初认为理念是个别的,后来在《泰阿泰德》中称其也是集合的(类),并且复合物亦是理念。人在

① “νοῦς ποιητικός”一般译为“主动理智”或“主动努斯”,但布氏认为亚里士多德是在古希腊文中多见的“制作”意义上使用了“ποιητικός”,故在此诠释下译为“制作性努斯”。

三种意义上都被认为是理念,而灵魂是否是理念则有所含混。

我认为,亚氏在 *Meta. Z* 中大体继承了柏拉图。Z 卷“灵魂是第一实体”的说法仅一处,其余六处提及实体也非在此意义上。但人既可以指个别实体,也可以指具有普遍性的种(理念),也是质形复合物。这一阶段,对种的描述等同于对形式的描述,对人的描述等同于对灵魂的描述——定义对象是普遍形式,而不包含质料。在 *DA* 中,人才被彻底地规定为普遍的质形复合物,灵魂作为形式,身体作为质料,二者共同地构成人。人的定义不仅包括形式也必须包含质料。

人的定义从理念到普遍的质形符合物的过程也是形式和种区分的过程。分离的理念如人,首先与个别的躯体不分离,然后作为灵魂和躯体的复合物。在存在论上强调个别的灵魂和躯体,也就是个别的质形复合物,如苏格拉底;在知识论上强调普遍地看待而来的普遍的质形复合物,即种概念。这样就明确了灵魂作为形式和人作为种都是“ει˜δος”。

詹文杰:

将亚氏和柏拉图的形而上学关联起来讨论很有意义。但我有以下疑问:(1)吕老师认为《泰阿泰德》中定义对象在纯粹的理念与可知的复合物之间有含糊并对应于“元素”与“元素”与“路径(logos)”的复合物、亚氏的形式与普遍的质形复合物。这并不显而易见,复合物指“元素”的复合,只存在关于它的“logos”而非存在论上混合,“元素”本身没有“logos”可言。(2)由此与亚氏的对应也就存疑。(3)在《斐多》78e 中谈论的并非是人是种还是理念,而是谈论事物与理念的关系。(4)柏拉图的灵魂学说在此的展现不够成熟,因为对《蒂迈欧》的考察不足。

吕纯山:

我更认为亚氏的复合物对应的是《蒂迈欧》中接受者与摹本的复合。贯通各“元素”的路径,尽管严格来说只是关于,但不妨理解为可以从复合物中得到“logos”。这也可能启发了后来更成熟的定义方式。关于论文中的引文,我想要找的是柏拉图关于人是种还是人的论述,但只找到了一个不贴切的,该批评我接受。

曹青云:

Meta. Z 中认为对于形式的定义不包含质料,*DA* 中灵魂的定义出现了身体,这有矛盾。还是将灵魂定义视为对普遍复合物的定义,但这又与灵魂作为形式有矛盾。

吕纯山:

我认为,灵魂定义所关联的是 *Meta.* 指出定义动物和定义灵魂是一致的从而灵魂定义如动物定义一样要涉及身体,而不是 *Meta. Z*。这种涉及也不是包含而是指结构。

四、亚里士多德《论灵魂》的传播和影响

梅谦立(中山大学):

我想简单回顾一下亚里士多德哲学是怎么进入中国的。第一本是1624年的《灵言蠡勺》,是徐光启跟毕方济对《论灵魂》的翻介,主要讨论的是理性灵魂的方面;第二本是1628年李之藻跟傅汎济翻译的《论天》,一共有六卷;1629年毕方济关于《自然诸短篇》的节译;然后有高一志1633年开始编译《论生灭》和其他一些著作如《气象学》,而成《空际格致》;1636年,李之藻跟傅汎济翻译的《名理探》,主要的内容是波菲利的导言,还有亚里士多德的《范畴篇》;同年高一志出版的《修身西学》,此后他还有关于自然哲学的翻介;最后一本是1640年艾儒略的《性学觕述》,主要讨论植物灵魂和感觉灵魂。所以,为什么传教士对亚里士多德的译介是这个顺序呢?首先是《灵言蠡勺》,最后是《性学觕述》。这个顺序安排还是容易明白的,因为传教士来中国主要是告诉人们有一个灵魂,而灵魂可以得救。

我想,为什么东西方会在感觉灵魂上有一个比较性?因为这个基督教不仅仅有它的形而上学的维度,而且也有非常重要的道成肉身的维度——即神变成人。所以,我想如果要把《灵魂论》全面介绍到中国,也要像艾儒略一样注意感觉灵魂的重要性。感觉灵魂在亚里士多德和经院哲学中还是得到一个肯定的位置,虽然不是首位的地位,而这跟儒家不同。

评议人　潘大为(中山大学):

谢谢梅老师的报告。我自己主要是关注医学哲学这一块。我们作为21世纪的研究者,很自然会有学科的划分,可是当我们真正去仔细地看这些前现代时期历史文献的时候,其实经常忽略这一点。比如说在明末的时期,哲学跟医学的关系跟我们现在是不一样的。那个时代也有哲学思考、医学的探索,而且二者肯定有一些密切的关系。但是作为21世纪的研究者,我们带着今天的学术训练去分析这个文本的时候,我们有意无意中会选取一个过于现代的框架,去考察这个前现代时期的文献。我举一个例子——《性学觕述》,这本小书的性质就很奇特,是一个神学、哲学跟医学三种元素都有的非常丰富的文本,同时又有古希腊的渊源。它允许我们从各种角度去分析它,但同时也对我们提出很多的考验。因为你要懂很多东西。要是从一个单一的角度,很可能我们对它的理解会过于

狭窄。这是我自己的一点点心得。这里还有一个很小的翻译的问题,我们知道“心”这个概念在中国文献里面其实是一个非常难翻译的概念,我看你的这个论文里有好几种翻译,那么,你觉得“心”怎么样翻译比较合适?

梅谦立:

好的,谢谢潘老师。关于你的评论,我非常认同。因为现在我们在做亚里士多德哲学,比如我们开的这个会议来看《论灵魂》也是很明显的,都是主要从我们认为比较有价值的东西,比如他的理智灵魂/理性灵魂来进行着重研究。可是国内的亚里士多德研究,我们没有人研究亚里士多德的自然哲学,如亚里士多德关于动物的研究,因为我们没有人来给他做一个比较整体的研究。当然问题也在于亚里士多德关于动物的研究的价值和意义在那里,这是对你的评论的回应。然后是关于这个心的翻译,可能不应该用“mind-spirit”,而应该用“mind-heart”。

廖钦彬(中山大学):

首先,我先介绍一下,我的这篇文章已经在辅仁大学的《哲学与文化》出版。这个专号的主办者就是梅谦立老师,专号题目是“明清时代文化哲学交流”。在其中,我们可以看到异文化之间的接受之差异,其中有大的背景,即汉语圈的思想。汉语圈儒释道思想作为土壤而导致不同文化地区的人从不同的立场去接受《论灵魂》——比如说中国是从儒家的立场,而在日本更多的是以佛教的观点或语言来思考。如果比较戈麦斯跟出隆对《论灵魂》的讨论,出隆因为是希腊哲学方向的东京大学哲学系教授,所以哲学纯度比戈麦斯更高。戈麦斯的任务跟纯哲学教育者的任务就不太一样,而是想要打造一种神学院里面的《论灵魂》,而出隆更忠实的是古希腊哲学的哲学语境。出隆对《论灵魂》的讨论自然要回应京都学派的问题,即哲学如何对应当代的问题。总结来说,出隆认为亚里士多德的《论灵魂》事实上终究是不能够脱离形而上学的色彩,他对此感到非常失望,因为亚里士多德的《论灵魂》没办法带出社会实践问题,从而他没办法回应京都学派:怎么去思考当代、怎么去回应西方、怎么去重新打造东方哲学的思潮?这导致他躲向学术的象牙塔,最后臣服在保守派的压制下。其实他到晚年是直接转向马克思主义,直接就是加入共产党,然后开始从政,这也是《论灵魂》在出隆跟戈麦斯之间的一个差异。戈麦斯的《耶稣会日本学院讲义纲要》是在教育日本神学院的神职人员,事实上都是在讨论《论灵魂》或者说一种神学的人学,其实是神学教育。最主要的重点,我把它放在怎么讨论意志跟理性的部分,即理性的主体跟这个行动的问题。以上是我非常粗糙简略的报告,谢谢各位的垂听。

评议人　梅谦立：

谢谢廖老师的精彩报告。我也提出三个问题：第一个问题，如何使用日文表达亚氏的“欲求”？用日文理解是否偏向对亚氏的自然主义的理解，或者更偏向经院哲学的理解？第二个问题，出隆是如何回应当时日本的思想界的？第三个问题，是否能把戈麦斯和出隆关于灵魂的论述放在一个更大的框架，即亚洲四百年多年的近现代思想中，发挥亚洲的主体性资源？谢谢。

廖钦彬（中山大学）：

谢谢梅老师的提问。我要借这个场合跟梅老师说声谢谢，带领我以跨文化的角度去看待《论灵魂》。你的提问我觉得都非常的重要，我的回应有三点。就第一个问题，戈麦斯的讲义跟科因布拉的注释集我认为有密切的关系，“欲求”在日语汉字里也是“欲求”“欲望”。我认为戈麦斯解释理性或知性与意志更偏向经院哲学的理解。第二个问题，出隆在战后有一个转向，就是参加共产党参政、辞去大学的工作，当然他的参政是失败的，他也没选上。最后的问题，更重要、更难回答，我觉得最重要的就是先立足历史脉络，从哲学角度来谈，才可以帮助我们思考这个亚洲的主体性，我觉得可能还要有更多讨论。

刘一虹（中国社会科学院）：

谢谢田老师邀请我参加这次研讨会，我的报告题目是“阿维森纳《论灵魂》的核心概念对亚氏灵魂学说的继承与发展”。(1)关于灵魂的定义及其层次：亚里士多德在他的著述《灵魂论及其他》里给出了关于灵魂的最一般的定义，灵魂是“物身与灵魂的合一”，因此灵魂随着躯体而出生和死亡，这便决定了灵魂是非永恒的。由于这个定义适用于一切生物，因此是“自然物体的原始实现”，“实现”这个概念被阿维森纳所接受。阿维森纳不仅把灵魂赋予动物也赋予植物，因为植物也有吸收养分而成长和繁衍后代的功能。产生这些功能的是有异于其形体性的本原，即灵魂。亚里士多德在其《灵魂论》第三卷中对灵魂的分类被阿维森纳完全接受了。阿维森纳根据灵魂的作用将其分为三个层次，进而称为三种灵魂。而且他提到第一成就性，后面还说到第二成就性，而把人的灵魂称为“第三成就性”。(2)理性灵魂：亚里士多德和阿维森纳都提出了思辨理智和实践理智，但各有偏重，但后者则强调灵魂对于身体的独立性和同生而不死的方面。前者只是偶尔提及灵魂的永恒不灭性，后者则对灵魂的不灭性大加讨论，甚至强调两种灵魂之间的对抗性。阿维森纳谈及实践理智和思辨理智之间的一个重要差别，即：实践理智总是需要身体参与才能活动或发生作用，而思辨理智并非总是需要身体的参与，有时可以独立完成，因而“它有时是自足的”。(3)灵魂的永恒论:总之,亚里士多德倾向于灵魂伴随身体的非永恒论,阿维森纳则主张灵魂有生而无死的半永恒论。而亚里士多德谈到“理性灵魂”的概念,其可以脱离身体而存在,不随身体而衰老,因而可以“不入于坏死程序”。与之不同,现实灵魂则受到身体的影响,是与身体一道出生入死的。阿维森纳坚信每一个人的灵魂都始终是独一无二的,且当灵魂离开身体之后仍然保持这种殊异性。由于灵魂的殊异性是在个别形体中形成的,因而灵魂必定是与形体一起发生或出现,这意味着,灵魂是有开端的,但在阿维森纳看来,却没有终端。从这个意义上说,灵魂是半永恒的。

何博超(中国社会科学院):

谢谢刘老师。那我就提两个小问题:第一个问题,刘老师在论文当中对质料理性的概念还没有太多的展开。另一个问题是我比较关注的一个概念“阿拉瓦哈姆”,我们可以把它翻译为“想象”,但它也区别于严格意义上的“想象”(哈亚勒),那么,它们两者肯定还是有区别,区别在哪里?谢谢。

刘一虹:

首先,在文本中阿维森纳把人的灵魂的两种功能看作能力和成就性,并将此能力表达为质料理智。然而质料理智的含义却前后不一,后来他说质料理智是统摄思辨理智和实践理智,而实践理智是与形体不可分离的;但依据最后的表述,质料理智又是与形体完全脱离的,其含义也随之发生变化,由两种理智的总称转变为单一的思辨理智。所以,我就觉得它有点多余,使得他很清晰的论述变得有歧义,或许我没有理解他的深意。那么,刚才何老师所说的这个“想象”,我注意到了这个词,但它确实不是我的研究重点。这个“想象”在我的文中有,就是器官的一个功能。他说,这种想象功能并未服务于理智,意思就是说这种只不过就是器官的一个想象功能,是因为理智运用了器官的想象功能,而这种想象功能是不可以等同于思辨理智的。

许可(浙江大学):

感谢田书峰老师的邀请。我的报告题目是“阿奎那《〈论灵魂〉评注》中的感知理论初探”。(1)早期古希腊相似者被相似者认知的原则:该原则进行的灵魂认知活动只有两个特点,第一,灵魂认知活动是交互性的,并且灵魂在认知活动中发生了某种改变;第二,灵魂中所存有的被认知实存的相似者以其本身的存在样式,存在于灵魂之中。(2)反驳:阿奎那驳论的重点是,灵魂在认知活动中不被作用也不发生改变。强调的是,在进行认知活动的时候,灵魂的被作用在更广泛意义上意味着对某物的接受。接受者与其接受之物的关系,是处于现实的事物对处于潜能的事物的保存和完善。进一步说,只有潜能与现实之间保持着相似性的关系时,固有的现实才能作用于固有的潜能。就此,灵魂的被作用即灵魂的潜能。由此,灵魂是根据相似者进行认知的,但并非根据早期古希腊认知论中的相似者,所以灵魂的认识活动并不伴随着灵魂的改变,因为潜能朝向现实的活动是一种实现。(3)阿奎那的认知原则:在阿奎那看来,早期古希腊哲学家之所以错误,根本在于他们没有能够区分灵魂的本质与灵魂的能力。他在《神学大全》中就此提出,灵魂从本质而言,是身体的实体性形式,并由此而统一于身体。我借鉴威佩尔所提出的两个形而上学的原则,并用到认知论里面,得出"主动者产生相似于自身之物"与"被认知者按照认知者的样式被认知"这两条认知原则。如果从认知对象出发,认知活动就是被认知者产生相似于自身之物的过程;如果从认知主体出发,认知活动就是认知者按照自身的样式,接受被认知者的过程。自然的实存为什么能够被灵魂的感觉能力和理智能力所认识呢?阿奎那提出,自然的实存作为灵魂的认知对象,其本身就有一种现实性,能够使灵魂的潜能在认知活动中被实现;另外一方面,作为自然实存的认知对象与作为灵魂的认知主体之间还保持着一种潜能与现实之间的相似性关系。

评议人　江璐(中山大学):

谢谢许可老师的精彩报告。我稍微总结一下我的阅读印象和聆听印象。我在仔细拜读您这篇论文的时候产生了一些疑惑,在此我就以问题的形式提出来。首先,你想把阿奎那和亚里士多德区分开来,但所使用的文本就是阿奎那对亚氏《论灵魂》的注疏。我觉得还是需要区分阿奎那和亚里士多德的不同,而你在讨论的时候基本上在复述阿奎那。关于早期古希腊在认识论上的物理主义因果关系,我觉得亚里士多德并没有完全抛弃,因为亚氏学说中灵魂还是紧密地和身体的器官结合在一起。我觉得你在文章中有点摇摆不定,因为你有的时候是讲"主动者产生相似于自身之物",最终还是强调阿奎那对此的坚守,那么就有必要去诠释到底谁是认知中的"agens"。其次,在论文中有好几条线索,其实我们可以把多余的线索给先排除在外面,然后仅看这个感知过程会更好一些。

许可:

非常感谢江老师的评议,看到我在写这篇论文中的困境。我之所以把自己的阶段性的研究领域定义在阿奎那的感知理论上,是因为我在做他的认知理论的时候本身还是有很多没有解开的疑惑。关于您说的我在亚里士多德的文本方面可能有参考不足的问题,我到时候还是要回到亚里士多德的原文里面去。关于讨论感知活动,其实我自己现阶段就是在研究关于阿奎那所强调的自然实存是如何进入到人的心灵的问题，他会强调它是精神性变化，科恩（Cohen）会觉得是一种物理活动，像伯涅特（Burnyeat）和霍特曼就会强调它是在感知活动中产生的精神性变化，是介于质料与非质料之间的一种中间状态的变化；帕斯诺（Pasnau）会想把这种精神性变化理解为一种意向性的变化。

【刘玮主持:意志自由专栏】

亚里士多德为什么不需要“意志”?[1]

刘 玮[2]

【摘要】 近来国内有学者撰文批评以亚里士多德为代表的古希腊伦理学因为缺少了“意志”概念,在确立行动主体、为行动归责和解释行动自由方面存在无法解决的困难,只有当“意志”概念被奥古斯丁甚至康德发明之后,这些问题才能得以缓解或解决。文本表明,这种观点不过是“进步主义”的老生常谈,缺少哲学史的细致考察,对重要概念缺少必要的说明和前后一致的使用,对亚里士多德核心文本存在较多误解。亚里士多德的伦理学有充分的理论和概念资源,无需奥古斯丁或者康德意义上的“意志”概念,就可以解决行动主体、归责和自由的问题。

【关键词】 亚里士多德,意志,主体,责任,自由,决定/选择

近年来,黄裕生和聂敏里两位教授发表了几篇论文,主张古希腊伦理学(特别是古希腊伦理学的代表亚里士多德)缺少“意志”的概念,而这个缺失具有严重的伦理后果,导致我们无法确立行动主体,无法给行动归责,也无法解释行动者的自由。由此导致的“伦理困境”要到奥古斯丁正式提出“意志”概念才得到缓解,而到了康德的“意志”概念才正式得以解决。[3]

---

① 本文初稿在2022年6月17日北京大学外国哲学研究所的“风华讲座”上报告过,笔者感谢北京大学外国哲学研究所的邀请,感谢江怡老师主持本场讲座和对本文初稿提出的意见,也要感谢参与讲座的老师和同学提出的问题。本文是国家社科基金项目“亚里士多德《欧德谟伦理学》与《尼各马可伦理学》比较研究”(项目编号:17BZX098)的成果。

② 作者简介:刘玮,中国人民大学哲学院教授,伦理学与道德建设研究中心研究员,北京大学外国哲学研究所兼职研究员,主要研究方向为古希腊哲学,西方伦理学和政治哲学史。

③ 黄裕生:《论亚里士多德的“自愿理论”及其困境——康德哲学视野下的一个审视》,《浙江学刊》,2017年第6期;黄裕生:《“自由意志”的出场与伦理学基础的更替》,《江苏行政学院学报》,2018年第1期;聂敏里:《意志的缺席——对古典希腊道德心理学的批评》,《哲学研究》,2018年第12期。

黄裕生和聂敏里的文章在中文学界产生了一定的影响,也引发了一些回应和争论。[①] 笔者认为,目前国内学界对他们观点的批评性讨论仍有不足;更重要的是,关于"意志"和"自由意志"的问题还有广阔的讨论空间,因此撰写此文,一方面进一步指出这种观点存在的问题,另一方面也希望抛砖引玉,引出国内学界对相关问题做更加深入细致的研究和探讨。

本文的前三部分表明,黄、聂的文章缺少哲学史上的细致考察,对重要概念缺少必要的说明和前后一致的使用,对亚里士多德核心文本存在较多误解。[②] 而在第四部分,我会表明,亚里士多德为什么不需要"意志"的概念而不至于落入所谓的"伦理困境"之中。

一、对"意志"问题的哲学史考察

关于"意志"概念的缺席或出场,涉及一系列复杂的哲学史问题,比如"意志"或"自由意志"作为一个明确的概念何时出现?"意志"到底是什么?它在道德心理学里面发挥什么作用?"意志"概念是否真的那么重要,没有这个概念是不是重大的理论缺陷?其他概念是否可以表达与"意志"相关的含义?针对诸如此类的问题,查尔斯·卡恩就曾感慨:"很不幸,并没有单一的概念可以代表现代用法中的'意志'。因此,意志概念的出现这个历史问题就不是单一的问题,而是一个由诸多问题组成的迷宫,很多线索引向不同的方向。"[③]

就"意志"这个概念何时出现这个看起来最基本的问题,学者们都有大量的讨论,提出的主张不一而足。比如埃尔文认为,亚里士多德的"想望"(*boulêsis*,或译为"理性欲求")就是后世讨论中的"意志"。[④] 尼尔森也认为亚里士多德那里就有了充分的意志概念,但是发挥这个作用的不是"想望",而是"决定/选择"(*prohairesis*)。[⑤] 休比认为,是伊壁鸠鲁第一次直面决定论与意志自由的问题,并使用原子的"偏转"(swerve)来处理"自由

---

① 比较有代表性的批评性讨论可参见江璐:《道德行为归责的可能性——评聂敏里〈意志的缺席——对古典希腊道德心理学的批评〉》,《哲学研究》,2019年第4期;苏德超:《激进意志论的困难与无意志的道德责任》,《哲学研究》,2019年第4期;郝亿春:《"意志"缺席?"谁"来负责?——回应对亚里士多德伦理学的一种批评》,《哲学动态》,2020年第2期;等等。

② 黄裕生和聂敏里的文章中涉及的问题众多,笔者只能挑选一些有代表性的问题进行简单的分析。

③ Charles Kahn, "Discovering the Will," in J. M. Dillon and A. A. Long eds., *The Question of "Eclecticism": Studies in Later Greek Philosophy*, Berkeley: University of California Press, 1988, p. 235.

④ Terence Irwin, "Who Discovers the Will," *Philosophical Perspectives*, 1992, vol. 6, pp. 453-473.

⑤ Karen M. Nielsen, "The Will: Origins of the Notion in Aristotle's Thought," *Antiquorum Philosophia*, 2012, vol. 6, pp. 47-68.

意志”的问题。[①] 弗雷德认为,爱比克泰德的“选择”(*prohairesis*)概念是行动者对印象的认同,将行动者的动机统一起来,从而是“意志”和“自由意志”概念的起点。[②] 狄勒代表了一批学者的观点,认为奥古斯丁的“voluntas”概念开启了关于“意志”问题的讨论,让意志成为一个独立于理性、欲望、情感的官能,从而可以将行动者统一起来。[③] 高梯尔(R. A. Gauthier)认为是公元7世纪的忏悔者马克西穆斯(Maximus the Confessor)或者8世纪的大马士革的约翰(John of Damascus)发明了“意志”的概念。[④] 卡恩倾向于认为,在阿奎那之前都没有全面而系统的“意志”概念。[⑤] 除了确认阿奎那在自由意志思想史上的关键地位之外,卡恩还提到了两个不同的理解“意志”的传统,分别将笛卡尔开辟的心物二元的意志概念,以及康德那里自律和自主意义上的意志概念当作典范。[⑥]

从上面这个非常概要且绝非全面的列举,我们可以看到,关于“意志”概念的起源和作用都有着非常复杂的争论,而黄、聂两位教授无视哲学史上的这些问题,直接从批判亚里士多德缺少“意志”概念跳到奥古斯丁发明“意志”,又从奥古斯丁“不成熟”的意志概念跳到康德“成熟”的意志概念。从哲学史上讲,这其中还有很多工作需要完成。

而且从缺少“意志”概念的角度对古希腊伦理学做出整体性的批判,一点都不新颖,不过是典型的“进步主义”观点。这种带着现代优越感的观点在20世纪六七十年代一度流行。[⑦] 如今早已遭到广泛的批评,学者们不仅认为在柏拉图、亚里士多德、斯多亚学派、伊壁鸠鲁学派那里有丰富的关于行动主体和责任的思想(也有相关的概念),即便在西方思想最早的根基荷马那里,也有足够的思想资源解决与“意志”相关的问题。[⑧] 黄、聂两位

---

① Pamela Huby, “The First Discovery of the Freewill Problem,” *Philosophy*, 1967, vol. 42, pp. 353 - 362.必须承认的是,我们没有直接证据表明伊壁鸠鲁在自己的著作中提到了原子的偏转,而是在卢克莱修和西塞罗的著作中可以看到最早的明确讨论,休比认为这个学说必然是伊壁鸠鲁本人的观点。

② Michael Frede, *A Free Will: Origins of the Notion in Ancient Thought*, Berkeley: University of California Press, 2011.

③ Albrecht Dihle, *The Theory of Will in Classical Antiquity*, Berkeley: University of California Press, 1982.

④ 转引自Kahn, “Discovering the Will,” p. 238。

⑤ Ibid., pp. 238 - 239.

⑥ Ibid., pp. 235 - 236.

⑦ 比较有代表性的“进步主义”著作包括:Bruno Snell, *The Discovery of Mind in Greek Philosophy and Literature*, T. G. Rosenmeyer trans., Oxford: Blackwell, 1953; A. H. Adkins, *Merit and Responsibility: A Study in Greek Values*, Oxford: Oxford University Press, 1960; Adkins, *From the Many to the One: A Study of Personality and Views of Human Nature in the Context of Ancient Greek Society*, Ithaca: Cornell University Press, 1970; Dihle, *The Theory of Will in Classical Antiquity*, Berkeley/Los Angelos/London: Unirersity of California Press, 1982。

⑧ 反对进步主义观点的代表性著作包括:Hugh Lloyd-Jones, *The Justice of Zeus*, 2nd ed., Berkeley: University of California Press, 1983;Bernard Williams, *Shame and Necessity*, Berkeley: University of California Press, 1993([英]伯纳德·威廉斯:《羞耻与必然性》第2版,吴天岳译,北京:北京大学出版社,2021年);Christopher Gill, *Personality in Greek Epic, Tragedy, and Philosophy: The Self in Dialogue*, Oxford: Oxford University Press, 1996;等等。

教授简单地沿用进步主义的模式批评古希腊伦理学,既没有给进步主义增添任何新的素材和论证,也没有严肃对待进步主义的反对者作出的贡献,只是武断地宣称古希腊伦理学因为没有"意志"概念,无法处理行动主体、行动责任和自由的问题。

除了在整体上缺少哲学史的考察和对当代讨论的关注之外,在黄裕生和聂敏里的文章中,还有一些具体的哲学史错误。一个典型的例子是他们对古希腊理性主义伦理学的误解。黄裕生认为,在苏格拉底和柏拉图那里:

> 知识不仅使行为者明白自己的真正意愿,而且保障了使行为者在意志上能够决定选择善……缺乏知识这一存在处境或生存状态,如果与意志决定无关(在苏格拉底-柏拉图那里显然与意志无关),那么它就只能被理解为是被给予的。①

聂敏里也持有相似的看法:

> 苏格拉底的名言"无人自愿作恶"本身就提供了例证,说明他不曾企图诉诸意志概念来为一件恶行寻求责任承担者,相反,他认为这是由于人知识不足的结果,而认识的缺陷显然不能算是 一个人的过失,从而,在根本上,恶行是由于无知,是一个自然错误,却不是一个有意行动。②

这是黄裕生和聂敏里批评古希腊理性主义哲学的关键所在(他们将亚里士多德也纳入这个传统),即是否拥有全面的知识是一个人是否要对行动负责的决定性要素,而是否拥有全面的知识则是一个"给定"的要素,不是人的"意志"可以左右的,因此人无法为自己的行动承担责任。

这明显是对苏格拉底、柏拉图和亚里士多德思想的错误理解。第一,即便我们把最强的理智主义立场归给苏格拉底,即我们可以不考虑情感之类的动机,只要拥有知识就可以正确行动,这种知识在苏格拉底那里也从来不是"被给予的",而是需要人们通过自己的努力去获得的,也就是说需要有一种先于知识本身的获取知识的愿望。这也正是柏拉图的早期对话中苏格拉底始终努力实现的目标。用他自己的话说就是当一只马虻,唤醒沉睡的雅典人把自己的关注从外部的金钱、地位、荣誉转向灵魂本身,也就是关心有关灵魂

① 黄裕生:《"自由意志"的出场与伦理学基础的更替》,《江苏行政学院学报》,2018 年第 1 期,第 15 页。
② 聂敏里:《意志的缺席——对古典希腊道德心理学的批评》,《哲学研究》,2018 年第 12 期,第 81 页。

卓越(德性)的知识。否则,苏格拉底一生的哲学追求也就变得毫无意义了。

第二,著名的苏格拉底命题"无人有意作恶",除了在苏格拉底与梅里图斯的辩论中用来为自己做"无罪辩护"之外,在柏拉图著作的所有其他地方都没有用来为一个人无需为自己的错误负责开罪。相反,苏格拉底/柏拉图想要指出,作恶是因为无知,而作恶就是伤害自己的灵魂,使自己无法获得幸福,因此我们应该努力获得知识。①

第三,众所周知,柏拉图和亚里士多德都对灵魂做出了划分,柏拉图将灵魂区分为理性、意气和欲望,亚里士多德区分为理性、感觉/欲求和营养,不管是哪种区分,都不能保证基于理性的知识决定行动者的行动,而是需要非理性部分的协同。柏拉图和亚里士多德更是从来没有主张过缺少知识是一个被"给予"的状态,相反,他们都和苏格拉底一样劝导人们努力求知,城邦应该帮助人们获得知识——至少是适合这个人群的知识,而无知本身是需要人们负责的灵魂状态;否则不管是柏拉图在《理想国》里构造的"美丽城"(*Kallipolis*),还是亚里士多德在《政治学》中讨论的"依靠祈祷的城邦"(*polis kat'euchên*),就都变得毫无意义了。

除了对理性主义伦理学的误解之外,聂敏里的文章在意志概念何时出现的问题上,还存在一些前后矛盾的表述。他说,"只是当我们需要区分一些行动是行为者需要为之负责的、一些行动是行为者不需要为之负责的时候,意志这个概念才被发明出来";②同时他又承认狄勒的观察,希腊人至少从公元前 7 世纪就已经认识到故意杀人和过失杀人的区别。③ 既然故意杀人和过失杀人的差别是清晰的,那么一个人是否应该承担责任就是清晰的,按照聂敏里的说法,希腊人就应该在公元前 7 世纪发明"意志"概念,他也应该承认亚里士多德有很清晰的"意志"概念,因为亚里士多德对责任问题给出了历史上最经典的讨论之一。然而,聂敏里既不承认希腊人在公元前 7 世纪就已经拥有"意志"概念,也不承认亚里士多德对责任的讨论给了我们足够的理由认为他有"意志"的概念。④ 这背后是他

---

① 除了《苏格拉底的申辩》25c-26a 之外,柏拉图还在《普罗塔哥拉》345d-e;《高尔吉亚》468b-c;《美诺》77d-e;《理想国》III.423a;《蒂迈欧》86d-e;《礼法》V.731c, V.734b, IX.860d 等处提到了"无人有意作恶"的命题。在所有这些地方,苏格拉底、柏拉图强调的都是人们需要更多知识从而知道自己应该做什么,而不是为作恶开脱(笔者将会另外撰文详细讨论这个问题)。关于这个问题的代表性讨论,可参见 Michael O'Brien, *The Socratic Paradox and the Greek Mind*, Chapel Hill: The University of North Carolina Press, 1967; Heda Segvig, "No One Errs Willingly," in her *From Protagoras to Aristotle: Essays in Ancient Moral Philosophy*, Princeton: Princeton University Press, 2009, pp. 47-85。亚里士多德在《尼各马可伦理学》III.5 中讨论了"无人有意作恶"的论题可能导致人们只对好事负责,而拒绝为坏事负责的问题,但是在这个语境中,亚里士多德并没有指出这是苏格拉底或者柏拉图的观点,更有可能的是在讨论这个论题可能带来的不良后果。

② 聂敏里:《意志的缺席——对古典希腊道德心理学的批评》,《哲学研究》,2018 年第 12 期,第 86 页。

③ 同上书,第 80 页。

④ 同上书,第 83 页。

在“意志”概念到底发挥什么作用问题上的混乱:他有时候认为“意志”概念与责任的认定有关,有责任就有意志(这个含义可以追溯到公元前 7 世纪);有时候又坚持认为“意志”必须是一个独立于理性和欲求的“第三者”(这个含义要到奥古斯丁才会出现);还有些时候主张“意志”与经验世界无关(这个含义要到康德才以最明确的方式表达出来)。所以在“意志”概念何时产生的问题上,聂敏里也表现出了摇摆不定,他有时候承认弗雷德的结论,认为意志概念的起源“可以追溯到希腊化时期,尤其是斯多亚学派那里”;有时候认为对“意志”的理解需要经历一个历史过程,直到“近代早期”才算成熟(或许是笛卡尔?);还有时候认为只有到了康德才有了成熟的“意志”概念。①

二、对重要概念的界定和使用

黄、聂两位教授的文章中有很多重要概念都缺少界定,使用起来较为随意。这里仅举两例略作说明。

黄裕生在文中有一段重要的内容,涉及自由、自愿、必然、选择、意志等概念的关系:

> 所有只有一种可能性选项的行为都是必然的行为,而不可能是自愿的行为……当且仅当置身于有多种可能性可供选择的行动空间里,才会有自主选择而有自愿的行为。而人之所以能打开这样的空间,全在于他有自由意志。这种自由意志使拥有它的人单凭自己的意志就能够完全决定自己的行动。这意味着,人不仅能够欲求意志之外的事物而行为,也能欲求意志自身而行动。因此……自由意志把人从单一可能性的处境中解放出来,而把他抛入了永远有多种可能性的生存处境。②

但是这段话有很多令人费解之处。第一,只有一种可能选项的行动,为什么不可能是自愿的甚至是自由的?比如我很喜欢喝可乐,在一次社交活动中,主办方只提供了可乐这一种饮料,别无选择,这并不妨碍我“自愿”甚至愉快地接受可乐。第二,为什么一定需要一个独立于理性和欲求的“自由意志”才能打开选择的空间?比如我的理性和欲求可能分别指向了不喝可乐和喝可乐这两个选项,从而打开了一个选择的空间。第三,当黄裕生

---

① 聂敏里:《意志的缺席——对古典希腊道德心理学的批评》,《哲学研究》,2018 年第 12 期,第 86 页,在这同一页里,就可以看到这三种不同的意思。

② 黄裕生:《论亚里士多德的“自愿理论”及其困境——康德哲学视野下的一个审视》,《浙江学刊》,2017 年第 6 期,第 91 页。

说“这种自由意志使拥有它的人单凭自己的意志就能够完全决定自己的行动。这意味着,人不仅能够欲求意志之外的事物而行为,也能欲求意志自身而行动”时,读者不免对“自由意志”和“意志”的关系感到困惑。黄裕生没有说明“自由意志”和“意志”这两个词的关系,但是不管它们是同义词还是种属关系,这句话的含义都很难理解。如果是同义词,这句话的意思就成了“意志让人不仅能够按照意志行动,而且可以按照意志之外的事物行动”(如果一个事物没有出现在意志自身之中,意志怎么会让人按照它去行动呢?)如果“自由意志”和“意志”是种属关系,这句话的意思就是作为种的“自由意志”可以让人超出作为属的“意志”行动。

在聂敏里的文中,有这样一段对意志、主体、责任的表述:

> [意志概念]是和行动的责任主体紧密相关的概念,而首先不是一个心理官能和心理活动的概念,从心理官能和心理活动的角度去探寻意志概念并且消解意志概念,本身就是行进在一条错误的路径上。意志概念所标示的只是行动的主体性质,表明它不是一个纯自然的、因而无需为之负责的行动。只是在需要为这样一个行动寻求一个主体承担者的前提下,也就是说,在行动的主体性逐渐被人们意识到的情况下,意志这个概念才被发明了出来。①

这段话给出了聂敏里认为“意志”概念具有重要意义的核心理由,但是他在文中并未解释这段话里的几个重要关节点。第一,行动的责任主体为什么一定要和心理官能区分开来?我们要如何理解一个超出心理官能又可以切实推动行动的“意志”概念?② 第二,“责任主体”为什么一定和“自然”截然对立?自然中的人为什么不能是行为主体?“超自然”的行为主体又是什么意思?为什么自然中的人类行动就无需负责任?③ 第三,为什么“人”这个理性和欲求的复合体不能成为“责任”的承担者,而一定要预设一个不同于“人”的“意志”来承担责任?聂敏里预设的这个不同于“人”的“意志”与赖尔批评的“机器中

---

① 聂敏里:《意志的缺席——对古典希腊道德心理学的批评》,《哲学研究》,2018 年第 12 期,第 87 页。

② 苏德超也指出了聂敏里论证中存在的逻辑错误:“在缺乏证据的情况下,意志作为责任承担者是被定义出来的。被定义出来的意志是责任的承担者,这是一个分析命题,并不具有经验意义。就此而言,设定意志并相信它就是责任的承担者,是循环的……按照设定意志的思路,还会导致无穷后退。”(《激进意志论的困难与无意志的道德责任》,《哲学研究》,2019 年第 4 期,第 107 页)。

③ 聂敏里利用康德的理论,认为意志必然是与自然冲动对抗的力量,但是他并未考虑康德的这种说法是否正确,也没有考虑这个说法本身是否与他自己预设的独立于理性和欲求的“意志”概念,或者作为责任承担者的“意志”概念是否逻辑一致。

的幽灵"又有什么区别? 聂敏里认为,"意志"首先是一个政治学、法学、社会学的概念,但是我不知道哪些政治学家、法学家或者社会学家会讨论"意志"意义上的责任主体,而非"人"这个意义上的行为主体?

三、对亚里士多德文本的理解

抛开思想史和概念使用上的诸多问题,黄、聂两位教授立论的重要基础是亚里士多德的学说无法有效处理行为责任的问题,他们也花了大量篇幅批评亚里士多德关于"自愿"与"不自愿"的学说中存在哪些漏洞。然而他们的这些批评充斥着对亚里士多德基本学说的误解。在下面我将沿着亚里士多德自愿学说的展开顺序指出这些误解。①

亚里士多德的"自愿性"理论来自他对两种"不自愿性"情况的排除,一个是"被迫",另一个是"无知"。换句话说,被迫和无知是人们经常用来为自己开罪的理由或借口。在《尼各马可伦理学》里,亚里士多德对"强迫"的界定非常清晰,即行动的始点在行动者之外(*exôthen*),行动者,更确切地说是"被动者"(*ho paschôn*)对这个行动毫无贡献(*mêden sumballetai*)。亚里士多德给出的例子是一阵风或者某些人完全控制了这个"被动者",把他带到某个地方或者迫使他做了某件事。即便是父母孩子被僭主胁迫这样的例子,亚里士多德认为都是存在争议的,最终还是倾向于把它们划入"混合行动",并归入自愿行动的范畴。

然而,黄裕生却对亚里士多德提出了如下批评:

> 对于哪些外在原因,行为者能够加以改变或影响? 又影响或改变到什么程度,起因于行为者之外的行为才不算被迫的行为? 换个角度问:对于哪些外因,行为者是无能为力而无法影响或改变的? 这些都是亚里士多德需要面对而没能深究的问题。因为实际上只有发现了自由意志,才能真正回答这些问题。这里,我们可以先替亚里士多德对此做出回答,然后再继续讨论:只有那些使行为者无法行使其自由意志的外因,才是行为者无法改变与影响的,除此以外,所有外因都是行为者可以影响或改变的,因而因这些外因发生的行为都不是被迫的,所以也就都不是非自愿的。②

---

① 郝亿春在《"意志"缺席? "谁"来负责?》一文中也指出了其中的一些误解。关于亚里士多德自愿性问题的经典讨论,参见 Susan S. Meyer, *Aristotle on Moral Responsibility*, 2nd ed., Oxford: Oxford University Press, 2011。

② 黄裕生:《论亚里士多德的"自愿理论"及其困境——康德哲学视野下的一个审视》,《浙江学刊》,2017 年第 6 期,第 97 页。

在总结全文时,他再次提到了这一点:

> 从被迫行为的定义中实际上推导不出自愿行为的条件一[i.e.,行为的始因在行为者自身上]。因为被迫行为的定义是:行为的始因在行为者之外且不为行为者所左右。这里,被迫行为的始因不仅是在行为者之外,且不为行为者所改变。所以,如果行为的始因在行为者之外,但却可被行为者所影响或改变,那么这样的行为也可以不是被迫的行为,而仍可以成为自愿行为。①

亚里士多德并非如黄裕生所说,没有考虑"哪些外因,行为者是无能为力而无法影响或改变的";相反,亚里士多德很明确地指出"外因"就是行动者"无能为力"的意思,这个界定远比黄裕生诉诸"自由意志"的界定要清晰得多(因为"自由意志"是一个有着很大理论负担的概念,而"无能为力"是一个日常都可以理解的概念)。相应地,亚里士多德通过否定"强迫",将"自愿"的第一个条件确定为"行动的始因在行动者之中"也就没有任何逻辑问题。"行动的始因在行动者之中"就是行动者对这个行动有所掌控,只要是行动者能够通过自己的力量加以改变的行动,就都在这个范围之内。

接下来,我们再来看亚里士多德对"无知"的讨论。宣称自己对行为"无知"从而"不自愿",进而无需为行动负责,比宣称自己"被迫"行动而无需为行动负责更加复杂,因此亚里士多德对"无知"的讨论本身也更加复杂。他先后排除了三种情况,认为它们都不是可以为自己开罪的"无知"。(1)行动确实是因为无知,但是做完之后毫无懊悔,这种情况下的行为谈不上"不自愿"或者说"违背意愿"(*akôn*),而最多是"与自愿无关"(*ouk hekôn*)。(2)"在无知中的行动"(*agnoon*),比如在醉酒或愤怒的状态下行动就是"在无知中",而不是"因为无知"(*di' agnoian*)。这个时候,我们应该关注的是一个人为什么进入无知的状态,是不是可以避免进入这种状态。(3)对于普遍意义上(*katholou*)的好坏无知,比如不知道不该违反法律、不该杀人,等等。在亚里士多德看来,这些普遍意义上的好坏只要是人就都应该有所了解,因此不能成为宣称自己不自愿的理由。

在排除了这些情况之后,亚里士多德只承认对行动中一些具体情况(*ta kath' hekasta*)的无知可以被纳入"不自愿"的范畴,从而可以不负责任或者减轻责任,比如对于行动的性质无知(比如一个人聊天时不经意间泄露了一个他并不知道本该是秘密的事

---

① 黄裕生:《论亚里士多德的"自愿理论"及其困境——康德哲学视野下的一个审视》,《浙江学刊》,2017年第6期,第103页。

情)、对什么人施加行动(比如因为不知道敌人是自己的儿子而杀死了自己的儿子)、用什么工具(比如把桌子上的毒药误认为是酒让朋友喝了下去)、为了什么目的(比如本来是为了救人结果误杀了某人),等等。只有这些情况可以算作是因为无知而不自愿的行动。那么反过来,自愿性的第二个条件就是"行动者知道行动中的那些具体情况"。

亚里士多德关于"无知"的这些复杂的讨论,引发了黄、聂两位教授的诸多误解。第一,黄裕生在讨论"后悔"的作用时这样说:

> 亚里士多德诉诸行为者对行为后果的评价:一个基于无知而行动的人,如果他对自己的行为结果感到后悔,那么他的行为就是非自愿的。①

这是对后悔在"不自愿行动"中作用的误解,在亚里士多德的学说中,后悔是不自愿行动的必要非充分条件,而非充分必要条件。只有对具体情况无知,并且在行动之后怀有懊悔,这个行动才能被归入不自愿的范畴。

第二,在讨论一个行动是否自愿时,黄裕生这样批评亚里士多德:

> 他所谓无知的行为实际上是非故意的行为,却并不是非自愿的行为,至少在一些重要方面不是非自愿的行为。比如就亚里士多德这里举的例子来说,虽然泄密者不知道所说的是秘密,但是他说话是自愿的,且他是自愿地说了这件事情;虽然这里的父亲是在不知道儿子身份时把他当敌人来对待,但是父亲把一个人当敌人对待则是他自愿的。②

这段话误解了对同一个行为的不同描述。我们可以说泄密者因为不知道自己行动的性质(某种个别情况)而不自愿地泄露了秘密,这是从泄密的角度对这个行动的描述,他本无意泄密,所以这个行动是不自愿的;但是如果我们从说话的角度描述这个行动,它当然是一个自愿的行动,因为这里不涉及强迫也不涉及无知。与此相似,把儿子当成敌人误杀了,从杀死儿子的角度讲是不自愿的,因为这里涉及了对行动具体对象的无知;而从杀死敌人的角度讲,这个行动是自愿的。

---

① 黄裕生:《论亚里士多德的"自愿理论"及其困境——康德哲学视野下的一个审视》,《浙江学刊》,2017年第6期,第100页。

② 同上书,第101页。

第三,在讨论“无知”或者“知识”的范围时,黄裕生这样批评亚里士多德:

无知如何是“自愿的”? 对于什么是“真正的好”,即使人们努力学习了,也并非就一定能够完全知道什么才是真正的好……对行为的具体情境同样不可能做到全知,因此也就很难确定在这样的场境下怎样做才是最好的。①

亚里士多德在讨论责任问题时,从来没有要求行动者具备对行动的“全知”,他要求的仅仅是在正常情况下关于行动好坏的普遍性知识,或者知道喝酒或愤怒会让人的认识出现偏差这样的常识。这些知识只要是心智正常的人都很容易获取,因此,假如宣称自己对它们“无知”,这种“无知”也就只能自愿的。

聂敏里在“全知”的问题上也犯了和黄裕生类似的错误:

出于无知的不自愿的行为和出于无知的自愿的行为之间是否存在着清楚的界线? ……无知是人的一个特质……认识上犯错是没有人能够避免的。如果我们把行为的恶全部归结于认识的错误,那么,我们也就很容易为行为的恶减轻、甚至豁免罪责。②

这段话的口吻显然是将“无人有意作恶”泛化之后对亚里士多德的批评,但却是对苏格拉底和亚里士多德的双重误解。在什么意义上误解了苏格拉底上文已经做了讨论,就亚里士多德而言,他当然知道人必然有无知的一面,他也从来没有说过“全知”是一个人承担责任的必要条件,普遍性的错误、在无知之中做的行动都不能成为脱罪的借口。

第四,聂敏里在给行动归责的问题上,反复强调责任应当归于理性,而非行动者,比如:

在这里受到责备的不是欲望,而是理性,因为理性没有起到预先说服、劝导和规训欲望的作用,这才致使欲望不合乎理性而行动。③

① 黄裕生:《论亚里士多德的“自愿理论”及其困境——康德哲学视野下的一个审视》,《浙江学刊》,2017 年第 6 期,第 101 页。

② 聂敏里:《意志的缺席——对古典希腊道德心理学的批评》,《哲学研究》,2018 年第 12 期,第 89 页。

③ 同上书,第 88 页。

> 如果行为责任的最终承担者是理性，那么，行为责任的问题实际上就由一个道德问题转化为一个认识问题。①

亚里士多德虽然对灵魂的不同能力（他有时候会称之为"部分"）做出了区分，但是从没有把不同的能力看作独立的行动者，将责任归于任何一种单独的能力。亚里士多德关注的从来都是作为灵魂与肉体复合物的"人"。②

第五，聂敏里认为，亚里士多德因为没有"自由意志"的概念，有德性者行动的道德价值将会被取消：

> 恰恰是在对一个完满理性道德人格的行为模式的设想中，人的行为的道德属性被取消了，因为，这时，人成为一个完全依照自然行事的人，他的行为是纯粹的自然行为，理性所起到的作用只是帮助他圆满地实现这一目标，亦即，使行为完全合乎自然……自然的就不是道德的，道德的就不是自然的，自然的可以是合目的的，但是，它并不因此就是道德的，道德另有其基础，这个基础不是别的，就是意志。③

这段话里的错误一方面和上一部分讨论的概念混乱有关（聂敏里并未解释"道德"与"自然"的截然二分除了是康德的主张之外，还有什么其他的根据）；另一方面也在于聂敏里错误理解了亚里士多德笔下有德之人的行动性质。他们的行动并非如水往低处流那样是"自然的"，而是自己决定或选择的，从而是自愿的，所以是他们应当承担责任的。有德之人的行动虽然看起来好像自然而然，但是其中也包含了理性的决定，因为伦理德性的定义就是"做出决定的状态（*hexis prohairetikê*）"（*NE* II.6.1106b36），④这要求行动者知道什么是德性的要求、出于德性自身的目的去选择德性的行动，并且做出稳定的选择（*NE* II.4）。即便我们说有德之人的行动是"自然的"，这个自然也是在实现了人的自然目的，也就是理性充分发挥意义上的"自然"，而不是没有选择的必然性那个意义上的"自然"，或者在一个决定论的宇宙中的"自然"。

---

① 聂敏里：《意志的缺席——对古典希腊道德心理学的批评》，《哲学研究》，2018年第12期，第90页。

② 关于"人"作为行动主体的更多讨论，参见本文第四节。

③ 聂敏里：《意志的缺席——对古典希腊道德心理学的批评》，《哲学研究》，2018年第12期，第90－91页。

④ 《尼各马可伦理学》（缩写为*NE*）根据 Aristotle, *Ethica Nicomachea*, I. Bywater ed., Oxford: Oxford University Press, 1894 翻译，参考了 Aristotle, *Nicomachean Ethics*, C. D. C. Reeve trans., Indianapolis: Hackett, 2014 中的译文。

四、亚里士多德为什么不需要“意志”

在指出了黄、聂两位教授论文中的诸多问题之后,我们再来正面回应一下他们对于缺乏“意志”概念的亚里士多德伦理学的三个主要担忧,由此说明本文的主题——亚里士多德为什么不需要“意志”概念。这三个担忧分别是:(1)无法确立行动主体,(2)无法判定行动责任,(3)无法解释自由选择。

第一,在亚里士多德的行动哲学中,行动的主体从来不是灵魂的某个部分,而是拥有灵魂的人。在这一点上,他和柏拉图是一致的。柏拉图和亚里士多德都对灵魂进行了划分,但是他们很明确地认为行动的主体是“人”。在《理想国》第九卷,柏拉图提出了一个非常精巧的类比,帮助对话者和读者理解灵魂三分,他把理性部分比作人,把意气的部分比作凶猛的狮子,把欲望部分比作横冲直撞的多头怪兽,接下来,似乎是为了防止读者把灵魂的三个部分理解成三个独立的行动主体,柏拉图强调要把它们结合起来:

> 将这三个合而为一,从而让它们自然地长在一起(*sumpephukenai*)……接下来,在它们外面塑造一个形象(*henos eikona*),人的形象(*tên tou anthrôpou*),从而任何人如果看不到内在,而只能看到外在的表面,会认为这是一个单一的动物,一个人。①

柏拉图的这个形象既强化了“人”作为统一灵魂三个部分的行动主体,也防止了对灵魂划分无穷倒退的指控(即理性是一个小人,里面还有理性、意气和欲求的进一步划分)。这段话表明,把理性说成是一个人仅仅是在比喻意义上成立,它从属于一个真正意义上的“人”。

在用“人”来统一灵魂的各个部分从而成为行动者这一点上,亚里士多德和柏拉图的观点相同。严格说来,是人,而不是灵魂,更不是灵魂中的某个部分或某种能力,才是自愿、不自愿、责任、赞赏、批评这些评判的承担者。正如亚里士多德在《论灵魂》中说的:“或许我们最好不说灵魂同情、学习或思考,而是说人通过灵魂(*têi psychêi*)[做这些]”;②在伦理学中他关注的也始终都是人的功能、人的幸福、人的德性、人的道德责任。

---

① 《理想国》IX.588b－e;《理想国》的翻译根据 Plato, *Platonis Opera*, John Burnet ed., Oxford: Oxford University Press, 1900－1907。

② 《论灵魂》I.4.408b13－15;翻译根据 Aristotle, *De anima*, W. D. Ross ed., Oxford: Oxford University Press, 1956。关于“人”在早期希腊诗歌中作为行动主体的讨论,参见[英]伯纳德·威廉斯:《羞耻与必然性》第2版,吴天岳译,北京:北京大学出版社,2021年,第2章。

第二,亚里士多德通过排除强力和对具体情况的无知,用"自愿"的概念很好地确立了责任的归属,这一点我们在前一节已经做了比较充分的讨论。除了这个可以囊括动物和婴儿的"自愿"概念之外,亚里士多德还有一个针对拥有理性的人的"决定/选择"(*prohairesis*)概念,更适合讨论有理性的人的责任,并且与"意志"概念对应,因为后世对"意志"问题的讨论,都或多或少与人特有的理性能力相关。[①] "决定/选择"是"自愿"的子集,是自愿行动中直接和理性相关的那类:"决定/选择显然是自愿的,但不同于它,自愿更为宽泛。因为孩子和其他动物也共有自愿性(*tou ... hekousiou ... koinônei*),但是并不共有决定/选择"(*NE* III.2.1111b6 - 9)。

亚里士多德对决定/选择的讨论相当复杂,而且随着论述的展开逐渐深化。限于篇幅,我在这里给出一个大致的脉络。[②] 在对决定/选择的第一个描述中,亚里士多德强调了决定/选择之中与理性相关的要素,从而将它和动物或者婴儿的自愿行动区别开来(这也是决定/选择的标志性特征):

> 决定/选择的东西(*to prohaireton*)就是在之前思虑的东西(*probebouleumenon*)。因为决定/选择是伴随理性和思想的(*meta logou kai dianoias*)。(*NE* III.2.1112a15 - 16)

在对决定/选择的第二个描述中,亚里士多德强调了这个概念中也包含着欲求的一面,从而确保它不会仅仅被理解成理性的发挥:

---

① 另一个经常被拿来与"意志"对应的概念是"想望"(*boulêsis*)。想望通常被看作是理性发出的欲求,而我认为想望和理性的关系并非由理性发出,而是被理性认可为目的(我在"Aristotle on *Prohairesis*," *Labyrinth*, 2016, vol. 18.2, pp. 50 - 74 中更详细地讨论了对传统观点的质疑)。它的作用是把某个目的当作"好"的,并指引一个人的理性思虑,最终实现这个目的。西塞罗在用拉丁文翻译"想望"的时候就使用了我们今天通常会翻译成"意志"的"voluntas"。"想望"确实是人区别于其他动物特有的欲求,和人的善恶选择有直接的关系,因为"对于卓越的人来讲(*tôi spoudaiôi*),[想望的对象]是真正的(*to kat'alêtheian*),而对于卑劣的人来讲(*tôi phaulôi*),就是碰巧的东西(*to tuchon*)"(*NE* III.4.1113a25 - 26)。但是,想望作为"意志"的对应物,有一个不足,就是它只标识了行动的起点或目的,还不足以包括行动前的最后一个动机。因此,相比之下,我更赞同卡伦·尼尔森的观点,认为决定/选择(*prohairesis*)可以更好地与"意志"对应。这个词也正是迈克尔·弗雷德等学者认定爱比克泰德发明了"意志"概念的原因。不可否认,在亚里士多德和爱比克泰德的决定/选择概念之间存在一个明显的差别,那就是亚里士多德不会像斯多亚学派那样强调"认同"(*sunkatathesis*),也就是理性对一切感觉、信念、欲求的确认。但是,我并不认为"认同"可以构成亚里士多德没有"意志"概念,而爱比克泰德发明了"意志"概念的理由,至少在行动领域,亚里士多德的决定/选择概念从始至终都是理性认同的。这个问题超出了本文的范围,需要另外撰文讨论。

② 亚里士多德关于决定/选择的讨论不仅复杂,而且在《尼各马可伦理学》和《欧德谟伦理学》中也有一些细微的差别,我在"Aristotle on *Prohairesis*"一文中对这些内容做了细致的讨论,这里仅仅针对《尼各马可伦理学》做一个概要性的讨论。

> 决定/选择去做的事情是取决于我们的事情中经过思虑和欲求的(*bouleutou orektou tôn eph' hêmin*)。因此,决定/选择就是对那些取决于我们的事情经过思虑的欲求(*bouleutikê orexis*),因为当我们对思虑的结果做出判断,我们根据思虑欲求去做它(*oregometha kata tên bouleusin*)。(*NE* III.3.1113a9 - 12)

决定/选择中包含的与欲求相关的要素就是想望,它为决定/选择提供了目的,并将这个目的贯穿始终。

随后,亚里士多德又给出了对决定/选择的第三个描述(也是最后一个描述),在这里他综合了前两个描述:

> 决定/选择或者是欲求性的理智(*orektikos nous*)或者是思想性的欲求(*orexis dianoêtikê*),人就是这样的本原(*hê toiautê anthrôpos*)。(*NE* VI.2.1139b4 - 5)

从这个描述中,我们看到,亚里士多德放弃了确定决定/选择的属到底是理智还是欲求的努力,转而把它当作一个自成一类的独特事物来看待,它同时结合了理智和欲求,并且成为人这种特殊的行动者的标志性特征。

这样,我们就看到了决定/选择的基本结构是由想望(*boulêsis*)这种与理性有关的欲求和思虑(*bouleusis*)这种实践理性能力共同构成的。想望提供了行动的目的,但仅仅是"我要健康""我要勇敢""我要金钱"这样宽泛的目的。随后,思虑的任务就是对这个宽泛的目的进行具体化,考虑有哪些促进目的的东西(*pros to telos*,或者理解为广义的"手段")可以实现目的,在这些手段中,哪个最容易、效果最好,如何获得这个最好的手段,等等。

> 直到他们达到第一原因(*to prôton aition*),那是发现过程的最后一个事物,思虑者就像分析一个图形……在分析中发现的最后一个(*to eschaton en têi analusei*),就是生成的第一个(*prôton einai en têi genesei*)。(*NE* III.3.1112b11 - 24)

亚里士多德认为思虑的过程就像分析如何用尺规绘制一个几何图形,比如正五边形,这需要分析者一步一步把正五边形拆解,变成能够开始绘制的简单步骤。这个分析过程的最后一步,就是绘图开始的第一步。实践性的思虑与此相似。比如说我带领一队士兵想要实现"勇敢"这个德性的目标,我就需要分析敌人的兵力、我方的兵力、敌我双方的装备、地形的因素、我方有哪些行动选择,等等。这就是思虑或者分析的过程。当我考虑了所有这些因素之后,做出的决定/选择是坚守阵地,这就是思虑的最后一步,同时也是我行动的第一步。这样看来,决定/思虑就具有如下结构:

$$\text{想望} \xrightarrow{\text{思虑}} \text{决定(行动)}$$ ①

亚里士多德的"决定/选择"确保了责任的归属,也确保了责任与理性的关系,同时也比行动给出了更好的标准让我们可以对一个人做出道德上的评判。亚里士多德很清楚,行动具有偶然性,可能当我做出坚守阵地的决定之后,本可以实现勇敢,但是却由于某些不可抗力(比如一个昏庸的将军下达了错误的撤退的命令),导致我无法实现自己的决定。因此,亚里士多德说"决定/选择与德性有着最亲近的联系(*oikeiotaton*),比行动更能够判断品格(*mallon ta êthê krinein tôn proxeôn*)"(*NE* III.2.1111b5-6)。

第三,亚里士多德的决定/选择概念也同时为行动者的"自由选择"保留了足够的空间。虽然整体而言,亚里士多德并不是很关心如今的"自由论者"(libertarian)强调的在不同选项中进行选择的"自由"。在他那个时代,自由(*eleutheria*)更多的是一个与奴役相对的政治概念,但是决定/选择依然可以容纳在不同选项之间进行选择的含义。因为决定/选择只针对那些"取决于我们"(*eph' hêmin*)的事物,并且思虑的过程就是要考虑不同的手段,所以这里已经含有了在不同选项之间进行选择的自由。此外,亚里士多德在《尼各马可伦理学》III.5 明确讨论了改变行为和品格的可能性(虽然不容易),这也就表明亚里士多德认可了选择另外的行动甚至品格的可能,所以在"自由意志"问题上,亚里士多德至少是一个温和的自由论者。②

在这一章里,亚里士多德面对这样一个挑战:如果我们的品格是从小通过习惯形成的,而从小的习惯养成又是不取决于我们自己的,那么我们的品格是不是就是被决定的?

---

① 这里只讨论"通常"或者"正常"的情况,即决定/选择直接转化为行动的情况,而不考虑受到内在或外在阻碍的决定。

② 关于亚里士多德在"自由意志"的问题上持有何种立场,不同的学者提出了截然不同的立场。如今比较多的学者追随西塞罗的判断,认为亚里士多德是决定论意义上的相容论者,比如:D. J. Furley, "Aristotle on the Voluntary," in J. Barnes et. al. eds., *Articles on Aristotle*, 1977, vol. 2, New York: St. Martin's, pp. 47-60; Jean Roberts, "Aristotle on Responsibility for Action and Character," *Ancient Philosophy*, 1989, vol. 9, pp. 23-36; Stephen Everson, "Aristotle's Compatibilism in the Nicomachean Ethics," *Ancient Philosophy*, 1990, vol. 10, pp. 81-103; P. L. Donni, *Aristotle and Determinism*, Louvain: Peeter, 2009;等等。而以阿弗洛狄希亚斯的亚历山大为代表的古代传统则认为亚里士多德是非兼容论的自由论者,这种观点的代表包括 G. Di Muzio, "Aristotle's Alleged Moral Determinism in the *Nicomachean Ethics*," *Journal of Philosophical Research*, 2008, vol. 33, pp. 19-32; Pierre Destrée, "Aristotle on Responsibility for One's Character," in M. Pakaluk and G. Pearson eds., *Moral Psychology and Human Action in Aristotle*, Oxford: Oxford University Press, 2011, pp. 285-318。下面我只是给出一个初步的讨论,更详细的讨论将会另外撰文讨论。

从而我们的行动也是被决定的?(*NE* III.5.1114b1 - 8)对此,亚里士多德用两个比喻做出了回应:

> 一个并非无知的人做了由此会成为不义的行动,他就是自愿成为不义的。这并不意味着假如他只是想望,就可以停止不义而成为正义的。因为病人也不是这样获得健康的,即便他是因为过着不自制的生活,不听医生的而自愿生病的。在某个时间他有可能不生病,但是他放纵自己这就不再可能了,就像某人扔出了石头,那么他就不可能再把它收回(*analabein*)。同样地,是不是扔取决于他(*ep' autôi*),因为始点在他之中(*hê archê en autôi*)。同样,一开始一个不义和放纵的人有可能不变成那样(*toioutois mê genesthai*),因此这样的人是自愿的;一旦他们变成了那样(*genomenois*),就不可能不是那样了(*ouketi esti mê einai*)。(*NE* III.5.1114a12 - 21)

在这段话中,亚里士多德想要表达的是一个心智正常的人,应该对什么是正义什么是不义这样普遍性的道德常识有所认识,同时也应该知道,如果经常做不义的事,就会形成不义的品格(这也包括那些从小在不良的环境中长大的人,因为这是对普遍性的事物的知识)。而一旦形成了不义的品格,他就不能只靠想望就成功地做出正义的事了。就像病人在生病之前是不是按照健康的方式生活取决于他;石头被扔出去之前,要不要扔它取决于拿着石头的人。但是病人一旦得病,就不能只靠希望重获健康,扔出去的石头也不可能变成没有被扔出去的。但是这两个比喻并没有说一个病人绝不可能重新获得健康,或者一个被扔出去的石头不可能被捡回来("不能被收回"的意思是扔出石头的这个动作本身不能被收回),但是不管是恢复健康还是捡回石头,都需要付出额外的努力。就像改变我们通过习惯养成的品格需要付出很大的努力:

> 什么言辞/论证(*logos*)可以重塑(*metarruthmisai*)这样的人[对高贵毫无概念的人]呢?不可能或者不容易(*ou gar hoion te ê ou raidion*)用言辞/论证改变长期以来因为因为品格锁定的东西(*ta ek palaiou tois êthesi kateilêmmena*)。我们或许应该满足于,如果拥有了所有让我们似乎变成公道之人的东西,我们就分有了德性(*metalaboimen tês aretês*)。(*NE* X.9.1179b16 - 20)

这样看来,亚里士多德在行动上并不是一个决定论者,而是一个温和的自由论者。他总是允许心智正常的人作为行动的起点发出不同的行动,从而改变哪怕是长久形成的习惯和品格。

五、结论

通过上面的讨论,我们看到,如果黄、聂两位教授赋予"意志"概念的那些"不可替代"的作用(确立行动主体、判定行动责任、赋予行动者自由),亚里士多德都可以用"决定/选择"的概念充分处理,那么我们就既不需要奥古斯丁式的独立于理性和欲求之外的"意志"概念,也不需要康德式的脱离经验世界的超验"意志"概念。那么,根据"奥卡姆剃刀"的"如无必要勿增实体"的原则,我们也就不再需要"意志"这个多余的概念了。

最后,我想引用威廉斯的一段话作为结束,他敏锐地意识到了"意志"的问题可能并不是一个可以做非常精细讨论的问题,或许我们去讨论理性、欲求、情感、选择这些更切实的道德心理学概念,比讨论"意志"具有更大的实质意义:

> 正如只有那些期待世界为善的人才有"恶的问题",也只有那些认为自愿观念可以通过形而上学深化的人才有自由意志的问题。事实上,尽管自愿观念可以用不同方式扩展或者压缩,它几乎不可能深化。威胁它的乃是要使之深刻的尝试,而试图使其深化的后果是使它全然不可确认。希腊人并没有被卷进这样的尝试。而正是在这种地方,我们与希腊人在深刻之中保持肤浅的天赋不期而遇。①

Why does Aristotle not Need the Concept of "Will"

LIU Wei

【Abstract】 Some Chinese Scholars have recently criticized ancient Greek ethics (as represented by Aristotle) of lacking the concept of "will." According to them, this lack has significant ethical consequences, such as failing to identify the subject of action, failing to attribute responsibility to the agent, and failing to account for freedom of the agent. Not until the invention of the concept of "will" by Augustine or Kant can these problems be alleviated or solved. This paper shows that this criticism is progressivist cliché, and these scholars

① [英]伯纳德·威廉斯:《羞耻与必然性》第2版,吴天岳译,北京:北京大学出版社,2021年,第87页(译文略有改动)。

fail to provide a reasonable examination of the history the concept of "will," fail to provide necessary explanation and consistent use of important concepts, and fail to correctly understand Aristotle's central texts. Aristotle has adequate theoretical and conceptual resources to deal with the problems of subject, responsibility, and freedom, without the need of Augustinian or Kantian concepts of "will."

【Keywords】 Aristotle, Will, Subject, Responsibility, Freedom, Decision/Choice

爱比克泰德的“选择”概念

陈　玮[①]

【摘要】“选择”(*prohairesis*)被认为是爱比克泰德哲学中最重要的概念之一,但是关于它究竟具有何种重要性,存在着不同的观点:一种观点认为爱比克泰德的“选择”是“意志”乃至“自由意志”概念的最初模型,另一种观点则认为他对这个概念的发展与运用和自由意志问题并无关联。本文将考察爱比克泰德《对话录》中关于“选择”的界定、阐述与运用,表明“选择”作为一种特殊的理性能力,是何以与“赞同”和“在我们的能力范围之内”等关键概念相结合,共同说明了不受强制和妨碍的“自由”是何以可能的。在此基础上,本文试图表明,爱比克泰德的“选择”概念指向的是斯多亚式的道德理想,而非自由意志。

【关键词】 选择,赞同,自由,自由意志,爱比克泰德

作为哲学史上最重要也最困难的问题之一,自由意志问题涉及人类自我认识和自我规定的两个基本问题:第一,人类个体在整个世界的结构中处于何种地位,是否具有不被预先决定并做出不同选择的自由。第二,人类行动的本质是什么,人类能否且如何为自己的行动负责。有学者认为,希腊化时期的斯多亚学派对这两个问题都做出了回答:一方面,他们在整体上强调“自然”和“神意”对于整个宇宙具有普遍的决定作用,承认“命运”在根本上决定了人类的行动和生活;另一方面,他们坚持认为,个体凭借理性能力可以且应当发展出正确的认识与判断,形成恰当的情感与品格,并且能够为自己的选择和行动负责。斯多亚哲学的上述主张被看作古代相容论的典型代表,既承认当下的世界是被预先决定的,又坚持认为,处于这个世界当中的个体在某种意义上依然具有自主选择和行动的自由。[②]

不仅如此,有学者进一步认为,我们探讨自由意志问题所需要的概念工具,例如“意志”“自由”“选择”等,都可以在斯多亚哲学中找到思想来源。比如弗雷德就在其《自由意

---

① 作者简介:陈玮,浙江大学哲学学院副教授,主要研究方向为伦理学、古希腊哲学和美学。

② 参见 T. O'Connor and C. Franklin, “Free Will”, *The Stanford Encyclopedia of Philosophy* (Summer 2022 Edition), Edward N. Zalta (ed.), URL = <https://plato.stanford.edu/archives/sum2022/entries/freewill/>。

志:古典思想中的起源》一书中指出,晚期斯多亚学派的代表人物爱比克泰德(Epictetus)所使用的"选择"(*prohairesis*)概念在某种意义上为我们提供了"意志"乃至"意志自由"的最初模型。① 不过,在这个概念溯源的问题上也存在争议,比如博布齐恩(S. Bobzien)认为,爱比克泰德的"选择"概念在含义和用法等方面都不同于后世哲学中普遍运用的"意志"概念,更不能与"自由意志"相等同,甚至拒绝承认爱比克泰德是在相容论的框架下讨论选择和自由等问题。② 基于上述争论,本文将考察爱比克泰德在《对话录》(*Discourses*)中对"选择"的论述,呈现他引入和使用这个概念的典型情境,分析该概念的哲学内涵,并试图由此说明,爱比克泰德的"选择"概念所指向的不是自由意志,而是伦理层面的道德理想。

一、"选择"的含义和典型情境

一般认为,"选择"概念在爱比克泰德的哲学当中占据核心地位。③ 尽管在爱比克泰德之前,亚里士多德已经在其伦理学研究中引入了"选择",将它定义为某种由思虑(deliberation)引导的欲求(wish/*boulêsis*),指向那些处于我们能力范围之内的事物,并且始终关于实现目的手段,而非目的本身。④ 亚里士多德试图诉诸这个概念来说明,行动者在什么条件下、在何种意义上要为他所做的行动负责。⑤ 而在亚里士多德之后,直到爱比克泰德这里,"选择"才真正获得了至关重要的地位,得到了进一步的澄清和界定,并作为一个关键性的概念工具,被用来刻画理性行动者的心理机制和决策过程,以此说明一个具有理性能力的人何以能够在物理或身体条件完全被决定的情况下,依然要为自己的行动负责。正是在这个意义上,爱比克泰德被认为是继亚里士多德之后,第一位真正将"选

---

① 参见[德]迈克尔·弗雷德:《自由意志:古典思想中的起源》,安东尼·朗编,陈玮,徐向东译,北京:生活·读书·新知三联书店,2022年,尤其是第三章和第五章。

② 参见S. Bobzien, *Determinism and Freedom in Stoic Philosophy*, New York: Oxford University Press, 1998, ch.7。

③ 参见[德]迈克尔·弗雷德:《自由意志:古典思想中的起源》,安东尼·朗编,陈玮,徐向东译,北京:生活·读书·新知三联书店,2022年,第55页;以及R. Dobbin, *Epictetus Discourses Book 1*, New York: Oxford University Press, 1998, p.76。

④ 参见亚里士多德:《尼各马可伦理学》III. 2 – 3, VI. 2. 1139a31 – b13。也有英译者将这个概念译作"决定"(decision)。

⑤ 参见[德]迈克尔·弗雷德:《自由意志:古典思想中的起源》,安东尼·朗编,陈玮,徐向东译,北京:生活·读书·新知三联书店,2022年,第32 – 34页。亦参见F. E. Peters, *Greek Philosophical Terms: A Historical Lexicon*, New York: New York University, 1967, p.163,他认为亚里士多德对于"*prohairesis*"的使用令其关于道德的讨论超出了(苏格拉底式的)理智的范畴,而扩展到"意志"(will)的范畴。

择"这个概念加以哲学化并赋予其重要涵义的人,[①]而这也是他超越早期斯多亚学派,为希腊化伦理学的发展所作的贡献之一。

事实上,爱比克泰德对"选择"的引入和使用有其特定的情境,通常都伴随着对于"什么是我们能够决定的事情"的追问和辩论。例如,在《对话录》的开篇、第一卷第 1 章《论我们能力范围内的事物和能力范围之外的事物》中,爱比克泰德设想了一个场景,其中明确提到了"选择":

> 【T1】"把你知道的秘密说出来。"
>
> "我不会说,因为这由我决定。"
>
> "那我就把你锁起来。"
>
> "老兄,你说什么?把我锁起来?你能锁住我的双腿,但是就连宙斯也无法战胜我的选择(*prohairesis*)。"(《对话录》1.1.23)[②]

这个片段向我们呈现了爱比克泰德运用"选择"概念的经典情境。在这段对话中,他先是假设有某位不讲道理且蛮横凶残的统治者对谈话者做出了判决——判他监禁、流放甚至斩首。接着,他向我们指出,尽管判决的理由和具体形式都不是我们所能决定的,不属于我们的能力范围,但我们依然能够决定两件事情:第一,如何接受处决,例如是哀号还是微笑,是恐惧还是平静地接受;第二,如何回应一些具体的、具有道德涵义的行动要求,例如背叛和泄密。在爱比克泰德看来,在某些涉及具体行动的时刻,个体即使面对外部的强制和威胁,也依然可以选择采取或拒绝某个行动,正如引文中所说,"我不会说,因为这由我决定"。不仅如此,即使是宇宙中最高的、最神圣的力量,比如宙斯,即使这种力量能够最大限度地压制个体的物理存在(例如身体完整或行动自由),也无法压倒个体基于内在能力做出的选择。由此,爱比克泰德简洁明确地宣称,某些选择是属于理性行动者能力范围之内的,并且一旦做出就不可能被任何外部力量所压制或更改。基于此,有观点认为,爱比克泰德在这里用"*prohairesis*"所表达的,不是一般而言的、泛泛的选择,而是某种

---

① 参见 R. Dobbin, *Epictetus Discourses Book* 1, New York: Oxford University Press, 1998, p.76。他同时指出爱比克泰德是在亚里士多德的意义上,而不是在早期斯多亚学派的意义上使用"*prohairesis*"这个术语。

② 本文所使用的《对话录》引文基于 Epictetus, *Discourses*, *Fragments*, *Handbook*, Robin Hard trans., New York: Oxford University Press, 2014 的英译本译出,同时参考 Dobbin, *Epictetus Discourses Book 1* 的英译、王文华的中译本(《爱比克泰德论说集》,北京:商务印书馆,2009 年),以及吴欲波等人的中译本(《哲学谈话录》,吴欲波,郝富强,黄聪聪译,北京:中国社会科学出版社,2017 年)。

“道德选择”甚至“意志”,这也是为什么各种译本在翻译这个术语时,大都将其译作了“道德选择”“意愿”甚至“自由意志”。①

二、“选择”作为不可挫败的理性能力

事实上,爱比克泰德的“选择”概念有两种重要的含义:首先,它不是指一个简单的动作(比如行动者 X 选了 A 而不是 B),也不是某种仅限于特定时刻的认知状态(比如行动者 X 在 T_1时刻认为 A 比 B 更好),相反,选择是“心灵或理性的一种能力,做出选择和决定的能力”,②并具有伦理内涵。在《对话录》第二卷第 23 章,爱比克泰德对于选择能力进行了非常详细且雄辩的说明,其要点可以概括如下:第一,它能够认识自身,知道自身具有何种价值(2.23.9)。第二,它能够认识其他各种能力(例如视觉、听觉、认知和表达等),知道它们各自具有的价值(2.23.11)。第三,它是其他一切能力得以施展的基础,它决定了何时、以何种方式、在何种程度上使用其他能力(2.23.9 - 13)。第四,它是“一种高于其他所有能力的能力”(2.23.20),是最优秀的能力(2.23.27)。第五,它不可能被其他任何事物所压制和阻碍,而只有在它自身堕落的时候才能阻碍自身(2.23.19)。由此,爱比克泰德将选择能力与善和恶、德性和恶习联系起来,主张“仅凭选择自身就会产生恶习,仅凭选择自身就会产生德性”(2.23.19),“如果一个人的选择得到正确的引导,他就会成为一个好人;如果得到糟糕的引导,他就会成为坏人”(2.23.28)。所以,爱比克泰德常常用“*prohairesis*”来表示道德品格,有时甚至用这个词代替“*aretê*”来指称道德上的卓越或者好品德。③

其次,选择能力一旦形成,就成为一种非常稳固的、不可挫败的心理能力。这里所说的“不可挫败”有两重意思:第一,相对于其他内在能力和倾向(比如欲望和偏好)而言,选择是不可能被压制、阻碍或败坏的。第二,相对于任何外部力量而言,选择是不能被限制、更改和压倒的。前者排除了内在强制的可能性,承诺了一种统一的、以理性为主导的灵魂结构或者心理模型。后者则为某种所谓相容论立场提供了心理学基础。这两重意思分别涉及斯多亚学派的另外两个重要概念,即“赞同”(assent/*synkatathesis*)与“在我们的能力范围之内”或“取决于我们”(up to us/*eph' hêmin*)。

---

① 参见[德]迈克尔·弗雷德:《自由意志:古典思想中的起源》,安东尼·朗编,陈玮,徐向东译,北京:生活·读书·新知三联书店,2022 年,第 55 页及以下。在各种译本的处理中,Dobbin 将“*prohairesis*”译作“moral choice”(道德选择),王文华译作“意愿”,吴欲波等译作“自由意志”,Hard 译作“choice”,本文按 Hard 的译法,译为“选择”。

② [德]迈克尔·弗雷德:《自由意志:古典思想中的起源》,安东尼·朗编,陈玮,徐向东译,北京:生活·读书·新知三联书店,2022 年,第 60 页。

③ 参见 Dobbin, *Epictetus Discourses Book 1*, New York: Oxford Unirersity Press, 1998, p. 228。

就内在的“不可挫败”而言,爱比克泰德认为,对于真正具有并发展了选择能力的人来说,“选择”之外的一切心理活动和力量,包括欲望、偏好、倾向和各种情感状态在内,都无法对选择构成挑战、冲击或是压制。因为选择能力的获得意味着能够(恰当地)对印象给予赞同。在爱比克泰德所设想的心理能力当中,赞同是具有理性的人类才具有的能力,是人与动物的区别所在。大致而言,动物与人都可以通过感知器官而获得对于外部世界及其间事物和事件的印象(impression/*phantasia*),动物不加反思地使用这些印象来进行基本的生存活动例如吃、喝、交配,等等,人则要对这些印象加以理解和反思,对其内容进行判断,并“从中选取、删减和补充某些印象,由此进行不同的组合”(1.6.10),再根据逻辑原则排除其中可能存在的矛盾,形成进一步的认识。在此基础上,人会对具体的印象形成判断与确认,根据其真与假、对与错给予赞同或不赞同。这些经过赞同(或不赞同)的印象构成了选择的基础,而经过这个过程之后,在这一层面上形成的选择,也就排除了灵魂内部发生矛盾与冲突的可能——尤其是欲望或激情与理性之间的矛盾与冲突。举例来说,爱比克泰德对于美狄亚杀子复仇的例子所做的评论就体现了这个主张。他认为,当美狄亚为了向丈夫报复而杀害自己的孩子,并将这一过程描述为“正确的理性认识(杀害孩子是邪恶的)被激情(杀害孩子可以发泄愤怒、向丈夫复仇)压制而做出了错误的选择”,她的这个说法其实是错误的,因为美狄亚的问题并不在于其灵魂内部发生了理性与激情的冲突、且激情最终压倒了理性,而是在于她错误地赞同了那个不应赞同的印象,从而在判断什么是最重要的事情上面犯了根本的错误(1.28.7-9)。由此可见,在爱比克泰德看来,理性行动者在进行选择和行动的过程中,其灵魂是始终保持一致的,而行动者运用理性能力、在赞同的基础上所做出的选择,其自身就排除了内在不一致的可能,因为选择的能力“本性上就是免受任何阻碍与强制的”(1.17.21)。所以,其他任何认知能力、心理状态以及情绪波动都无法对选择构成威胁和阻碍,从内在的角度来说,选择能力及其产生的结果是不可挫败的。

另一方面,面对外部因素,选择之所以是不可挫败的,则是因为它和“取决于我们”或者“在我们的能力范围之内”这个条件有关。在爱比克泰德的论述中,“在我们的能力范围之内”通常是以复数形式出现的(*ta eph' hêmin*),与早期斯多亚学派,尤其是克里西普斯常用的单数形式(*to eph' hêmin*)不同,①爱比克泰德用这个词组着重强调那些我们有能力控制和决定的事物,而且他的指代往往非常具体而细微,会精确区分一个行动的条件、情

① 参见 S. Bobzien, *Determinism and Freedom in Stoic Philosophy*, New York: Oxford University Press, 1998, p. 332。

境、动机、展开和后果,等等。例如他写道:“谁告诉你走路是你自己的事、可以不受任何阻碍?在我看来,我要说的是,只有你想要走路的冲动才是不受阻碍的。但是当它涉及运用我们的身体,涉及身体的配合,那你早就知道了,这些都不是你自己的事。”(4.1.73)

有了这样精确的区分,爱比克泰德进而提出,“在我们的能力范围之内”、由我们所决定的事物包括了赞同、意图以及对于某个行动的拒绝。① 比如他说:“有人能阻止你去赞同真理吗?没有。有人能强迫你接受谬误吗?没有。所以你看,在这个方面,你有选择的能力,它不受任何阻碍、强迫和妨害。”(1.17.22-23)再比如,在他看来,暴君可以锁住一个人的双腿,砍掉他的头颅,但是“[暴君]不能锁住什么、不能砍掉什么呢?——你的选择能力”(1.18.17)。简言之,所谓“在我们的能力范围之内”,其实就是在我们的选择能力可以发挥作用的范围之内;所谓“由我们决定”的事物,也就是我们的选择能力可以达到的事物。但是,我们的选择范围究竟有多大,到底有哪些事物可以由我们选择呢?对此,爱比克泰德界定的范围其实是非常有限的。

首先,如前文所述,根据爱比克泰德,我们可以选择和决定的事物不包括我们实际做出的行动,比如该行动如何展开、能不能成功、以何种方式结束,等等。其次,我们无法选择和决定的事情不仅包括显赫的声名、震天的权势和可观的财富,甚至还包括一些十分日常的、基本的外在善,比如健康、美貌、土地、奴隶、衣服、房屋、马匹、妻子、子女、兄弟、朋友,等等,就连一个人自己的生死和行动自由都不在可以选择的范围之内(4.1.66-67)。同时需要指出的是,爱比克泰德并没有表明,我们可以选择“做出一个不同的选择或行动”(to do otherwise)。这也就意味着,爱比克泰德并没有考虑类似于“自由意志”这样的问题,他所考虑并且强调的仅仅是,理性行动者所能决定的范围仅限于对所获得的各种印象采取何种态度——赞同或是不赞同,以及是否将某个印象看作善事物,进而当作生活的目标。当然,在他看来,这样的选择也足以令一个人为自己的行动负责。

既然“取决于我们”的事物是如此稀少,而我们的能力范围又是如此狭窄,那么,如果我们只在能力范围之内进行选择,只对取决于我们的事物产生偏好、倾向和欲望,那么这种选择在很大概率上都是不受阻碍和不可挫败的:

【T2】

“有人能强迫你去欲求你不想要的东西吗?”

① 参见 S. Bobzien, *Determinism and Freedom in Stoic Philosophy*, New York: Oxford University Press, 1998, p. 334。

"没有。"

"能为你设置目标或制定计划,或者一般来说,能为你处理那些你所获得的印象吗?"

"也不能,但是如果我有了一个欲望,有人能阻碍我去实现那个欲望。"

"如果那个欲望是朝向你自己的东西,而且不受任何阻碍,那他又如何能够阻碍你呢?"

"他当然不能。"(4.1.74-75)

爱比克泰德的这个说明或许由于界定过分狭窄而不能令人完全信服,但他确实由此得出结论认为,选择能力不可能遭到阻碍和压制,选择的结果也不可挫败,并在此基础上提出了对于"自由"(*eleutheria*)的定义:

【T3】一个人如果按照他所希望的那样去生活,如果他可以不受限制,不受阻碍,不受强制,如果他的动机不受妨害,如果他实现了他的欲望并且没有陷入他想要躲避的事物当中,那么他就是自由的。(4.1.1)

如果我们不考虑【T2】当中的条件限制以及此前有关"选择"的论述,会发现【T3】非常接近后世哲学关于意志自由的讨论,例如弗雷德就曾经这样评价爱比克泰德的哲学:"在这里,我们有了第一个实质性的'自由意志'概念。这个概念是指这样一种'意志':世界上没有任何权力或力量能够阻止它做出为了获得好生活而需要做出的选择,也无法强迫它做出任何会妨碍我们获得好生活的选择。"①

这种解释和评价会给人造成一种错误的印象,以为是爱比克泰德首先创造并使用了"自由意志"的概念,并由此发展出一种相容论立场。于是很自然地,这个评价引发了争论。例如,博布齐恩反对将意志自由的概念追溯到爱比克泰德这里。她认为,首先,爱比克泰德所设想的"自由"从来都不是指那种在两个选项之间进行抉择的能力,相反,他对自由的定义必须结合他对"在我们的能力范围之内"的定义加以理解。其次,这种自由概念除了保留了其原有的政治意涵,即指那种与受奴役的状态相对的自由人身份和状态,同时还更多地具有伦理意涵,指一种与受到内在心理强制相对的、不受束缚和阻碍的状态。

① [德]迈克尔·弗雷德:《自由意志:古典思想中的起源》,安东尼·朗编,陈玮,徐向东译,北京:生活·读书·新知三联书店,2022年,第95页。

最后,这种自由只属于斯多亚式的“圣人”(sage),因为他们具有智慧,不受激情和错误欲望的宰制,处于内在的或者说心理上的自由状态。① 不仅如此,博布齐恩还正确地指出,爱比克泰德式的自由并不构成道德责任的前提,因为一方面,尽管愚蠢的人没有这种自由,但他们也要为自己的行动负责;另一方面,尽管圣人拥有这种自由,但他们并没有多种选择,而只有一个选择即正确的选择。也就是说,对于拥有自由的圣人而言,“做出不同的选择和行动”的可能性并不向他开放。②

简言之,根据博布齐恩的观点,爱比克泰德乃至整个斯多亚学派都没有形成真正意义上的“自由意志”概念,更没有进入相容论的理论范畴,他们对于选择和自由的讨论,与其说是为了说明道德责任,不如说是为了确立某种可供道德学习者在日常生活和练习中实际使用的伦理规范与原则。③ 而当爱比克泰德为“在我们的能力范围之内”这个条件赋予伦理层面的重要性时,他也并不是在所谓的自由选择或者相容论的框架下考虑问题,而仅仅是在考虑如何对道德原则加以应用,如何指导研究哲学的人从事伦理实践,从而在复杂甚至艰难的情境中以恰当的方式做出正确的选择。④ 也正因此,在前文引用的【T1】之后,爱比克泰德在强调选择无法被外在的力量——即使是宙斯的神意——压倒之后,立即指出:“这些就是从事哲学的人应该时刻铭记的想法,是他们应该每天记录的想法,是他们应该用以训练自己的想法”(1.1.25)。

三、“选择”的伦理内涵

至此,我们可以看到,爱比克泰德通过以下步骤完成了对于“选择”概念的界定与构建。首先,他将“选择”定义为一种特殊的理性能力。接着,通过发展“赞同”和“在我们的能力范围之内”这两个概念,他分别从内在和外在两个方面说明了选择能力在什么意义上是不受强制和不可挫败的:从内在方面来说,他通过“赞同”来整合灵魂内部的各个部分,排除了理性和欲望之间可能出现的矛盾与冲突,从而排除了理性被欲望压倒并出现心理强制的可能性。从外在方面来说,他大幅收缩了“取决于我们”的事物范围,使其仅仅涵盖赞同和选择能力所能达到的领域。最后,他综合运用以上概念,设想了一种主动并恰当

---

① 参见 S. Bobzien, *Determinism and Freedom in Stoic Philosophy*, New York: Oxford University Press, 1998, pp. 341 - 342。

② Ibid., pp. 338, 341。

③ Ibid., ch.7,尤其是 7.2.4 认为爱比克泰德并没有引入“自由”概念来处理相容论问题,这项工作是在殉教者游斯丁(Justin Matyr)那里完成的。

④ Ibid., pp. 337 - 338.

地运用理性能力、内外都不受强制和阻碍的整体心理状态,并称之为“自由”。而我们已经看到,经过上述构建,这种自由已经不再意味着“能够做出不同的选择和行动”,而是与智慧和美德等真正重要的生活目标结合起来,具有了重要的伦理内涵。

如果以上论述大致符合爱比克泰德对于“选择”的设想和使用,那么,我们或许会自然地提出两个问题:第一,“选择”作为一种特殊的能力,它的来源究竟在哪里?第二,如果说选择确实是不可挫败的,其最终原因又是什么?对于这两个问题的回答涉及斯多亚学派有关宇宙论、灵魂学说和道德哲学的整体思想,已经超出本文所要讨论的范围。但是,如果我们要尝试提出一个初步的解释思路,那么答案或许应当包含以下三个要素,即:(1)神意、自然、人的理性之间的等同,这是整个斯多亚哲学体系的理论基础;(2)持久且充分的哲学训练与道德实践,这是斯多亚哲学对于日常生活的关注和承诺,也是该学派的一个重要特点;以及(3)对于善和恶的恰当认识和正确的生活目的。之所以需要从这三个方面来进一步追究这个概念,其原因在于,爱比克泰德所设想的“选择”对内对外都是不可挫败的,并不是因为他精心设置了有限的、仅存在于我们能力范围之内的可选择对象,而是由于选择自身所蕴含的必然性与正确性:必然性来自斯多亚学派所承诺的、理性与自然、神意和宇宙总体秩序的统一性,正确性则一方面源自这种统一性,同时又涉及伦理层面的重要性。正是这种伦理层面的重要性——而不是讨论人究竟有没有以及如何有意志自由——才构成了爱比克泰德发展和运用“选择”概念的最终目标。

事实上,这种伦理层面的重要性几乎贯穿了整部《对话录》,并且从开篇就与神意紧密联系在一起——理性能力、正确运用印象的能力来自宙斯的赠予,而且正是这种能力(以及对它的尊崇、依循和充分且出色的运用)令人得以摆脱各种束缚和负面的情绪影响(1.1.10-12)。也正是在全书开篇的【T1】当中,爱比克泰德只用了短短几句话就成功地将宙斯赠予的这种能力发展成为一个甚至足以与神意相抗衡的“选择”概念,并由此发展出一个标准来区分圣人和愚人:即使在物理条件都被决定的情况下,圣人也能够平静地接受当下的境况和即将到来的命运,不将其视作善或恶;愚人则错误地将这种外部变化看成善或恶,并为此或悲或喜,感到不安甚至恐惧。圣人不会由于物理条件的变化或者身体遭受折磨而改变自己的判断和行动选择,愚人则会屈服于外部力量的威胁和压制。因此,爱比克泰德所说的这种选择的自由,从一开始就指向了个体的道德理想,即无论何时何地都要始终保持内心的平静和恰当,不偏离理性和自然本性为其所设置的标准与尺度。

最后,我们可以再看一个经过发展的典型情境。在《对话录》第一卷的结尾,爱比克泰德又记述了一段简短的对话。一个人面对一位地位显赫的权贵,内心则在回答神提出

的问题:

【T4】

“告诉我,什么样的事情是无所谓善恶的(indifferent)?”

“那些在我们选择范围之外的事物,它们对我而言没有任何意义。”

“那你再告诉我,你以前觉得什么东西是善的?”

“正确地进行选择,正确地运用印象。”

“你的生活目的是什么?”

“跟从神。”

“你现在[在地位显赫的人面前]也还是会这么说吗?”

“是的,就算现在我依然这么说。”(1.30.4-5)

这段简短的对话更加完整地呈现了爱比克泰德所构建的道德认识模型:首先,按照选择或能力范围这一条件对各种事物进行判断,将那些选择范围之外的事物排除在善与恶的范围之外。接着,诉诸印象和赞同概念,通过选择来界定什么是善。最后,将这种善、以及选择善的能力提高到整体生活目标的层面,并将其归结为“跟从神”。在此之后,他更进一步表明,即使面对一个为多数人所认可的、竞争性的善概念(例如显赫的地位和巨大的权势),也应当始终坚持此前所获得的、关于善的认识。因为这个认识从神意那里获得了自身的正当性和正确性。

总之,在本文所引用的三段对话文本当中,我们不仅看到爱比克泰德在“选择”的基础上、逐步构建起一个道德认识论模型,而且不断在非常具体的、生活化的场景当中重复和加强这种模型,最终通向他的道德标准和伦理学体系。这类对话几乎充斥着他的整部《对话录》,应该可以被看作代表了他的成熟且完整的伦理学思想,而在这个思想体系中,我们确实没有发现和自由意志问题相关的理论关注。就此而言,或许我们可以恰当地认为,即使爱比克泰德的确发展出了一个可以被理解为“意志”,甚至“自由意志”的概念,即使我们可以将他的观点划归为“相容论”的立场,但是仅就其自身的理论关切而言,他在《对话录》中关于选择和自由的讨论,其指向的目标最终不是自由意志和道德责任的问题,而是伦理层面的至善理想。

Epictetus' Concept of *Prohairesis* (Choice)

CHEN Wei

【**Abstract**】 It is widely agreed that the concept of *prohairesis* (choice) is central to Epictetus' moral philosophy, especially his understanding of the psychological mechanism of human actions. However, there are divergent views on the relevance of this concept to what is called "free will." According to one view, *prohairesis* is taken to be an original form of (or a primitive model for) "will" or even "free will," while the opposite view denies that there is any intrinsic relationship between the concept of *prohairesis* and the notion of free will. In the context of this debate, this paper is aimed to examine how Epictetus defines and develops the concept of *prohairesis* in his *Discourses* in order to show how *prohairesis*, as a distinctive capacity of reason, is related to some other crucial concepts in Epictetus' philosophy such as "assent" and "up to us" in such a way as to explicate the possibility of *eleutheria* (freedom). If the arguments in this paper are sound, they will show that Epictetus' concept of *prohairesis* points toward not free will as such, but the Stoic moral ideal.

【**Keywords**】 *Prohairesis*, Assent, *Eleutheria*, Free Will, Epictetus

奥古斯丁的意志概念[①]

杨小刚[②]

【摘要】 奥古斯丁的意志概念是多义的,涵盖受感性刺激产生的当即情感、欲求,对感性对象所属一类事物的倾向性追求,到最终针对某个符合倾向性意愿的个别对象的行动意志。行动自由意义上的自由选择仅仅是行动意志是否自由的判定条件,奥古斯丁非常清楚它与罪责归属的关系。但因为他逐渐在追求低等的世俗善好这一宽泛含义上界定罪,自由选择不再是他关心的重点,源于意志的认可和拒绝即自由决断成为判定罪的实质条件,这包含在对一类事物加以认可或拒绝的倾向性意志中。尽管倾向性意志始终具有双向的可能,但就其而言的意志自由不再指自由选择,而是指决断的自发性。奥古斯丁的原罪指的是认可世俗善好作为人生目的的必然性,它源于意志,且并未否定以什么手段实现世俗善好的自由选择。至于意志的决断究竟属于作为独立官能的意志还是理智,取决于是在恶的本源的形而上学语境还是个体归责的伦理学语境中谈论意志。

【关键词】 自由意志,自由选择,自由决断,原罪,理智主义,唯意志论

奥古斯丁的意志概念是个老生常谈的话题,本文不揣浅陋也来继续加以探讨。在讨论意志概念时,人们往往假定不同语境下使用的意志概念表达的是同样的含义、承担同样的理论功能、能够回答同样的问题,这是本文首先要拒绝的。奥古斯丁在诸多不同层面使用意志,即"voluntas"概念。某一层面的意志概念所具有的特征并不能想当然地挪用至另一层面,也不能认为奥古斯丁就某一层面的意志概念提出了某种主张,便认为他关于意志有某种统一的理论。这些层面可以分类列举如下:作为个体心灵能力的意志,个体会在三个层次表现出这样的心灵能力,一是作为行为的效果因,二是作为一种心理倾向,三是作为一种心理反应;作为一个超感官的、形而上的抽象本原的意志,它由反叛的天使、初祖亚当在不同神学语境中承担。

---

① 本研究受教育部人文社科青年基金项目"古希腊晚期哲学对奥古斯丁意志理论影响研究"(项目编号:19YJC720042)和广州与中外文化交流研究中心资助。

② 作者简介:杨小刚,德国图宾根大学哲学博士,中山大学哲学系副教授,主要研究方向为奥古斯丁思想与希腊化哲学。

这些不同层次、不同语境的意志概念与不同的问题相关联，作为行为效果因的意志涉及行为的归责，而这又涉及个体在行动时是否具有自由选择的能力，以及作为行为效果因的意志与理智、与知识的关系，作为心理倾向和心理反应的意志涉及意志自由与必然的关系，反叛天使的意志涉及恶的根源以及意志是否是独立的本原，初祖亚当的意志涉及意志与原罪的关系。这些问题有的相互关联，奥古斯丁于其中之一的观点可作为另一者的解释和支撑；有的则不能径直作为另一问题的解答。本文将依照上述层面和相关问题对奥古斯丁意志概念的含义和功能及相互关系做出综述性的解释。

一、意志与自由选择

奥古斯丁对“voluntas”及相关术语的使用起初就与行动，或者说罪的责任问题密切相关，而罪的责任之所以如此吸引他的关注又缘于早年困于摩尼教教义而不断求解的思想尝试。根据奥古斯丁的自述，他在 19 岁时起便为摩尼教传教士提出的恶的来源（unde malum）问题所困，摩尼教为主张其二元论教义将世间的恶归于恶神的创造（*conf.* III 7，12）。[①] 在《论两种灵魂》（*De duabus animabus*）这部早期的驳摩尼教著作中，奥古斯丁便是借由意志概念截断了个体的恶行与恶神之间的因果溯源。由此即可注意，恶的来源和罪的责任问题在奥古斯丁那里一开始便处于一种神学和宇宙论的视野之中，所谓宇宙论的视野是指用一个单一的本原解释所有个体的恶行。《论两种灵魂》中本是用仅归属于个体能动者的意志来划归恶的责任，以此反驳摩尼教关于恶灵魂、恶神的主张。但随着之后原罪、恩典、预定等学说的提出，奥古斯丁本人对恶的来源的追问重又回到宇宙论的视野，且因此其自由意志说被认为遭到动摇。就此稍后会详加论述，本节首先澄清他的意志概念与自由选择的关系，这在《论两种灵魂》中便有清晰的展现（*duab. an.* 10.12 – 12.17）。

通常所说的自由选择指的是行动者具有以别的方式行动的能力和可能性（freedom to

① 奥古斯丁多次提及这段经历，另可见 *mor.* II 2，2；*c. ep. Man.* 36，41；*duab. an.* 8，10；*agon.* 4，4；*c. Iul. imp.* VI 9。奥古斯丁原文引自 CSEL 或 CCSL 中的历史考订版，历史考订版按照拉丁文原始书写方式将 v 写作 u，将 j 写作 i，奥古斯丁著作缩写遵从《奥古斯丁大辞典》（*Augustin Lexikon*），也采取原始书写方式，见 Chelius K.H.，“Verzeichnis der Werke Augustins”，in Augustinus-Lexikon，Cornelius Mayer et. al. eds.，Basel：Schwabe，1986—1994，vol. 1，pp. XXVI – XLII。因将每个字母改为后世书写方式过于繁琐，脚注引文中保持原状，仅将正文中标注的原文按照后世习惯改写。

do otherwise),也被等同于行动自由。①《论两种灵魂》中的分析与此非常相近,该作以一个日常的例子反驳摩尼教:一人睡眠中或全身被缚时被另一人强拽其手写下可耻的言辞不会被视为有错,因其不知或无力抗拒有错的举动,只有当他知道(sicret)有人将在睡中强拽其手或者愿意(volens)被缚时方才有错。奥古斯丁由此得出罪仅在意志之中的结论,并随后将意志定义为"心灵(animus)为了不失去什么或者得到什么的不受强迫的运动"。② 行动自由也就意味着不受强迫、不受束缚的自由,然而奥古斯丁紧接着的论述马上显示出意志所蕴含的自由选择的歧义性,正是这种歧义导致学界在讨论他的"liberum arbitrium"概念时产生分歧。他在这里提及被迫行某事的人既不愿又愿(invitus et volens),不愿行该事,但同时愿意不行该事,也就是说仍然保有不行该事的意愿。既不愿又愿的心灵在此被类比为一人居中既有左边又有右边,这很容易让人联想到是否在谈论中性的自由选择能力,不过奥古斯丁在此似乎绕进了语言的陷阱,因为不愿行该事和愿意不行该事只能是心灵的同一个而非两个运动。但意志居中有两个方向并非无所谓的类比,这一歧出表达的意义下文会明了。稍后的两处表达则确证他的意志概念与如今理解的自由选择之间的关联,他之后进一步将有罪责的意志界定为,具有不意愿做正义所禁止的事情的自由时却仍旧意愿做该事(velle injustum et liberum nolle)(12,15),而缺乏做或不做的心灵的自由运动(libero et ad faciendum et ad non faciendum motu animi),不具备避免某事的能力/可能性(potentia)的话,则不负罪责(12,17)。就此而言,早期奥古斯丁认为罪责由意志承担是以行动者在意愿某行为时具有不意愿该行为的可能,即同时能够做和不做的自由为前提。

20 世纪初,茂斯巴赫(J. Mausbach)的著作便已提出这一问题:奥古斯丁的意志概念是否蕴含自由选择,即经院哲学中所说的对立选择的可能(potentia ad oppositum)、另一选择的可能(potentia ad utrumque)? 他的观点是,奥古斯丁并不持有毫无限制的自由选择观念和极端的非决定论。③ 如上所述,原罪说、恩典说的提出以及对佩拉纠派的驳斥使得学界长期争论后期奥古斯丁是否放弃了自由选择的观念,辩驳他所说的自由意志是指自由

---

① 参见 Timothy O'Connor and Franklin Christopher, "Free Will," The Stanford Encyclopedia of Philosophy (Summer 2022 Edition), Edward N. Zalta ed., URL = <https://plato.stanford.edu/archives/sum2022/entries/freewill/>;徐向东:《理解自由意志》,北京:北京大学出版社,2008 年,第 16 - 20 页。

② *Duab.an.* 10,14:"uoluntas est animi motus, cogente nullo, ad aliquid uel non amittendum, uel adipiscendum."

③ J. Mausbach, *Die Ethik des heiligen Augustinus*, Freiburg im Breisgau: Herder, 1929, pp. 25 - 29.

选择还是自由决断。① 如果我们将自由选择的对立选项限定在行动范围,也就是以行动自由来理解自由选择,那么在奥古斯丁的著作中,自由选择的观念不唯最早期的《论两种灵魂》中可见,其他不同时期著作中也多处可见,如《论自由决断》(*De libero arbitrio*)第一卷提及人有不靠杀人获取欲求之物的自由(*lib. arb.* I 5,12),《驳摩尼教徒西昆迪》(*Contra Secundinum Manicheum*)中有言:"若认可或不认可在灵魂能力之内,灵魂便因此不致于在认可前屈从。所以我问,灵魂从何处有这所言之坏的认可,倘若没有与其相对的本然(natura)将其强加于它。然而若灵魂如此这般被迫认可,以别的方式行动(aliter facere)不在其能力之内,则如你所说,它未曾自愿(non voluntate)犯罪,因为此种情形它没有自愿认可。"(*c. Sec.* 19.1)在后期驳斥佩拉纠派的著作《论罪之惩戒与赦免及婴儿受洗》(*De peccatorum meritis et remissione et de baptismo paruulorum*)中,围绕无辜的婴儿为何受洗的争论,奥古斯丁仍旧认为如没有对律法的知识,没有朝着另一个方向的理性的运用(in alterutram partem rationis usus),便无罪(*Pecc. mer.* I 35,65)。这几处文本都将具有以另一种方式行动的可能作为归罪的前提。奥古斯丁晚年回顾一生著作写下的《勘正》(*Retractationes*)也清楚表明,经过与佩拉纠派的辩论,在坚持原罪说和婴儿受洗的前提下,他仍然持有一种蕴含了自由选择含义的意志概念,只不过意志的表现已不限于自由选择一个层面。在对《论真的宗教》(*De vera religione*)的勘正中,奥古斯丁直言,只有意志才会犯罪这一定义并无错误,虽然他指出,当初这一定义所指并非《论自由决断》卷三所说对罪之罚(poena peccati),亦即原罪,但即便被称为非自愿之罪(non voluntaria peccata)的原罪也有意志的活动在内(*retr.* I 13,5)。他在该处坚持了早年提出的罪的定义,但原罪之中意志的活动已非早年用以解释罪在意志的自由选择。随后对《论两种灵魂》的勘正中继续解释了这一差别。针对这本著作中对意志的定义,奥古斯丁强调不受强制地自愿犯

---

① 对奥古斯丁的自由选择观念的解释可以参见 T. D. J. Chappell, *Aristotle and Augustine on Freedom*, New York: St. Martin's Press, 1995, pp. 147 - 148; C. Kirwan, *Augustine*, London: Routledge, 1989, pp. 84 - 87; F. J. Weismann, "The Problematic of Freedom in St. Augustine," *Revue d' Etudes Augustiniennes*, 1989, vol. 35, pp. 104 - 119; Nico W. den Bok, "Freedom of the Will," *Augustiniana*, 1994, vol. 44, pp. 237 - 270。认为奥古斯丁完全放弃了自由选择的主张,可以参见 J. M. Rist, "Augustine on Free Will and Predestination," *The Journal of Theological Studies*, 1969, vol. 20, pp. 420 - 447; G. J. P. O' Daly, "Predestination and Freedom in Augustine's Ethics," in his *Platonism Pagan and Christian: Studies in Plotinus and Augustine*, Aldershot: Ashgate, 2001, pp. 85 - 97; J. Burnaby, *Amor Dei: A Study of the Religion of St. Augustine*, London: Hodder & Stoughton, 1938, p. 227; J. Wetzel, *Augustine and the Limits of Virtue*, Cambridge: Cambridge University Press, 1992, pp. 7 - 8。认为奥古斯丁并未完全将自由选择从意志概念中剔除,可参见 E. Stump, "Augustine on Free Will," in *The Cambridge Companion to Augustine*, E. Stump ed., Cambridge: Cambridge University Press, 2001, pp. 124 - 147。对这场争论更为详细的文献综述参见吴天岳:《意愿与自由:奥古斯丁意愿概念的道德心理学解读》,北京:北京大学出版社,2010 年,第 222 - 229 页。

罪是就伊甸园中的初祖而言,初祖明知上帝的戒令却在未受强制的情况下违背戒令,也就是他们没有丧失做或不做的心灵的自由运动,具备"避免恶行的最大能力"(ab opere malo abstinendi summa potestas),而人类的原罪不是在具有自由选择的意义上来说,婴儿的原罪是因为身心都来自亚当、夏娃的血脉,成人在此之外对肉欲也有意志的认可(I 15,2–6)。这里呈现了做或不做的自由选择和另外一种意志的认可的区别,而且与其他著作中的类似表述一道,令许多学者认为奥古斯丁主张堕落之后的人类失去了自由选择的能力,但原罪仍源于人的意志。原罪如何仍旧源于人的意志后文专论,而对于晚期奥古斯丁是否认为人类丧失了自由选择的能力这一问题无论持何看法,不容否认的是,他非常清楚自由选择的含义及与罪责的关联。

那么,提出原罪说之后的奥古斯丁是否认为堕落后的人类不再具有自由选择的能力?这一问题的关节在于,奥古斯丁不以自由选择作为原罪的前提,等于他认为人类丧失了行动自由意义上的自由选择还是另有所指? 这就涉及刚刚所说《论两种灵魂》中就已埋下的自由选择的歧义。以另一种方式行动的选择自由要求意志与行动之间存在有效的因果联系,愿做则做之,不愿则不做。但这一因果联系可能并不存在,奥古斯丁对此有清楚的认识。《论圣灵与文字》(*De Spiritu et littera*)中辨析了意志(voluntas)与能力(potestas)的分离,有愿做而不能做者,有能做而不愿做者,意志作为原因不一定能引发作为效果的行动能力的使用,但行动能力的使用作为效果必然以意志为前提,所以他认为即便不自愿(invitus)做某事的人也是靠意志(voluntate)所为,只不过是不愿(nolens)为的。[①] 这显示出奥古斯丁常用的几个与意志相关的术语进一步的分层。根据上面的引述,形容词"invitus"、动词现在时分词"nolens"与副词"non voluntate"本是同意,均指丧失了以另一种方式行动的可能,但在这里"voluntate"被放在另一个层次描述意志更内在的运动,行动能力与这一层次的意志相分离。如他稍后所说,受强迫之人不能做他意愿做的事情便是缺乏能力,认为人愿做则能做、不愿做则不能做是将能力附加在意志之上。然而,意志不能引发身体的行动并不代表意志或者说心灵本身丧失了运动能力,即便不能如其所愿地行动,但对另一种行动的意愿仍旧存在,更何况强制如果不是如极端例证中所描述的完全控制了人的身体,人的行动自由本质上并未丧失,问题仅在于愿意付出多大的牺牲实现自由的行动。正因为心灵仍旧能意愿与实际不同的行动,罪行的发生便具有如下三种情况:

(1) 具备行动自由,如果意愿不犯罪便能够不犯罪,但仍旧意愿犯罪,且不存在对不

---

① *Spir. et litt.* 31,53.

犯罪的意愿;

(2) 不具备行动自由,即便意愿不犯罪也仍不得不犯罪,而事实上仅有对犯罪的意愿;

(3) 不具备行动自由,虽然意愿不犯罪也仍不得不犯罪,但毕竟保有对不犯罪的意愿。

尽管奥古斯丁并未设想第二种情况,但理论上完全成立,例如一个面对恶行想要大声呼喊而不能的哑巴与丝毫不想呼喊的哑巴相比,在良知的法庭上无疑有不同的审判。既如此,在不具备行动自由的情况下,对罪行的判定便还需要考虑意志本身是否显现出双向的运动。而无论是否显现,意志都具有朝向对立的意愿选项的潜能。当奥古斯丁说意志是心灵的运动时,也完全可以理解为心灵内部的活动,自由选择也就可以指意志对以另一种方式行动的意愿,而非指只要意愿,就能实现另一种方式的行动。就此而言,如果要说原罪使人丧失了自由选择,要么意味着原罪如一般的强迫一样使人在可能产生罪责的任何行动选项中都丧失了如其所愿地行动的能力,要么意味着意志仅仅是单向的活动,对于前者,奥古斯丁没有如此强且明确的论断,而后者与他的许多其他表述相悖。然而如此一来,奥古斯丁驳斥佩拉纠派所说的自由意志又是否认了什么呢?这便需要深入勘查原罪中意志的活动所指为何。

二、意志与自由决断

意志与能力的区别已经显示出意志活动可以处于从心灵活动到身体行动的不同阶段,最直接的是作为行动的效果因,奥古斯丁将意志理解为与自然的效果因相区别的一种效果因(*ciu.* V 10)。奥古斯丁也将作为行动效果因的"voluntas"视为欲望(libido)、追求(impetus)或欲求(appetitus),是为行动欲求(appetitus actionis),他明确提到,这个术语是对斯多亚派的概念"ὁρμή"的翻译(*ciu.* XIV 18, XIX 4)。当代学者拜耶斯(S. Byers)对奥古斯丁在斯多亚派影响下形成的处于心身历程不同阶段的意志概念有细致的辨析①,她的工作非常有助于解释奥古斯丁究竟在何意义上谈论意志自由,以往学者对此的争论实在是将不同阶段和层次的"voluntas"混为一谈。下文逐一展开。

如上节所述,行动自由意义上的自由选择的丧失指的是行动欲求不能有效地引发与

---

① 参见 S. Byers, *Perception, Sensibility, and Moral Motivation in Augustine: A Stoic-Platonic Synthesis*, Cambridge: Cambridge University Press, 2013, pp. 217-231;"The Meaning of Voluntas in Augustine," *Augustinian Studies*, 2006, vol. 37。

其一致的行动,但一个效果因未能导致相应的结果并不等于这个效果因不存在,故而有三种罪行情况中(2)和(3)的区分。未能引发与实际不同的行动的意志该如何理解呢?奥古斯丁虽然未从这一角度思考,但他完全清楚相关情形。我们直观上很容易构想一个剥夺了我们行动自由的外在强制,绝对不可能连我们对另一种行动的意愿都剥夺。《论圣灵与文字》中虽然区分了意志与能力,但更为出名的是《论自由决断》中的表述:没有什么与意志自身一样就在意志之中[①],没有什么与意志自身一样在我们的能力范围之中。[②] 这里的能力(potestas)显然不是如其所愿地行动的能力,而是意志自己使用自己的能力(*lib. arb*. II 51)。也正因为意志自身能掌控自身,奥古斯丁在写于早期的《论自由决断》第一卷中认为,只要意愿善良意志,自身就能轻而易举地获得善良意志(I 29)。意志对自身的使用便是使得自己意愿过正直、诚实、善好的生活,而非追求易逝的尘世之物。《论自由决断》中多次谈到意志双向的使用,如意志或者因为正义让理性不服从于欲望或者享受欲望(I 11,21),意志是中等的善,既可以用于好也可以用于坏,既能朝向不变的公共之善,也能朝向低等私有之善(II 19,51 - 53),意志既能朝向这也能朝向那(III 1,3)。这些表述让学者们认为奥古斯丁所谈即意志的自由选择能力,并进一步地争论第一、二卷以意志自由为前提的罪的定义与第三卷的原罪是否矛盾。[③] 然而,从这些表述来看,它们与行动自由意义上的自由选择观念有重要不同,反而更适合用《论两种灵魂》中那个"意志居中、可左可右"的类比加以解释,显示的是意志的双向潜能。只不过,广义而言,可左可右的中性能力可就任何相对的选项而言,行动自由也是如此,但奥古斯丁关注的意志选项是可用好坏区分的不同生活追求,是直接就朝向的目的而言。这一点非常关键,虽然自由意志问题本身是就任何行动和意愿而言,但奥古斯丁显然不关心我们在中性的事情上是否具有意志自由,他思考的始终是有价值和道德属性的行动与意愿,而价值与道德属性必然是就目的而言,正是这一点使得行动自由与针对意愿选项的自由选择区分开来。

任何单一行动都以单一对象为目标,而单一目标要成为一种生活目的需要满足独一性,否则,不足以主导生活的追求。奥古斯丁并未阐述这样的主张,但他谈论的意志朝向

---

① *Lib. arb*. I 12,26:"quid enim tam in uoluntate, quam ipsa uoluntas sita est?"

② Ibid. III 3,7:"quapropter nihil tam in nostra potestate, quam ipsa uoluntas est."

③ 这一争论由阿尔弗莱特(M. E. Alflatt)发起,其他学者对他多有反驳。参见 M. E. Alflatt, "The Development of the Idea of Involuntary Sin in St. Augustine," *Revue des études augustiniennes*, 1974, vol. 20, pp. 113 - 134; W. S. Babcock, "Augustine on Sin and Moral Agency," *The Journal of Religious Ethics*, 1988, vol. 16, pp. 28 - 55; J. Wetzel, *Augustine and the Limits of Virtue*, pp. 90 - 98; R. J. O'Connell, "'Involuntary Sin' in the 'De Liberto Arbitrio'," *Revue d' Etudes Augustiniennes*, 1991, vol. 34, pp. 23 - 36; Tianyue Wu, "Augustine on Involuntary Sin," *Augustiniana*, 2009, vol. 59, pp. 45 - 78。

的对象往往是某一类事物,事实上,在他的等级存在论(hierarchic ontology)视域下即两类事物:低等级的、可朽的、世俗的、肉身的善好和高等级的、不朽的、神圣的、精神的善好(*an. quan*. 33,70－76; *diu. qu*. 54; *ciu*. XI 16)。① 受到新柏拉图主义术语的影响,奥古斯丁称朝向神圣事物、朝向上帝为"皈依"(conversio),离开神圣事物而追求世俗善好和自身的享受则是背离(adversio)与颠舛(perversio),后者被他视作一切罪的根源(*c. Sec*. 11; *Gn. adu. Man*. II 9,12; *ciu*. XII 9)。等级存在论又与他沿袭自古希腊的目的论相结合,以安享/利用(frui/uti)这对概念将事物分为可享的、可用的以及既可用又可享的,唯有只可享而其他一切均用于对其的安享的是至善,即上帝,若将可用的当作可享的便是低等的爱和颠舛的意志(perversa voluntas)(*diu. qu*. 30; *doctr. chr*. I 3; *uera rel*. 13,26; *ciu*. XIV 6; *lib. arb*. II 14,37; *Gn. litt*. VII 27,38)。② 在奥古斯丁的表述中,这些以不同善好为目的的意志并非引起直接的行动,而是以某一类事物为目的的整体追求。他对这一心理过程的典型描述可见《上帝之城》中追问亚当、夏娃食禁果的犯罪根源时所说的"坏树结坏果"(*ciu*. XIV 13),结出罪行恶果的不可能是上帝创造的自然本性,而是潜伏在初祖心中背离上帝的意志。拜耶斯即认为这些文本中所指的意志并非直接指向单一对象的当即(occurrent)欲求,而是指向一类事物的倾向性(dispositional)欲求,当某个对象满足这种倾向时才会产生以其为目标的行动欲求。③

倾向性意志的自由与行动意志的自由有显著不同,后者因为实际行动的唯一性,引发该行动的意志与否定该行动的意志相互排斥,一者产生会使另一者消失,其自由在于消失的另一种行动意志是可能的,而前者并不能直接引发实际行动,两个矛盾的倾向性意志也能同时并存。就如上文提到,丧失行动自由的人要意愿不同的行动也能意愿,这是最在意志之中的对意志自己的权能,可左可右、可好可坏,无法剥夺,只不过它和对某类事物的意愿一样都止于一种倾向。倾向性意志始终具有双向的潜能,在此意义上本就是自由的,这

---

① 参见 G. J. P. O'Daly, "Hierarchies in Augustine's Thought," in *From Augustine to Eriugena: Essays on Neoplatonism and Christianity in Honor of John O'Meara*, F. X. Martin et al. eds., Washington, D.C.: Catholic University of America Press, 1991, pp. 143－154。

② 参见 W. R. O'Connor, "The Uti-Frui Distinction in Augustine's Ethics," *Augustinian Studies*, 1983, vol. 14, pp. 45－62。

③ S. Byers, *Perception, Sensibility, and Moral Motivation in Augustine: A Stoic-Platonic Synthesis*, Cambridge: Cambridge University Press, 2013, pp. 218－221。霍恩(C. Horn)和缪勒(J. Müller)更早的研究也支持拜耶斯的观点,他们指出奥古斯丁时代的"voluntas"并非自然而然指行动的意志,而是指情感、追求、愿望等各种倾向性意愿,乃至整体的生活态度,也就是奥古斯丁说的两种爱分隔两座城。参见 C. Horn, "Willensschwäche und zerrissener Wille: Augustinus' Handlungstheorie in Confessiones VIII," in *Unruhig ist unser Herz*, M. Fiedrowicz ed., Paulinus: Duits, 2004, pp. 105－122; J. Müller, "Zerrissener Wille, Willensschwäche und menschliche Freiheit bei Augustinus: Eine analytisch motivierte Kontextualisierung von Confessiones VIII," *Philosophisches Jahrbuch*, 2007, vol. 114, pp. 49－72。

种自由就其是双向潜能而言也可以称作自由选择,但不是对行动的选择,而是对意愿或者说对追求的目的的选择。[①] 但是,就像刚刚说过的,矛盾的倾向性意志也可以同时并存,而非如行动意志那样非此即彼,如此才能理解奥古斯丁在他花园皈依的记述中所说的"两个对立的意志将我撕裂"(*conf.* VIII 5,10－11)——追求神圣至善的意志和沉湎于世俗肉欲的意志在他心中同时存在,相互争斗。这也是他时常引用的"我所愿意的善,我不去行;而我所不愿意的恶,我却去作"(《罗马书》7:19)所描述的实情。因此,除非其中一种倾向彻底消失,选择之意在此就并非那么严格。这恰恰造成了究竟是用选择还是决断来翻译"liberum arbitrium"的困难。

"liberum arbitrium"与"voluntas""libera voluntas"经常混用,这一点在《论自由决断》中表现得非常明显。卷一中明确宣称:除了自己的意志和自由决断,没有别的任何东西让心灵去服侍欲望。[②] 它们都被用来指称我们或者借以犯罪或者正直生活的能力(*lib. arb.* I 16,35, II 1,3－2,4, 18,47),"liberum arbitrium"则更常与属格的"voluntatis"连用,以标示其是属于意志的活动或能力。学界一直有以行动自由意义上的自由选择来理解或者要求"liberum arbitrium"的观点,典型如里斯特(J. Rist)认为基于原罪和恩典说的,"liberum arbitrium"已不具有"不这么做的选择自由",人因而只是如木偶一般。[③] 较晚近的柯万(C. Kirwan)和韦策尔(J. Wetzel)则明确指出"liberum arbitrium"是免于外力束缚的做或不做的自由,尽管二人就自由选择是否是自由意志的必要条件看法并不一致。[④] 这样的理解与分析哲学中自由意志论、决定论和兼容论的争论相结合,生出奥古斯丁在这三种主张中持有何种立场的争论。典型如《剑桥奥古斯丁指南》中自由意志一章的作者施杜普(E. Stump)吸收了兼容论代表法兰克福的研究[⑤],认为提出原罪和恩典说之后的奥古斯丁虽然认为人丧失了不犯罪的选择自由,即无法通过自己的意志停止罪的行为,但仍旧能够选择向上帝祷告、祈求恩典。她从兼容论的观点出发,结论却是在意志薄弱问题上奥古斯丁和自由意志论者仍然是一致的,只是在晚年发展出预定论之后才导致祈求恩典的意愿

---

① 弗雷德提到爱比克泰德区分了对行动的选择和对意愿的选择,奥古斯丁的意思与其非常相似。参见 M. Frede, *A Free Will: Origins of the Notion in Ancient Thought*, Berkeley: University of California Press, 2011, pp. 46－47。

② *Lib. arb.* I 11,21: "nulla res alia mentem cupiditatis comitem faciat, quam propria uoluntas et liberum arbitrium."

③ J. M. Rist, "Augustine on free will and predestination";奥达利也持相似观点,参见 O'Daly, "Predestination and Freedom in Augustine's Ethics"。

④ Kirwan, *Augustine*, pp.84－87; Wetzel, *Augustine and the Limits of Virtue*, pp. 220－225.

⑤ H. G. Frankfurt, "Freedom of the Will and the Concept of a Person," *The Journal of Philosophy*, 1971, vol. 68, pp. 5－20.

也不在人的权能之内了。① 布拉赫腾多福同样是基于法兰克福的理论,但为奥古斯丁划定的立场却不同,他认为奥古斯丁与兼容论一致,没有再将自由选择作为罪和责任的前提,而是以自发的自由为前提,堕落后的人类对于罪行给予了意志的认可,但这一自由是不对称的,人只有对恶的认可,对善的认可依赖上帝的预定和恩典。② 且不管将奥古斯丁划归为什么立场,所有这些争论都源于"liberum arbitrium"是否意指做或不做的自由。

奥古斯丁研究的大家吉尔松早已阐明,"liberum arbitrium"是人在不同动机之间不可被剥夺的选择自由,但这一能力并不意味着选择目标的实现。③ 如上所述,《论自由决断》中虽然多次谈到意志具有双向的能力,但并非在对立的行动之间选择,而是在对立的意愿亦即目的之间选择,用吉尔松的话说即在动机呈现的不同善好之间进行选择。该作虽然与《论两种灵魂》一样将意志作为罪责确立的前提,但意志在其中扮演的角色并不一样。《论两种灵魂》关注的是意志不受外在强制的形式化条件,《论自由决断》关注的则是意志的何种活动构成罪的实质条件。相应的,前者对罪的定义也是形式化的,即已提过的:具有行动自由时做正义所禁止的事情(*duan. an.* 12,15)④,但无论是正义还是正义所禁止的事都未作说明。后者则对正义和罪都有实质性的定义,正义是存在者依其所处的存在者等级秩序中的位置活动,人作为理性存在者即当热爱并追求更高等级的存在者(*lib. arb.* I 13,27)⑤,意志背离更高等级的永恒不变之善而转向低等的流逝之善便会犯罪、包含着罪(ibid. I 3,6 - 11,23, 16,35, II 19,50 - 53, III 5,14; *conf.* II 5,10)。前者只是说明归责的外在经验条件,因此无法区分上节所说(2)和(3)两种情境,但也正因此凸显出一个重要差别,即二者所能判定的罪实有不同。

很诧异学者们在讨论自由选择是否是判定罪责的前提时却不强调罪的实质含义,这可能是因为奥古斯丁是在最宽泛的意义上谈论罪。在最宽泛的意义上,以尘世易逝的低等善好本身为目的,故而将其置于高等善好之上,这是一切罪的必要条件。这一定义绝对正确,如果不是废话的话。即便我们不接受奥古斯丁以上帝为至善的等级式价值实在论,

---

① E. Stump, "Augustine on Free Will," in *The Cambridge Companion to Augustine*, E. Stump ed., Cambridge: Cambridge University Press, 2001, pp. 124 - 147.

② J. Brachtendorf, "Augustine's Notion of Freedom: Deterministic, Libertarian, or Compatibilistic?," *Augustinian Studies*, 2007, vol. 38, pp. 219 - 231.

③ E. Gilson, *Der Heilige Augustin. Eine Einführung in seine Lehre*, Hellerau: Jakob Hegner, 1930, pp.272 - 288.克拉克也认为,"liberum arbitrium"是天生所有,不会失去;参见 Clark, "Augustinian Freedom," p. 125。

④ 类似定义见 *uera rel.* 14,27; *c. Fort.* 20。

⑤ 奥古斯丁在多部著作中阐述过这一正义定义。参见 R. Dodaro, "Justice," *Augustine Through the Ages*, A. D. Fitzgerald ed., Grand Rapids: William B. Eerdmans, 1999, pp. 481 - 483。

任何对罪的判定都是认定犯罪者因其所追求的善好而损害了其他更高的善好,除非认为某些罪行出于追求恶本身的“魔鬼意志”。然而,因为是在如此宽泛的意义上判定罪,仅以行动自由意义上的自由选择为条件便不足以涵盖所有情况,唯有说明心灵在一切罪中共有的活动方能满足,奥古斯丁接受斯多亚的思想,将这一活动称为意志的认可(consentire)和拒斥(dissentire),也就是“arbitrium voluntatis”①。“conversor”(朝向)、“consentire”“arbitror”都是奥古斯丁描述意志活动的不同术语,用选择来解释也不为过,奥古斯丁本人也说过,选择(eligat)追求和拥抱什么在于意志(*lib. arb.* I 16,34),吉尔松也称“arbitrium voluntatis”是一种选择②。只要是在多个选项之间产生偏好都可以称为选择,无论是行动选项还是意愿选项,只是判定行动罪责所要求的自由选择可以被实实在在地剥夺,而就意志的朝向即可判定的罪所要求的自由选择无论如何都不可能被剥夺,何况事实上意志可以同时认可多个相互矛盾的选项。正因此,是否存在多个选项、对某个选项是否有认可和拒斥的双重可能不是判定罪责的条件,对任何景象所呈现的善好接受或者拒绝都在我们的权能之内(in nostra potestate),在意志的权能之内(in potestate voluntatis)(*lib. arb.* III 25,74; *ciu.* V 9),我们完全可以既接受又拒绝,由此形成矛盾的或强或弱的倾向性意志,唯有在一定行动情景中才会排他性地选择将某个倾向性意志付诸实践从而产生行动意志。对于行动上的罪,需要行动自由作为归责的条件,而对于最宽泛意义上、仅就意志便可判定的罪,意志对可追求的低等善好的认可便是判定的实质条件(*lib. arb.* III 10,29, 10,31)。基于此,用“自由决断”来理解、翻译“liberum arbitrium”更为合适,这里的自由也就是早有人指出的自发、源于其的含义③。

基于此,也可以理解《论圣灵与文字》中那句看起来如此自相矛盾的话:即便不自愿(invitus)做某事的人也是靠意志(voluntate)所为,只不过是不愿(nolens)为的。如上所述,“invitus”“nolens”“non voluntate”在《论两种灵魂》中本都指受到外在强制、丧失行动自由,此处的“voluntate”则与《论自由决断》中同义,指靠意志、由意志、源于意志。强迫只要没有强到彻底控制人的肢体,被迫的行为也是靠意志行使,也有意志将屈从所能获得的善好置于牺牲的善好之上的认可,只不过此时判定什么样的罪行是另外的问题。而对原罪之为罪意志的认可扮演了关键角色,对《论真的宗教》的勘正中说,被称为非自愿之罪的原罪中也有的意志活动便是其认可:处于原罪的两种境况——无知和无能中的人,前者

---

① 对此的研究已有很多,代表性的也可参见 Beyers, *Perception, Sensibility, and Moral Motivation in Augustin*。

② E. Gilson, *Der Heilige Augustin*, p. 272.

③ Burnaby, *Amor Dei*, p. 227.

是以意志将不可为的认定为可为的,后者束于肉欲,虽然不能如其所愿而为,却也以意志认可了肉欲①(*retr*. I 13,5)。而针对《论两种灵魂》,尽管奥古斯丁已不再强调行动自由是罪责的前提,但依旧辩护了早年定义中罪在意志、非受强制这一点,在他看来,对肉欲的认可出于意志而非强制,无知之人的行为也是靠意志而非强迫②,只不过非受强制并不以具有做或不做的自由为标志,而是以自发为标志(I 15,2 - 3)。

然而令人费解的是,奥古斯丁一方面称原罪也出于意志、靠意志(voluntate),另一方面又称其为非自愿之罪(non voluntaria peccata)。他在《驳尤里安未完稿》中反驳尤里安将自愿(voluntarium)等同于非必然(non necessitate)、非受强制(non coactum)时使用了这一概念(*c. Iul. imp*. IV 93),不过《论自由决断》卷三就以上帝的预知为背景提出了这一问题:如果意志转向流逝之善是必然的,对其归罪是否公正? 奥古斯丁在那里论证了上帝的预知与出于意志并不矛盾,且有生于无知和无能虽是某种自然③状态之语(*lib. arb*. III 18, 54),但滞留于无知和无能并非受必然所迫(III 20,56),然而也能看到"愿做正直的事却不能"这一经典的体现原罪的情形被归为必然④。而到了他晚年对佩拉纠派的反驳中,曾经著作里意志与必然之间的矛盾和隐约的关联竟被以"对必然的意愿"(voluntas necessitatis)和"意愿的必然"(necessitas voluntatis)加以统一(*c. Iul. imp*. IV 93)。除了一如既往地以人类与初祖之间的联结解释人自出生便陷于罪的必然性(peccati necessitas)中,以及原罪是对初祖之罪必然的惩罚之外,与意志概念相关的关键是,在原罪之中究竟有没有意志的认可?

奥古斯丁在这一点上同样表现出矛盾的陈述。《驳尤利安未完稿》中关于作为原罪体现的肉欲说道,有一种坏的性质(qualitas mala)内在于我们,当没有碰上念想或感官所欲求之物时,并不会被什么诱惑激动,可一旦碰上就会唤起一种欲念,这欲念是肉欲的效力(actus),虽然当心灵不认可时不会有什么效果(effectus),但就效力来看肉欲仍旧存在,这是内在于人的恶。就此而言,即便受洗之后肉欲的效力仍旧存在,只是它的罪责被赦免

---

① *Retr*. I 13,5.

② 无知下的行为被判定罪责,事实上不能仅仅以发于意志为前提,而须以当知而未知为前提,奥古斯丁对此也有思考。参见 Xiaogang Yang, *Der Begriff des Malum in der philosophischen Psychologie Augustins*, Paderborn: Ferdinand Schöningh, 2016, pp. 240 - 245。

③ 自然在奥古斯丁那里也可与必然同义。参见 M. Djuth, "Augustine on Necessity," *Augustinian Studies*, 2000, vol. 31, pp. 195 - 210。

④ *Lib. arb*. III 18: "sunt etiam necessitate facta improbanda, ubi uult homo recte facere, et non potest"。对这一句的理解即引起了之前所说阿尔弗莱特和其他学者关于奥古斯丁是否将出于必然的也归罪的争论。对此争论的评议参见吴天岳:《意愿与自由:奥古斯丁意愿概念的道德心理学解读》,北京:北京大学出版社,2010 年,第 270 - 278 页。

了,但基督徒依旧要与其争斗(*c. Iul.* VI 19,60)。全书多次谈及肉欲被激发,但并无对其的认可(II 3,5, 8,25, 14,28, III 26,62, IV 3,9)。《驳尤利安未完稿》中也多次说,心灵、精神或者意志不认可肉身中的运动、对快乐的追求和肉欲(*c. Iul. imp.* I 68, 101, V 50, 59)。但同样这两部著作中也说到,肉欲会从我们这里偷走认可(*c. Iul.* IV 2,10),牵扯我们去认可它(*c. Iul. imp.* I 102, II 221)。更为明确的则是已经引用过的《勘正》中说的,即便非自愿之罪中也有意志的认可,尽管意志在其中占的分量非常之少。这些表述让对此问题有深入研究的吴天岳认为,原罪中有并非基于意志的自由决断的认可。① 再结合奥古斯丁所说的罪的必然性,合乎逻辑的推论便是在原罪中有意志必然的认可,无论多么微小。

坚持罪在意志,却说这样的认可不是来自意志的自由决断,这是个奇怪的论断,将在自由决断之外赋予意志另一种能力和活动。且不论这一点,如果意志有必然的认可,是否就意味着它甚至丧失了仅仅在心灵内部否定肉身善好的可能?这与之前所说意志双向的自由决断不可剥夺岂不矛盾?再考虑到奥古斯丁经常说的,人类堕落后丧失了"能不犯罪"(posse non pecccare)的自由,便又会回到原罪使人类丧失了行动自由意义上的自由选择的观点,《勘正》中也确实将做或不做的自由仅归于初祖(*retr.* I 15,6)。是否如此呢?在笔者看来,学者们在此问题上聚讼不休的一大疏忽仍旧是没有强调罪的实质含义。如果把罪的实质定义套入上述结论就会得到,意志必然认可可朽的、世俗的低等善好是追求的目的,人类没有行不追求世俗善好之事的自由。一切的关节都在奥古斯丁的等级式价值实在论,一旦将所有仅仅追求上帝之外的善好的意愿划入罪的范畴,这样的意志的认可就在逻辑上"必然是"必然的,因为除了蒙受恩典的基督徒,不识上帝者自然只认可世俗善好。当然可以反驳说,人总是拥有行追求各种精神价值之事的自由,如何能说丧失了自由选择?但自从奥古斯丁拒斥了古希腊理智主义和德性后,如果它们不是服从于对上帝的追求便同样是颠舛的意志。

理解意志的必然性依然有赖于拜耶斯等人所说的,奥古斯丁的意志乃朝向某类事物的倾向性意志,这恰恰合乎他所说的"意愿的必然"。《驳尤里安未完稿》中提及的"对必然的意愿"以死亡是必然的但有人意愿死亡作解,这显然是一个逻辑错谬的语言游戏。但"意愿的必然"以所有人都必然意愿幸福作解则毫无问题,因为一旦将意愿的对象扩大到一个如此大的类别,对其的意愿就自然成为必然——无知者必然只认可世俗善好,无能者

① 吴天岳:《意愿与自由:奥古斯丁意愿概念的道德心理学解读》,北京:北京大学出版社,2010 年,第 301 页。

即便认识上帝,却摆脱不了对世俗善好的认可,奥古斯丁所说的原罪的必然性不过就是这样一个合情合理的含义。这样的学说看似源于对尘世善好的极端排斥且显空洞,却是对人类处境的深刻揭示。意志必然的认可并不排斥对低等善好的否定,罪的必然性没有剥夺形成双向的倾向性意志的可能,而双向的也就意味着杂多的意志(diversae voluntates)、破裂的自我(dissipabar a me ipso),奥古斯丁无数次以"我所愿意的善,我不去行;而我所不愿意的恶,我却去作"表述。"精神和肉身相争,肉身和精神相争"(《加拉太书》5:17)描摹的就是这样的真实困境:我们始终无法摆脱对低等善好的欲求,却又因认识到更高的善好而懊恼悔恨。在奥古斯丁看来,只有上帝的恩典能将人从这样的困境解救。这一必然性倒也确实否定了某种意义上的行动自由,即奥古斯丁驳斥佩拉纠派所坚持的,人有行追求高等善好之事的自由,但因为对他而言,所有对善好的追求若不以上帝为目的便仍为颠舛,所以他所否定的只是以信仰上帝为追求目的的行动自由。如果认为这一必然性否定了任何为了更高的善好放弃较低善好的行动自由,否定了选择以什么手段实现低等善好的自由,那将导致一个荒谬结论,即所有追求私利和肉欲的行为都因缺乏行动自由而在罪责上无法区别。

三、意志与理智

意志是杂多冲突的,自我是分裂的,那么意志在心灵中究竟占何等地位?学界关于奥古斯丁意志概念长期讨论的另一个主题即奥古斯丁是否是自由意志的发明者,古希腊是否有自由意志概念,以及奥古斯丁是否是唯意志论者。[①] 就"voluntas"一词的使用来说,奥古斯丁之前当然已有先行者,如西塞罗、塞涅卡、安布罗斯、维克多里努斯(Marius Victorinus),但将之前思想家已经谈论过的各种含义汇聚于"意志"一词,形成影响后世的一个根本哲学概念,奥古斯丁是第一人。然而,也正因为是已经谈论过的种种含义和问题,要说清楚意志概念有何推陈出新之处,就需要辨析其中含义的继承与更替。

《论自由决断》卷一中以这样的方式提出意志的地位问题:"对于居主宰且拥有德性的理智(mens)来说,任何平等或优越于它的东西不可能使它作贪欲的奴隶,因为这样的

---

① 相关研究参见 E. Benz, *Marius Victorinus und die Entwicklung der abendländischen Willensmetaphysik*, Stuttgart: W. Kohlhammer, 1932; A. Dihle, *Die Vorstellung vom Willen in der Antike*, Göttingen: Vandenhoeck & Ruprecht, 1985; C. H. Kahn, "Discovering the Will: From Aristotle to Augustine," in *The Question of "Eclecticism,"* J.M. Dillon and A. A. Long eds., Berkeley: University of California Press, 1988, pp. 234 – 259; G. van Riel, "Augustine's Will, an Aristotelian Notion?," *Augustinian Studies*, 2007, vol. 38, pp. 255 – 279; Frede, *A Free Will*; M. T. Clark, "Was St. Augustine a Voluntarist?," in *Studia Patristica XVII: Papers of the 1983 Oxford Patristics Conference*, vol. 1, E. A. Livingstone ed., Kalamazoo: Cistercian Publications, 1989, pp. 8 – 13.

事物必然是公义的,而比它低劣的东西也不可能做到,因为这样的事物太虚弱无力了。于是只剩下一种可能,即唯独理智自己的意志和自由决断能使它做肉欲的帮凶。"①这明确表明,意志、自由决断既不可能是高于、同等于,也不可能低于理智,而是属于理智自己的(propria)。这里之所以将常常被译作心灵的"mens"译作理智,是因为前文已然说过,人因"mens"和"spiritus"优于动物,当"ratio""mens""spiritus"掌控灵魂的运动(motibus animae)时便是有序的(*lib. arb.* I 8,18)。"Ratio""mens""spiritus"在奥古斯丁的术语中基本同义是学界早有的研究②,分别译为理性、理智和精神。意志和自由决断,或者说意志的决断属于理智也能解释奥古斯丁将认可和拒绝既归于意志③,也归于理智④。与此相应,在《创世纪字义》中可以看到奥古斯丁还将判断(judicium)与意志的决断等同,即对内外感官呈现的各种景象(visa)的刺激加以认可或拒绝,从而形成各种欲求(*Gn. litt.* IX 14,25)。《驳尤里安未完稿》中提到尤里安将意志定义为理性基于判断进行的活动,奥古斯丁也接受了这个定义(*c. Iul. imp.* I 47;另见 *c. Iul.* V 9,36)。

认可或拒绝首先针对的是各种感官刺激,受斯多亚派影响,奥古斯丁也称这些感官波动为初动的情感,理智或说意志尚未对其做出认可或拒绝(*ciu.* IX 4)⑤,做出认可或拒绝后便形成完整的情感(passiones),而情感就是对我们想要的东西认可、对不想要的东西拒绝的杂多意愿(voluntates)(ibid. XIV 6)。上文也提过,奥古斯丁将欲求(appetitus)也称为

---

① *Lib. arb.* I 11,21.参照成官泯的翻译,略有调整;参见奥古斯丁:《论自由意志——奥古斯丁对话录二篇》,成官泯译,上海:上海世纪出版集团,2010 年,第 87 页。

② "Anima"概指人和其他生物的灵魂,"animus"指人的包括高级和低级部分在内的整个心灵,而"mens"通常指心灵中的高等部分。参见 G. J. P. O'Daly, "Anima, Animus," *Augustinus-Lexikon*, vol. 1, pp. 320 – 340(另收于他的 *Augustine's Philosophy of Mind*, Berkeley: University of California Press, 1987)。

③ *spir. et litt.* 34,60: "siue intrinsecus, ubi nemo habet in potestate quid ei ueniat in mentem, sed consentire uel dissentire propriae uoluntatis est." *Pecc. mer.* II 4,4: "si ergo his desideriis concupiscentiae carnis illicita uoluntatis inclinatione consensimus." *Ep.* 217 2,4: "ac per hoc sic tantum putas a domino gressus hominis dirigi ad eligendam uiam dei, quia sine doctrina dei non ei potest innotescere ueritas, cui propria uoluntate consentiat." *Ciu.* I 19: "quae oppressa concumbenti nulla uoluntate consenserit." *C. Iul.* III 26, 62: "id est, ne opera earum, consensu, uoluntatis impleatis." *Retr.* I 15,2: "quamquam et hoc peccatum quo consentitur peccati concupiscentiae non nisi uoluntate committitur."

④ *ciu.* IX 4: "hoc enim esse uolunt in potestate idque interesse censent inter animum sapientis et stulti, quod stulti animus eisdem passionibus cedit atque accommodat mentis assensum." *C. Iul.* IV 14,65: "libido autem sentiendi est, de qua nunc agimus, quae nos ad sentiendum, siue consentientes mente, siue repugnantes, appetitu carnalis uoluptatis impellit." VI 19,60: "ipse quippe motus actus est eius, quamuis mente non consentiente desit effectus." *C. Iul. imp.* I 68: "propter cuius motum, etiam mente non consentiente importunum, dicitur." IV 50: "hoc autem quod nolens agit, si tantummodo concupiscere est carne, sine ulla mentis consensione membrorumque operatione." V 59: "et malum esse, quamvis mente non consentiente, vel carne tamen talia concupiscere; … dicendo quippe: quod nolo facio, se facere ostendit; et rursus dicendo: non ego operor, non mentem consentientem, sed carnem suam concupiscentem id facere ostendit; concupiscendo quippe caro agit, etsi ad consensum mentem non attrahit."

⑤ 参见 S. Byers, "Augustine and the Cognitive Cause of Stoic Preliminary Passions (propatheiai)," *Journal of the History of Philosophy*, 2003, vol. 41, pp. 433 – 448。

意愿。① 这样混杂的使用让研究者们注意到奥古斯丁文本中复数的“voluntates”和单数的“voluntas”的区别：“voluntas”对感官景象做出认可或拒绝形成各种“voluntates”。同样结合法兰克福的研究，这被称为意志的二阶结构。② 我们已经知道，这些“voluntates”都是各种倾向性意志，这一二阶结构继而针对的便是各种潜存的、停留于念想，甚至相互冲突的倾向性意志，在认可或拒绝后产生行动意志。奥古斯丁就是用这一心理过程来解释不同的罪的发生。《论创世纪：驳摩尼教徒》中用伊甸园中蛇、夏娃、亚当的形象来比喻罪的发生经历的三个阶段：最初是通过思维或感官产生的罪的暗示（suggestio sive per cogitationem, sive per sensus corporis），但尚未在心灵中激起犯罪的欲求（cupiditas ad peccandum），好比蛇的引诱；然后是欲求已然产生，但尚被理性所压制，好比妇人被蛇所说服；最后是理性认可了对罪的欲求，好比亚当屈从于夏娃的主张（*Gn. adu. Man.* II 14,21; *s. dom. m.* I 12,34）。此过程可图示如下：

感性景象（visa）→杂多意愿（voluntates）→行动意志（voluntas actionis）→行动（opus）

存在争议的是原罪——最初的认可发生在哪个阶段？吴天岳根据《论三位一体》中的一处文本（*trin.* XII 12,17）认为原罪在感性景象的刺激也就是情感初动中就有的认可③，而笔者认为发生在杂多的倾向性意愿之中。不过一个折中的解释可能是，原罪作为对初罪的惩罚体现在感性刺激必然的引诱中，作为罪则在于心灵又必然认可这肉身的善好。无论如何，图示可以进一步补充如下：

判断（judicium）　　　　判断（judicium）

感性景象（visa）→杂多意愿（voluntates）→行动意志（voluntas actionis）→行动（opus）

① 关于奥古斯丁将“voluntas”和“appetitus”“affectus”“amor”等术语混用的分析见 Yang, *Der Begriff des malum in der philosophischen Psychologie Augustins*, pp. 182 – 213。

② 同样参见 Stump, “Augustine on Free Will”; Brachtendorf, “Augustine's Notion of Freedom: Deterministic, Libertarian, or Compatibilistic?”。克努提拉（S. Knuuttila）似乎未受法兰克福影响，独立提出了这一观点，见 S. Knuuttila, *Emotions in Ancient and Medieval Philosophy*, Oxford: Oxford University Press, 2004, p. 172。

③ Tianyue Wu, “Are First Movements Venial Sins? Augustine's Doctrine and Aquinas's Reinterpretation,” in *Fate, Providence and Moral Responsibility in Ancient, Medieval and Early Modern Thought: Studies in Honour of Carlos Steel*, P. d'Hoine et al. ed., Leuven: Leuven University Press, 2014, pp. 479 – 486.本文作者对此的讨论见《奥古斯丁论原罪的必然性》，《道风》第 49 期（2018 年），第 83 – 120 页。

根据这个图示可以简单地说明奥古斯丁的意志概念与前人思想的关系。无论是作为行为效果因的意志所蕴含的自发自由,还是不受强制的选择自由,奥古斯丁均非常清楚,但这些亚里士多德的自愿(ἑκούσιον)概念已然蕴含。以某一类事物为目的的倾向性意志也近似于亚里士多德的愿望(βούλησις),甚至原罪中必然的认可在他所说的愿望的目的不是考虑的对象,“所有人都以显得善好的为目的,而对象如何显现不在人的控制之内”(*EN* 1114a32－1114b2)等观点中隐有端倪。① 如果说奥古斯丁有所发明,那就是他深入到心灵内部探究自发自由和选择自由的根源,并在斯多亚派的影响下将其确认为意志的自由决断。于是问题进一步成为,判断的终极权威究竟是理智还是意志?如果意志的决断属于理智,也就是说认可或拒绝以理性的认识和判断为基础,那就与古希腊的理智主义传统并无太大区别,事实上他用体现原罪的无知和无能解释个体行为,这些在亚里士多德讨论的对原则性知识的无知和习性中都可以找到类似论述。当然,众所周知的一个明确差别是,他不再将无能归因于无知,相应的是他不再认为靠古希腊的理智能够实现德性,德性必须包含对不变的精神善好、对至善的爱(*ciu.* XV 22)。

可以说,奥古斯丁构想了两个新的问题语境。一者,虽然他没有说过意志是独立于理智的更高的、终极的仲裁和权威,但在人类坏的意愿和行为中他确实赋予意志脱离理性知识的独立性,同时又不像柏拉图主义那样以非理性解释这种独立性。这一独立性在初祖的堕落和天使的背叛中达到了极端展现:初祖认识上帝且享有不受肉身束缚的完整自由,却仍旧以自己的意志背离上帝;天使更具有完满的知识且没有身体,却仍旧以自己的意志背叛上帝。在这样的神学叙述中,意志才成为彻底独立的官能,但这个意志概念已不再适用于解释个体行为。随着他在《上帝之城》中对恶的意志之根源的不断追问,推出造物都自虚无中创造和恶的意志是对虚无的意愿这两个回答(*ciu.* XII 6),由此意志概念被重新放进了宇宙论和形而上学语境。② 二者在人类好的意愿和行为中,与其说奥古斯丁发明了意志,不如说他发明了爱。是他第一个充分展示了爱是不同于知识的另一种何其重要的能力,展示了行为的理由和动机是如何分离,没有爱的推动不可能实现好的生活,只是对他来说,没有上帝的恩典,人无法摆脱对低等之善的爱,不可能爱更高的善好。

---

① 参见 Kahn, “Discovery of the Will”; van Riel: “Augustine's Will, an Aristotelian Notion?”; J. M. Cooper, “Aristotelian Responsibility,” *Oxford Studies in Ancient Philosophy*, 2013, vol. 45, pp. 265－312。

② 参见 R. F. Brown, “The First Evil Will must Be Incomprehensible: A Critique of Augustine,” *Journal of the American Academy of Religion*, 1978, vol. 46, pp. 315－329; T. D. J. Chappell, “Explaining the Inexplicable: Augustine on the Fall,” *Journal of the American Academy of Religion*, 1994, vol. 62, pp. 869－884。

Augustine's Notion of Will

YANG Xiaogang

【**Abstract**】 Augustine's notion of will is polysemous and implicates occurrent emotions and desires which are incited by sensible images, dispositional pursuits of a kind of goods to which the sensible object belongs, the will to act toward an individual object that satisfies a dispositional will. Free choice in the sense of freedom of action is only a condition for judging whether the will to act is free or not, and Augustine was well aware of its relationship with the attribution of guilt. But because he gradually defined the sin in a very broad sense as perverted desires of lower earthly goods, free choice was no longer his main concern. The consensus and dissensus of the will, i.e., free decision, which is contained in dispositional wills for a class of things, becomes the essential condition of conviction. Although the dispositional will always has two-way possibilities, its freedom does not refer to free choice any more, but refers to the spontaneity of determination. Augustine's original sin means the inevitability of recognizing secular goods as the purpose of life, which comes from the will and does not negate the free choice of what means to acquit secular goods. As to whether the determination of will belongs to Will as an independent mental organ or to Reason, it depends on whether will is discussed in the metaphysical context of the origin of evil or in the ethical context of individual imputation.

【**Keywords**】 Free Will, Free Choice, Free Determination, Original Sin, Intellectualism, Voluntarism

阿奎那行动理论中的意志与道德运气①

归伶昌②

【摘要】 道德运气,特别是它与意志的关系为何的问题在现当代伦理学研究中占有重要的位置,这一问题在阿奎那思想中的位置也开始得到讨论。本文试图在梳理阿奎那和与之对立的阿伯拉尔主义在意志和道德运气关系问题上不同观点之间差异的基础上,通过将阿奎那道德行动理论阐释为一种质形论结构,意图指出,阿奎那以符合理性为行为善的形式准则,实际上允许道德运气作为行为的质料性部分参与到道德行动善恶大小的变化的影响中来。但这一对道德运气的容纳仅限于关涉此世的善恶行为,关涉来世的本质性的善恶行为则完全不受道德运气影响而仅仅取决于出自意志的善的意图。阿奎那行动理论的这一框架,既不否认道德运气的客观存在和对道德行动的影响,又有效限制了它对道德行动进行善恶判断的干扰,并在一定程度上保留了意志不受道德运气影响。

【关键词】 意志,道德运气,质形论结构,双重幸福论

所谓道德运气,指的是"某人所做之事有某个重要方面取决于他无法控制的因素,而我们仍然在那个方面把他作为道德判断对象"③的情况。关于道德运气对道德评判的影响,道德运气与意志关系的讨论古已有之。④ 但一直到威廉斯和内格尔之后,这一问题才真正成为伦理学的重要问题之一而受到广泛而专门的讨论。随之而来的是,人们从这一提问视角出发,对哲学史中的相关思想所进行的回溯性考察。⑤

同样地,阿奎那的思想与道德运气的关系问题在英美当代阿奎那伦理思想研究中也

---

① 本文系国家社会科学基金青年项目"阿奎那行动哲学历史价值与现实意义研究"(项目批准号:21CZX056)的阶段性成果之一。

② 作者简介:归伶昌,华中科技大学哲学学院讲师,主要研究方向为中世纪哲学。

③ [美]托马斯·内格尔:《人的问题》,万以译,上海:上海译文出版社,2014 年,第 29 页。

④ 比如高尔吉亚的《海伦颂》(*Helenae encomium*)就将传统上归于海伦的道德过错归咎于施加在她身上的各种外在因素。

⑤ 参考例如 Martha C. Nussbaum, *The Fragility of Goodness: Luck and Ethics in Greek Tragedy and Philosophy*, Cambridge: Cambridge University Press, 2001。

得到了注意。① 不过,这些研究基本只考察了阿奎那思想中偶然因素如何对行为的结果发生影响。但在阿奎那的伦理学中,道德运气、意志和善恶之间显然有更复杂的关系。本文试图在与阿伯拉尔的道德意志中心主义对比的基础上,以质形论的框架展示阿奎那如何在允许道德运气对道德行动的影响的同时,确保道德善恶评判的稳定性。本文的第一部分将简要总结意志中心主义的观点和道德运气问题对其的挑战;第二部分将以质形论的方式重构阿奎那的行动理论和关于恶的理论,从而揭示出阿奎那如何解决道德运气与道德评判独立性之间的张力;第三部分将会在阿奎那思想更完整的背景——即双重幸福论——中来讨论道德运气和意志的关系问题。

一、阿伯拉尔主义与道德运气

当代所谓道德运气的概念,主要由托马斯 · 内格尔和威廉斯针对康德所提出。在康德看来,一个行动的道德性与偶然的外在因素无关,而只与意愿(wollen)和善良意志(guter Wille)有关,在《道德形而上学基础》中,康德说道:

> 善的意志(der gute Wille)之所以是善的,不是由于它所造成或达到的结果,也不是由于它对实现某种预定目标的适当性;它之所以是善的,仅仅由于它的意愿(sondern allein durch das Wollen),也就是说,它本身是善的。而且,就它本身来考虑,对它的估价应当无可比拟地高于它所可能带来的任何结果,任何有利于某一倾向甚至所有倾向之总和的结果。即使万一发生如下情况,由于命运特别不济,或由于继母般的自然界提供的必需条件严重不足,使这种意志竟然完全没有力量实现其目标,如果尽最大的努力也不能使它达到它的目的,如果剩下的只有那善的意志(der gute Wille)不是作为一种单纯的愿望(bloßer Wunsch),而是使尽我们所掌握的所有方法),它仍会放射出宝石般的光芒,因为它自身拥有它的全部价值。无论是富有成效还是毫无结果,都既不会增加,也不会减少这种价值。②

---

① 代表性的研究有 M. V. Dougherty, "Moral Luck and the Capital Vices in *De malo*: Gluttony and Lust," in *Aquinas's "Disputed Questions on Evil": A Critical Guide*, Cambridge: Cambridge University Press, 2016, pp. 222 – 234; John Bowlin, *Contingency and Fortune in Aquinas's Ethics*, Cambridge: Cambridge University Press, 1999。

② 转引自[美]托马斯 · 内格尔:《人的问题》,万以译,上海:上海译文出版社,2014 年,第 26 页,我将"wollen"译为"意愿",而非原译文的"愿望",以避免与"Wunsch"的翻译混淆。这里的德语原文出自 Immanuel Kant, *Grundlegung zur Metaphysik der Sitten*, Felix Meiner Verlag, 2016, p. 12。

康德的这一思想,其核心在于,只有绝对不超出个人主观上的控制能力和个人意愿——即只有意志——才是道德评判唯一可靠而恰当的标准。与之相对的是,思虑的周全或者不周全,受到偶然外在因素影响的具体行动及其结果不是评判道德的标准。因此,一个道德行动的全部道德价值(der volle Wert)都在意志之中。

康德的这一想法在中世纪早已有了先声:12 世纪的哲学家阿伯拉尔在其著名的《伦理学:认识你自己》中有几乎相同的主张:

> 当意图(intencio)正义时,整个由之而来的行动就都是配得上光明的,也就是说,都是善的,我们可以把这些行动当作[意图的]具体物形态[mos corporalium rerum]……而行动,无论是受到谴责的亦或是得到认可的(reprobum et electum),都就其自身而言是不善不恶(indifferentum)的,它们只会因为行动者的意图而被称为善或恶。也就是说,不是因为某个善或恶的行为发生了,而是某个行为善地或者恶地发生了。①

在阿伯拉尔这里,任何行动本身,都是不善不恶的,因此,只有意图才是善恶的源泉,善的意图所行出来的事才能被称为善的,恶的意图所行出来的事才能被称为恶的。从而,任何行动的善恶不受外在条件,不受行动结果的制约与影响:

> 神根据每个人罪的量来给予惩罚。所有同等地藐视(contempnere)神的人,之后也会受到同等的惩罚,无论其具体情境(condicio)和职业(professio)为何:当一个僧侣和一个平信徒同等地赞同奸淫时,且当这一平民内心如此这般地被激荡着,以至他就算成了僧侣也不会出于对神的敬畏而放弃这一可耻的行为的话,那么[这个平信徒]受到的惩罚和僧侣一样。同样,一个人因为公开的恶行而伤害了很多人,并对通过这一榜样效应而败坏了他们;另一个人则隐秘地犯罪,仅仅伤害到了自己。当这个隐秘犯罪的人[与公开犯罪的人]具有同样的蓄意(propositum)和对神的藐视,从而他没

---

① 阿伯拉尔的上下文是神学性的:"Diligenter itaque Dominus, cum secundum intencionem rectam uel non rectam opera distingueret, oculum mentis, hoc est, intencionem 'simplicem' et quasi a sorde purum ut clare uidere possit, aut a contrario 'tenebrosum' uocauit, cum diceret: Si oculus tuus simplex fuerit, totum corpus tuum lucidum erit, hoc est, si intencio recta fuerit, tota massa operum inde prouenientium, que more corporalium rerum uideri possit erit luce digna, hoc est, bona. Sic et econtrario." Petrus Abaelardus, *Scito Te Ipsum*, Brepols, 2011, 36,4, pp. 224–225.(译文均为笔者翻译,下同)

有败坏他人而仅败坏自己不过纯粹是偶然,那么这个没有因为神而约束好自己的人在神那里受到的惩罚就是一样的。在善恶报应上,神只关注灵魂,而非行动的效果,不衡量我们善或恶的意志(uoluntas)产生出来[的产物]是什么,而是只判断我们的灵魂在蓄意中的意图(intencio)为何,而非外在行动的效果。①

在这段文本中,阿伯拉尔将自己的观点更具象化和极端化:即使两个行为产生的后果差异巨大,只要其意志的动机中包含的善意和恶意的大小一样,那么这两个行动的善恶大小便一致。

内格尔质疑这种阿伯拉尔主义式的道德观,对于他来说,这一企图将任何外在运气因素排除掉,以"善良意志"作为道德善恶可靠支点的想法有其天然的困难之处,因为在内格尔看来,被道德运气所包围的"善良意志"受制于各种不受人们控制的因素,这些因素往往构成了某个行为发生的前提和环境,从而意志最后不过是一个"没有广延的点"。② 因此,任何道德行为的道德性,都不可能与道德运气全然无关。

按照外在情况对道德行动影响的不同方式,内格尔归纳了四种道德运气:生成运气、环境运气、原因运气和结果运气。③ 这些运气紧密地包裹着每一个善或恶的道德"事件",以至于我们无法找出在这种叙事中应该负起道德责任的、绝对独立的道德主体。从而,我们可以为某个行为感到遗憾或高兴,但却无法责怪它或赞扬它。④ 正如内格尔自己所说,这一问题的根源在于那个作为道德判断对象的自我的一切行动和动机都可以被还原到事件中,从而"自我"有被瓦解的可能。⑤

阿伯拉尔虽然和康德在道德运气问题上持有同样的立场,但他的立足点并不在自我的绝对独立性,而是在神意的透明性上:神可以洞见每个人的一切角度,因此,神不需要通过观察行为的结果来对行为的道德善恶或者善恶的程度进行判断。神作为道德审判者的这种"直抵人心"的特性,使得任何关涉到判断行为善恶的偶然要素都成为不可能。因此,以有神论为前提面对阿伯拉尔去回答"道德运气何以可能",看上去似乎并不比面对

---

① Petrus Abaelardus, *Scito te ipsum*, Brepols, 2011, 29.1-5, pp. 211-213.

② [美]托马斯·内格尔:《人的问题》,万以译,上海:上海译文出版社,2014年,第38页。

③ 同上书,第40页:"大体上有四种情况,使道德评估的自然对象令人不安地受到运气摆布。一种现象是生成的运气:你是这样一种人,这不只是你有意做什么的问题,还是你的倾向、潜能和气质的问题。另一种是人们所处环境的运气,人们面临的问题和情境。还有两种涉及行为的原因和结果:人们如何由先前环境决定的运气以及人们的行动和计划结果造成的运气。"

④ 同上。

⑤ 同上书,第39页。

内格尔去回答“不受运气影响的独立的道德主体何以可能”更轻松。通过对阿奎那文本的分析我们会发现,阿奎那不仅接受了这一挑战,并且认可了道德运气的可能性。在第二节中,我们将指出阿奎那的这一宣称首先基于其对行动的一种与阿伯拉尔全然不同的质形论的解释框架。

二、道德运气的阿奎那解决:一种质形论的框架

与康德或阿伯拉尔不同,阿奎那并不将道德行为的善恶根据放在善良意志上,而是放在人对理性符合本性地使用上。他说:

> 人性行为之善恶是根据理性,因为……人之善是按理性的实在,而恶是不合理性者。每一物之善,是那按其形式适合于它者;而恶是“不合理性者”。可见对象善恶之区别,是看其对理性的本然关系,即是说,看对象是否符合理性。有些行动被称为人性的或者道德的,乃因为是出于理性。①

一个行动是善的,是因为这个行动符合了人这一存在物恰当的存在形式,即人的本性的恰当实现。这种实现就是“幸福”(beatitudo)。这也就意味着,一个行动的善恶并不仅仅依赖于人符合理性的欲求——即拥有善的意志,还要求人符合本性地将这一欲求付诸实施,即理性地行动,以及产生出符合人本性的恰当实现作为其结果。

我们注意到,与阿伯拉尔主义不同,阿奎那这种界定善的方式不从行动的部分出发,即不是去找寻行动各个环节中哪一个环节才是那个“宝石般光芒”的真正所有者,而是从整体的角度,要求整个行动具有“符合理性”这一形式。

在这里,阿奎那只是在形式上规定了行动的善的条件,而对具体行动的内容并没有给出规定,这也就事实上允许了道德运气与行动道德性的并存,这一点最明显地体现在阿奎那谈论生成及原因运气和结果运气这两方面。

在阿奎那看来,个人偏好和秉性作为生成运气,有限的认识作为原因运气都会对道德行动发生影响:

> 若是这样的善,它并不在所有能被考虑到的方面的意义上被认为是善的,它

---

① Thomas Aquinas, *Summa Theologiae*, Leonina ed., 1882, I-II, q. 18, a. 5, c(《神学大全》的译文出自周克勤等译,台北:中华道明会/碧岳学社,2005年,下同)。

将——即使在行动的类上(quantum ad determinationem actus)——并不必然地推动[意志],因为某人可以在意识到这个善的情况下意愿与其相反的东西,因为[后者]或许就别的方面来考虑是好的和合宜的,比如某物对健康是好的,但对享乐却不是如此,在别的事情上,情况也是如此。

意志相较于另一个对象而倾向于这个个别的对象,可能出于下面三个原因:

其一,因为这个更被看中(preponderat),从而依理性而推动意志,比如某人相对于对欲求有益的东西更偏好对健康有益的东西;其二,人们只考虑事件的某个个别角度而没有考虑其他角度,这通常发生在或是由内,或是由外出现的一个偶然情况,使得某人有了这样[有局限性的]认知;其三则出于个人秉性(dispositio),正如亚里士多德所说,一个人是怎样的,所呈现给他的[人生]目的就是怎样的。从而暴躁的人的意志被推向某个[目的]的方式便与平静的人的意志被推动的方式不同。①

在阿奎那这里,尘世的善具有不完备性,这种不完备性决定了个人可以对善有不同的抉择。而个人的偏好——这种偏好可以产生于文化习惯,产生于教育培养,等等——则可以成为这一抉择的标准之一,从而一些人可以在一些情况下选择或者不选择特定的善。但在这里,阿奎那并不认为这种偏好性能威胁到人们依理性活动——也就是说,不同的人,因为不同的个人背景而有不同的偏好,从而在同一个情境下做出了不同的选择,而这些选择都可以是符合理性的,从而道德上都可以是善的和合宜的。

同样的情况也发生在个人秉性那里:有些人比较暴躁,有些人比较平和,从而呈现给他们的目标是不同的,他们也会依照各自的理性行事,都可以做出符合理性的行为。

在一个具体的情况中,人们的认识往往是有限的,因而人们只能从有限的角度来考虑采取的行动。在绝对的意义上,这种考虑或许并不是最佳的,但只要这个人在有限的认知中进行了理性的考虑并依此行动,那么他的行为就依然是善的。

与内格尔的思维方式不同,这些生成和原因运气在阿奎那那里尽管构成了道德行动的基础要素,但道德善恶的绝对基础——人是否依据理性活动——并不与之对立或分离,而是恰好建立在这些生成运气之上,即某个特定的个人如何在有特定的喜好、仅仅能考虑有限的角度、有自己独特个性的情况下依照理性行动。因此,人有可能因为自己倾向和喜

① Thomas Aquinas, *Quaestiones disputatae De malo. Opera omnia XXIII*, Leonina ed., 1982, q. 6, a. 1, c., 150.450 - 467。该译文为笔者所译。

好的差异而在具体情境下有不同的行动,但是都是合乎理性的偏好。① 这一道德善恶性和道德运气之间的关系无疑具有一种质形论的框架结构:符合理性或者不符合理性作为形式性因素决定了这个行动的类(species,即行动是善或者恶的),而诸道德运气则构成了道德行动的"质料"方面的基础。②

这些质料性的运气因素虽然并不能改变行动的类,但在阿奎那看来,它们确实会对善恶的大小产生影响,在讨论到一个人是否有可能同时有多个互不从属的目的时,阿奎那说:

> 若两个东西之间不相关联,人也能同时有许多目的。这可由下面的事看出来:一人在二者中选取一个,因为它比另一个好;一个比另一个好的条件之一,是因为第一个有多种用途,因此,一物能因有多种用途而优先被选。由此可见,人同时有许多志向。③

这段文本谈论的是人如何在比较中进行选择,在这里,能实现目标的多少,也就是这个善的量的大小,只是某人进行选择所要考虑的要素之一,这也就意味着,个人喜好和不同的倾向也是选择所要考虑的要素。但反之,这也意味着,受生成和原因运气影响的选择很可能并不能获得最大的善。但在阿奎那,这不一定有损于一行为是符合理性的,即是善的:某人习性喜欢吃清淡食物,于是尽管例如汉堡更能填饱肚子,但他依然会选择例如寿司作为午餐。这里,一方面他的选择,在他个人习性和个别情况的基础上是符合理性的,但在获得的善(营养)方面确实又(相较午餐选择吃汉堡)更小。

因此我们可以发现,尽管行为是善的抑或恶的这一类的规定性可以免疫于生成运气和环境运气——因为这一类的规定性(即道德行动的类,species)仅仅由行动是否符合理性所决定——但行为所实现出来的善的大小,则可能因为这些运气因素而有所改变。也就是说,道德运气不能在类的规定性上,只能影响行动中善恶的大小。

在结果运气方面,阿奎那对这一二重性表述得更为明显,比如当阿奎那追问一个人性活动(actus humanus)的善恶大小是否仅与意图相关时就指出,外在的障碍

---

① Wolfgang Kluxen, *Ethik des Ethos*, Verlag Karl Alber Freiburg, 1974, p. 58.

② 阿奎那并未在这一角度上明确使用过质形论。但阿奎那却在其行动理论中将意图—意图对象描述为一种质形关系,关于这一点的研究,参见 Martin Rhonheimer, *Natur als Grundlage der Moral*, Tyrolia, 1987, pp. 94-95。

③ Thomas Aquinas, *Summa Theologiae*, Leonina ed., 1882, I-II, q. 12, a. 3 c.

(impedimentum)可能会导致实现出来的善比意图的善小:

> 若我们从对象方面去看两种分量,则显然行动之分量不随志向之分量。关于外在行动,这有两种可能性。一种是导致所志目的之对象,与该目的不相称,例如:一人给十块钱,却想买值一百块钱的东西,则其志向不能完成。另一种是外在行动遇到我们不能克服的故障,如一人立志去罗马,遇到了困难而未能成行。①

在这里,与理智计算的错误不同,外在的障碍完全不处在个人的控制范围之内,但它依然会导致行动中善的大小发生了改变,但与此同时,这个行为的类(比如到罗马朝圣作为一个善行)则并不会因为它的没有成行而改变(变为恶的)。

从上面的研究中我们可以发现,尽管阿奎那依然将属于意志的意图活动作为一个行动是否能进行道德判断的先决条件,但这一意志仅仅是一个"动力因",比它更根本的是所追求的人的本性的实现,即幸福作为目的因,即人理性地,或者在理智控制下活动。因此,与阿伯拉尔和康德不同,阿奎那完全认可道德运气对道德行动及其道德评价的影响——用一种质形论的方式我们可以说,这些"运气"要素被作为人这一主体自我实现的质料而存在。但我们必须注意到这一影响仅仅限于量的范畴,即道德运气仅仅只能改变某个行动的善或恶的大小,但却不能改变这个行动的本质规定性,这就像在一块次等的木头上雕刻的人像诚然没有在一块上等的木头上雕刻的那么让人赏心悦目,但我们依然要说这是一个人像而非一只鸟的像。

但要注意的是,由于善恶的标准变成了人是否合乎本性地,即是否理性地行动,因此善的标准不再如同康德和阿伯拉尔认为的那样是意志的一个"点",而是整个意志活动——也就是说,阿奎那对善的要求变成了整个意志活动中保持理性。而理性的有意的不在场则被视为是一种恶。从而不仅仅是内在的意图,外在行动的执行、手段等都成了决定一个道德行动善恶的要素:在一个救援活动中,我们不仅需要良好的意愿,还要尽可能地合理规划,帮助真正需要帮助的人,要合理安排,这才构成一个真正的善行。

到目前为止所展现的阿奎那,更多还是亚里士多德式的②。但与亚里士多德不同,阿奎那的伦理学是以基督信仰为基础的,因此他的伦理学的幸福论基础是与亚里士多德全

① Thomas Aquinas, *Summa Theologiae*, Leonina ed., 1882, I-II, q. 19, a. 8, c.

② 关于亚里士多德思想中的道德运气问题,参考雷传平:《道德运气研究》,广州:中山大学出版社,2017年,第二章,第30-70页。

然不同的所谓的“双重幸福论”。这一理论使得道德运气与意志,与道德善恶之间的关系变得更为复杂。在第三节中我们将会从双重幸福论这一更完整的背景出发,更全面地讨论道德运气在阿奎那思想中的位置。

三、双重幸福论与道德运气的限度

在阿奎那看来,一种亚里士多德式的追求个人完满实现的幸福定义虽然不是错误的,却有一个明显的问题,即无法完满地实现。人本性上求知,因此,“认知真理”是人最高的欲求。但一方面,我们的肉身是有限与可朽的,另一方面,我们追求的对象也是有限与可朽的,这两者都没法让我们的理性充分而完满地实现——我们根本无法穷尽个别的知识,而我们又无法通达整全的普遍知识。但亚里士多德有一个著名的命题:神与自然不会白白地造作(ὁ δὲ θεὸς καὶ ἡ φύσις οὐδὲν μάτην ποιοῦσιν)[①],也就是说,如果我们人有如此这般的欲求,那么这一欲求就应该以一种恰当的方式得到实现。为了贯彻这一原则,就必须超越现有的欲求基础(即我们可朽而有限的身体)和欲求对象(即可朽的物质实体及由之而来的个别的知识)——只有当灵魂与其对象都处在不可朽状态时,我们自身的欲求才能最完满、最充分地实现,实现完全的幸福(beatitudo),这一幸福与不完满的,此世能达到的幸福构成了所谓的“双重幸福”(beatitudo duplex):前者是完美的,因此是本质性的,后者是前者衍生或者分有出来的,是不完美的,因此是偶性的。[②]

但人最高的理性欲求完善实现是依靠我们自己的能力所无法达到的,因此,我们需要一个额外的帮助来使得我们能够直接通达普遍真理,同时我们也需要一个普遍真理作为客体。这一主体上的额外协助和客体上的额外给予都来自神,也就是说,只有通过神的协助(即神的恩典)和神作为普遍真理对象,我们才能充分地实现求知活动,实现这个完善的本质幸福。而这一实现活动由于是来世的和非质料性的,因此它不依赖于任何具体的实现活动,也就不依赖于任何“结果运气”——只要有足够的善良意志(对神之爱,caritas)就足够了。因此,阿奎那说:

> 某人虽然有进行施舍的意图,但却因条件不具足而未能做到。他所获得的本质性的奖赏——这一奖赏是神的喜悦——并不比如果他真的捐献了要少。这一奖赏与

① Aristotle, *De Caelo*, 271a 33, 291b 13 - 14; *De Anima* 432b 21, 434a 41; *De Partibus Animalium* 661b 24, 691b 4 - 5, 694a 15, 695b 19 - 20; *De Generatione Animalium* 739b 19, 741b 4, 744a 37 - 8.

② 关于双重幸福论,参看,A. Speer, *Das Glück des Menschen* (*S. th. I - II, qq. 1 - 5*), De Gruyter,2005,pp.161 - 164。

和意志有关的对神之爱相关;但若是涉及偶性上的奖赏,即关于受造物的喜悦时,则不仅意愿,而且真的做了的人所得的奖赏更多。因为他不仅因为意愿这样做而快乐,也因为确实这样做,以及由此带来的各种善而快乐。①

我们发现,对于阿奎那来说,本质性的善不仅如同偶性上的善那样,在类或道德行动的本质上对结果运气免疫,它甚至在善的大小上也对结果运气免疫:一个因为结果运气没有实现出来的善行并不会影响和改变本质善的量的大小。

而当我们考察本质性的善的本质时,我们会发现,它的大小不仅与结果运气无关,它甚至似乎与一切偶然性因素无关,因为本质性的善的量关涉的是爱德的多少,其实现是来世至福直观中直观上帝的能力,而这一爱德的程度与任何道德运气无关:

看见上帝的能力,并不是受造的理智的本性所固有的,而是……借助于荣光或荣福之光,是这荣福之光使理智获得上帝的某种形式或相似上帝。因此,分受荣福之光较多的理智,看上帝就看得更完全。而有更大爱德的,就分受更多的荣福之光,因为那里有更大的爱德,那里也就有更大的愿望;而愿望使愿望者适于并妥善准备自己承受所愿望之物。所以,那更有爱德的人,就更完全地看见上帝,也就更有福。②

对于恶,情况也是如此,与神相关的所谓本质性的恶(死罪)的实现,不依赖于结果运气,它的大小,也与其结果不相关,而偶性的恶——这种恶的大小取决于给别人造成痛苦——其大小则与结果运气相关,造成越大的痛苦,其所具有的偶性的罪也就越大:

类似地,当用本质性的惩罚——这一惩罚在于与神的分离和由此带来的痛苦——来考虑过失(demeritus)的大小时,那仅仅在意志中犯罪的,过失不比在意志和行动中犯罪的人小,因为这一惩罚惩罚的是对神的蔑视,它仅考虑意志。但当涉及次等的惩罚时——它在于从别的恶而来的痛苦,那在行动上和意志中犯罪的,其过失更大。因为他不仅要承受来自欲求恶的痛苦,还要承受作恶的,以及由此产生的一切恶

---

① Thomas Aquinas, *Quaestiones disputatae De malo. Opera omnia XXIII*, Leonina ed., 1982, q. 2, a. 8, ad. 8, 34, 250-260.

② Thomas Aquinas, *Summa Theologiae*, Leonina ed., 1882, I, q. 12, a. 6, c.

的后果。①

在这一段文本中,阿奎那更清楚地将本质性善恶的大小对道德运气要素免疫的原因表达了出来:本质性的善恶涉及的仅仅是意志——涉及的是爱德的增长与毁灭,而不涉及行动。在这个角度上,阿奎那事实上与阿伯拉尔主义是契合的。但他并非阿伯拉尔主义者,因为即使是本质性的善也依然是在人符合理性活动基础之上的额外的神的恩典,或者一个"额外的",更充分的完善性,所以这里依然要求人在有这个额外的善良意志的同时,必须依然保持理性地行动,否则对来世的完满幸福并无助益,对此,他的典型例子便是,通过杀戮来取悦神,或者通过偷窃来施舍的做法在道德上依然是恶的。②

因此我们可以发现,在来世幸福这一层次上,道德行动的善恶与道德运气之间的关系与在此世幸福这一层面上有显著的不同:两者虽然都建立在理性符合性上,因此都在类上(也就是在善恶的质的方面)免疫于道德运气,但与此世的善恶(偶性上的善恶)不同,由于本质性的善恶关涉的纯粹是人的意志,因此善恶的大小不受道德运气的影响。

四、结论

本文的研究揭示出,与阿伯拉尔主义不同,阿奎那伦理思想中处在核心地位的不是意志,不是"对善的意欲",更多的是理智,"理智符合本性地行动"成为道德善恶的标准。这一思路使得道德主体与道德运气之间不是如同在康德或者阿伯拉尔那里那样处于一种排斥的紧张关系,而是相辅相成,构成一种质料—形式关系。在这种关系下,行动善恶的本质不会因为道德运气而改变,但善恶的大小则可能因为道德运气因素而有所增减。但在阿奎那双重幸福论的框架下,道德善恶的标准和道德运气之间的这一双重关系仅仅适用于关涉此世幸福的偶性的善恶,而不适用于关涉来世幸福的本质性的善恶:在本质性的善恶中,道德善恶的大小完全免疫于道德运气。

---

① Thomas Aquinas, *Quaestiones disputatae De malo. Opera omnia XXIII*, Leonina ed., 1982, q. 2, a. 8, ad. 8, 34, 261-274.

② Thomas Aquinas, *Quaestiones disputatae De malo. Opera omnia XXIII*, Leonina ed., 1982, q. 2, a. 8, ad. 8, 35, 296-302.

Will and Moral Luck in Aquinas's Theory of Action

GUI Lingchang

【Abstract】 Moral luck, especially its relationship with will, occupies an important position in the contemporary ethics, and this problem in Aquinas' thought also gains its attention recently. This article attempts to interpret Aquinas's theory of moral action as a hylomorphic one on the basis of sorting out the differences between Aquinas and his opposite Abelardism on the relationship between free will and moral luck. Based on this interpretation, I point out that the conformity to reason as Aquinas's formal criterion of action as good actually allows moral luck as a material part of action to participate in the magnitude of morality of an action. But the tolerance of moral luck is limited to the good and evil actions related to this life. The essential good and evil actions related to the afterlife are not affected by moral luck at all, but only determined by the good intentions out of the will. This framework of Aquinas's theory of action does not deny the existence of moral luck and its influence on moral action, however, the theory effectively limits its interference in the morality of an human action, and protects the will from moral luck's effects to a certain extent.

【Keywords】 Will, Moral Luck, Hylomorphism, Double Happiness Theory

康德的意志概念与道德哲学的奠基[1]

贺　磊[2]

【摘要】关于人类意志及其自由的道德论证,是康德将哲学划分为理论哲学与实践哲学的关键。在道德哲学奠基工作展开的过程中,意志概念越来越清晰地被赋予和“实践理性”等同的含义,并最终区别于“意决”概念。这一区分可视作康德对作为“高级欲求能力”的道德能力的哲学阐释和辩护的后果。康德将道德能力关联于对无条件实践法则及由此导出的道德善的理性欲求,使绝对自发性意义上的自由成为道德能力的前提。但康德对道德经验的阐释表明,道德能力作为高级欲求能力只有在与低级欲求能力的关系中才能作为“意志自律”这一事实而展现。因此,意志与意决的概念区分共同构成了实践自我对自身道德能力的阐释。经由理性的实践运用而可能的实践自我理解,不仅主张人类理性具有不可以理论方式还原和解释的“向善的意志”,也作为理论之外的另一个截然不同的“视角”展现了人类理性的自由。

【关键词】康德,意志,实践理性,自由,自律

作为康德实践哲学的核心概念,意志(Wille)概念为阐释者带来的困难是系统性的,因为它与其他紧密关联的若干概念(实践理性、自律、自由)一道构成康德对人类道德能力的复杂理解,以至于对它的恰当把握很难不是对康德的道德哲学奠基工作的整体阐释。当然,围绕着意志概念的具体困难首先在于对该概念本身的界定。康德不是一个吝于给出定义的哲学家,但越核心的哲学概念越难以在康德的著作中找到一个前后完全一致的清晰定义。事实上康德自己非常清楚,哲学概念的一个清晰定义的获得意味着哲学工作的完成而不是开始(A731/B759)。[3] 考虑到康德的批判哲学本身,尤其是其实践哲学也经历过一个发展的过程,我们很容易理解康德并不一开始就将“意志”直接等同为“实践

① 本文为上海市哲学社会科学规划项目“当代行动哲学视域下的康德实践哲学诠释与对话研究”(项目编号:2022BXZX003)研究成果。

② 作者简介:贺磊,慕尼黑大学哲学博士,同济大学人文学院助理教授,主要研究方向为康德哲学、德国古典哲学。

③ 按照康德研究惯例,本文在引述康德著作时随文或在脚注中给出其在科学院版《康德全集》中所处卷数与页码,《纯粹理性批判》的引文则标注第一版(A)和/或第二版(B)的页码。引述康德文本的汉语译文参考康德:《康德著作全集》,李秋零等译,北京:中国人民大学出版社,2010年。个别译文有改动处不一一说明。

理性”,或从一开始就清晰地区分“意志”和“意决”(Willkür)[①]。因此,我们对意志概念的考察虽然不必是历史性的,但却必须考虑理论发展的可能线索和理路。本文的意图在于尽可能地展示意志概念在康德道德哲学奠基工作中被赋予的哲学意义,因而我们将大致按照批判时期康德道德哲学发展的顺序,逐步考察意志概念在不同著作中牵连的核心问题,从而围绕意志概念给出对康德道德哲学某些重要观点的辩护性阐释。

一、意志与实践哲学的可能性

在康德的批判时期的著作中,意志概念的频繁出现伴随着实践哲学工作的展开,而这一工作的前提是以理性的理论运用为主题的《纯粹理性批判》。虽然提及次数有限,康德已经将意志概念联系于自由问题,并指出意志概念和我们对什么是“实践”的东西的理解相关。在明确提及实践自由的语境中,康德时常使用“意决”概念。由于康德直到《道德形而上学》才在术语的意义上严格区分了意志和意决,这两个概念都可能关联宽泛意义上的自由意志问题。确定的是,这对概念和康德的“理性”概念一样都表达了某种“能力”(A534/B562),而且是一种和“情感”(Gefühl)一样不属于“认识”的能力(B66)。这种与认识能力和情感能力区别且并列的能力,在康德的后续著作中更常被称作“欲求能力”(Begehrungsvermögen),不过在第一批判中这个词只出现过一次(A802/B830),且指涉一种感性的、不依赖于理性的欲求能力。[②] 与之相对照,意志与理性的关系似乎更为密切,因为康德会谈到理性具有能够规定意志的“因果性”(A803/B831)。因此,即便不考虑康德赋予意决的自由的确切含义,同样被理解为是一种因果性的“自由”,在与理性的关联中也潜在地关联于“欲求能力—意决—意志—理性”这一概念簇。最后,第一批判也已经零星提到了“意志”“自由”和“道德法则”之间的某种联系(A44f./B79)。

仅凭上述有限文本事实,我们还无法看出一个清晰的意志学说的轮廓,但可以从中获得一些重要观察。由于自由问题首先是在思辨形而上学的语境中提出的,康德在什么意义上能够证成一种与“自然的形而上学”相并列的“道德的形而上学”(A841/B869),并不是显而易见的。如果按照康德后来的自我理解,《纯粹理性批判》仅仅是对“理论理性”或“思辨理性”的考察,那么前者当然不与道德哲学或广义上的实践哲学有直接关系。但问

① 对“Willkür”一词的翻译存在巨大困难。由于汉语固有词汇中很难找到完全对应的词汇,本文勉强采用“意决”这一更陌生化的译法,以在字面上显示“Willkür”与做选择和决定能力的直接关系,以及和“意志”概念的亲缘性。

② 与之不同的是,在被康德称作是理性批判工作的“完成”的《判断力批判》中,康德将“欲求能力”列为三种基本心灵能力(Vermögen des Gemüts)之一,并使每一种能力对应于一种认识能力,尤其是欲求能力被对应于狭义上的“理性”(5:177f.)。

题在于,康德在第一批判中直接将一切实践哲学排除在了“先验哲学”之外。① 即便二律背反学说论证了先验自由是可设想的,这一先验自由概念也仅仅是一个关于绝对自发性(absolute Spontaneität)的理念,没有任何对应直观可以被给予。更重要的是,先验自由之所以是一个“宇宙论的”理念,正是因为该理念对应的首先不是世界中有限存在者的“欲求能力”,而只关涉某种“必须仅仅存在于世界之外”(A451/B479)的能力,其首要哲学意义更多关联的是古代哲学所讨论的“第一推动者”(A450/B478)的问题。但是既然康德认为,“凡是经由自由而可能者皆是实践的”(A800/B828),那么,在什么意义上“先验自由”不是一个实践哲学的问题?如果实践哲学整个不属于先验哲学,与自然的形而上学对置的道德形而上学又如何可能?

然而另一方面,康德很显然在第一批判中就认为,意志自由问题是与先验自由紧密关联的,以至于会提出实践自由“建立在自由的先验理念之上”这一论断,并且敏锐意识到是后者构成了我们理解自由的可能性的真正困难(A533/B561),因此关于先验自由的二律背反的解决对于实践哲学才可能有重大意义。而在直接谈论人的实践自由的时候,康德明显更偏好使用“意决”概念。被康德称作是“*arbitrium liberum*”的人类意决,是在与动物所具有的类似能力(所谓 *arbitrium brutum*)的对照中得到界定的,指涉一种尽管(受到某种感性②意义上的刺激)是感性的,但同时[不在感性的意义上受强制(necessitiert)]是自由的能力(A534/B562, A802/B830)。基于这种看起来首先是消极意义上的自由,即“独立于感性驱力的强制”,康德似乎轻易引出了一种可能的积极自由概念:由自己而规定自己(sich von selbst bestimmen)(A534/B562)。然而,“自我规定”(Selbstbestimmung)这一后来在康德的道德哲学中甚至可以视作自律(Autonomie)的同义词的概念,并没有由此得到真正阐明;因为康德还需要为此说明,作为“*arbitrium liberum*”的意决在什么意义上是一个行规定或决定的“己”,而不只是被规定或决定的“己”。更重要的是,第一批判中的意决概念虽然显然和实践自由问题有关,但不直接指向后来道德哲学著作中与实践理性等同的“意志”概念。康德非常清楚,他在此仅仅表达了人类意决有一种“可以通过经验证明的”(A802/B830),并不直接绑定于道德现象的实践自由,至于这种实践自由“是否又会

① 参见 A14f., A801/B829, A480/B508。这一文本事实当然可以通过讨论“先验”和“先验哲学”的意义的变化而得到解释,但重要的是注意到“实践哲学”并非从一开始就和“纯粹理性批判”的计划相关联。实践哲学要成为理性批判的必要部分,就必须论证“理性”和“意志”之间存在本质联系。

② 此处康德使用的“pathologisch”一词在康德著作的语境中并不具有任何“病理学”的含义,而仅仅指涉与我们的感性和情感性要素相关的东西。此外,翻译为“以生理变异的方式”也存在过度翻译的问题,故本文姑且将此词表达的含义理解为“在感性的意义上”。

是自然”(A803/B831),则是另外一个所谓的“思辨”的问题。

第一批判中的这一观点,即“实践的自由是一种自然原因,亦即理性在规定意志方面的一种因果性”,在后续著作中得到了保留。① 这一方面意味着,康德不排斥以理论方式解释人类实践能力的可能性,尽管我们不能由此直接断言康德在自由意志问题上持有某种当代所谓相容论的立场。另一方面,这也意味着作为实践哲学主题的实践自由与先验自由的关系是需要进一步澄清的。在康德的内部语境中,如果人类的欲求能力所具有的实践自由归根到底“只是”这样一种能够作为自然原因起作用的自然能力,而不涉及先验自由,那么“实践哲学”就不可能建立在一种与自然判然区别的“自由”概念之上,康德随后在“道德—实践”和“技术—实践”之间做出的分别也将没有意义。② 反过来,只有论证实践自由和先验自由之间确实有某种重要联系,实践哲学才有资格和理论哲学并列,而不隶属于后者。当康德在第二批判中将自由概念称作是整个批判哲学的拱顶石时,这个自由概念的含义不能只是宇宙论的和先验的,也不能只是第一批判中被归于“*arbitrium liberum*”的自由,而必须同时是先验的和实践的。换言之,“实践自由”不能仅仅是一种可以有理论解释的、归根到底服从于自然法则的自然能力,而且需要是一种按照另一种“法则”才可能的能力,③这种能力正因其在某种意义上是一种“绝对自发性”而不能进一步以自然化的方式解释。

如果第一和第三批判之间的道德哲学工作能够为理性批判的体系和哲学的体系的划分提供坚实的依据,那么对道德问题的探讨应当有助于我们证成一种不仅仅是“自由意决”的自由能力。按照康德的计划,这种能力是通过对所谓“实践理性”的批判来给出的。众所周知,在这个批判中康德想要表明理性自身就是实践的,并且由此自由这一先验理念的实践的实在性也得到了证明(5:3f.)。然而要真正理解这一计划并不容易,其困难不仅仅在于康德自己采取的论证方式,也在于现当代哲学对于“实践理性”的流行理解与康德的理解存在着至关重要的差异。泛泛而论,理性能力或思维和认知的能力,当然在人的实践活动中扮演着重要角色。然而。康德并不是对我们的认知和思维能力如何运作给出一般性的刻画,然后再去考察这种能力在某种特定情境下(所谓实践)如何起作用,例如如

---

① 例如在第三批判的“导论”中,康德非常明确地将“作为欲求能力的意志”理解为是一种自然原因(Natursache)(5:172)。

② 这一区分的经典表述出现在第三批判“导论”中(5:172f.)。由于关涉“技术—实践”的一切规则最终被归于理论哲学,而只有“道德—实践”才真正预设了自由,自由与道德之间的紧密联系得到了强化。

③ 在自由的二律背反学说中,康德已经清楚地指出真正可以设想的自由并不是彻底的无规则性;在《奠基》中,康德再次强调了自由的因果性要作为因果性而有意义,就在于它必须是按照“不变的法则”(4:446)的因果性。

何根据欲望和动机进行实践推理,如何形成关于目的—手段之间的因果联系的信念等。相较这种或多或少可称为休谟主义——在当代尤其是英语世界的哲学讨论中,这种观点无疑是主导性甚至常识性的——的理解,康德的实践理性概念具有远为复杂的义涵和理论负担。这首先体现在,康德在其成熟伦理学著作中多次将“实践理性”与“意志”完全等同(4:412, 5:55, 6:213)。[①] 这一做法都有可能制造理解上的困难,例如当康德在第二批判中频繁使用“意志规定”(Willensbestimmung)、“意志的规定根据”(Bestimmungsgrund des Willens)[②]这样的表达时,意志似乎一方面可以是主动的、行规定或决定的一方(作为“纯粹意志”),从而与实践理性同一,另一方面似乎又可以是被动的一方、需要从纯粹实践理性获得其根据才能导向个别的欲求和行动。意志的这两种可能含义,与第一批判中“意决自由”隐含的两层(消极的和积极的)含义是相对应的。无论将一种“自己规定自己”的能力称作是意志还是意决,这种能力似乎都必须包含着一种内在区分,以及在此基础上的统一。而如果“实践理性”概念不能表达这种统一,反而仅仅代表着区分之一端,将这种能力称作实践理性似乎就有问题;对于“意志”概念而言也是同样的情况。

事实上,理解康德的实践理性和意志概念的一个主要困难,就在于意志概念涉及两种需要区分但又存在关联的语境:其一是对一般而言人的实践能力或欲求能力的理解,其二涉及对人的道德能力的刻画。如果道德能力只是一般欲求能力在某些条件下的运用,则无歧义地谈论人有一种“意志”的能力就是可能的。但康德恰恰认为,道德能力本质上有别于人的一般自然能力,恰恰是这种能力——因而既非一般意义上的理性能力,也非一般意义上的欲求能力——使人有资格具有任何自然物所没有的尊严和价值,正是在这个意义上,我们必须区分“高级欲求能力”和“低级欲求能力”。我们因而可以将康德的整个伦理学视作是对这样一种特别的道德能力的哲学辩护,而这种辩护的后果似乎就是两种欲求能力很难得到统一解释。表面看来,这不过是康德哲学中随处可见的二元论的一种表现而已,只要我们不打算认真对待康德哲学的整体方案,就不需要将这两种能力的关系作为真正的问题提出来。但微妙之处在于,在康德对其道德哲学的奠基工作中,这两种能力之间的关系恰恰是我们的道德自我理解的重要内容,甚至可以说道德能力只有在与一般

---

① 路德维希(Bernd Ludwig)的研究曾指出康德的实践理性概念表面上的怪异之处,并尝试以此为切入点解释该概念与基督教自然法学说的关联。Bernd Ludwig, “Die ‘praktische Vernunft’— ein hölzernes Eisen? Zum Verhältnis von Voluntarismus und Rationalismus in Kants Moralphilosophie,” *Jahrbuch für Recht und Ethik*, 1997, vol. 5, pp. 9–26。

② “Bestimmung”在这两个表达中存在显然的歧义性,这也是为何现有的汉译本会有“决定”和“规定”等不同翻译方式的根本原因。贝克较早注意到了其中的歧义性,参见 Lewis White Beck, *A Commentary on Kant's Critique of Practical Reason*, Chicago: University of Chicago Press, 1960, p. 78。

意义上的欲求能力的关系中才能表明自身的现实性。

我们将看到,这个微妙之处对应的正是康德的道德自律概念的难解之处。人类意志在道德事务中可以是自律的,康德的这个基本主张最需要解释的地方在于,为什么正是在道德这个特定语境中,意志概念和自律概念如此紧密地联系在一起?类似问题在自由的主题上表现得更尖锐,因为比起自律,自由与意志的关联看起来更不应当受道德语境的限制,是否在道德领域之外还能有意义地谈论意志的自由?既然康德在《道德形而上学》中最终清晰地区分了作为实践理性的意志和作为自由选择能力的意决,那么我们为何不能像莱茵霍尔德及后世很多康德研究者一样认为,康德势必也要承认一种在某种意义上独立于一种立法的实践理性能力的——狭义上的——实践自由的能力?显然,这种选项至少是与康德自己的许多考虑相违背的。康德毫不掩饰地将实践自由、意志自律牢牢绑定在道德能力之上,以至于在道德语境之外谈论自由和自律并以此作为理解道德现象的前提反而成了问题。这种在康德研究中不断被质疑的绑定关系,对于康德哲学的整个体系建构而言却是至关重要的,因为自然与自由概念的对立所证成的哲学的划分,实质上是自然哲学和道德哲学的划分(vgl. 5:171)。换言之,按照康德的思路,只有证成了道德能力是一种自律和自由的能力,实践哲学才在一般意义上可能,"自由"才既不仅仅是一种经验的、心理学意义上的自由,也不仅仅是一个"先验理念",而是有"实在性"的。在这个意义上,康德哲学体系作为整体的意义,就高度依赖于其道德哲学的奠基工作。而这一工作的核心,就是论证我们有一种可以被称作意志的"高级欲求能力"。

二、意志作为高级欲求能力

《奠基》第一章开篇的论断是康德伦理学最广为人知的主张之一:唯有"一个善良意志"(ein guter Wille)才能不受限地或无条件地被设想为是善的(4:393)。这个需要整个康德伦理学来辩护的论断,将意志概念置于明确的道德语境中,因为这个论断中的"好"(gut),如康德后来在第二批判中所强调的那样,作为"恶"而非苦和祸的对立面,表达的是无条件的道德价值,因而对应汉语中的"善"(5:59f.)。然而"善良意志"这个表达并不排除一种可能性,即意志也可以是不善的,除非我们能够论证善乃是意志的必然属性。考虑《奠基》第二章对意志的定义:意志乃是"依照法则的表象而规定自身去行动的能力"(4:427)或者理性存在者"按照法则的表象亦即按照原则去行动的能力"(4:412)。仅仅通过该定义并不能看出,在什么意义上这种规定行动的能力本身必定是善的。但在定义意志概念时,康德直接引出了意志与实践理性等同的论题,并由此阐述了所谓意志的"善"的

含义:

> 既然为了从法则引出行动就需要理性,故意志无非就是实践理性。如果理性必然规定意志,则这样的存在者被认作客观上必然的行动,在主观上也是必然的;换言之,意志是一种仅仅选择理性不依赖于偏好就认作实践上必然,亦即认作善的东西的能力。但如果理性不足以独自规定意志,则意志就还服从于一些并不总与客观条件相一致的主观条件(某些动机);一言以蔽之,若意志并非自身就完全合乎理性(如在人这里确实如此),则客观上被认作必然的行动在主观上即是偶然的,而依照客观法则而对这样一种意志的规定就是强制,换言之,客观法则与一个并不完全善的意志的关系被表象为对一个理性存在者的意志的规定,虽是通过理性的根据的规定,但该意志按照其自然并不服从这些根据。(4:412f.)

由这段关于意志和理性的关系的界定,至少可以得出三个要点:第一,对法则的表象需要理性能力,因而如果意志已经被定义为一种通过对法则的表象才能发动的能力,那么意志的运用一般而言就需要理性;第二,人的意志并不必然按照通过理性能力认识到的法则产生行动,其理由在于意志的规定还要求主观条件(即动机),在该条件缺乏时理性就无法规定意志,并且就人的意志的自然(Natur)而言,始终存在与理性的客观法则拮抗的其他主观条件;第三,意志的"善"被直接理解为与作为意志规定的客观条件的法则的一致,即便是以一种强制的方式,或者说恰恰是这种强制表达出一种实践上的必然性,而这种必然性是对"善"的认识的标志。单纯从第一、第二点看,康德的意志概念似乎与休谟主义的实践理性概念并不冲突,因为通过区分意志规定的主观条件和客观条件,康德很接近预设了一种"欲望—信念"模型。但第三点导向了一种关于道德价值和意志的特别观点:不仅意志的善良与否取决于一个理性标准,而且理性能够以强制的方式按照客观法则规定意志,由此意志才能够是善的。

相较第一批判中的相关论述,《奠基》传达出对于康德的实践哲学决定性的一个新主张:对于人的欲求和实践的能力而言,除了有一种"看起来"能独立于感性和自然的强制的自由能力(即第一批判阐述过的意决)之外,还可能有另一种与"善"有着直接关联的能力,且这种关联展现的方式是理性对于欲求能力的强制。值得注意的是,与意决是通过和动物的欲求能力的对照得到界定不同,这种能力是通过与另一种可设想的意志的对照得到界定的:神性的(göttlich)或神圣的(heilig)意志就其意欲(Wollen)必然与客观法则一致而言是“完全善的意志”(vollkommen guter Wille),就此而言,理性的客观法则不可能对这个意志有任何强制,因而我们不能设想法则对该意志呈现为表达出“应当”的诫命或命令(4:414)。通过这一对照,康德得以引出同样作为其伦理学核心概念的“应当”(Sollen)和“命令式”(Imperativ)。但这不意味着人的“意志”与“善”的关系就此得到了完全澄清,因为与一种神性的意志不同,人的意志与理性恰恰不是原本就是同一的,因而在前者那里不会存在对于后者而言非常重要的一个问题:究竟是因为意志为客观法则所规定,从而意志才能够被称作是善的,还是因为出于一个“完全善的意志”的命令,客观法则本身才是善的?这个看起来只关涉善和法则的优先性的问题,实际涉及对“意志”概念的根本理解:非神性的意志究竟是不是一种独立于理性的欲求能力,以至于意志和理性各自原本都有可能是“善”的来源?

在《实践理性批判》中,康德以更为清晰的方式展示了实践理性及其法则对于善的概念的优先性,以至于“善良意志”不仅不再成为引出定言命令和义务的出发点,甚至不再是一个对于论证而言的重要概念。相反,康德更多以“纯粹意志”的概念表达意志与纯粹实践理性的等同,由此康德不仅似乎避免了某种类似于游绪弗伦难题的困难[①],而且由于“善”被定义为纯粹实践理性的必然对象,“纯粹意志”或纯粹实践理性就在同一个意义上成为道德善或道德价值的根源与标准。然而这也意味着,“纯粹意志”是一种既给出道德价值的判断标准从而是理性的,又提供“意志规定”的“主观条件”从而是欲求的能力。[②] 在这个意义上,这个能力就不可能是一种价值中立的、在不同选项之间能自由选择的能力。相反,对道德责任和感性需求之间的对抗和克服关系的强调,只能表明道德能力是无论有怎样别的选择都一定“能够”认同道德法则的无条件约束力的能力。换言之,康德想要证明的是,作为有限的、非神性的但却一定在某种意义上“有理性”的人类欲求能力,人的意志存在着一种相较于其更“低级”的运用而言截然不同的运用方式,正是这种运用方式使得道德对于人类而言是可能的。

因此,虽然《实践理性批判》没有在术语上严格区分作为“*arbitrium liberum*”的意决和

---

① 康德在《实践理性批判》中准确指出了“*sub ratione boni*”(认以为善)的歧义性(5:59 Anm.)。类似《游绪弗伦》中苏格拉底的做法,康德区分了对行动的意愿和将某个行动表象为善,并追问何者是另一个的根据。康德显然同时认为:(1)一个为理性法则规定的意志所欲求的行动才是道德上善的,并且(2)一个道德善的行动之所以被欲求,仅仅是因为该行动被表象为善,亦即被善的理念所规定。这两个观点之所以能够不冲突,是因为康德从实践法则的概念推出道德善的概念,由此“出于对善的认识而意愿X”和“被法则所规定而意愿X”就是等价的。

② 亨利希准确地指出,这意味着理性原则必须同时是评判善的原则(*principium diiudicationis bonitatis*)和施行善的原则(*principium executionis bonitatis*)。参见 Dieter Henrich, *Selbstverhältnisse*, Stuttgart: Reclam, 1982, pp. 11ff。这一论证目标自然使得道德原则与道德动机的关系成为康德伦理学需要解决的核心问题。

作为实践理性的意志,但“低级欲求能力”和“高级欲求能力”的分判已经是其核心的论证目标了。为此,康德给出了对于人的欲求能力的一般界定,这种界定方式与《奠基》中的意志概念的定义存在着结构上的相似,即人的欲求能力一般而言被理解为某种存在者“通过其表象而成为此表象之对象的现实性的原因的能力”(5:9 Anm.)。这一对一般欲求能力的界定隐含表达了一种通过目的联结而起作用的能力①,不过这种能力的运用所依赖的“表象”不必然是法则。如果“意志”或至少“纯粹意志”意味着一种“高级”的欲求能力,那么似乎就在于是“法则”的表象而不是其他表象成为行动以及由此得到实现的某种对象的现实性的原因——但是,仅仅通过“表象”在种类上的分别还并不能说明有一种原则上不同于低级欲求能力的高级欲求能力:

> 因为当人们追问欲求能力的规定根据,并将这些规定根据设定在从某种东西那里期待的愉快中时,重要的并不是这个令人愉悦的对象的表象来自何处,而在于它有多令人愉悦。若一个表象,即便它在知性中有其位置和根源,也只能通过预设主体之中的一种快乐情感才能规定意决,那么其之为意决的规定根据,就完全依赖于内感的性状,即后者由此能被其刺激而有愉快。对象的表象尽可以大不相同。它们可以是知性表象,甚至是与感官表象相对的理性表象,但它们真正借以构成意志的规定根据的快乐情感(愉快,即人们所期待的、催动去产生出客体的活动的愉悦)皆为同一种类,不仅因为它只能纯然经验地被认识到,还因为它刺激了同一种在欲求能力中表达出的生命力,而在这种关系中,它和其他规定根据的差异只能在于程度。(5:22f.)

康德很清楚,为了有意义地区分两种欲求能力,就必须说明“表象”有两种截然不同的“方式”成为意志的规定根据,而不在于表象本身的内容。而如果我们评判对象是否可欲(由此当然我们必定有能力获得关于对象的“表象”)的终极标准只能在于对象的表象与内感的经验性关系(即是否由此会产生愉快),那么我们的欲求能力就只有一种。问题在于,一种可设想的与之截然不同的人的欲求能力,并不在于其发动完全不依赖于感性。正如康德坚持感性直观之于成功认知活动的必要性一样,感性因素并不能被排除出人的欲求能力的任何运用。因此,当康德在《奠基》中称人的意志总是需要主观条件,亦即总

① 如果我们对照欲求能力的这一定义与康德后来在第三批判中对于“目的”概念的定义(5:426),前者几乎就包含了后者。对于我们的实践自我理解而言,谈论一种目的因果联结是极其自然的,因而即便是在表面上极度反目的论伦理学传统的《实践理性批判》中,康德有时甚至就将人类意志称作是“目的的能力”(5:59)。

是以主观的动机为条件时,这一刻画涵盖了欲求能力的全部运用,而非仅限于低级欲求能力;相反,“客观上”某个行动的实践必然性,针对的只是理性的判断,更确切地说,是理性的价值评判。如果存在一种“高级”的欲求能力,那么它的发动需要同时包含上述两个方面的条件:“客观有效”的理性的价值评判必须能够在“主观上”提供出意志规定的动机,而不是相反。①

事实上,在我们对所谓低级的欲求能力的理解中,对“动机”的客观化几乎是自然而然的,这也是因果主义的行动理论在根本上与我们的直觉相符之处。无论“表象”的内容是什么,对表象能够导向行动的理解,很难不是一种表达了“动机或理由作为某种类型的原因导向作为结果的行动”因果解释,即便这种因果解释难免因涉及身心问题而在形而上学上是存疑的。康德并不认为这种因果解释仅仅是一种成问题的常识性理解,因为在经验意义上为心理现象给出自然解释本身就有某种可辩护的正当性。② 但在道德的语境中,看起来康德所谓一种高级欲求能力的可能性,似乎就在于自然因果解释的不适用。因为如果我们不再将一种自然因果联系运用于“表象”“欲望”等被理解为心理现象的意识内容,而是将看起来同样可以成为意识内容的“法则”理解为直接规定欲求能力的第一原因,那么由此发动的欲求能力必须预设一种自由因果性,对法则的表象也就不能再追溯到时间上在先的自然原因(例如某种作为动机起作用的欲望)而得到解释。相反,法则直接规定意志的方式只能对应于一种绝对的自发性,由此道德意识与一种先验自由的联系便可以理解了。

但是,这个看起来表面上符合康德意图的阐释方式,掩盖了围绕着意志概念的困难;或者说,这种阐释会导向对“高级欲求能力”一种成问题的理解。在什么意义上,理性的“法则”作为原因起作用的方式,不同于自然原因起作用的方式?如果我们依然以自然的因果性为模型来理解一种宇宙论意义上的自由因果性,并将这种对自由因果性的理解直接运用于欲求能力,则欲求能力就成为一种被理知的原因所决定的欲求能力:设定理性的

---

① 而这似乎同时也意味着,一个就第一人称视角而言被“主观地”,因而仅仅在“判断中”被认作是有价值的、善的行动,在“客观上”亦即就其“因果关系”而言,应当以理性的价值评判为原因。这里显然涉及两种不同意义上的“主观—客观”区分。

② 在《纯粹理性批判》中,康德在谈到经验性的品格(Charakter)时就认为,如果我们真的能认识到人的意决的“一切现象”,我们就能够可靠地预言人的行动,即认识到每个行动就其先前的经验性条件而言的必然性(B577f.)。虽然此处康德使用了虚拟语气,但这也是因为对于康德而言,对现象序列的整全把握原本就是不可能的,正因此,经验的自然研究总是呈现为始终可以继续的进展而无法终结在对第一原因和第一原则的把握。但也正是在这个意义上,作为经验心理学的对象,自我即便被理解为是有欲求和能行动的,也和任何物理空间中的经验对象一样不能被视作具有绝对自发性(自由)。

法则具有自由因果性,即作为第一因而开启因果序列的能力,由此得到规定的欲求能力及进一步产生的行动都是该理知原因(而非任何现象序列中的自然原因)的结果。进而,康德的道德动机学说无非是将一种特别的情感"敬"解释为理性的法则对于人的感性接受性的因果作用的结果,由此,"欲求能力"与"认识能力""意志"与"理性"便不得不在因果联结中呈现为果与因的外在关系。既然"高级"欲求能力被铆定在理性这一侧,其在道德意识中起到的作用无非只是表象法则。至于对法则的表象如何能够对感性这一侧的"低级"欲求能力有一种因果作用,这不可解释(因为引入了一种自由因果性)而只是被设定。但由此,高级欲求能力就难以避免被削减为一种纯然的认知能力,因为它只需要表象法则,法则即必然会提供行动的主观根据即动机。反之,这种动机要能够被我们理解,就依然需要设想一种被法则在因果上所影响的"接受性"以便解释道德动机的问题,即一种被法则决定的"低级"欲求能力依然是必须的。即便来自理知原因的影响似乎已表明这种能力相对于自然"强制"的独立性,因而在消极的意义上可以称其是一种自由的能力。但由于这种自由停留在"被理性的法则决定的可能性"的意义上,因而作为结果而言,一种理性的欲求在因果上被一种自由的因果性所必然决定,正如一种自然的欲求在因果上被视作服从自然的必然性一样。在因果解释的语境中,重要的本来就不是在道德"评判"中表达的实践必然性(应当),而是一种客观的因果必然性,无论是感性的还是理知的,自然的还是自由的。

诚如霍恩(Christoph Horn)所见,康德的意志概念,尤其是在作为与"低级"欲求能力对立的"高级"欲求能力的意义上,更多表达了一种目标指向性的追求倾向。① 这意味着,被等同于实践理性的意志概念指称一种建基于理性而非对幸福的自然需求的"欲求"能力,因而它并非一种价值中性的、无方向性的、可以任意指定可欲对象的能力,而是带有某种必然性地指向确定对象(道德善)。但如前所述,在将其与一种中性的"选择"能力(正是这种能力在《道德形而上学》中最终被理解为截然不同于意志的意决)分离之后,这种能够产生"理性的欲求"的能力就其理性特质而言,其作为"原因"而能够有效力的根据只能归结于理性本身,但就其作为一种"欲求"能力并不必然服从于法则而言——这一点恰恰是人的意志和神性意志的根本区别——又似乎与理性能力并不等同。换言之,即便我们要设想一种直接指向道德价值或道德善的理性欲求,我们也不能仅仅考虑一种只是表象法则的理性能力,而必须理解,在什么意义上这种理性能力"同时"是一种欲求能力,并

① Christoph Horn, "Wille, Willensbestimmung, Begehrungsvermögen (§§1-3, 19-26)," in Otfried Höffe ed., *Kritik der praktischen Vernunft*, Berlin: Akademie, 2002, p. 50.

因而可以有意义说“理性自身就是实践的”。而只要我们从一种因果解释的角度理解这种能力起作用的方式,那么即便是引入了一种宇宙论意义上的先验自由的概念,也不能真正澄清一种不同于“低级”欲求能力的“高级”欲求能力是如何可能的。

如果康德的意图是要证明人因其理性而有一种不同于其他自然能力的特别的道德能力,那么单单将这种能力理解为一种“能够被理知的原因(法则)所规定的可能性”是远远不够的,因为这有悖于康德想要展示的道德自律的真正含义:“因为若设想人只是服从一个法则(不管是什么法则),则该法则就必然带来某种作为刺激或强制的关切,因而不是作为法则产生自他的意志,而是该意志按照法则被某种别的东西所强制而以某种方式去行动。”(4:432f.)作为一种高级欲求能力的“意志”,它必须是“自己”给出自己的法则,即便它在道德意识中感受到了强制,这种强制也不能是“别的东西”所施加的,而必须是自我强制。“自律”正是为了描述这样一种特殊的意志的自我关系而成为康德伦理学的核心概念,理解康德所描述的这种自我关系,也就构成了康德伦理学阐释最艰难的部分。

三、意志的自律

当康德在《奠基》第二章中将“意志自律”称作道德的“最高原则”时,自律概念的复杂性已经凸显,因为康德密集给出了许多不同的主张:(1)自律乃是意志借由对自己而言“是法则”的一种“性状”(Beschaffenheit);(2)“自律的原则”则意味着只选择“在同一个意欲中被一道把握为普遍的法则”的准则;(3)该原则作为一个命令式是一个综合命题;(4)该原则是唯一的道德原则;(5)该原则实质上要求的就是自律。(vgl. 4:440)仅仅在这一个段落,自律概念就有至少两种根本可区分的用法:用以描述一种意志的性状,用于指称唯一的道德原则及其所提出的规范性要求。显然这两种用法并不能简单合并。《奠基》第二章阐述定言命令的自律公式(即所谓“意志自律原则”)时,显然是在第二种意义上使用自律概念,而该原则的核心含义即“自我立法”(Selbstgesetzgebung)(4:431)。既然该原则进一步表达的是“意志”的自律,那么自律和自我立法之“自”似乎就指称“意志”。如果意志是一种能力,而自律又可以描述性地表达意志的“性状”,那么在什么意义上,拥有自律这一性状的意志本身不仅是“自我立法”的,而且这一自我立法实际表达的规范性要求,就是自律本身?同样,在《实践理性批判》“分析论”的第五节中,康德也清楚地提出了一个问题:一个仅仅关心准则的普遍法则形式的意志究竟有怎样的“性状”?这次他的回答则是自由(5:28),以便得出自由与道德法则交互回溯的结论。直到第八节,康德才重新提出自律概念,并且是在道德法则和一切义务的“唯一原则”的意义上提出的:在再一次区分了消极和积极的自由之后,康德将积极意义上的自由等同于“自己的立法”(eigene Gesetzgebung)(5:33)并进一步等同于自律。由此,康德将道德法则所表达的内容再次表述为自律,但却是“实践理性的、亦即自由的自律”。而在进一步的阐述中他又解释道,在与自律相对立的他律的情形中,“意志不是自己为自己立法”(5:33)。在什么意义上,“意志的自律”“纯粹实践理性的自律”“自由的自律”可以理解为通过同一个道德法则的“自我立法”,因而都指涉同一个“自我”?

上述问题,只有在澄清一个关键问题之后才能回答:康德所谓的意志自律究竟与道德现象,或者更确切地说道德意识有什么实质关联?在“分析论”的演绎部分的一开始,康德就声称:“这一分析论表明,纯粹实践理性能够是实践的,亦即能够独立地、不依赖于任何经验性的东西而规定意志——这虽然是通过一个事实,即其中纯粹理性在我们这里表明自己实际上是实践的,亦即通过在道德原理中的自律,理性凭此规定意志去行动。”(5:42)康德在这里将“在道德原理中的自律”等同于一个事实(Faktum),正是通过这个事实,纯粹实践理性才得以表明自身是实践的。这个说法清楚表明了自律概念本身的事实性要素:意志或纯粹实践理性的自律,似乎正是需要在道德经验或道德意识中现实地自身显示出来,而不是通过一种理论的方式得到推导或演绎。换言之,也只有澄清了康德通过自律概念所表达的道德意识的事实性要素,我们才有可能判定康德对自律概念的各种使用是否有意义。

由此,我们必须考虑饱受争议的“理性事实”学说是否可理解的。由于该学说直接与第二批判否定道德法则“演绎”的可能性相关,因而在这个至今尚无定论的问题上,重视和轻视该学说的对立态度都基于对同一个问题的回答:康德放弃演绎而诉诸某种事实性要素的原因是什么?是因为其理论的固有缺陷还是因为某种重要的洞见?① 限于篇幅,我们将直接给出一个确定的判断,即原因应在于后者。这一判断的根本考虑是:康德在自然—自由、理论理性—实践理性、理论哲学—实践哲学这些核心区分中表达的一个洞见,即我们的理性能力有两种根本不同的运用方式。这种区分首先表达了一种特别的视角主义②的观点:理性能力与通过理性能力得到理解的现实性之间存在着对应关系,但这种对

---

① 前者典型如普劳斯的论断,参见 Gerold Prauss, *Kant über Freiheit als Autonomie*, Frankfurt am Main: Klostermann, 1983, pp. 66f.;后者如亨利希的辩护,参见 Dieter Henrich, “Der Begriffder sittlichen Einsicht und Kants Lehre vom Faktum der Vernunft,” in Gerold Prauss ed., *Kant: Zur Deutung seiner Theorie von Erkennen und Handeln*, Köln: Kiepenheuer & Witsch, 1973。

② 康德在《奠基》第三章为解决所谓循环问题而提出的两个“立场”(Standpunkt)的说法(4:450, 452, 455, 458),非常清楚地传达了一种视角主义的观点,尽管这种观点的形而上学意义远没有就此得到澄清。

应关系可以不是唯一的;一旦确认有不同的对应关系,它们之间便不可化约和还原。如果"理论的"运用是理性的一种基础性的理解现实性的方式,那么这种方式"有效"的前提便是不能放弃和脱离理论的视角或立场。而如果"实践的"运用是一种不可还原为"理论的"运用的第二种运用,那么它本身就当然不能再通过"理论的"方式被理解。因为这意味着又必须切换回理性的理论运用的视角,而在这一视角中,原本就不存在任何不能被以理论的方式理解的现实性,或者说任何不能被理论化的现实性本身就不可能在这一视角中呈现。

如果康德的道德学说原本就并不旨在给出一种经验性的、描述性的、与可认识的其他自然实在本质上相容的"理论"(无论称之为道德心理学、行为学还是人类学),如果正相反,道德哲学需要辩护道德现象中存在着另一种理性运用的根本方式的可能性,那么不仅"演绎"的不可能性是可理解的,而且"理性事实"学说的必要性也将凸显。这一学说首先并非独断地在理论上声称有一些事实,而是展示一种可能性是现实的:道德现象表明人类理性有一种不同于理论认知的运用方式,这种运用方式一言以蔽之,即自律。无论康德在《实践理性批判》中将什么称作是理性事实①,道德现象中的事实性并不在于某种需要被解释的对象,而就在于人的道德能力本身,即康德通过"纯粹意志"和"纯粹实践理性"概念所表达的这种理性的欲求能力。"自律"概念的描述性意义,只在于表达这一能力特别的运作方式,即这种能力是按照"自己"给出的法则而规定自己的能力。正是在这个意义上,自律是"自我立法"这个隐喻的另一种表达。而一种"自我立法"的能力是在道德意识中直接自我展示的,其方式在于自我自发地认同法则对自身的约束力(Verbindlichkeit),这种认同的结果就是对法则本身——确切地说,是意愿之中表达出的准则的普遍立法的形式——的"意愿"(Wollen)。因而自我既不是意识到被动地被法则所规定,也不是完全任意地选择和指定规则,而是在对法则之为法则的形式的无条件认同中意识到,实践理性不是满足给定的欲望——或按照康德更愿意采用的说法,被给定的需求——的工具,而是它本身就有自身的关切。② 这种特别的理性关切,指向的不是任何外在被给定实践自我

① 第二批判中,康德曾将"道德法则"和"对道德法则的意识"都称作理性的事实(5:31, 5:47)。但这或许正表明,道德意识的事实性既不仅仅在于一种被给定的法则,也不在于一种纯然表象法则的意识状态,而应当在于一种通过道德意识呈现的特别的能力的实施,由此无条件的法则作为被承认、被认同者和道德主体作为承认和认同的实施者在道德意识中建立起了联系。

② 在《奠基》中,康德首次清晰地将一种不同于自然需求的纯粹关切归于理性,以标识出道德意识中理性不依赖于任何偏好而意欲行动(确切地说是行动的形式的合法则性)的可能性(4:459 Anm.)。在第三批判中,康德在对比无关切的审美情感和所有实践愉快时再度强调了,"关切"要么是预设了需求,要么本身就带来一种需求,后者正是道德意识的情形(5:210)。

的价值或善,而仅仅指涉实践自我通过自我立法而意识到的"能立法"的自我的现实性。在这个意义上称这个自我是意志或实践理性,称其是自由或自律的,都是对实践自我的这种"能力"的不同面向的描述。

另一方面,用以表达道德法则所提出的规范性要求的自律概念,相关于道德意识作为一种"道德应当"意识的内容。自黑格尔始对康德道德哲学的形式主义的批评,或多或少误解了康德对道德意识的内容的阐释,也就没能公正对待康德的自律概念。[①] 自律这种能力的现实性,对应于在道德意识中被认同和承认的基础道德法则的有效性,但却并不等同于后者。有限理性存在者在道德意识中自我展现的自律,之所以表达为一种"应当"的意识,正是因为被承认、被认同的法则并不与承认和认同的自我同一,这是康德一再区分人类意志和神性意志的核心理由。换言之,有限理性存在者的理性足以认识并承认一种普遍的行动原则对自身的效力,并正因此意识到,自身负有通过行动使该原则成为现实性的构成性原则(亦即真实的法则)的义务;相反,神性意志在其表象法则的同时,法则就是现实性的秩序。更重要的是,道德意识中的自我立法和自我规定与"自因"(*causa sui*)相比,具有完全不同的自我关系的样态。无条件的法则既非自我从无到有的创造,亦非被任何他者强加的束缚,而是自我的真实意欲的对象,因为行动着的自我在对法则的认同中意识到,自己无条件地想要将自己"委质于自己的人格性之下"(5:87)。人的意志虽然不是完全善的,但其能够有尊严或无条件的价值的可能性正在于,人能够在与一个完全善的意志及其法则的关系中规定自我,由此人的意志才能是善的。这种"能够"就是一种自律的能力。但这种能力之所以是自律,就在于道德意识虽然指向对一个与自我相区别的他者(无条件的法则)的认可,但本质上仍是一种特殊的自我经验,即自我能够在一种自我区分的前提下理解自我的统一性:我能将我置于我所认同的法则之下,从而我能将我提升为人格而非视作纯然的物。由此我们也能够理解,为何"自律"本身能够成为道德意识本身表达出的规范性内容,因为"我"应当使自己有资格成为一个普遍立法的立法者,而这一资格就在于我通过这样一个普遍立法而规定我自己。

在这个意义上,高级欲求能力和低级欲求能力的区分,甚至康德后来在《道德形而上学》中对意志和意决的更明确区分,在道德的情形中可以理解为是对同一种实践能力的内

---

① 关于黑格尔对康德"空洞的形式主义"经典批评及从康德哲学内部而言可能的回应,笔者在别处已有专门探讨,本文不再详细展开,参见贺磊:《再论康德伦理学的形式主义——兼论康德的道德目的论的意义》,《哲学研究》,2022 年第 4 期。限于篇幅,此文中得到阐述的道德意识的主体间维度以及对康德道德意识学说中的"承认"要素也无法在本文中进一步得到讨论。

在区分。只有如此,“意志自律”这个表达中的“意志”才可能指涉同一个“自我”的统一的能力。相应,“意志自律”刻画的乃是道德意识所对应的、人的实践自我理解的内容,这种自我理解原本就包含着自我区分,通过这种区分才能有意义地谈论“自我规定”“自我立法”“自我克服”和“自我提升”等。所谓高级欲求能力、纯粹实践理性、纯粹意志本身就预设了低级欲求能力或不纯粹的意志的可能性,甚至正是以后者为前提的。① 因而康德所谓的意志自律不能简化为一种与感性的、自然的、在非道德语境中也起作用的人的实践能力单纯对立的概念,道德自我也不能被解释为与经验自我截然分离和无关的另一个自我。如果我们认真对待康德经常使用的“立法”的隐喻,那么“自我立法”就意味着自我在一个目的王国中拥有立法成员和臣民的双重身份(5:82),而一个没有臣民只有立法者的国度及其立法是没有意义的。

四、意志与自由

基于上述对康德意志自律原则的阐述,我们就可以理解,为何康德在《道德形而上学》中虽然借助意志和意决的区分而将自由仅仅归于后者,但却坚决否认了一种“*libertas indifferentiae*”意义上的意决自由(6:626f.)。这一做法绝不像普劳斯所认为的那样,通过再度强化在《宗教》中已经松动的道德法则与实践理性的关系而最终收回了意志的自由。② 因为意志并不在真正意义上是与意决完全分离的一种特殊能力,而是如康德在这同一个文本中所表达的那样:“其内在规定根据、因而甚至喜好本身也是在主体的理性中发现的欲求能力,就称作意志。所以意志就是欲求能力,不过并非(如意决那样)从与行动相关的方面来看,而是从与使意决去行动的规定根据相关的方面来看,故意志本身真正说来没有对于自身而言的规定根据,而是就理性能规定意决而言,意志就是实践理性本身。”(6:213)康德非常明确地表达了一个很容易被忽视的观点,即我们有从不同的关系来看(betrachten)同一种欲求能力的可能。因此,尽管在以这种方式区分了意志和意决之后,法则和准则、必然性和自由看起来被分配到了不同的能力上,但这不能坐实为任何一种简单的能力二元论,正如现象—物自身区分不能被简单理解为存在者领域的区分一样。

---

① 康德在第三批判的两个“导论”中将人类的三种基本心灵能力(认识能力、欲求能力、愉快和不愉快的情感)对应于理性的三种高级认识能力(知性、判断力、理性)(5:198, 20:245f.)。这一对应关系清晰表明任何一种“高级”理性能力的“立法”都只有在和与之有别的“能力”的关系中才可能。在道德立法的情形下,“实践理性”之所以能证明自身乃是立法的,恰在于“欲求能力”作为一种自然能力而能够被理性所规定。

② 参见 Gerold Prauss, “Kants Problem der Einheit theoretischer und praktischer Vernunft,” *Kant-Studien*, 1981, vol. 72, p. 293f.。

事实上如前文所论,康德所看到的道德现象中的道德自律的可能性,本来就既不只在于一种出于法则的必然性,更不在于一种不受任何强制的完全自由的选择能力,而只能在于从一种理论的必然性中摆脱而认同另一种完全不同的合法则性(即道德应当所表达的规范性)的能力。当然,对另一种合法则性的认同本身虽然不是被强迫的,但总是带有必然性的,所以康德在第三批判中准确地指出,理性的法则"并没有给我们留下自由"去选择什么是可欲的,因为它给出"赞同的规定根据"本身就使得我们的判断是必然的(5:210)。但这不意味着理性的道德判断必然导致道德行动,正是在这个意义上人的意志不是自身完全善的意志,而仅仅是一种"向善"的意志。如果说一种"向善"的意志是自由意志,那其自由恰恰在于它"能够"去成为善,而不在于其能够做别的选择,甚至是能够去作恶。

因此,认为康德在《道德形而上学》中最终通过意决概念提出了一种不同于意志自律的自由意志概念也是难以成立的。因为如康德所说,"与理性的内在立法相关的自由真正说来只是一种能力;违背这种立法的可能性就是一种无能"(6:227)——换言之,真正说来,如果自由作为一种能力的现实性已经确凿通过意志自律而展现,那么与自我立法相违背的可能性(康德从不否认这种可能性)并不能证明,意志自律依赖于另一种不建立在任何立法之上的自由。正相反,恶的可能性恰恰证明了自由的能力作为一种"能力"的本质:我们并不总是能成功地使用我们的能力。① 很显然,任何预设我们有一种中性的,并不直接与道德相关的自由选择能力的自我理解,都只能停留在第一批判已经阐明过的"自由意决"的意义上,甚至都没有触及对作恶的可能性的理解。这种在根本上是一种心理学的和相对的(komparativ)自由,康德在第二批判中称为"烤肉机的自由"(5:97)。而为了理解这种自由,我们既不需要确定任何特别的"实践法则",也不需要给出任何类似"意志—意决"的区分,更不需要引入任何关于善恶的价值判断。在某种意义上,这种自由观念并不否认自然的必然性对于解释任何一种现实做出的选择的效力,从而从一开始就不可能理解,为什么某些行动作为行动即便从未在这世上发生也"应当"在这世上发生。② 换言之,只有引入一种使得"无条件的应当"能够被理解的道德视角,才能同时谈论作为向善的能力的自由及其对应的作为"无能"的恶的可能性。

如果我们认真对待康德为其道德哲学奠基的方式,则要证成任何一种不同于"烤肉机

---

① 艾利森在这一问题上对康德的辩护性解释是有说服力的;参见 Henry E. Allison, *Kant's Theory of Freedom*, Cambridge: Cambridge University Press, 1990, pp. 134-136。

② 早在《奠基》中,康德就将对意志自由的理解联系到这种"应当"的概念(4:455)。这一基本直觉贯穿了康德批判时期的道德哲学著作,直到《道德形而上学》也不曾发生明显的改变。

的自由”的人的自由，就只能从第一人称视角确证一个事实：道德能力（意志自律）显现在道德经验的自我理解中，即人将自己理解为不服从于任何不被自己认可的规则，可以独立于任何时间上在先的条件判定怎样的现实无条件地应当发生，并出于这一判断而规定自己的欲求和行动。这意味着在所有康德刻画的道德意识中，自我确实预设了康德所谓的先验自由，而并非只是在心理学的意义上感受到了某种类似于“我想举手我就能举手”的经验性的自由。但这种道德自我理解之所以能够摆脱理性的理论运用的视角而不被以自然化的方式“解释”，是因为它完全在另一个视角或者“立场”上赋予了自己与无条件者（法则）的关系，而不仅仅是因为它预设了无指向性的先验自由。因此，康德的道德哲学与其说证明了道德现象中存在一种不能用自然法则解释的、时空中发生的事态，不如说是以一种系统的方式为一种特别的实践自我理解辩护。这种自我理解之所以是实践的，正在于由此得到理解的自我虽然总是向来处在时空中，因而在因果上牵连于全部的自然现实，但却确证自身有一种赋予现实以意义（价值）的能力和意愿。如果这一自我可以称作是“意志”，那么其与作为纯然认知主体的自我的根本区别就在于，它并非只是自发地表象可理解的现实，而是自主地努力去实现具有某种形式的现实，但其努力的方式是仅仅按照自我认同的法则规定自我的行动，由此行动才作为行动而不是纯然的发生而有意义，由此立法或给出法则（Gesetzgebung）就是给出意义（Sinngebung）。

正是通过道德意识，人意识到除了一种理论的，将连同自我在内的一切自然现实理解为服从自然法则的必然性的视角之外，还存在着另一种将这同一个自我理解为自律的意志的视角。这种视角转换的可能性，或者说这两种视角对于人的理性能力同时可能的事实，在另一个层面上表明了理性的自由。真正说来，任何一个视角都不可能通过一种单一的、通过该视角而可能的现实而被理解为一个视角的；只有在某种视角转换中，视角才在与其他视角的区别中作为视角得到理解，同时并不丧失其所开放的现实性作为现实性的意义。意志自律作为一个视角性的“事实”，首先并不是证明了世界之内存在着作为“特例”甚至奇迹的道德自我，而是证明了道德自我理解和自然认识同样建立在理性所采取的“立场”或视角之上。而正如一种真正的道德自由永远只存在于对被给定的偶然需求和偏好的克服之中一样，理性的自由也只有在从一种视角向另一种视角的转换中才能得到证成。任何想要用一种关于理性或关于人的主体性的统一理论来克服所谓的康德的二元论的意图，都从一开始就错失了康德最难以理解的洞见。

Kant's Concept of Will and the Foundation of Moral Philosophy

HE Lei

【Abstract】 Kant's moral argument regarding the human will and its freedom is a crucial reason for his division of philosophy into theoretical and practical. In the development of Kant's moral philosophy, the concept of will (Wille) is more and more equated with the concept of practical reason and eventually is distinguished from the concept of Willkür. This distinction can be regarded as a consequence of Kant's philosophical elaboration and defense of human moral ability as a "higher faculty of desire." Kant relates this ability to the rational desire for the unconditional practical law and the moral good, and thereby makes freedom in the sense of absolute spontaneity a necessary condition for our moral ability. However, Kant's interpretation of moral experience shows that a "higher" faculty can manifest itself as a fact of "autonomy of will" only in relation to a "lower" faculty of desire. Thus, the concepts of will and Willkür together constitute the practical self's interpretation of its own moral ability. The practical self-understanding made possible by the practical application of reason not only claims that human reason has a "will to good" that cannot be reduced and explained in a theoretical way, but also, insofar as it is a distinctly different perspective from the theoretical one, reveals the freedom of human reason.

【Keywords】 Kant, Will, Practical Reason, Freedom, Autonomy

【康德伦理学专栏】

论康德的广义人性概念及其意义[①]

——以反驳“科思嘉式的标准解读”为契机

袁 辉[②]

【摘要】 康德的狭义人性概念指人格中的人性,科思嘉将它理解为设定任意目的的能力,该解读因其影响广泛而成为一种标准解读。但人格中的人性属于本体世界,设定任意目的的能力属于现象世界,科思嘉混淆了两者。以解决这种混淆为契机,我们可以发掘出一种广义的康德人性概念,它不仅包含人格中的人性,还包含设定任意目的的能力和共通感等自然禀赋。这些禀赋按目的论原则构成人的有机体,使人区别于动物。这种广义人性概念主要出现在康德的历史哲学和教育学中,它的意义在于为我们提供了培养自然禀赋和实现人性的价值的现实途径。

【关键词】 康德,人性,目的论,尊严

康德的狭义人性概念指人格中的人性,它因《道德形而上学的奠基》(以下简称《奠基》)中的“人是目的”公式而备受关注(*GMS* 4:429),所以通常被等同于该公式中的人格中的人性。汉语学界对这种人性概念颇为重视,究其原因,有传统哲学对人性论的特别兴

---

① 本文为华中科技大学文科青年自主创新项目“康德法哲学的伦理学基础研究”(项目编号:2021WKYXQN052)、华中科技大学人文社会科学发展专项基金项目“德国哲学研究”(项目编号:5001406007)的阶段性研究成果。

② 作者简介:袁辉,华中科技大学哲学学院副教授,主要研究方向为德国古典哲学,伦理学。本文对康德著作的引用按照普鲁士科学院版《康德文集》(Immanuel Kants gesammelten Schriften, Ausgabe der königlich preußischen Akademie der Wissenschaften)的书名缩写、卷数和页数。缩写对照:*AA* =科学院版《康德全集》(*Akademie Ausgabe von Kants Werken*),*GMS* =《道德形而上学奠基》(*Grundlegung zur Metaphysik der Sitten*),*KpV* =《实践理性批判》(*Kritik der praktischen Vernunft*),*KU* =《判断力批判》(*Kritik der Urteilskraft*),*Idee* =《关于一种世界公民观点的普遍历史理念》(*Idee zu einer allgemeinen Geschichte in weltbürgerlicher Absicht*),*Rel.* =《纯然理性界限内的宗教》(*Die Religion innerhalb der Grenzen der bloßen Vernunft*),*Anfang* =《人类历史揣测的开端》(*Mutmaßlicher Anfang der Menschengeschichte*),*MS* =《道德形而上学》(*Metaphysik der Sitten*),*Päd.* =《教育学》(*Pädagogik*)。译文使用李秋零主编的《康德著作全集》,有改动。

趣,也有当代康德研究转向其后期著作的内在因素,最主要的则是英语研究的外来影响。克里斯汀·科思嘉(Christine Korsgaard)将人性等同于人格中的人性,并将后者理解为设定任意目的的能力①,该解读影响了几乎一代青年学者,甚至成为一种"标准解读"②。

本文将指出,这种"科思嘉式的标准解读"混淆了人格中的人性和设定任意目的的能力这两个不可等同的概念,因为这两者分属批判哲学本体、现象两个世界。以反驳这种解读为契机,我们可以发掘出一种广义的康德人性概念,它不仅包含人格中的人性,还包含设定任意目的的能力,甚至包括审美、同情心等共通感,这些自然禀赋按目的论原则构成人的有机体,使人区别于动物;康德在历史哲学和教育学中使用广义的人性概念,为的是在对自然禀赋的培养中找到实现人性的价值的现实途径。

一、"科思嘉式的标准解读":一种影响广泛的混淆

"科思嘉式的标准解读"将康德人性概念等同为人格中的人性,并将它解释为设定任意目的的能力。问题在于,她是如何得出这个解释的?康德会接受这种解释吗?

科思嘉是通过援引康德不同著作中的文本得出这个结论的。为了证明《奠基》中定言命令"人是目的公式"的合理性,即定言命令"将人性作为自身无条件的目的而加以采纳"③,科思嘉必须首先解释人性概念的含义。但是,康德只在《奠基》相关文本中将人性等同于人格中的人性,却没有对这个概念有更多的解释。因此,科思嘉援引了他的晚期著作《道德形而上学》中的一段文本来解释人格中的人性。在这段文本中,人性是一种"同时是义务的目的",即"一般而言为自己设定某个目的的能力"(*MS* 6:391f.,387)。科思嘉据此推论人格中的人性是"理性规定一般目的的能力,不只是道德上要采纳的诸多责任的目的"④。

那么,康德是否会接受这种解释呢?笔者认为,他很难接受。援引不同著作中的文本相互解释当然是可行的,但是前提是必须考虑到不同文本的语境差异。科思嘉并没有做到这一点,她对文本的援引可以说是一种拼凑。根据奥利弗·赛森(Oliver Sensen)的批评,《奠基》中的人性的确是"人是目的公式"所要求设定的目的,但它不是《道德形而上

---

① Christine M. Korsgaard, *Creating the Kingdom of Ends*, Cambridge: Cambridge University Press, 1996, pp. 114, 122-123.

② 李科政:《康德"人格中的人性"与目的自身——以科斯嘉德式的解读为切入点的考察》,《湖北大学学报》(哲学社会科学版),2020年第1期。

③ Christine M. Korsgaard, *Creating the Kingdom of Ends*, Cambridge: Cambridge University Press, 1996, p. 109.

④ Ibid, p. 114.

学》中的“同时是义务的目的”,前者是唯一的目的,而后者是两个具体的道德的目的,即“自身的完善性”和“他人的幸福”[①]。这个批评符合康德的思想,因为《奠基》中人格中的人性是本体世界中“独立自存”的理念,而且“只是被消极地设想”(*GMS* 4:437)。而《道德形而上学》中设定任意目的的人性则是在现象世界必须实现的多个道德的目的,它“必须被设定在能够是人行为的结果”(*MS* 6:386)。如果我们沿着赛森的批评展开,可以发现设定任意目的的能力甚至只是“自身的完善性”之下一个更为具体的目的(*MS* 6:387,391)。

这两个文本不仅在语境上有差异,而且还使用了两种不同意义上的人性概念。《奠基》中的人性指人格中的人性,它等同于人的道德属性;而《道德形而上学》中设定任意目的的能力不一定会设定道德的目的。科思嘉意识到了这一点,于是进行了调和:她认为设定任意目的的能力可以经过培养而得到发展,发展到最高阶段就是道德的能力,就是说,在经过培养而得到“完成了和完善了的时候”,设定任意目的的能力就只设定道德的目的[②]。但是,这个调和受到了理查·迪恩(Richard Dean)和宫睿的反驳,因为科思嘉所谓“理性规定一般目的的能力”是一种低限度的理性,而人格中的人性是一种最高程度的实践理性,而“在最低程度的理性本质和最完善意义上的理性之间并不存在着蕴含或推导的关系”[③]。

不过,科思嘉的支持者可能会说,即便不符合康德的文本,我们还可以对科思嘉的解读进行一种修正性的重构,将人格中的人性视为一种只设定道德目的或合理性目的的能力。对此的论证不难展开,例如,刘作认为,实践理性的本质就是设定任意目的的能力,既然人格中的人性是纯粹的实践理性,那它就不会设定其他目的,而只能设定道德的目的[④]。这个修正是如此诱人,以至于其他学者几乎不约而同地使用了类似的推理,并得出了一样的结论[⑤]。这样,从设定任意目的的能力到人格中的人性的跳跃不一定如宫睿和迪恩所说的那样是不可能的,因为“任意目的”到“道德的目的”之间是可以蕴含和推导

---

① Oliver Sensen, *Kant on Human Dignity*, Berlin/Boston: de Gruyter, 2011, p.58.

② Christine M. Korsgaard, *Creating the Kingdom of Ends*, Cambridge: Cambridge University Press, 1996, p. 114.

③ Richard Dean, *The Value of Humanity-In Kant's Moral Theory*, Oxford: Oxford University Press, 2006, pp. 28-29; 宫睿:《论科思嘉对康德人性公式的回溯论证》,《世界哲学》,2014 年第 4 期。

④ 刘作:《如何理解康德的“人是目的”的观念》,《兰州学刊》,2014 年第 5 期。

⑤ 例如,李科政、杨云飞和王福玲几乎使用了和刘作一样的论证,得出了一样的结论(李科政:《康德“人格中的人性”与目的自身——以科斯嘉德式的解读为切入点的考察》,《湖北大学学报》(哲学社会科学版),2020 年第 1 期;王福玲:《康德哲学中的“人性公式”与尊严》,《道德与文明》,2013 年第 4 期;杨云飞:《康德的人性公式探微》,《武汉大学学报》(人文学科版),2010 年第 4 期)。刘凤娟则认为人格性是设定合理性目的的能力(刘凤娟:《再论康德人性概念》,《道德与文明》,2015 年第 5 期)。

的。因此,如刘凤娟所言,作为一种道德的能力的人性只是设定任意目的的人性的“部分抽象”①。

那么,康德会接受这种修正版的“科思嘉式的解读”吗?笔者认为不会。从康德的批判哲学出发,我们可以发现这种修正是不可接受的。让我们从一个相关研究中出现的现象开始阐释。对人格中的人性的诸多研究中,更恪守康德批判哲学本体、现象二分的德语研究没有特别地关注设定任意目的的能力。例如,奥特弗利德·赫费(Otfried Höffe)②、约瑟夫·德波拉夫(Josef Derbolav)都没提到它③。只有鲁道夫·朗塔勒(Rudolf Langthaler)以它定义康德的人性概念,但他不认为这种人性就是人格中的人性④。从《纯粹理性批判》的本体、现象二分开始着手探讨人格性的汉语研究也没有受到科思嘉的影响⑤。英语研究者中亨利·阿利森(Henry Allison)也避免了这一问题。因为他将人格中的人性概念回溯到第一批判,并注意到了人性概念在本体和现象世界的差异⑥。

从批判哲学出发的研究之所以没有将人格中的人性等同于设定任意目的的能力,是因为两个概念分处康德批判哲学的本体、现象两个截然二分的世界。如果设定任意目的的能力处于现象世界,那么设定道德目的的能力也处于现象世界,后者就不能等同于本体世界的人格中的人性,修正版的“科思嘉式的解读”也是不成立的。《道德形而上学》中的一处文本可以证实这一点,阿利森用它来反驳科思嘉的人性定义⑦。康德在这里认为人能够“自己给自己设定目的”,但这种能力属于“自然体系中的人”(homo phaenomenon, animal rationale,作为现象的人、有理性的动物),因而只具有一种作为物品的“交换价值”,人因此“是一种意义不大的存在者”;与之相反,人格中的人性属于本体世界的人(homo noumenon),它使人具有超越一切自然物的无条件的价值,即尊严(*MS* 6: 434)。另一处位于《判断力批判》的文本同样谈到了这个区别(*KU* 5:429 - 435),本文第三节还会对此展开具体的分析。

那么,能否如上文所言,用蕴含和推导的逻辑关系通约本体世界和现象世界的两个概

---

① 刘凤娟:《再论康德人性概念》,《道德与文明》,2015 年第 5 期。

② Otfried Höffe, *Kants Kritik der praktischen Vernunft-Eine Philosophie der Freiheit*, München: C. H. Beck, 2012, S.239;

③ Josef Derbolav, Praktische Vernunft und politische Ideologie, Die Ambivalenz der Menschheitsformel in Kants kategorischem Imperativ, *Perspektiven der Philosophie* (4), pp.37 - 60, 1978, S.45f.

④ Rudolf Langthaler, *Kants Ethik als „System der Zwecke“*, Berlin/New York: de Gruyter, 1991, S.81ff.

⑤ 例如邓晓芒:《关于 Person 和 Persönlichkeit 的翻译问题——以康德、黑格尔和马克思为例》,《哲学动态》,2015 年第 10 期;再如江璐:《康德之人格性概念的形而上维度》,《哲学分析》,2019 年第 1 期。

⑥ Henry E. Allison, *Kant's Groundwork for the Metaphysics of Morals*, Oxford: Oxford University Press, 2011, pp. 217 - 218.

⑦ Ibid., p. 217.

念呢?不可能。两个世界的差别不是逻辑上的形式差别,而是批判哲学上的实在的差异。赛森注意到,科思嘉“理性规定一般目的的能力”不是纯粹的实践理性,而是一种经验性实践理性,在康德看来它还是被自然因果律所决定了的;而人格中的人性则相反,它是纯粹的实践理性①。可惜的是,他错过了这一论断在批判哲学上的根据:在他引用的文本中,康德认为经验性实践理性只有相对的自由(die Komparative Freiheit),它貌似自由地选择,但还是服从现象世界的心理学的自然规律;纯粹实践理性则位于本体世界,它才具有先验自由,即独立于一切自然规律的理性本质(*KpV* 5: 96)。设定任意目的的能力被自然的因果律所决定,而人格中的人性被本体世界的自由因果律所决定②,两者依据完全不同的规律,因此根本无法通约。

那么,科思嘉造成这种混淆的原因何在?这种混淆的影响为何如此广泛?让我们把回答这两个问题的任务留到下面两节,而在这里先做一个总结:在批判哲学中,人格中的人性属于本体世界,设定任意目的的能力属于现象世界,两者不可通约,“科思嘉式的标准解读”将两者等同起来的做法其实是一种概念混淆。

二、混淆的解决:一种广义的人性概念

根据上一节的结论,科思嘉混淆了人格中的人性和设定任意目的的能力两个概念,两者因分属批判哲学中本体、现象两个世界而不可通约。但是,只有找到了混淆的原因才能彻底反驳这种误读。这一节将以寻找这个原因为契机,在康德著作中发掘出一种广义的人性概念以解决“科思嘉式的标准解读”所造成的混淆。

在引入康德的广义人性概念之前,先让我们重温一下他的狭义人性概念。狭义的人性概念只包含人格中的人性,它因“人是目的公式”而更受关注,通常被视为标准的康德人性概念。尽管康德用同一个词“Menschheit”称呼它和本文研究的广义人性,但后者在汉译本里通常被译为“人”或“人类”,以便与之相区别。根据已有的研究,它是理论哲学中第三个谬误推理里的人格性(Personalität),位于本体世界;在实践哲学中,它也是人格性(Persönlichkeit),具有不被自然法则所决定、自我立法的自由,即自律;人格(Person)与物品(Sache)不同,它听从人格性的命令,具有跨两界的特征,在现象世界行动,又听从人

---

① Oliver Sensen, *Kant on Human Dignity*, Berlin/Boston: de Gruyter, 2011, pp.62-63.

② 袁辉:《作为科学的伦理学何以可能——康德的纯粹实践哲学及其使命》,《伦理学研究》,2019年第1期。

格性的命令[①]。可以确定的是,"人性的理念"(*Rel.* 6:28; *MS* 6:405, 451)、"人性的尊严"(*GMS* 4:439*f.*; *MS* 6:429)等用法涉及的就是人格中的人性。

但是,狭义的人性概念并不是康德唯一的人性概念。阿利森已经意识到,"康德在若干不同的文本中使用了'人性',其中的每一个都涉及了不同的意义"[②],但他没有进一步展开相关的辨析。詹世友则更明确地指出,人性概念包括了"感性能力、情感、鉴赏力、记忆力、判断力、欲求能力,也包括理性"[③]。如果我们统一将"Menschheit"译为人性的话,会发现康德著作中的确存在一种不同于人格中的人性的广义人性概念。它在康德历史哲学和教育学著作中一般以"人性的禀赋"出现(*Idee* 8: 21; *Päd.* 9:441ff.),此外也出现在康德的实践哲学和宗教学著作中,例如,在《奠基》中,康德一方面认为人格中的人性是对所有理性存在者有效的理性本质,另一方面又认为存在一种仅仅受感性条件限制的人性,即"偶然条件下对人性有效的东西""人性的特殊自然禀赋"(*GMS* 4:408, 425)。因此,在人格中的人性意义上的狭义人性概念之外,康德的确使用过一种广义的人性概念。

那么,这种广义的人性概念包含哪些自然禀赋呢?康德的广义培养(Kultur)指对人的各种自然禀赋的积极发展,它和训诫(Disziplin)相对,后者指对人的动物性的限制(*Päd.* 9: 447)[④]。我们可以根据培养的不同阶段和对象找到和它相对应的不同的自然禀赋。第一种禀赋是对应于培养的道德化阶段的道德禀赋,即人格中的人性,它是最高级的禀赋。科思嘉引用的文本证实了这一点,在《奠基》中,人的道德禀赋是自然赋予人的有机体的"最适合这一[自然]目的且与这一目的最相宜的器官"(*GMS* 4:395)。

第二种自然禀赋是狭义的培养和文明化阶段对应的禀赋,即设定任意目的的能力。培养一般技巧的阶段被称为狭义的培养,培养与人交往的技巧的阶段被称为文明化(*Päd.* 9: 451)。科思嘉将设定任意目的的能力理解为一种在目的中进行选择的理性能力,好像这种能力只考虑目的不考虑手段似的,而且好像它是一种思维能力。但这种解释偏离了康德对这种自然禀赋的理解。在科思嘉所援引的《道德形而上学》的文本中,设定任意目的的能力指"实现各种各样可能目的的能力",即实现目的的技巧

① 参见邓晓芒:《关于 Person 和 Persönlichkeit 的翻译问题——以康德、黑格尔和马克思为例》,《哲学动态》,2015 年第 10 期;较新的研究有江璐:《康德之人格性概念的形而上维度》,《哲学分析》,2019 年第 1 期。

② Henry E. Allison, *Kant's Groundwork for the Metaphysics of Morals*, Oxford: Oxford University Press, 2011, p. 215.

③ 詹世友:《康德人性概念的系统解析》,《华中科技大学学报》(社会科学版),2019 年第 1 期。

④ 广义的培养既包括对技能的培养,又包括对道德能力的培养(例如 *MS* 5:444, 471),甚至还包含对同情心和审美等共通感的培养(例如 *MS* 6:457; *KU* 6:306)。不过,在康德历史哲学和教育学著作中,广义的培养还可以再划分为狭义的培养、文明化和道德化三个阶段(Kultur, Zivilisierung Moralisierung, *Idee*, 8: 26; *Päd.* 9: 449 – 451)。值得注意的是,康德在使用这三个阶段的划分时没有提到对共通感的培养。

(*Geschicklichkeit*, *MS* 6: 387, 392)。技巧以现象世界关于目的和手段的知性知识为基础(*KU* 5:174),因此,设定任意目的的能力只是一种经验的理性本质,它一般被康德称为"知性"(*MS* 6: 434; *KU* 5:429)。

那么,能否退一步说,存在一种排除了技巧的、只选择道德的目的的纯粹的理性本质?不能,这只是一种理论的抽象。诚然如李科政所言,实践理性必须设定目的,而纯粹实践理性必须设定道德的目的①,但是,任何目的必须在现象世界产生效果,如果排除了实现它的手段,那就只剩下"纯然的愿望"(*KU* 5:177)。道德的目的虽然不考虑其结果,但抽象掉实现它的能力也不是康德的初衷,因为《奠基》中的善良意志"不仅仅是一个纯然的愿望,而是用尽我们力所能及的一切手段"(*GMS* 4:394)。因此,单纯设定道德目的的能力在康德看来只是一种无法实现的愿望,是一种没有意义的建构。

以上两种禀赋在康德看来都属于动物所没有的理性禀赋,如果我们留心康德文本的细节,会发现广义的培养还对应着第三种特殊人性的禀赋,它是一种感性禀赋,却是动物所没有的共通感——同情心和美感,前者被称为"偶然条件下对人性有效的东西""人性的特殊自然禀赋"(*GMS* 4:408, 425);后者被称为人道(Humanität, *KU* 5: 355)②。尽管康德很少提到这些禀赋,但它们可以将人性和动物性区别开来。前文提到,詹世友也把"人的感性能力"归为人性,并认为"人性中的其他成分[非理性的成分],在理性的引导下,都能够逐渐被提升到具有一定的普遍性(或一般性)的状态"③。但是,人的感性能力还是过于宽泛的一个概念,并非每种感性都具有理性的普遍性。感性包含动物性的本能、偏好等感性禀赋,也包含同情心、美感这样只有人才有的共通感;前者是私人的,而后者则天然地和理性一致,能实现人和人之间的普遍交往。因此,共通感可以得到广义的培养,而动物性的情感则只能得到消极的训诫(Disziplin, *KU* 5:432 - 433)。尽管康德偶尔将动物性也称为"作为动物物种的人性"(*Anfang* 8:116),但是康德更多地用人性概念表示人和动物的差别,例如,科思嘉援引的《道德形而上学》文本中,康德称设定任意目的的能力"是人性的显著特征(与动物有别)"(*MS* 6:387, 391)。因此,广义的人性的边界是同情心和美感,它们因为只是感性情感而不对所有理性存在者有效,但它们却是和理性一致

① 李科政:《康德"人格中的人性"与目的自身——以科斯嘉德式的解读为切入点的考察》,《湖北大学学报》(哲学社会科学版),2020 年第 1 期。

② 在遗稿中,康德将人性划分为本质的人性(Humanitas substantialis Menschheit)和偶然的人性(accidentalis Menschlichkeit, *AA* 28: 398)。前者指人格中的人性,后者(Menschlichkeit)在其著作中指同情心,即"共通情感 humanitas aesthetica [感性的人性])"(*MS* 6:355)。可以推测,《奠基》中"偶然条件下对人性有效的东西""特殊的自然禀赋"和"某些情感和倾向"指同情心(*GMS* 4: 408, 425)。

③ 詹世友:《康德人性概念的系统解析》,《华中科技大学学报》(社会科学版),2019 年第 1 期。

的、具有普遍性的共通感,因此可以使人区别于动物。

在引入了这种广义的人性概念之后,我们也就可以回答上一节结尾的第一个问题:科思嘉混淆了人格中的人性和设定任意目的的能力的原因何在?一个直接原因在于她将广义的人性概念和狭义的人性概念混淆在了一起:设定任意目的的能力因属于广义人性而被康德称为人性,但它是道德中性的技巧,而科思嘉将它混淆为作为道德禀赋的人格中的人性。一个更深层次的原因在于她对康德广义人性概念背后的自然目的论缺乏足够的了解。科思嘉援引了《奠基》《人类历史揣测的开端》和《纯然理性界限内的宗教》中的自然目的论(*GMS* 4: 395; *Rel.* 6:27; *Anfang* 8:116),为的是证明设定任意目的的能力是可以通过培养而发展成道德的能力的"禀赋"①。这一解读部分地符合康德的自然目的论,他的确在目的论意义上使用了"自然禀赋"一词,禀赋(Anlage)也被康德称为"胚芽"(Keim),它们属于被当代人称为生物学的有机体理论,进而属于康德的自然目的论②。"[自然]会只把禀赋置入它的这种智慧的最初产品中",而禀赋如胚芽一样,"是 virtualiter [以潜能的方式]预先形成的"(*KU* 5:422),而这种潜在的能力会逐渐发展,实现自然的目的。

但是,科思嘉认为一种禀赋可以转化为另一种禀赋,这种对康德自然目的论的理解是肤浅的。如上一节所言,设定任意目的的能力无论如何都无法跨越批判哲学本体和现象的区分而成为人格中的人性。事实上,她只认识到康德的自然目的论的潜能和实现原则,却没有更深入地认识到这种目的论还包含内在自然目的论原则。根据后一原则,各种自然禀赋构成有机体的诸多器官,它们之间是有机结合的关系,就是说,它们之间不是相互转化,而是相互促进,"相互交替地是其形式的原因和结果而结合成为一个整体的统一体";而整体和部分之间也是互为目的和手段,例如一棵树和它的枝干相互依存,不可分离(*KU* 5:371)。因此,不存在自然禀赋单线条的从低到高的转化,而只存在诸多的禀赋的和谐共存,只不过这些禀赋间的配合存在从低到高的等级而已,第三节会详细展开这一点。

综上所述,除了人格中的人性意义上狭义的人性之外,康德还使用过一种广义的人性概念,它包含人格中的人性和设定任意目的的能力,还包括审美、同情心等共通感。这些自然禀赋按目的论原则构成人的有机体,使人区别于动物。"科思嘉式的标准解读"忽略了这些禀赋之间的有机体结合的关系,将广义人性概念中设定任意目的能力和狭义人性

---

① Christine M. Korsgaard, *Creating the Kingdom of Ends*, Cambridge: Cambridge University Press, 1996, pp. 110 – 114.

② Ina Goy, *Kants Theorie der Biologie*, Berlin/Boston: de Gruyter, 2017, pp. XVII, 150 – 151.

概念等同了起来,造成了一种影响广泛的混淆。

三、广义人性概念的意义:人性价值的实现途径

根据上一节的结论,在康德哲学中存在一种自然禀赋意义上的广义的人性概念。问题在于,康德为什么会引入这种概念?换句话说,这种人性概念的意义何在?

回答本文第一节结束的第二个问题可以为此提供线索。"科思嘉式的解读"为何影响如此广泛?除去英语康德研究的强势等外在因素之外,一个重要的原因在于她尝试探索了以往的研究很少触及的一个问题,即人性的培养问题。上一节提到,科思嘉触及了康德一种自然禀赋意义上的广义的人性,这些禀赋一开始只是潜能,还没有得到实现。科思嘉认为广义的培养可以实现这些禀赋:"培养展示了[人性]向完善了的自由以及向只有通过道德性才能得到的理性的发展。"①对于关注康德人性概念的现实性的学者而言,这个解释是极具诱惑力的。例如,刘凤娟认为设定任意目的的能力可以沿着历史合目的地得到培养,从"良好的社会秩序"经"自愿"和"上帝的理念"成为人格中的人性②。再如,阿伦·伍德(Allen Wood)类似地认为,人性是一种可以通过社交培养的禀赋,"奠定道德性的绝对价值是朝向明智的禀赋(理性的自爱和我们幸福的目的),理性的社交以及在人类历史中通过社会对我们自身和我们能力的培养"③。

顺着这个线索,我们可以发现康德的意图和科思嘉的几乎一致:他引入自然禀赋意义上的广义人性概念,的确就是为了在历史哲学和教育学中探讨培养和实现人性的禀赋的途径。上一节已经提到,目的论原则下的人性只是有待实现的潜能。但是,动物的本能可以直接发挥出来,而人的自然禀赋不能直接施展,而是"应当通过自己的努力,把人性的全部自然禀赋逐渐地从自身中发挥出来"(*Päd*. 9: 441)。而培养人的禀赋的途径在康德哲学中是教育和历史。詹世友注意到,康德的教育学中存在一种进步观,即人"要合目的地发展人的一切自然禀赋"④;刘凤娟注意到,在他的历史哲学中,社会是"具有合目的性的历史发展进程"⑤。这些观点是合理的,目的论中的人性概念为实践的教育学和历史哲学提供"先天导线的理念"(*Idee* 8:31)。教育通过狭义的培养、文明化和道德化培养人的技巧和明智,最终使人成为道德的人(*Päd*. 9: 449f.);而历史以非社会的社会性为手段促使

---

① Christine M. Korsgaard, *Creating the Kingdom of Ends*, Cambridge: Cambridge University Press, 1996, p. 114.
② 刘凤娟:《再论康德人性概念》,《道德与文明》,2015 年第 5 期。
③ Allen Wood, *Kantian Ethics*, Cambridge: Cambridge University Press, 2007, p. 88.
④ 詹世友:《康德人性概念的系统解析》,《华中科技大学学报》(社会科学版),2019 年第 1 期。
⑤ 刘凤娟:《再论康德人性概念》,《道德与文明》,2015 年第 5 期。

人类实现狭义的培养、文明化,再通过启蒙实现人类的道德化(*Idee* 8:26)。

当然,与科思嘉及其追随者所理解的不同,康德所理解的人性不是让一种能力发展成另一种能力,而是让一种能力从潜能发展成该能力的现实,并实现诸多自然禀赋的有机共存,只不过这种共存中存在一个低级到高级的等级秩序。第一节提到的《判断力批判》里的一段文本最能说明各种禀赋之间的这种带有等级的有机联系了(*KU* 5:429－435)。康德在这里同样认为设定任意目的的能力和人的道德属性分别位于现象和本体世界,但他还强调了两者之间的从属关系:人在自然体系中是"尘世唯一具有知性,因而具有任意地自己给自己设定目的的能力的存在者",因此,他可以培养这种设定任意目的的能力,运用技巧使自然万物都作为手段服务于自己任意的目的,成为"自然名义上的主人";但是,这种能力本身并不能使人成为现象世界的、自然界的"最终目的"(letzter Zweck),要获得这一身份,这种能力还必须服务于超越自然的、位于本体世界的"终极目的"(Endzweck),后者是道德的自然禀赋,即人格中的人性。

那么,康德为什么非要引入这种广义的人性呢?狭义的人性概念难道还不够吗?不够,因为只有在培养中,人性的现实的价值才能得到实现。《奠基》中已经谈到了狭义人性的无条件的价值,即人格中的人性尊严。而且正如赛森和盖耶在批评科思嘉时所言,这种价值是理性直接给予的①,"自律意义上的自由"的认识能使人的实践理性直接看到无条件的价值②。但是,《奠基》中的这种天赋的、直接可以认识到的尊严不是人性的价值的全部,因为人必须通过自己的努力在现实中将自身的潜在的价值实现出来。

让我们再从一个错误解读开始这个概念上的区分。迪恩认为只有善良意志具有人性的尊严③,理由是在《奠基》一处文本中,出于道德的动机而履行义务的善良意志具有"最高的和无条件的善"(*GMS* 4:401)。但是,这意味着动机不纯的人因此就没有了最基本的尊严,而这是荒谬的。正如阿利森所批评的,迪恩混淆了两种无条件的价值,第一种是人格中的人性所具有的尊严,它只是限定性的条件,第二种则是一个可以实现的对象④。因此,存在两种人的价值,一种是人基本的天赋的尊严,人不管有没有善良意志都具有它,另一种是人在现实中的价值,只有努力培养自身的道德禀赋的人才能获得它。康德在教育学和历史哲学中探讨了第二种价值:教育所要提高的"道德价值"在于奠定人道德的动机

---

① Oliver Sensen, *Kant on Human Dignity*, Berlin/Boston: de Gruyter, 2011, p.68.

② Paul Guyer, *The Value of Reason and the Value of Freedom*, in *Ethics*, 1998, 109(1), p. 28.

③ Richard Dean, *The Value of Humanity-In Kant's Moral Theory*, Oxford: Oxford University Press, 2006, pp. 38－41.

④ Henry E. Allison, *Kant's Groundwork for the Metaphysics of Morals*, Oxford: Oxford University Press, 2011, p. 215.

(*KpV* 5:153 - 155),历史则需要“嫁接在道德上善的意念之上的善”(*Idee* 8:156)。

康德广义人性概念不仅要实现人在道德上的价值,还要实现人在技术上的价值。第一节援引《道德形而上学》的引文已经谈到,康德认为设定任意目的的能力意义上的人性只有一种作为物品的“交换价值”(*MS* 6: 434),这是因为技术是人的劳动技能,而劳动可以和其他物品交换并获得一个价格——康德已经接受了亚当·斯密的劳动价值理论(*MS*: 6: 289)。技能的价值虽然只是相对的,但它还是得到了康德的肯定。以科思嘉引用的文本为例,当康德说人的技巧不能比动物的本能更好地服务于幸福时,他至少还承认它是动物所没有的“幸运的禀赋”(*GMS* 4:395)。在另一处文本里,技巧具有一种“文明的价值”,虽然人们会对它感到厌倦(*Anfang* 8:122)。另外,正如本文第一节提到的,对技巧的培养能成为一种义务,即“同时是义务的目的”,这时它就具有义务的条件地位。当然,这不是因为它本身具有无条件的价值,而只是因为一个附加的要求,即纯粹实践理性的内在立法,这种理性的立法将它们“同时”视为义务,并赋予了它们源自内在强制的、无条件的必然性①。

这样,康德实践哲学中不仅存在一个广义的人性概念,而且必须存在这样一个概念,只有通过它,我们才能在历史哲学和教育学中找到实现人的价值的现实途径。

On Kant's Concept of Humanity in Broad Sense: Taking the Refutation of "Standard Interpretation of Korsgaard" as an Opportunity

YUAN Hui

【**Abstract**】Kant's concept of the humanity in narrow sense refers to the humanity in the person. Korsgaard understands this kind of humanity as the capacity for setting any end. Because of its popularity this understanding has become a standard interpretation. However, Korsgaard confuses Kant's concept of the humanity in the person with the capacity for setting any end, which are separately located in the noumenal world and the phenomenal world. Nonetheless, taking this refutation as an opportunity, we can find Kant's concept of humanity in broad sense, which includes not only humanity in the person but also the capacity for setting any end, and the common

① 袁辉:《形式,目的和强制——康德区分法哲学和伦理学的根据》,《道德与文明》,2019 年第 6 期。

sense. These natural predispositions constitute the organism of human being according to the teleological principle and distinguish the human from animal. Kant uses this broad view of humanity in his philosophy of history and pedagogy, aiming at delving into the cultivation of the predispositions of human beings and finding the methods to realizing the value of humanity.

【**Keywords**】Kant, Humanity, Teleology, Dignity

【规范秩序研究】

演化论与自然法

——试论社会生物学对托马斯主义的支持与挑战①

冯梓琏②

【摘要】 爱德华·威尔逊的《社会生物学》引起了许多争议,但是也让部分学者看到了与托马斯·阿奎那自然法之间的某些联系。社会生物学来自演化论,达尔文改变了传统的物种不变论,从演化的角度为物种的起源和多样性提供了自然主义的解释。在此基础上,爱德华·威尔逊和理查德·道金斯等人进一步从群体选择或者亲缘选择的角度,解释了人类道德的生物学起源。威尔逊认为,出于知识一致性的要求,必须摒弃伦理学中的先验主义,包括阿奎那的自然法,而艾恩哈特则指出,如果抛弃托马斯主义中的先验主义因素,那么威尔逊的社会生物学实际可以被理解为同属于自然法传统的产物。通过分析阿奎那的自然法与现代演化生物学之间的共同点,艾恩哈特说明支持自然法的自然倾向大部分都被现代生物学研究所证实,包括婚姻、家庭和子女养育。然而,阿奎那的自然法确有一部分基于先验基础的理性向善之倾向,而本文则简要论证了该理性之倾向部分亦可能出于生物学之本性。总之,本文并非试图推翻某种先验主义的道德哲学,但确实支持植根于自然科学的自然法研究的复兴,其中生物学无论在过去还是将来都扮演着某种重要的基础性角色。

【关键词】 社会生物学,演化论,自然法,阿奎那,婚姻

虽然丹尼尔·丹尼特(Daniel Dennett)认为托马斯·霍布斯(Thomas Hobbes)是第一位社会生物学家,因为在《利维坦》一书中,霍布斯就从非道德的自然状态出发解释了人

① 本文系国家社会科学基金青年项目"理查德·道金斯和西方新无神论运动研究"(项目编号:19CZJ002)阶段性成果。

② 作者简介:冯梓琏,中国社会科学院世界宗教研究所助理研究员,主要研究方向为宗教哲学、比较宗教学、宗教与科学对话。

类社会道德的起源。① 但是,自从爱德华·威尔逊(E. O. Wilson)在1975年出版了《社会生物学:新的综合》(*Sociobiology: The New Synthesis*)一书后,"社会生物学"这一富有争议的术语和学科很大程度上就被等同为威尔逊自身的思想和愿景。尽管社会生物学的本意旨在从演化的角度去研究和解释动物的社会行为,但是其争议之处就在于像威尔逊那样最终将社会生物学应用于人类。部分学者从中看出了一种类似托马斯·阿奎那将亚里士多德物理学引入伦理学讨论之中的方法,亚里士多德物理学可以被看作当时的生物学和自然科学,因此,生物学在关于人类社会特别是道德行为的讨论中似乎扮演着基础性角色。可以说,自从达尔文的演化论思想提出之后,伴随着建立在演化基础上的社会生物学和演化心理学的发展,人们对生物学和道德之间的关系重新产生了兴趣,生物学、伦理、宗教之间的跨学科讨论成了新的前沿课题。②

一、创造论与演化论

在西方,在演化论的思想出现和占据主导地位之前,或许主要受到《圣经》思想的影响,亦或许《圣经》只是反映了人们直觉上的一种普遍观念,包括人在内的自然界的各个物种是固定的和不变的思想是主流。③ 根据《圣经》的记载,在大洪水来临之前,诺亚一家就被要求将动物按照不同种类携带雌雄各一只进入方舟,这些动物包括飞禽、走兽、牲畜和爬虫。等到洪水退去之后,这些动物就在地上繁衍后代。而如果说同一种动物具有什么共同本质的话,那么它们也是像人一样,在所谓创造时就已经被决定了。因此,在演化论出现之前,生物学的内容基本就等同于博物学,是对自然环境中动物和植物的系统观察与分类,并且最终由卡尔·林奈(Carl Linnaeus)形成了相对完善的分类体系。即使林奈晚年察觉到了生物变异的事实,但也只是认为生物只能在种的范围内变化,不能形成新的物种。这就是曾经占据主导地位的物种不变论,可以说是《圣经》思想的一种自然延伸。

然而,在达尔文跟随皇家海军贝格尔号长达五年的航行中,生物不均衡的地理分布、现代生物与古生物的地质关系等与物种起源有关的各种事实都令达尔文深为震动。虽然

---

① Daniel Dennett, *Darwin's Dangerous Idea: Evolution and the Meanings of Life*, Penguin Books, 1996, pp.453－454.

② 参见 Stephen Pope, *The Evolution of Altruism and the Ordering of Love*, Washington, D.C.: Georgetown University Press, 1994; Larry Arnhart, *Darwinian Natural Right: The Biological Ethics of Human Nature*, Albany: SUNY Press, 1998; Michael Ruse, *Can a Darwinian Be a Christian? The Relationship between Science and Religion*, New York: Cambridge University Press, 2001。

③ 与基督教的创造论不同,中国的道家秉持一种古老的"道生万物"的化生论思想,因此"物种不变论"只能限定于西方,而不能一概而论为人类文明早期的思想。

在当时看似离经叛道,但是在《物种起源》的开篇,达尔文还是写下了:"关于物种起源问题,一个博物学家……不难得出这样的结论:物种不是被分别创造出来的,而是跟变种一样,由其他物种演化而来。"①从畜牧业的"人工选择"中获得启发,达尔文意识到物种的演化和新物种的产生可能是"自然选择"的过程。在自然状态下,那些有益于个体生存的微小变异通过繁衍的优势不断累积并且形成新的物种,而那些有害变异则可能最终导致绝灭,这就像是自然的一种无意识的选择,而其产物则是能够更好地适应复杂的生活环境,所以正如达尔文在此章所用的标题所言,"自然选择即适者生存"。现在,演化论已经取代物种不变论成为占据生物学研究支配地位的主导思想,恩斯特·迈尔(Ernst Mayr)将其精辟地总结为五个理论:(1)物种的非恒常性(演化的基本理论);(2)所有生物都源于共同的祖先(分枝演化);(3)演化的渐进性(没有跃变,没有间断);(4)物种的增殖(多样性的起源);(5)自然选择。② 他自己也提出了以生殖隔离来区分物种的方法,并且说明通过遗传漂变和自然选择可能使一个物种内的种群形成新的物种。

根据迈尔和道金斯等人的观点,以及达尔文自己的说法,虽然演化论还存在一些难点,但是由于大量的生物学事实都支持演化论,而且虽然创造论和设计论也能提出解释,但是看上去都没有演化论那样合理和简洁,所以演化可能就不再仅仅是一种推测的理论,而是一个在自然界中真实发生的过程。那么,如果说演化本身就是一种事实,它又会在哲学上产生什么影响呢? 首当其冲的,就是任何自然界中的目的论解释都变得难以维持了。本来自亚里士多德以降,人们都习惯于认为,任何自然事物的存在与变化都有其目的。如果是这样,那么动物包括人身上就不应该有任何没用的冗余的结构,而诸如眼睛这种极其完善而复杂的器官也只能是被"设计"出来的。然而,一个明显的事实是,在许多生物身上就是具有"冗余的结构",比如雄性哺乳动物的乳头和不能飞的鸟类的翅膀,而诸如眼睛这样精密的器官,也可以经由道金斯所谓的"攀登不可能之山峰"(Climbing Mount Improbable)的过程,也就是通过不断地累积变异而在自然选择中逐渐产生。所以,对于"演化过程是否需要目的论解释"的问题,迈尔直截了当地回答,"是一个强调的'不'"。根据他的看法,"定向演化和其他演化的目的论解释现在已经被彻底驳斥了,而且已经证明,自然选择能够产生所有先前归因于定向演化的适应性"。③

其次,任何自然界中"进步"的观念也受到挑战。仍然是自亚里士多德以降,与目的

---

① [英]达尔文:《物种起源》,舒德干等译,北京:北京大学出版社,2005年,第11页。

② Ernst Mayr, *What Evolution Is*, London: Phoenix, 2002, p.94.

③ Ibid., p.303.

论相伴随的是人们相信自然界中事物的运动是朝向善的趋势，因为善是最高的和最终的目的。换成演化论的语境，就是人们（比如拉马克，Jean-Baptiste Lamarck）认为演化必然有一种朝向完美的趋势，而人类似乎就是这一演化过程的顶点。然而，且不说人类与动物拥有共同“低卑”的生物学起源，[①]即使说人是高等动物，也要看这种从低等到高等的“进步”是在何种意义上而言。正如迈尔所言，如果是看总生物量的话，那么最早的生物体细菌可以说是最成功的，此外在所谓的高等动物中，也有穴居动物和地下动物等表现出退化和简化的趋势。当然，总体上看，从细菌到细胞原生生物、高等动植物、灵长目和人类，系统进化树上的生物是不断进步的，而这里进步的特征主要是指器官之间的分工、分化、更大的复杂性、更好的利用资源等。[②] 但即便如此，人类也不能说是“完美”的顶点。事实上除了人类的大脑，人类的很多器官可能都不如低等动物的“完美”。因此，准确来说，自然选择从来不会产生完美，而只会产生对于生存条件的适应。[③] 如果说自然选择就是威廉·佩利（William Paley）所谓的作为设计者的钟表匠，那么正如道金斯所言：“自然界唯一的钟表匠是物理的盲目力量……达尔文发现了一个盲目的、无意识的、自动的过程，所有生物的存在与看似有目的的构造，我们现在知道都可以用这个过程解释，这就是自然选择。天择的心中没有目的。天择无心，也没有心眼。天择不为未来打算。天择没有视野，没有先见，连视觉都没有。要是天择就是自然界的钟表匠，它一定是个盲目的钟表匠。”[④]自然界属于创造和超自然设计的印象就这样完全得到了自然主义的解释。

二、道德的生物学基础

虽然演化没有目的，但是却不能说没有“方向”。根据威尔逊的看法，虽然人类作为一个物种同样是自然选择的产物，因此随着演化的进行人性似乎也会改变，但是人类作为一个整体如果要生存下去，那么必然会鼓励一类具体的行为，这种行为就是社会合作。换句话说，在漫长的演化过程中，物种中合作的群体具有更多的生存优势，而在合作中产生的利他等亲社会行为和爱与同情等社会情感，就构成了人类道德的生物学基础。当然，当这些原始的社会行为和生物情感被人类逐渐意识到并且形成文化之后，文化就会与基因产生协同进化，使得人性朝向一个相对确定的方向发展。正如威尔逊所言：“人性是什么？

---

① ［英］达尔文：《人类的由来及性选择》，叶笃庄，杨习之译，北京：北京大学出版社，2009 年，第 404 页。

② Ernst Mayr, *What Evolution Is*, London: Phoenix, 2002, p.306.

③ Ibid., pp.309 – 310.

④ ［英］道金斯：《盲眼钟表匠：生命自然选择的秘密》，王道还译，北京：中信出版社，2016 年，第 8 页。

既不是规定它的基因,也不是它的最终产物——文化……它是表观遗传法则,也就是使文化进化偏向一个方向而非另一个方向,并因此联结起基因和文化的心理发展遗传规律。"①而这个方向可能就是利他。因此,创造了"利他"(altruism)这一术语的19世纪实证主义哲学家孔德(Auguste Comte)虽然使用了似乎是错误的生物学观念,但是他同样在生物学基础上推导出人类社会从利己主义向利他主义演进的结论,现在看来倒是像威尔逊和道金斯这样激进的演化生物学家也会承认的。

事实上,自道金斯在本世纪初与山姆·哈里斯(Sam Harris)、克里斯托弗·希钦斯(Christopher Hitchens)和哲学家丹尼尔·丹尼特(Daniel Dennett)等人在西方不自觉地引起新无神论运动之后,很多明智的知识分子都会反思道德的宗教基础,并且赞同道德可以具有自身的演化史和达尔文主义的起源。当然,新无神论者有时在此走向了另一个极端,那就是认为宗教在道德上造成的后果通常比无神论更加糟糕,虽然丹尼特作为一名哲学家对此持保留意见。无论如何,当取消了宗教在道德领域的基础性地位之后,作为一个必然需要面对的问题,演化生物学家对于道德基础和起源问题的看法是非常具有启示性和借鉴意义的。特别是,如果达尔文主义的逻辑推论是,经过自然选择而成功生存下来的单位(个体、群体或基因)将倾向于表现出自利,因为它们的成功是以与它们同级的竞争对手的被淘汰为代价,那么在自然界中为何会存在大量的利他行为本身对于演化生物学而言也就成为一个关键问题。

关于个体的利他、慷慨或者彼此间表现出的"道德",道金斯给出了四种合理的演化论上的理由,②这也是除群体选择(group selection)之外目前学术界主流的对利他主义的解释。首先,是出于遗传上的亲缘关系。道金斯认为,自然选择的单位不是生命个体,也不是群体、物种或者生态系统,而是自私的基因。通常情况下,生物个体的生存确实有利于其体内基因的生存,但是在某些情况下,基因确保自己生存的策略是让携带它的个体表现出利他行为,其中一种类型就是让生物个体去帮助与其具有亲缘关系的个体。因为近亲之间极有可能享有同源的基因,所以在统计学上帮助近亲也就是基因让自己的复本受益。这就是道金斯的同事汉密尔顿(W.D. Hamilton)提出的亲缘选择(kin selection)思想,用以解释蚂蚁和蜜蜂等昆虫中的真社会性现象。其次,就是特里弗斯(Robert Trivers)提出的互惠利他(reciprocal altruism)。生物界里存在着大量的互利共生关系,比如裂唇鱼会

① [美]爱德华·威尔逊:《知识大融通:21世纪的科学与人文》,梁锦鋆译,北京:中信出版社,2015年,第231页。部分文字有改动。

② 参考[英]理查德·道金斯:《上帝的错觉》,陈蓉霞译,海口:海南出版社,2017年,第184-189页。

帮助清理石斑鱼身上的寄生虫，而石斑鱼则会在遇到危险时为裂唇鱼提供保护。如果其中一方“欺骗”，比如小鱼是以大鱼的身体组织而非寄生虫为食，那么它以后也会被大鱼拒绝接近。回报合作者，惩罚欺骗者，这种简单的“以牙还牙”（tit for tat）就形成一种演化稳定策略。特别是不同物种间的利他行为，最好就是从互惠利他的角度加以理解。道金斯认为，亲缘和互惠是达尔文世界中的两大支柱。除此以外，名声对于互惠利他的形成也十分重要。一个慷慨仁慈的好名声可以为利他者带来延迟的回报，这种回报不一定是从受惠者那里获得，所以这是一种间接互惠（indirect reciprocity）。最后，如果扎哈维（Amotz Zahavi）的理论是正确的，那么利他还可能是一种“炫耀”。引人注目的利他可以是一种“昂贵的信号”（costly signal），仿佛是在说利他者拥有更强的能力和更多的资源，从而能够吸引配偶和增加繁衍成功的机会。无论如何，看似利己的自然选择与生物的利他行为实际并不冲突，而这似乎也在某种程度上揭示了人类道德的生物学起源。

从生物学的专业角度看，道金斯与威尔逊的主张实际上是有不同的。在道金斯给出的四个理由中，没有群体选择的位置，而威尔逊选择社会合作作为利他的基础，也是因为他认为亲缘选择只能起到有限的作用。在《论人性》（*On Human Nature*）中，威尔逊区分了“硬核利他”和“软核利他”。他认为互惠性的软核利他才是建立人类社会与文明的关键，而亲属之间单向度的硬核利他虽然在人类和动物之中都普遍存在，但是由于亲缘选择总是倾向于自己的近亲，可能造成思想的偏狭与族群的冲突，所以是“文明的敌人”。① 那么，亲缘选择是否无法扩展至非亲属间？道金斯提醒我们，选择并不是要演化出一种什么对自己的基因有利的意识，而是演化成一种经验法则。在某些时候，经验法则可能遭到误用。正如我们对于异性会忍不住产生欲望，尽管欲望对象也许不能生殖，同样地，当我们面对一个不幸者时，尽管他与我们并非沾亲带故，但是出于一种在远古的亲缘选择中留存下来的经验法则，我们还是会忍不住心生怜悯，特别是对于幼小的动物或者是领养其他孩子的冲动。道金斯认为，对于仁慈、慷慨、同情、怜悯等道德感来说，事情都是一样的。② 而与威尔逊相同的是，他们都不认为这些经验法则是以一种决定论的方式影响我们，而是同样渗透进了文艺与习俗、法律与传统，以及宗教的潜移默化。因此，演化论似乎不仅为道德找到了基础，而且也为宗教的产生找到了理由，亦即宗教是作为演化的副产品（by-product）。如果抛弃掉宗教的神学和形而上学因素，那么可能正如孔德认为的，宗教的实证主义核心就是利他。

---

① See Edward O. Wilson, *On Human Nature*, Cambridge, MA: Harvard University Press, 2004, chap.7.

② 参见［英］理查德·道金斯：《上帝的错觉》，陈蓉霞译，海口：海南出版社，2007 年，第 190 页。

三、伦理学的自然主义

在西方,主流伦理学,特别是规范伦理学,总是避免将道德直接建立在人的纯粹生物性基础之上。尤其是在康德对自律和他律做出严格的区分之后,服从人的生物性,主要是包括人的各种情感(崇高与敬畏除外),显然是一种他律,不符合人作为"自由的理性存在者"的本质和出于义务的道德。然而,正如孔德试图用包括生物学在内的自然科学的实证主义来统一社会学乃至伦理学的努力一样,威尔逊的社会生物学在创立之初,也富有争议地抱有类似的理想,"科学家和人文主义者应该一起考虑到这种可能,是时候将伦理学暂时从哲学家手中移除并且生物学化了"。[①] 后来,同样是在追求知识一致性的努力中,当讨论到伦理与宗教时,威尔逊进一步区分了先验主义和经验主义。[②] 他认为,人类的伦理观念不是独立存在于人类经验之外,就是由人类创造出来的。这两者的分野不是区分信徒和世俗者的界限,而是介于先验主义者和经验主义者之间的差异。例如,根据这样的区分,即使如康德认为道德的基础不在宗教,但是由于认可道德的独立性,所以属于先验论者。而神学家在威尔逊看来则是跟随阿奎那在《神学大全》中的推理,普遍认为自然法是神的意志之体现。问题在于,任何诉诸上帝或者先验根据的道德科学似乎都必须被拒绝,因为它与自然科学缺乏"一致性"(Consilience)。而社会生物学作为一门统一的学科,伦理学在失去先验的基础后,必然要诉诸生物学的解释。这样,经验主义就不仅是一种选择,而且是一种出于一致性的要求。

有趣的是,虽然威尔逊认为作为神学家的阿奎那在伦理领域是一个先验论者,但是艾恩哈特(Larry Arnhart)根据阿奎那对于"自然法"和"神圣法"的区分指出,如果将阿奎那教义中的先验主义成分放一边,那么威尔逊的经验主义道德观其实可以看作属于托马斯主义的自然法传统。[③] 这种自然法传统,亦即道德法则最终是人类自然情感或者自然倾向的一种表达,从亚里士多德到阿奎那再到麦金泰尔(Alasdair MacIntyre),现在被认为同样可以得到演化生物学的支持。而他们所共同反对的,正是霍布斯或康德式的那种将道德视作纯粹理性的产物从而超越了人性自然的道德观。当然,这样的转变过程,或者说伦理学自然主义的复兴,也并非一帆风顺,毫无争议。麦金泰尔在《追寻美德》(*After*

---

① Edward O. Wilson, *Sociobiology: The New Synthesis*, Cambridge, MA: Harvard University Press, 1975, p.562.

② 参见[美]爱德华·威尔逊:《知识大融通:21世纪的科学与人文》,梁锦鋆译,北京:中信出版社,2015年,第十一章。书名原为"Consilience: The Unity of Knowledge"。

③ Larry Arnhart, "Thomistic Natural Law as Darwinian Natural Right," *Social Philosophy and Policy*, 2001, vol. 18, no. 1, Winter, p.30.

Virtue)中曾试图恢复一种古典的美德伦理学,但他同时希望他的伦理学是建立在共同体主义的基础上而区别于亚里士多德的“形而上学生物学”。然而,在后来的《依赖的理性动物》(*Dependent Rational Animals*)中,麦金泰尔也承认,“我错误地认为独立于生物学之外的伦理学是可能的”。① 产生这种转变的原因在于麦金泰尔意识到,我们无法解释我们是如何成为道德的存在者,除非能够解释我们作为动物的生物本性是如何使道德成为可能的。其次,否认或贬低我们作为动物的生物本性也掩盖了我们天生的脆弱和依赖,而这种脆弱和依赖正是人类的现实和繁荣的基础。麦金泰尔认为,正是由于在“动物”的定义里“人相比于(contrast with)动物”在现代西方文化中的支配性地位阻碍了传统的亚里士多德和阿奎那对人类动物性的理解,而他最终也肯定了亚里士多德与达尔文之间的联系,并且在现代的演化论生物学中寻求支持。②

另外,即使是对自然法感兴趣的哲学家也不一定会重视自然法的生物学基础。芬尼斯(John Finnis)很大程度上引领了当代对托马斯主义自然法兴趣的复兴,但是他却认为,由于人类在生物性上的绝对性造成了人类与其他动物间的绝对隔离,所以从自然欲望中推导出自然法会犯下“自然主义谬误”。所以,尽管他承认阿奎那主张自然法对人类和其他动物是相似的,但是在他对阿奎那的重述中又很快否定了这一点。③ 然而,正如博伊德(Craig A. Boyd)所言,芬尼斯对托马斯主义自然法的这种修正只是在人类和其他动物间制造了一个极端的分裂,使得阿奎那的自然法理论更像是康德主义而不是亚里士多德主义。对自然法感兴趣的哲学家现在不应该试图克服自然主义谬误,而是应该研究人类的生物本性如何在后达尔文主义的世界里使得自然法理论变得更有道理。④ 艾恩哈特所做的正是这样的工作。

根据艾恩哈特的用法,“自然法”作为一个术语是指以下一组观点:(1)动物有天生的倾向;(2)每一种动物的正常发展都需要满足这些倾向;(3)有自觉意识的动物渴望这些倾向的满足;(4)人类利用他们独特的理性思考能力制定伦理标准,作为在完整的一生中和谐地满足其自然欲望的生活规划。⑤ 阿奎那的自然法论证是植根于亚里士多德的生物

---

① Alasdair Maclntyre, *Dependent Rational Animals*: *Why Human Beings Need the Virtues*, Chicago: Open Court, 1999, p.x.

② Ibid., pp.11-12.

③ John Finnis, *Aquinas*: *Moral*, *Political*, *and Legal Theory*, Oxford: Oxford University Press, 1998.

④ Craig A. Boyd, "Was Thomas Aquinas a Sociobiologist? Thomistic Natural Law, Rational Goods, and Sociobiology," *Zygon*, 2004, vol. 39, no. 3, p.665.

⑤ Larry Arnhart, "Thomistic Natural Law as Darwinian Natural Right," *Social Philosophy and Policy*, 2001, vol. 18, no. 1, p.2.

学，而艾恩哈特则要论证的是达尔文主义的生物学如何支持阿奎那的自然法。显然，在他看来，植根于达尔文主义的社会生物学与植根于亚式生物学的古典自然法之间似乎具有某种惊人的一致性与共同点，那么事实是否真是如此呢？

四、阿奎那的自然法

艾恩哈特是从阿奎那《神学大全》中关于自然法的著名章节开始论述，这段章节是这么写的：因了善具有目的之意义，而恶具有相反之意义，故人自然所倾向者，理性自然便认为是善，是该追求的；与之相反者是恶，是该避免的。根据各种自然倾向的次序，而有自然法律之指令的次序。第一，人有与一切本体共有的向善之倾向，即每一本体皆求保存合于其天性的现实。按这一倾向，凡能用以保存人之生命并能阻止其相反者，皆属于自然法律。第二，人有指向比较特殊事物的倾向，这是基于人与其他动物共有的天性。在这方面，“大自然教给一切动物者”（《罗马法律类编》卷一第一题），皆属于自然法律，如：男女之结合，子女之教育等。第三，人内有根据理性的向善之倾向，这是人所专有的，例如：人自然就倾向于认识关于天主的真理，倾向于过社群生活。在这方面，凡与这种倾向相关的，皆属于自然法律，例如：避免愚昧，避免冒犯一起相处的人，以及其他与此相关的类似的事物。①

可以看到，阿奎那提出的第一个自然倾向就是生存。生存是人与其他一切本体共有的倾向，而根据达尔文的演化论，自然选择的过程也正是包括人在内的所有物种为了生存而进行的“竞争”。阿奎那根据亚里士多德的生物学认为生存是身体的自然倾向，因此不需要具有认知意识，而根据这种自然倾向，凡能用以保存人之生命并能阻止其相反者，皆属于自然法律。甚至如果是为了保护自己的生命，那么杀人也并没有罪，②而现代法律里确实也有“正当防卫”的条款。当然，在阿奎那的伦理学里并非完全没有自我牺牲。值得注意的是，正是由于托马斯主义伦理学的经验主义特征，所以这种伦理学存在某些原则，但是不存在康德式的绝对命令。在特殊情况下，比如一个人负有照顾近人得救的责任，那么阿奎那认为应该为了救助近人而牺牲自己。③ 然而，这种自我牺牲也是为了在灵性层面获得更大的善，所以只是原则上来说，阿奎那反对和禁止自杀行为，因为这与生存的自

① Aquinas, *Summa Theologiae*, II/1, 94:2；阿奎那：《神学大全》，第六册，周克勤等译，台南：碧岳学社/高雄：中华道明会，2008 年，第 41－42 页。

② 同上书，II/2, 64:7；第九册，第 219 页。

③ 同上书，II/2, 26:5；第八册，第 81 页。

然倾向背道而驰。

第二种自然倾向是人与动物共有的倾向,比如夫妻关系和亲子关系。根据亚里士多德的生物学,需要人类与某些动物共有的认知意识,正如汉密尔顿在提出亲缘选择理论时,也说明动物个体需要具备亲属识别(kin recognition)的能力。① 根据阿奎那的自然法,婚姻是自然的,因为它满足了人类与其他一些动物共有的自然倾向。在他看来,婚姻的首要目的就是生儿育女,也就是确保父母对子女的照顾。其次,婚姻还有一个次要目的,就是满足人生活所需的分工合作,因为男女不能自给自足,所以他们也自然倾向于婚姻的结合。根据现代的演化生物学理论,父母对子女的照顾可以看作亲代投资(parental investment),而在r/K选择策略中,人类的繁衍属于K选择策略,也就是在生育较少后代的同时通过增加亲代投资以提高后代的存活率。同样地,阿奎那也观察到,有些动物的子女可以自存或者母亲就可以养活他们,所以这些动物没有固定的伴侣关系,而另有一些动物的子女需要父母养活,所以父母短时间内需要维持固定的伴侣关系。因为人的儿女需要父母照顾的时间最长,所以人的本性倾向于维持一段持久稳定的伴侣关系,这就是婚姻,婚姻也就属于自然法。② 然而,虽然婚姻是自然的,但这并不是说全人类都会渴望婚姻。因为根据亚里士多德的生物学,有些人倾向于独身也是自然的,而且根据阿奎那的看法,默观的生活也是人类群体所需要的。由于婚姻非常妨碍默观的生活,所以也不能认为不婚就违反了自然法。③ 甚至如果不区分首要目的和次要目的,从婚姻满足了人类共同生活以及分工合作的倾向来看,没有子女的婚姻也可以从自然法的角度获得辩护。④

婚姻可以具有多种形式,阿奎那判断哪种形式属于自然法,同样取决于它在何种程度上满足了婚姻的自然目的。首先,滥交肯定是违反自然的,因为它会妨碍对子女的照顾和夫妻的结合。相反,一夫一妻制是符合自然的,因为它完全满足了婚姻的两个自然目的。其次,由于婚姻的主要目的是生儿育女,而一个丈夫可以使多个妻子怀孕,并且和她们一起教育子女,所以一夫多妻并不完全违反自然法。但是,一夫多妻通常会阻碍夫妻关系,

---

① William D. Hamilton, "The Genetical Evolution of Social Behaviour," *Journal of Theoretical Biology*, 1964, vol.7, no.1, p.51.

② Aquinas, *Summa Theologiae*, suppl., 41:1; 阿奎那:《神学大全》,第十六册,周克勤等译,台南:碧岳学社/高雄:中华道明会,2008年,第340页。

③ 同上书, suppl., 41:2;第342页。

④ Larry Arnhart, "Thomistic Natural Law as Darwinian Natural Right," *Social Philosophy and Policy*, 2001, vol. 18, no. 1, p.5.

因为许多妻子难免会引起争执,也就是无法满足婚姻的次要目的,所以又是违反自然法的。[①] 最后,一妻多夫是完全不自然的,因为一妻多夫虽然没有完全破坏生育儿女的目的,但是儿女的利益不仅意指生育,而且也意指教育。由于一妻多夫会使得男人无法确认自己作为生父的身份,而父亲身份的不确定性会削弱丈夫照顾妻子儿女的意愿,所以一妻多夫制在这点上完全破坏了婚姻的主要目的。[②] 基于同样的理由,通奸也是违反自然法的。阿奎那注意到,没有一种法律或风俗习惯是认可一妻多夫的,[③]而和其他动物相比,人类有强烈的一夫一妻制,但也有轻微的一夫多妻制,这既是符合阿奎那反复引用的亚里士多德对动物生殖的生物学研究,[④]也是符合现代演化生物学揭示的天性自然规律的,正如阿奎那自己所言:"法律如果是人法的话,所设立的法律便应当植根于本性的提示。正如在推证科学中一样,人的每一种发明都植根于自然认识到的原则。"[⑤]

值得注意的是,虽然人和动物一样存在着不同的配偶制,但是作为法律或者风俗习惯的婚姻则是人类独有的。因为这些法律规则需要其他动物所没有的概念推理的认知能力,而这种能力在艾恩哈特看来正是阿奎那论述的第三种自然倾向,亦即"根据理性的向善之倾向"所需的。换句话说,人类的理性就是这种以语言为中介进行概念推理的能力,这种能力同时使人超越了动物的天性并且构成了人类物种的独特性。[⑥] 根据艾恩哈特对"自然法"的理解,人类利用这种独特的理性思考能力来制定伦理标准,作为在完整的一生中和谐满足其自然欲望的生活计划,而婚姻的规则在这样的意义上就是为植根于人类动物本性的交配与繁衍的自然欲望提供了正式的结构。[⑦] 不得不说,艾恩哈特这种对于人类理性和独特性的理解或许也是受到了现代演化生物学的影响,因为从现代生物学的观点来看,人类与其他灵长目动物的不同除了直立的身体和高度发达的大脑,正是在于由高度发展的大脑带来的语言和推理能力。但问题在于,这就是自然法中的理性所具有的全部含义吗?

---

① Aquinas, *Summa Theologiae*, suppl., 65:1; 阿奎那:《神学大全》,第十六册,周克勤等译,台南:碧岳学社/高雄:中华道明会,2008 年,第 571 页。

② 同上书,第 573 - 574 页。

③ 阿奎那显然并非人类学家,但一妻多夫制确实极为少数,且多夫基本为兄弟。

④ Aristotle, "Generation of Animals," in *The Complete Works of Aristotle*, Jonathan Barnes ed., A. Platt trans., Princeton, N.J: Princeton University Press, 1995.

⑤ Aquinas, *Summa Contra Gentiles*, bk. 3, chap.123. 阿奎那:《反异教大全》第三卷,段德智译,北京:商务印书馆,2017 年,第 194 页。

⑥ Larry Arnhart, "Thomistic Natural Law as Darwinian Natural Right," *Social Philosophy and Policy*, 2001, vol. 18, no. 1, p.7.

⑦ Ibid., p.5.

五、是否需要先验?

如果说自然法哲学家对现代生物学的关注是为了使古典的自然法在现代的科学世界变得更为合理,那么艾恩哈特已经基本上出色地完成了这样的工作。然而,当他进一步试图将威尔逊对道德的生物学解释看作古典自然法传统的延续时,由于威尔逊坚决拒斥伦理学中的先验主义,所以艾恩哈特也必然会舍弃阿奎那自然法中的某些东西。为了谨慎起见,避免将自然法传统完全看作经验主义,本文会在此做简要说明,并且作为最后的总结。

博伊德敏锐地意识到,在对阿奎那自然法的分析中,艾恩哈特并没有提到第三种根据理性的向善之倾向的具体内容。这种倾向包括认识关于天主之真理,度社群之生活,前者可看作对真理之需要,后者则属于美德之获得,而这种对真、善、美的追求在博伊德看来正是使阿奎那的自然法区别于纯粹自然主义伦理的东西。[①] 事实上,阿奎那自己也说得非常清楚,那就是在自然法的许多指令之上,还有一个第一指令。这一指令以第一原理为基础,亦即"善是一切所追求者",所以,自然法的第一指令就是"该行善、追求善而避恶"。其他一切指令都以这条指令为根据,而这条指令正是由于人有指向行动之善的实践理性。[②] 当然,在阿奎那看来,最大的和最终的善肯定是指向天主,这既是使阿奎那的自然法脱离经验主义的东西,也是使它具有目的论的东西。而最终的善和具体的善之间又是既有区别又有联系,正如博伊德所言,不要把个别的善误认为是善本身,我们感官欲望的实现永远不能满足我们作为理性的存在。[③] 如果从正面论述的话,则正如阿奎那自己所言,"自然法律只是永恒法律之分有","凡关于导致目的者之嗜欲,皆源自对最后目的之自然嗜欲"。[④]

因此,根据阿奎那的自然法,人的特殊性就在于人的理性,而人的理性就导致人不仅在追求自然善,最终是在追求目的善,也就是在伦理上度过一种善良生活。由于人具有这种特殊的理性能力,亦即人不仅具有概念推理之能力,亦具有行动向善之能力,所以人凭借理性的探究就与人之自然倾向之间产生几种特殊的情况。第一种情况,理性善与自然

---

① Craig A. Boyd, "Was Thomas Aquinas a Sociobiologist? Thomistic Natural Law, Rational Goods, and Sociobiology," *Zygon*, 2004, vol. 39, no. 3, p.669.

② Aquinas, *Summa Theologiae*, II/1, 94:2; 阿奎那:《神学大全》,第六册,第 41 页。

③ Craig A. Boyd, "Was Thomas Aquinas a Sociobiologist? Thomistic Natural Law, Rational Goods, and Sociobiology," *Zygon*, 2004, vol. 39, no. 3, pp.670 - 671.

④ Aquinas, *Summa Theologiae*, II/1, 91:2; 阿奎那:《神学大全》,第六册,第 11 页。

善是分开的,如摩西律法中,不可杀人、不可偷盗和孝敬父母就属于自然法,而"不可雕刻偶像"就属于理性学习到的永恒法。[①] 第二种情况,理性善与自然善是一致的。如阿奎那提到婚姻除了生儿育女和分工合作外,还有第三个目的,就是它象征着基督和教会的联合。[②] 根据阿奎那著名的"恩典不是毁灭本性,而是使本性更为完善"[③]的原则,这种婚姻的神圣意义必然会加强信徒的婚姻承诺,也就加强了与婚姻有关的自然道德,比如彻底反对一夫多妻,从而促进了人世的幸福。第三种情况,理性善与自然善是相反的。比如上文曾提到,一个人甘愿冒着生命危险可能是因为他负有救助近人的责任,或者是为了保护社群的利益,而这种责任或利益显然是根据理性才能认识的,那么这时自我牺牲就是为了追求更大的善,是属于完善爱德的行动。[④] 因此,在阿奎那的自然法中,实际第三种倾向亦即根据理性的向善之倾向才是最为重要的,因为它可能让我们不顾第一和第二之出于自然的倾向,如自我保存的天性,而服从第一指令,亦即"该行善、追求善而避恶"。正如阿奎那自己所言:"因为合于德性的行动,原来不都是出于自然之倾向,而是人借理性的探究,发现那些事有益于善良生活。"[⑤]

当然,从社会生物学的观点来看,许多在阿奎那那里被认为是属于理性之行动,现在看来都可能是出于自然之倾向。比如,人倾向于度社群生活,这在阿奎那看来是属于人所专有的。然而事实上如蚂蚁、蜜蜂等物种,都发展成了具有高度组织化的真社会性(eusociality)群体。而人类在社群生活中避免冒犯他人的美德,在动物世界里则可能是群体选择压力下群体内利他的表现。因此,人的社会性完全可能具有某种生物学基础,无论是出于亲缘选择还是群体选择,但至少不一定是根据理性的能力。再比如,人可能出于救助近人的责任而甘冒生命的风险,这看上去是属于理性的向善之行动,然而,生物学的本能却完全有可能让人做出更大的自我牺牲,比如去救助一个溺水的陌生人。达尔文曾说:"许多文明人,甚至一个少年,虽然以前未曾为他人冒过生命危险,但还充满了勇气和同情,无视自我保存的本能,立刻投入激流之中去挽救一个溺水的人,即使这是一个素不相识的人……上面这等行为似乎是社会本能或母性本能的力量大于任何其他本能或动机的力量的简单结果。"[⑥]在达尔文看来,救助落水者显然并非是出于理性或者自由意志的行

① Aquinas, *Summa Theologiae*, II/1, 100:1;第六册,第 107 页。
② 同上书, suppl., 65:1;第十六册,第 571 页。
③ 同上书, I, 1:8;第一册,第 16 页。
④ Aquinas, *Summa Theologiae*, II/2, 26:5; 阿奎那:《神学大全》,第八册,第 81 页。
⑤ Aquinas, *Summa Theologiae*, II/1, 94:3; 阿奎那:《神学大全》,第八册,第 43 页。
⑥ [英]达尔文:《人类的由来及性选择》,叶笃庄,杨习之译,北京:北京大学出版社,2009 年,第 71-72 页。

动。心理学家麦独孤(William McDougall)也持同样的观点,他认为母爱的本能可以扩展到任何儿童,甚至年幼的动物以及任何成人的不幸,都可能引起这种本能。① 因此,尽管还没有定论,但是社会生物学和演化心理学都不否认,父母的本能可能是人类无私利他行为的生物学基础和来源。因为这些行动是如此直接与自发,所以看上去也不太像是理性向善的结果。

事实上,艾恩哈特并非没有注意到自然法中的先验主义维度,在他尝试建立威尔逊与阿奎那之间共同点的时候,他也承认是将阿奎那的先验主义放在了一边。而现在,通过以上简短的论证可以看到,即使是根据理性的向善之行动,亦即在阿奎那看来是出于对真理的认识和获取美德的行动,部分程度上也可以得到纯粹自然主义的解释,或者说属于自然之善。因此,本项研究更大的意义实际在于,认识到像威尔逊这样的社会生物学家对道德的生物学解释是自然法推理的一种形式,应该会促进达尔文主义科学家与托马斯主义哲学家之间富有成效的合作。想要解释人类道德生物学本质的科学家可以将它与自然法传统联系起来,使他们的研究具有哲学深度。而想要捍卫道德植根于人性观点的哲学家,则可以在对人类行为的生物学研究中找到科学的支持。② 当然,如果威尔逊对于伦理学先验主义和经验主义的区分是合理的,那么康德式的道德哲学家也可以从中获得反思。总之,为了促进共同的对于人性的探究和道德的进步,现在是时候打破科学与宗教虚幻的隔阂与芥蒂了。③ 毕竟,演化论的诞生和现代生物学的发展使得人们对于生命起源和本性的认识早已不可同日而语,除了社会生物学之外,生物学本身也形成了独立的生物伦理学和生物学哲学,而哲学研究对生物学的关注与运用也早有亚里士多德和阿奎那这样的哲人先贤做出了表率。可以说,不懂亚里士多德的生物学就不能完整理解阿奎那的自然法,而不懂达尔文主义的生物学就不会完整理解人的天性与存在,跨学科的研究与融合才是解决某些哲学根本问题的必由之路。

---

① William McDougall, *An Introduction to Social Psychology*, Kitchener: Batoche Books, 2001, pp.58 - 59.

② Larry Arnhart, "Thomistic Natural Law as Darwinian Natural Right," *Social Philosophy and Policy*, 2001, vol. 18, no. 1, p.32.

③ 参见[澳]彼得·哈里森:《科学与宗教的领地》,张卜天译,北京:商务印书馆,2016 年。

Evolutionary Theory and Natural Law: Exploration of Sociobiology's Support and Challenge to Thomistic Morality

FENG Zilian

【**Abstract**】 The sociobiology of Edward Wilson caused considerable controversy, but it also made some scholars realize its connection with Thomas Aquinas's natural law. Sociobiology comes from the evolutionary theory proposed by Charles Darwin. He challenged the traditional theory of species immutability and provided a naturalistic explanation for the origin and diversity of species from the perspective of evolution. On this basis, Edward Wilson and Richard Dawkins, among others, further explained the biological origins of human morality in terms of group selection or kin selection. In Wilson's opinion, the transcendentalism in ethics, including Aquinas's natural law, must be rejected for the sake of the unity of knowledge. However, as Larry Arnhart points out, Wilson's sociobiology can be understood as an outgrowth of Aquinas's natural law tradition, if the transcendental element of Aquinas's natural-law theory has been set aside. By examining the commonalities between natural law and modern evolutionary biology, Arnhart shows that most of the natural inclinations supporting natural law have been confirmed by modern biological research, including marriage, family and parenting. Aquinas's natural law does, however, include a transcendental inclination towards rational goods, and this paper briefly demonstrates that part of this inclination may also be rooted in human's biological nature. In short, this paper doesn't attempt to overthrow a certain transcendental moral philosophy, but it does support a revival of natural lawstudies based on natural sciences, in which biology has been and will play an important fundamental role, both in the past and in the future.

【**Keywords**】 Sociobiology, Evolution, Natural Law, Thomas Aquinas, Marriage

思考是道德的护栏

——对电影《万湖会议》的思想解读

陈旭东①

【摘要】 本文从阿伦特关于思考的论述来探讨电影《万湖会议》。虽然参加万湖会议的政治精英具有高效解决问题的知性能力，却不会理性意义上的思考。正是极权主义体制及其意识形态使得人们丧失了思考能力，并且表现为只会使用陈词滥调。思考需要与他人对话，并且与自己的良心对话。思考是道德的重要护栏，所以需要多吹思想的风暴来保障善的可能。

【关键词】 万湖会议，阿伦特，思考

1942 年 1 月，纳粹德国政权的高层决策官员召开万湖会议，讨论消灭犹太人的最终解决方案。2022 年，德国导演马蒂 · 吉斯切内克执导的电影《万湖会议》(Die Wannseekonferenz)为我们呈现了会议的真实过程。万湖会议看起来是一个常规的工作会议，一切都井然有序地进行着，有会前交流、开场致辞、茶歇闲聊。可是，这场例行公事式的会议却决定了 1100 万犹太人的命运。消灭整个欧洲犹太人的种族屠杀，在他们口中只是一个名为"最终解决"的工作术语。与会的纳粹德国官员们坚决而高效地贯彻了元首的指示，把它当作一项重要的工作任务来落实。这些政治精英在一个半小时左右的时间里讨论各种解决方案，商讨了种族、效率、运输、人手分配等问题，冷静而不动声色。他们是如此专业且敬业，经过细致计算与充分讨论，协调各方力量，最后形成了一个堪称完美的灭绝方案。整个会议严谨高效，可以说相当成功。这个方案不仅高效而且很有秩序感，比如犹太人要在上车前签署财产放弃协议，履行手续会给他们一种安心的感觉，目

---

① 作者简介：陈旭东，安徽师范大学马克思主义学院副教授，主要研究方向为西方伦理学。

的就是让这些犹太人在登车的时候还保留一种秩序感的幻觉。

在会议的整个对话中似乎没有一句流露出残暴和凶狠,却决定了所有 1100 万犹太人的生命。这样一种有秩序的、高效的、技术化的执行方案,使得种族灭绝成为一种工业化的生产行为,问题是,他们谈论犹太人的生命如同在讨论物资,这批物资需要怎么运输、如何隔离、如何消失、如何获得相关收益。万湖会议里经常提到的一句话:“大面积消杀”,与会人员在冷静、理智的讨论氛围中,谈论“把犹太人隔离起来,进行大面积消杀”,似乎在决定如何处理病毒的健康卫生问题。轻描淡写之下是一个又一个鲜活的生命,被这些“政治精英”当作物品给完美处理了。他们似乎也有普通人那样的感情,比如他们会心疼如果射杀 1100 万人需要用掉 1100 万的子弹,心疼即便昼夜不停地干活也要花费大量的工作时间,甚至还担忧射杀犹太人可能给德国士兵造成心理问题,而在提出毒气室的解决方案后,一切担忧又都消除了。从肉体上消灭犹太人的“最终解决”是最有效和最经济的方案,一切都仿佛是官僚系统的一个日常决策。但他们没有任何一个人,有过片刻的犹豫和迟疑去问为什么要这么做,凭什么可以这么做。为什么在那些“政治精英”眼里,人不被当作人,人消失了而只有物的存在?他们只会科学地工作,而对“人”视而不见?

一、认知与思考

谈到纳粹之恶的问题,我们首先想到的是汉娜·阿伦特“平庸的恶”这个概念,但“平庸的恶”影响太大,已经被滥用,且充满争议与误解,本文将从另一角度展开讨论。我们知道,康德关于知性和理性的著名区分:知性是把经验直观的材料纳入范畴的框架中的认知活动,它善于分析,是把整体的世界分割为部分来研究;而理性是对整体的思考,是对形而上学问题的思考,理性不会满足于仅仅成为认识世界和解决问题的工具,它总是具有超越知识的限制去思考的倾向。按照康德的说法,这是理性的自然本性。阿伦特继承了康德关于知性和理性的区分,但进一步对康德做了新的解释:“康德也没有给信仰留下地盘,而是给思考留下了地盘。”①与康德不同的是,阿伦特认为知性是寻求真理的认知活动,而理性从事的是思考活动。

认知可以形成关于世界的许多具体知识,这是一个可以不断积累和前进的过程。知性具有生产性,其求知活动出于实用的需要,而思考探究的是意义,思考以自身为目的,并不留下特定的成果,而求知的成果则可以不断积累和增长。知性活动是顺从现实,认为现

① [美]汉娜·阿伦特:《反抗“平庸之恶”》,陈联营译,上海:上海人民出版社,2014 年,第 167 页。

实就是合理的,我们该做的就是如何更好地适应现实,在现实框架下进行考量和权衡。现代社会过度崇尚实用知识,往往认为思考是无用的;思考与现代社会强调进步、发展的氛围格格不入,所以思考容易被边缘化。现代社会的显著标志就是知性取代思考,以为知性就是思考,我们推崇的是聪明和有知识的人,知性取代理性就导致文化精英和知识精英也不会思考,他们善于生产知识,忙于解决问题,信奉"知识就是力量",这些控制自然、控制社会的知识是排斥思考的。因为不满足于纯粹的思辨活动,意大利科学家伽利略借助望远镜揭示了宇宙天体的奥秘,确证了原来只能靠假说和思辨为基础的认识,这开启了现代科学的基本范式。同时伽利略又使得现代人有理由怀疑一切没有得到科学证明的现象和观点。望远镜指向天空意味着人类视角的重大转换,我们从原来依赖感觉器官到从宇宙的视角来观察地球,由此便不再完全依赖于自己的感觉器官来了解世界。

随着天体物理学作为一门独立学科的出现,我们对自然和宇宙的了解不再依赖感官,而是通过精确的仪器来确证,用数学语言来描述世界,一切都以还原为可量化的数学模型为目标。以事实为根据的现代自然科学开启了通过实验操纵自然的范式。而笛卡尔通过内在的我思来确证存在,则进一步使人和现实世界疏离开来。现代科学在取得巨大成就的同时,人却越来越感觉到与世界的异化关系,导致家园感的丧失越来越明显。现代科学技术的飞速进步使得世界的神秘性逐渐消失,人的想象力也随之急剧萎缩,能够激发思考的地方也越来越少,人逐渐成为只会机械反应的生物。于是,人们只能在被动反应中自得其乐,特别是随着算法技术、人工智能的飞速发展,这种趋势越来越明显,网络上充斥的非黑即白的"二极管"思维即是典型例证。同样,时下流行的"小镇做题家"也是不会思考的人,他们只是具有丰富的解题技巧,能够在各种考试中取得高分,善于揣摩出题人的意图和迎合出题人的想法。"小镇做题家"只注重思维技巧的训练,以为任何问题都有标准答案,应该成为什么样的人也可以事先预制好。他们却不会质疑题目本身可能是错的,进而跳出试题的框架和逻辑来思考。

思考是超越认知的活动,也就是超越控制世界的狭隘认知,不是以操控的方式来思考。如果离开意义的思考,人类的认知活动就很容易成为控制世界的工具,而思考能够使我们从狭隘的功利视角解脱出来,以一种全新的方式认识世界,比如仰望星空、思考人生的活动。诸如考虑一道数学题怎么做,如何写一篇好论文都是知性意义上的计算,而不是理性意义上的思考。思考并不寻求真理,思考探求的是意义,比如关于世界的意义、生命的意义。寻求意义是人类心灵的自然需要,这种探求并不形成稳固的真理或知识,而是产生不断变化的意义。思考的重点并不考虑事物是否真实存在,而是其存在的意义。比如对于上帝的思考，并不能证明上帝是否确实存在，但仍然富有意义。因为意义是相对于人来说的，思考上帝存在对于人的意义，其实是思考超越世界的意义、生命与死亡的意义，无论上帝是否真实存在，这些问题必然值得思考。思考以自身为目的，不服务于任何外在的目的。因为看到现实中幸福的人、正义的行为、美丽的事物，我们就会如苏格拉底那样进一步追问：什么是幸福？什么是正义？什么是美？这些传统的形而上学问题永远不会有固定结论。

西方形而上学从柏拉图开始，就强调实践领域和思辨领域的截然分开，但阿伦特则把两个领域结合在了一起，认为思考并非纯然就是对世界的静观，思考也可以是一种行动。"当每个人都无思地被其他人所做的和所信奉的裹挟而去，那些思想者就从隐藏中凸显出来，因为他们的拒绝加入惹人注目，并因此成为一种行动。"①思之所以是一种行动，因为它不害怕外在的权威，不顾忌支持或反对人数的多少。

二、极权体制下没有思考

虽然说，思考是高于认知的能力，但需要注意的是，阿伦特强调思考是每个人都可以拥有的能力，每个人都潜在地具有思的能力，只要有健全认知能力的人都有进行思考活动的能力，这种能力和个人的教育背景或社会地位无关。它并非少数人士的特权，比如职业思想家所垄断的能力。而且，没有思考能力和愚笨不同，高智商、高学历的人具有较强的解决专业问题的能力，但可能不会思考。所以说，这些与会的高学历、高智商的政治精英并不会思考，因为他们只会用知性解决问题，他们从头到尾都在讨论技术上的可行性，把大屠杀简化成了数字和流程，把一件极端罪恶的反人类的大屠杀拆解成小环节的工作流程，这样每一步似乎就没有那么罪恶了。因为看不到整体的罪恶，执行具体任务的时候就可以心安理得了。知性的高度发达可以非常高效地解决犹太人问题，而没有思考解决问题本身的是非对错，没有去思考为什么这么做、这么做的意义何在，也不会去思考命令规则背后的合法性与意义。如果我们不对自身的价值观和价值判断进行思考，而只是机械地执行上级命令来维护秩序，就会成为恶的帮凶。按照阿伦特的说法，万湖会议上没有真正的对话，没有思考，只有为了解决问题而进行的计算，没有撤离世界的孤独的思，也没有为他人的思考。

如此高效的大规模屠杀只有在极权体制下才得以可能，如果没有沉默的大多数的合

① ［美］汉娜·阿伦特：《反抗平庸之恶》，陈联营译，上海：上海人民出版社，2014 年，第 188 页。

作,极权体制不可能成功运行,而且这个官僚体制会鼓励服从,使得服从上升为最高美德。于是人们只需服从命令和执行命令,也就无需为自己的行为负责。也就是说,仅仅是希特勒那样体制的最高领导者需要承担罪责,其他人好像都是受害者。他们都没有思考的能力是因为极权主义体制自身就是一部制造恶的机器,它想要把这个体制内所有的人都变成齿轮和螺丝钉,这个机器运转起来,会绞杀所有人的生命和思想。每个人都变成了螺丝钉,变成一个机器的零件,个人成为庞大政治体系中的一个小小齿轮,随时都可以被替换,这些被角色设定的人根本没有思考的空间。极权主义消灭了人们思的能力,使人成为提线木偶一样的存在,如同艾希曼那样只知道盲目服从上级命令,按照既定目标来高效地解决问题,却不会反思目标本身是否合理,是否具有正当性,服从命令就成为唯一的选项。以艾希曼为代表的这些人工作尽责、忠于上级,认真高效地完成工作任务。似乎只是运气不好,碰巧在一个罪恶的体制下工作,本来出色完成本职工作的人如果生活在一个正常国家里就是一个模范公民。艾希曼他们不是恶魔,似乎只是普通人,甚至在家庭中是个称职的丈夫和慈爱的父亲。纳粹的极权体制把家庭中的好丈夫和好父亲吸纳进来,成为只知道执行命令的服从者,在复杂的官僚程序中消解了个体责任。只是因为工作需要,把几百万犹太人送进死亡集中营似乎只是高效地完成本职工作,他们本身对犹太人并没有特别的仇恨。杀人成为一项工作,艾希曼成为犹太人问题专家,他知道如何高效地组织和安排运送犹太人到集中营,成为执行“最终解决”方案的完美工具。于是,屠杀变得普通而平庸,如同完成日常的一项公务活动,这使得纳粹体制的齿轮能够顺利运转,使得“最终解决”这样恐怖的方案被转化为一个技术的操作问题。

极权主义的意识形态也使得人们丧失了思考能力。极权主义的意识形态用单一的观念来完全解释一切,而且是用形式上合乎逻辑的方法提供一整套解答,但是整个过程中是完全没有思考的。比如对历史进行全知全能式的解释,这样过去、现在、未来都可以得到清晰而明确的解答,纳粹的种族主义典型体现了这种历史观,他们认为历史是不同种族之间的斗争决定的。意识形态似乎提供了所有问题的解答,以完全肯定的方式来解释一切现象,所有的事物都可以得到解释,并且结论具有不可妥协的极端性。意识形态通过体系的严密性和语气上的确定性排斥了思考的必要性,逻辑的外衣代替了人的内在思考自由。为了能够实现完全控制,意识形态需要消灭任何不确定性,因为它已经用一套思想体系解释了一切,它已经代替了个人思考,所有的人就无需思考。而思考与意识形态完全相反,思考充满不确定性,它总是以怀疑的姿态来审视一切,思考者就会常常处于徘徊和犹豫的状态之中。思考的怀疑精神正好是对意识形态的确定性的否定。

阿伦特从艾希曼身上观察到,没有思考能力的显著标志就是只会使用陈词滥调,只会讲没有任何个性的空话和模式化的套话。艾希曼他们使用的唯一语言是官方的语言,这种空洞的语言无法做到与他人进行真正的沟通,因为没有从他人的视角看问题。艾希曼的精神世界里只有事先预制的套话,这是在自我封闭的世界里的内在循环,他的话语严重脱离现实,与真实的现实没有任何关系。所以说,他失去了用事实来修正自己观点的能力,也失去了站在他人视角上去观看、去感受的能力,以至于明显的恶,比如杀人貌似也可以在他们那里得到合理的解释。在阿伦特看来,真正的思考是从他人和世界的角度思考。因为思考植根于经验,思考的对象是个体的真实经验,没有经验也就没有思考。而陈词滥调的俗套与格式化的语言,也不可能激发任何积极的反应。思考需要从现实世界中抽离出来,通过想象,把经验意向进行重新组合从而成为思维和反思的对象。但是艾希曼只生活在陈词滥调的世界里,这使得判断变得没有必要,也无需承担思考的风险。似乎无论工作的内容和性质是什么,只需兢兢业业地处理公务,认真履行岗位职责,就可以安然度过一生,成为被称颂的好人。陈词滥调不仅是一种思想方式,也是一种行为方式,使用极权主义意识形态上的陈词滥调就是与恶合作的开始,不能进行真实的言说正是没有独立思考的体现,因为无需为自己的行为负责之后就打开了做一切事情的可能。在他身上完全没有一个独立自主的自我,只会用官方的套话和那些陈词滥调进行言说,所以,没有思考能力使他意识不到自己行为的残忍和荒诞,对职业行为中的是非对错缺乏基本的判断能力。可以说,那些没有任何独立自主判断能力的人就是没有灵魂的僵尸。不会思考使我们非人化,也就具有了作恶的潜在可能性。

总之,思的能力与判断是非对错的能力紧密相关,没有思考能力意味着把服从规定和命令视为理所当然,没有反思的服从可以酿成严重的恶行,而思则可能会阻止恶的发生。虽然思考不会产生具体内容的结论,但可以避免没有反思而只会服从的可怕后果。

三、思考与对话

思需要从世界中抽离,但并非逃避世界。“思考虽然是孤独的事业,但又取决于他人才得以可能。”我们在世界中从来不是与他人相分离的单独存在。思考需要言说,需要与他人分享,包括交谈时的表情、动作、姿势、听者的回应。与他人一起思考,并不是为了说服别人或达成共识,而是因为他人是启动思考的契机,他人可以使我们从封闭的命令和规则中摆脱出来,使我们的思想处于开放和运动之中。和规定、规矩、命令这些封闭我们思考空间的要求不一样,他人的存在可以让我们变得开放与流动起来。也就是说,思总是包含他人、关照他人,简单来说,就是使我们能够换位思考的能力。通过与他人的对话和质疑可以激发思考,以便重新审视熟悉的现象和观点,从而避免随波逐流。相反,没有思考能力也与人们的相互隔离的孤立状态相关。纳粹的极权主义造成德国社会的相互隔离,人与人之间各种各样的联系被切断,人们相互猜忌和不信任,取消了多样性,只剩下国家主导一切。因为社会公共空间的崩溃,人们不可能在公共空间进行共同言说,没有互相交流。没有思考能力也就意味着不能从他人的角度思考,无法想象他人的存在。思考时的交谈和对话并不一定需要他人事实上的在场,而是可以让他人在精神中内在化,以假想的方式出现。这种假想的与他人的对话可以避免思考的专断。思考需要在与他人交往当中来进行磨练。一个人若拥有这种思考的能力,也就是具有"扩展的精神",就能够超越感知的主观性和个体性,从而获得一种"常识"的认识,即康德所说的共通感。思考和想象力彼此相连,思考意味着运用想象力,从他人的角度观察事物。通过想象,使得不在场的事物呈现在意识里,想象那些不在场的他人会如何言说,这样他人就能够被听到和看见。扩展的精神需要他者的在场,需要与他人进行不断对话和交换观点,通过不同视角的比较,各种观点互相冲击和融合,从而多样化的心灵可以彼此共存。

思考不仅是一种与他人的对话,而且需要与自己对话。思考是需要单独进行的活动,人们需要从世界中撤离转而与自己对话。阿伦特将思考描述为"二合一"(*two-in-one*)的对话,即"我和我自己之间的无声对话"。这种"二合一"需要孤独、自我和谐,以及从他人的角度想象世界的能力。心灵内部的两个自我互相成为朋友,平时他们如朋友般相互信任,处于一种和谐关系。思考是一种内在对话,它需要自我的内在分裂,当这个"二合一"的自我内部产生不和谐,也就是说产生差异和矛盾时才可能开启自我的内在对话。两个自我之间的对话也是复数性的体现,正是因为思这种精神活动使我们成为复数性的存在。不同的自我可以产生不同的声音,从不同角度进行对话。

与自己对话也就是与自己的良心相伴,听从良心的声音。思考需要独处,免于外界干扰的时候,在安静状态下才可以进行真正的思考,才能听见良心的声音。"思需要独处,但并非孤单,独处(solitude)是与自我相伴的状态,孤单(loneliness)是当我一个人时,不能把自我分离为合而为一的存在,不能够与自己相伴的状态。"①良心的声音是良心不安的时候,良心说"不"的时候。而为什么万湖会议上他们没有感到任何不安?因为从来没有谁质疑或反对过"最终解决"方案本身的合理性,只是考虑如何高效地完成任务。这种情况

① Hannah Arendt, *The Life of the Mind*, Harcourt Brace Jovanovich, 1978, p.185.

下,沉睡的良心就没有机会得到唤醒。“可以说不”的良心并不在于对纳粹极权体制的具体运行了解多少,主要在于能否听到内在良心的声音。

阿伦特把苏格拉底看作良心的典范。苏格拉底害怕违背自己的良心,害怕与自己的良心相矛盾。当苏格拉底从市场中撤离,与良心独处的时候,常常需要面临良心的严厉拷问。良心常常是否定性的,它告诉我们不应该做什么,拒绝做某事,因为思考并不会直接产生具体的道德知识或价值。良心只是告诉我们这么做是不可思议的,不能这么做,比如让他人遭受极大痛苦,如果做了就不再能够和自己和谐相处。如果这么做的话,生命将不值得一过,宁可去死,正如不能说“2+2=5”那样简单。

苏格拉底提出美德不可教,其实思考同样不可教,思考需要唤醒。只有苏格拉底那样有觉醒的意识才可以唤醒他人,他并不会教具体的知识,也不是去灌输一些教条,而是帮助他人思考、启发他人思考。就如助产士那样,帮助人们产生原本就隐含在心中的思想,又像牛虻那样刺醒沉睡的人们,唤醒他们去思考。同时又如电鳐一样,“用他的困惑麻痹他碰到的任何人”。[①] 麻痹描述了思考的一种状态,一种困惑迟疑的状态。思考从来不会让困惑停止,而是始终伴随着困惑。思以惊讶为契机,因为对自然的现象或观念困惑就会引发思考,而且苏格拉底的对话结束之后,困惑并没有消除,因为这些形而上学问题没有可以到达的最终目的地。

四、思考的勇气

思考是一种不断自我解构的过程,可能具有毁灭性和破坏性,也就是说思的流动性同时蕴含着危险性,它会摧毁任何已有的东西,甚至摧毁美好的价值和秩序。极其善于思考的思想大师海德格尔与纳粹思想的暗合就是危险性的典型体现。思考也会带来精神的痛苦和分裂,使人没有安全感和方向感。思考是一种没有保障的冒险行动,充满了不确定性,于是我们害怕思考、抗拒思考。所以思考也需要勇气,需要勇于冒险的意识,这种思考是不遵循先例的,是勇于打破界限的。正如康德在《何谓启蒙》里所呼吁的,启蒙就是大胆去思考的勇气,它需要克服懒惰和怯懦的心理,以便摆脱受监护状态。同样,思考就是对主流说“不”的勇气,进行拒绝的勇气。不相信任何主流的教义,比如对于进步信念的质疑,对于技术崇拜的反思。相反,不愿思考、不敢思考的人犹如时下陷入内卷的人,他们不会跳出现实的系统而陷入内部不断强化的恶性竞争中。

---

① [美]汉娜 · 阿伦特:《反抗平庸之恶》,陈联营译,上海:上海人民出版社,2014 年,第 177 页。

阿伦特又提醒我们思考需要记忆的支撑:“最大的为恶者是那些人,他们因为从不思考所做的事情而从不记忆,而没有了记忆,就没有什么东西可以阻挡他们。对于人类来说,思考过去的事就意味着在世界上深耕、扎根,并因此而安身于世,以防被发生的事情——时代精神、历史或简单的诱惑——卷走。”①如果我们保有对极权主义的记忆、万湖会议的记忆,思考才有扎根的深度,才不会在时代的洪流面前失去方向。勇于记住所发生的,勇于反思我们所说的和所做的,使我们成为自己生命故事的主角。

五、思想的风暴

思考和生命一样,是活生生的,很难进行抽象的描述,于是阿伦特呈现了一种思考的现象学经验,为我们提供了思考的具体而生动的形态。思考意味着我们从世界中隐退,也就是与世界保持距离,让世界变得陌生化之后,思考才得以开始,为此思考不会被现实世界具体的时空所束缚,作为表象思维,思考的对象是呈现在意识里不在场的表象。思考是寻求理解意义和建构意义,而意义没有真假之分。所以思考不需要固定的结论,即使有结论也是暂时的,它是不断变化的动态过程。思考其实是打断日常生活的惯性,与现实世界断开之后,停下来去反思的能力。与现实世界保持距离之后,就可以对习以为常的现象提出疑问,暂停与所有日常现实的关联,重新审视发生的一切。这样就可以使人从偏见和麻木中摆脱出来,从而恢复与世界的真实联系。所以说思考不是为了寻求行动的指南,或者建立什么规范性标准,思考具有开放性,能够打开新的可能性,从而带来无限的可能性。

思考的这些特点和风吹有许多相似之处,只有在风吹的时候我们才能感受到风的存在,思考也是运行的时候才感觉到它的存在。风吹的时候没有特定的方向也不占有固定的地方。因为和世界保持一定的距离,思考活动可以随时开始和随时结束,如风吹一样,事先并不知道方向,充满变化。无形的风是抓不住的,思也是一样。这种不可预测的思可以打开我们的视野,产生新的可能性。如同著名的珀涅罗珀之网,奥德赛的妻子珀涅罗珀晚上织网而第二天早上又拆开重新编织,思考是一种永远处于自我解构状态下的活动。可能不在于对问题提供一个现成的答案,而是激发出思考的能力和思考的愿望,是用问题来激发更多的人去思考,多问为什么,而不是下意识地欢呼或喊打喊杀。“思想的风暴表征的不是知识,而是分别善恶、辨别美丑的那种能力。而这在那罕见的危机时刻的确可能阻止灾难,至少对我来说是如此。”②所以说,思是黑暗时代的微光,能够带来些许希望。

---

① [美]汉娜·阿伦特:《反抗平庸之恶》,陈联营译,上海:上海人民出版社,2014年,第110页。

② [美]汉娜·阿伦特:《反抗平庸之恶》,陈联营译,上海:上海人民出版社,2014年,第188页。

如果思想的风暴可以经常吹动，唤醒更多的人进行思考，那我们生活的世界可能会少一些盲从、少一些暴力。

六、结语

思考并不寻求开花结果，始终处于动态运动中的思，永远不会凝固和僵化。思的主要目的不是用来指导行动，而是揭示意见的不可靠，揭露虚假观念的欺骗性和迷惑性。如果思考带来的是确定的结论，那往往会成为一种教义或教条，也就意味着停止了思的活动。思考的停止或许能够带来确定性和安全感，但我们可能为此付出更大的代价。因为思考的停止就意味着人可以轻易被外力裹挟，做任何被外力要求做的事，同时也是生命力停止的体现，于是生命走向固化和萎缩。如果没有思考的活动，"一个人的生活不仅没有很大的价值，而且他就根本没有活着"①。所以说，积极思考就是活着的一种状态，没有思考就没有真正活着。只有在思考中人才成为人，才具有独立的人格，没有思考就是放弃自己人之为人的人格。

Thinking is the Fence of Morality: A Reading of the Movie *Wannsee Conference*

CHEN Xudong

【Abstract】 This article discusses the film *Wannsee Conference* from Hannah Arendt's discussion on thinking. Although the political elites participating in the Wannsee Conference have the intellectual ability to solve problems efficiently, they do not think rationally. It is the totalitarian system and its ideology that make people lose their ability to think and only use platitudes. Thinking requires dialogue with others and with your conscience. Thinking is an important fence of morality, so we need more storm of thought to protect the possibility of good.

【Keywords】 *Wannsee Conference*, Hannah Arendt, Thinking

---

① 同上书，第 176 页。

图书在版编目（CIP）数据

意志自由：文化与自然中的野性与灵魂 / 邓安庆主编. — 上海：上海教育出版社，2023.2
ISBN 978-7-5720-1875-6

Ⅰ. ①意… Ⅱ. ①邓… Ⅲ. ①自然哲学 Ⅳ. ①N02

中国国家版本馆CIP数据核字(2023)第034292号

策　　划　王泓赓
封面题词　陈社旻
责任编辑　戴燕玲
助理编辑　张　娅
封面设计　周　亚

意志自由：文化与自然中的野性与灵魂
邓安庆　主编

出版发行　上海教育出版社有限公司
官　　网　www.seph.com.cn
地　　址　上海市闵行区号景路159弄C座
邮　　编　201101
印　　刷　上海昌鑫龙印务有限公司
开　　本　787×1092　1/16　印张 18.75
字　　数　360 千字
版　　次　2023年4月第1版
印　　次　2023年4月第1次印刷
书　　号　ISBN 978-7-5720-1875-6/B·0044
定　　价　68.00 元

如发现质量问题，读者可向本社调换　电话：021-64373213